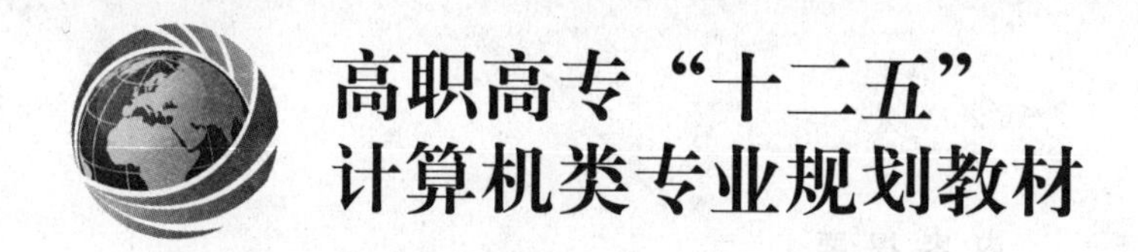

Photoshop CS6 图标设计实例教程

主　编　张　敏　杨　加
副主编　杨林娟　胡汉辉　郭　艳
编　写　郭红涛　顾　涵　董本清
　　　　王华本　叶华乔
主　审　李　敏

中国电力出版社
CHINA ELECTRIC POWER PRESS

内容提要

本书采用以基础知识为辅，应用案例为主的方式由浅入深、循序渐进地介绍了各种不同类型的图标。本书共分为6章，包括图标的基本概念、手机主题图标设计、QQ表情动画图标设计、图形类图标设计、文字类图标设计、图文类图标设计。本书主要采用大量精美的图标案例来讲解Photoshop设计和制作中的一些常用操作方法，在学习Photoshop的过程中，可了解常用图标的由来及用途，从而有利于开拓思维和提高审美。

书中所有案例的教学视频、素材、源文件和教学课件均收录在主编张敏老师的世界大学城个人空间的教材资源库（http：//www.worlduc.com/blog2012.aspx?bid=23242486）中，可方便读者在线学习与资源下载，用于补充书中遗漏的细节内容，方便读者学习和参考。本书内容专业简练，操作案例精美实用，讲解详尽。

本书适合作为高职高专院校计算机类及艺术类相关专业学生学习图形图像处理与UI图标设计的教材，也适合作为其他专业，比如计算机软件应用专业的参考用书。

图书在版编目（CIP）数据

Photoshop CS6 图标设计实例教程 / 张敏，杨加主编．—北京：中国电力出版社，2015.1

高职高专“十二五”计算机类专业规划教材

ISBN 978-7-5123-7060-9

Ⅰ．①P…　Ⅱ．①张…　②杨…　Ⅲ．①图象处理软件－高等职业教育－教材　Ⅳ．①TP391.41

中国版本图书馆 CIP 数据核字（2015）第 003649 号

中国电力出版社出版、发行

（北京市东城区北京站西街 19 号　100005　http://www.cepp.sgcc.com.cn）

北京市同江印刷厂印刷

各地新华书店经售

*

2015 年 1 月第一版　　2015 年 1 月北京第一次印刷

787 毫米×1092 毫米　16 开本　17.75 印张　435 千字　1 彩页

定价 **36.00** 元

前　言

本书从实例着手，循序渐进，通过 42 个经典实例全面细致的讲述 Photoshop 软件在 UI 设计中的使用方法和技巧。全书共分 6 章，列举了大量 UI 设计优秀作品，以 step by step 的方式讲解设计案例的制作过程，包括图标的基本概念、手机主题设计图标、QQ 表情动画图标、图形类图标、文字类图标、图文类图标。本书内容安排由浅入深、循序渐进，注重在轻松的学习气氛中帮助广大读者打下扎实的基础。

本书适合高端图像软件用户学习使用，是广大从事 UI 设计、Web 网页设计、平面广告设计、产品设计等相关人员不可多得的参考手册，也可作为高等院校电脑美术设计专业师生、社会培训班的教材。

本书的主要特色如下。

（1）突出高职特色。在内容编排上，完全以高职院校的专业教学需要为出发点，淡化理论，注重实践。本书由编者按照长期积累的教学经验编写而成，具有内容丰富、结构合理、应用实例经典和覆盖面广的特点。

（2）由多年从事 Photoshop 教学教师倾情策划、精心编著，理论结合实际，将平面设计与软件应用相结合。充分考虑了 Photoshop 在 UI 设计领域的最新应用，跟踪新技术，反映行业新发展，本书介绍的 Photoshop CS6 是目前 Adobe 公司出品的较新版图像处理软件，在实例的选择上，也充分考虑了 Photoshop CS6 在手绘、制作图像等功能上的突出特点。

（3）内容结构合理、重点突出、实例丰富，讲解循序渐进。读者在完成实例的同时，强化基本知识、基本技能，使其通过 UI 图标的制作，能够理解 Photoshop CS6 在平面设计、照片处理、网页设计等多个设计领域中的较新运用，达到举一反三的效果。

（4）表达方式通俗易懂。本书在文字上充分考虑了高职高专学生的知识基础，在内容的编排上，由浅入深、图文并茂，尽可能地将操作步骤图像化的展示在读者面前。

（5）本书资源包括 42 个经典实例的全部素材、视频和效果图，以及精心为使用本书的教师们制作的 PPT 教学课件。读者可登录网络云盘 http：//yunpan.360.cn，账号：99973195@qq.com，密码：666888，下载资源包。

本书由湖南工业职业技术学院的张敏、杨加负责全书的内容选取和整体结构规划及统稿。其中第1、2、3章由张敏编写，第4、5章由杨加编写，第6章由郭艳编写，另外，杨林娟、胡汉辉、郭红涛、顾涵、董本清、王华本、叶华乔也参与了本书的编写工作。

由于编者的水平和能力有限，书中难免存在一些缺陷与不足，希望广大读者提出宝贵的意见。

编　者

2014年6月于长沙

目 录

前言
第 1 章 图标的基本概念……1
1.1 图标定义……1
1.2 图标的发展过程……1
1.3 狭义图标的知识……2
1.4 图标种类……4
1.5 手机 APP 图标的发展……5
1.6 关于安卓的多种屏幕适配……6
1.7 手机屏幕参数……8
1.8 苹果 iOS 应用程序图标的设计……9
第 2 章 手机主题图标设计……12
2.1 足球场图标……13
2.2 "设置"图标……16
2.3 聊天图标……20
2.4 杀毒图标……24
2.5 图库图标……26
2.6 购物图标……28
2.7 时钟图标……29
2.8 相机图标……29
2.9 备忘录图标……31
2.10 日历图标……33
2.11 电子邮件图标……34
2.12 锁屏图标……35
第 3 章 QQ 表情动画图标设计……38
3.1 菠萝侠客……38
3.2 杀人表情……55
3.3 衰表情……60
3.4 冰冻表情……62
3.5 吐表情……68

3.6 害羞表情 ······ 69
3.7 睡觉表情 ······ 70
3.8 晕倒表情 ······ 72
3.9 哭表情 ······ 74
3.10 惊讶表情 ······ 75
3.11 汗表情 ······ 77
3.12 笑表情 ······ 78
3.13 难过表情 ······ 79
3.14 斯文表情 ······ 80
3.15 阴险表情 ······ 81
3.16 恨表情 ······ 81
3.17 酷表情 ······ 83
3.18 愤怒表情 ······ 86
3.19 受伤表情 ······ 88
3.20 QQ 表情的添加方法 ······ 91
第 4 章 图形类图标设计 ······ 92
4.1 新浪微博 LOGO 图标 ······ 92
4.2 Twitter 小鸟图标 ······ 95
4.3 草莓甜甜圈图标 ······ 105
4.4 瓢虫图标 ······ 114
4.5 放大镜图标 ······ 119
4.6 米兔图标 ······ 130
4.7 接听电话图标 ······ 156
4.8 学院图标 ······ 163
4.9 章鱼图标 ······ 166
4.10 保卫萝卜游戏图标 ······ 175
第 5 章 文字类图标设计 ······ 184
5.1 Google LOGO 图标 ······ 184
5.2 IE 浏览器图标 ······ 186
5.3 “X”图标 ······ 189
5.4 淘宝图标 ······ 191
5.5 PPTV 图标 ······ 193
5.6 Kik 图标 ······ 196
5.7 草莓字“G”图标 ······ 198
5.8 支付宝手机应用图标 ······ 204
5.9 麦当劳图标 ······ 206
5.10 大众汽车图标 ······ 207
第 6 章 图文类图标设计 ······ 211
6.1 爱心图标 ······ 211

6.2　优果图标……214
6.3　棒棒糖……221
6.4　百度图标……232
6.5　iPod Shuffle 图标……238
6.6　华为图标……241
6.7　雅虎图标……243
6.8　水壶图标……245
6.9　扁平化图标……257
6.10　香烟图标……259

附录　Photoshop CS6 快捷键大全……268

第 1 章 图标的基本概念

1.1 图 标 定 义

图标分为广义和狭义两种。广义图标是具有指代意义的图形符号，具有高度浓缩并快捷传达信息、便于记忆的特性。广义图标应用范围很广，软硬件网页、社交场所、公共场合无所不在，如男女厕所标志和各种交通标志等。

狭义图标应用于计算机软件方面，包括程序标识、数据标识、命令选择、模式信号或切换开关、状态指示等。

一个图标是一个小的图片或对象，代表一个文件、程序、网页或命令。图标有助于用户快速执行命令和打开程序文件，单击或双击图标以执行一个命令，图标也用于在浏览器中快速展现内容，所有使用相同扩展名的文件具有相同的图标。

图标有一套标准的大小和属性格式，且通常是小尺寸的。每个图标都含有多张相同显示内容的图片，每一张图片具有不同的尺寸和发色数。一个图标就是一套相似的图片，每一张图片有不同的格式。图标还有另一个特性：它含有透明区域，在透明区域内可以透出图标下的桌面背景。在结构上图标其实和麦当劳的巨无霸汉堡差不多。

一个图标实际上是多张不同格式的图片的集合体，并且还包含了一定的透明区域。因为计算机操作系统和显示设备的多样性，导致了图标的大小需要有多种格式。

1.2 图标的发展过程

1.2.1 图形标识

图标是具有指代意义的具有标识性质的图形，它不仅是一种图形，更是一种标识，它具有高度浓缩并快捷传达信息、便于记忆的特性。图标历史久远，从上古时代的图腾，到现在具有更多含义和功能的各种图标，而且应用范围极为广泛，可以说它无所不在。一个国家的图标就是国旗，一件商品的图标是注册商标，军队的图标是军旗，学校的图标是校徽；同时图标也在各种公共设施中被广泛使用，如公厕标识、交通指示牌等。

我们通过图标看到的不仅仅是图标本身，而是它所代表的内在含义。

1.2.2 内在含义

随着计算机的出现，图标被赋予了新的含义，又有了新的用武之地。在这里图标成了具有明确指代含义的计算机图形。桌面图标是软件标识，界面中的图标是功能标识，在计算机软件中，它是程序标识、数据标识、命令选择、模式信号或切换开关、状态指示。图标在计算机可视操作系统中扮演着极为重要的角色，它可以代表一个文档，一段程序，一张网页，或一段命令。我们还可以通过图标执行一段命令或打开某种类型的文档，你所要做的只是在图标上单击或双击。

1.3 狭义图标的知识

1.3.1 像素分辨率

操作系统在显示一个图标时，会按照一定的标准选择图标中最适合当前显示环境和状态的图像。如果你用的是 Windows 98 操作系统，显示环境是 800×600 分辨率，32 位色深，你在桌面上看到的每个图标的图像格式就是 256 色 32×32 像素大小。如果在相同的显示环境下，在 Windows XP 操作系统中，这些图标的图像格式就是真彩色（32 位色深）、32×32 像素大小，如表 1.3.1 所示。

表 1.3.1 Windows 操作系统中的标准图标格式

Windows 操作系统版本	标准图标格式
Windows 98 SE/ME/2000	48×48 像素-256 位色深；32×32 像素-256 位色深； 16×16 像素-256 位色深；48×48 像素-16 位色深； 32×32 像素-16 位色深；16×16 像素-16 位色深
Windows XP	48×48 像素-32 位色深；32×32 像素-32 位色深； 24×24 像素-32 位色深；16×16 像素-32 位色深； 48×48 像素-256 位色深；32×32 像素-256 位色深； *24×24 像素-256 位色深；16×16 像素-256 位色深； 48×48 像素-16 位色深；32×32 像素-16 位色深； 24×24 像素-16 位色深；*16×16 像素-16 位色深

* 这种格式在 XP 图标中并不是必须的。

注 意

Windows 98/2000 对 24 × 24 格式的图标不兼容，可以在相关应用软件中打开含有这种图像格式的图标，但操作系统却认为是无效的。用户必须确保你所设计的图标中至少含有以上所列的图像格式来获得良好的显示效果。如果操作系统在图标中找不到特定的图像格式，它总是采用最接近的图像格式来显示，例如把大小为 48×48 像素的图标缩小为 24×24 像素，当然，效果就差些了。

1.3.2 文件格式

在 Windows 操作系统中，单个图标的文件名后缀是.ico。.ico 这种格式的图标可以在 Windows 操作系统中直接浏览；后缀名是.icl 的代表图标库，它是多个图标的集合，一般操作系统不直接支持这种格式的文件，需要借助第三方软件才能浏览。

Windows 中的图标文件（*.ico）使用类似 BMP 文件格式的结构来保存，但它的文件头包含了更多的信息以指出文件中含有多少个图标文件及相关的信息，另外，在每个图标的数据区中，还包含有透明区的设置信息，对于图像信息数据的组织则与 BMP 相同，这是一种无损的图像。

另外，Windows 中的光标文件（*.cur）也使用这种格式。因此，在大部分时候图标与光标可以互相替代使用。

在图形用户界面中，系统中的所有资源分别由三种类型的图标表示：应用程序图标（指向具体完成某一功能的可执行程序）、文件夹图标（指向用于存放其他应用程序、文档或子文件夹的“容器”）和文档图标（指向由某个应用程序所创建的信息）。

在 Windows 系统中，左下角带有弧形箭头的图标代表快捷方式。快捷方式是一种特殊的文件类型，它提供了对系统中一些资源对象的快速简便访问，快捷方式图标是原对象的“替身”图标。

快捷方式图标十分有用，它是定制桌面，进行快速访问应用程序和文档的最主要的方法。

1.3.3 图标要素

一个图像和一个图标之间有什么区别？

计算机图像是一个点阵图（组成像素）或矢量（组成的绘图路径）的图片，可以使用各种不同的格式（BMP、PSD、GIF、JPEG、WMF…），所有这些格式有几种不同的属性（点阵图、向量、压缩、分层、动画等），可以用来存储图片和决定任何大小。

图标是不同的标准图像，有标准的尺寸（通常较小）：16×16，32×32，48×48…图标组成的几个图片。它们各自具有不同的大小和数量、颜色（a 通道，16 色，256 色，16.8M 色，……）。一个图标最重要的属性是它包含透明区域的能力，这种能力能让图标的方形图案后面的屏幕背景变得可见。

1.3.4 图标作用

（1）图标是与其他网站链接及让其他网站链接的标志和门户。Internet 之所以叫做“因特网”，在于各个网站之间可以连接。要让其他人走入你的网站，必须提供一个让其进入的门户。而 Logo 图形化的形式，特别是动态的 Logo，比文字形式的链接更能吸引人的注意。在如今争夺眼球的时代，这一点尤其重要。

（2）图标是网站形象的重要体现。对于一个网站来说，图标设计即是网站的名片。而对于一个追求精美的网站，图标更是它的灵魂所在，即所谓的点睛之笔。

（3）图标能使受众便于选择。一个好的图标往往会反映网站及制作者的某些信息，特别是对一个商业网站来说，我们可以从中基本了解这个网站的类型或内容。在一个布满各种图标的链接页面中，这一点会突出的表现出来。试想你的受众要在大堆的网站中寻找自己想要的特定内容的网站时，一个能让人轻易看出它所代表的网站类型和内容的图标会有多重要。

1.3.5 图标结构

一个图标是一组图像，有各种不同的格式（大小和颜色）。此外，每幅图像还可以包括透明的地区。一张带有 Alpha 通道的图片，在 16 或 256 色的调色盘设置窗口中，当 Alpha=0 时，表示该图片为透明显示状态。

一个图标包括几个图像，当 Windows 或 Macintosh 操作系统选择适当的格式时，将它显示在屏幕上，可能会改变屏幕的颜色数和显示位置。例如，Windows 的任务栏图标显示使用 16×16 的图像格式，若在桌面上，它们以较大尺寸（48×48 像素，96×96 像素，256×256 像素）显示。

在 OSX 系统 10.5 版本中使用大格式的图标，如 128×128 像素，256×256 像素甚至于 512×512 像素。所有这些格式都含有一个临时通道来创造平滑的透明效果，并能使图标调整大小时也能得到令人满意的效果。

1.4 图 标 种 类

1.4.1 PNG 格式图标

PNG（Portable Netowrk Graphics）——可移植的网络图像文件格式是 Macromedia 公司的 Fireworks 的专业格式，这个格式使用于网络图形，支持背景透明，但是不支持动画效果。它使用的压缩技术允许用户对其进行解压，优点在于不会使图像失真。同样一张图像的文件尺寸，BMP 格式最大，PNG 其次，JPEG 最小。根据 PNG 文件格式不失真的特点，我们一般将其使用在 DOCK 中作为可缩放的图标。

1.4.2 ICO 格式图标

ICO（Icon File）——Windows 使用的图标文件格式。这种文件格式广泛用于 Windows 系统中的 dll、exe 文件中。

既然 ico 文件是 Winodws 图标的专门格式，那么，我们在替换系统图标时就一定会使用到它了。一个简单的应用是给应用程序的快捷方式换图标，这时候就必须使用 ico 格式的图标了，另外只有 Windows XP 以上的系统才支持带 Alpha 透明通道的图标，这些图标用在 Windows XP 以下的系统上会很难看。

1.4.3 ICL 格式图标

ICL 文件只不过就是一个改了名字的 16 位 WindowsDll（NE 模式），文件里面除了图标什么都没有，我们可以将其理解为按一定顺序储存的图标库文件。ICL 文件在日常应用中并不多见，一般是在程序开发中使用。ICL 文件可用 Iconworkshop 等软件打开查看。

1.4.4 IP 格式图标

IP 是 Iconpackager 软件的专用文件格式。它实质上是一个改了扩展名的 RAR 文件，用 WinRAR 可以打开查看（一般会看到里面包含一个.Iconpackage 文件和一个.Icl 文件）。

1.4.5 图标格式

RGB/A 这种图片格式包含 16.8 百万色，它由 RGB（红绿蓝三色）加上一个附加的不透明的通道组成，这个通道被叫做 Alpha（阿尔法）通道，每个通道由 8 位的像素（意思为每个像素由 8 位构成，位代表计算机中最基本的单位，每个位可以包含一个 0 或者一个 1，这就是二进制）组成。因此产生的结果是每个像素由 32 位组成（因为由 4 个通道构成一个图片，所以图片的像素就是 4×8=32 位），如表 1.4.1 所示。

表 1.4.1 Windows 系统不同版本的图标选择

Windows 版本	建议图标选择	最低图标选择	可选图标选择
Windows 95 Windows 98 Windows ME Windows 2000	48×48（256 色，16 色） 32×32（256 色，16 色） 16×16（256 色，16 色）	32×32（256 色，16 色） 16×16（256 色，16 色）	
Windows XP	48×48（RGB/A，256 色，16 色） 32×32（RGB/A，256 色，16 色） 24×24（RGB/A，256 色，16 色） 16×16（RGB/A，256 色，16 色）	32×32（RGB/A，256 色，16 色） 16×16（RGB/A，256 色，16 色）	128×128（RGB/A）

续表

Windows 版本	建议图标选择	最低图标选择	可选图标选择
Windows 7	256×256（RGB/A），64×64（RGB/A） 48×48（RGB/A，256 色，16 色） 32×32（RGB/A，256 色，16 色） 24×24（RGB/A，256 色，16 色） 16×16（RGB/A，256 色，16 色）	256×256（RGB/A） 48×48（RGB/A，256 色） 32×32（RGB/A，256 色） 16×16（RGB/A，256 色）	256×256（256 色，16 色） 64×64（256 色，16 色）

1.5 手机 APP 图标的发展

当今社会随着智能手机不断普及全球，安卓、iOS、Windows 已成为三大智能生态系统。

2013 年，三星已经推出了基于安卓的智能相机，加上其安卓系统的智能电视、智能手机、智能手表等设备，就形成了一个基于安卓系统的跨屏产品体系。国内的如小米等也推出了基于安卓的跨屏设备。随着 Google、苹果相继推出新的智能设备，2014 年成为基于一个系统跨屏设备大发展的一年。

互联网上目前有两种设计风格受欢迎，一种是极简主义，另一种是 Windows 8 式的磁铁风格。前者主要是移动互联网发展影响的结果，主要表现在各种 APP 的 UI 界面上。Windows 8 磁铁风格目前主要影响的是各种传统的 PC 网站，如 theverge→mashable 等。随着 Windows 8 销量的继续增长，市场份额的继续提高，也将会有越来越多的网站设计风格向磁铁及触摸方式靠拢。

1.5.1 智能手机市场的发展前景

2013 年，中国智能手机市场分外热闹，小米销量三年三大步从 30 万到 700 万，再到 1870 万，成为中国手机市场的巨头之一；华为经过两年的折腾步入正轨，几款产品都有不错的销量；OPPO 和 VIVO 两兄弟高歌猛进，跟上智能机节奏，利润丰厚；金立产品进步飞快，海外市场开拓有道。中兴、酷派、联想也都有不错的成绩，进入到手机厂商销量排名的前列，如图 1.5.1 所示为手机品牌竞争格局。

2014 年，智能手机会如何发展呢？我们来做一系列展望，首先我们看一下市场趋势。

1.5.2 互联网品牌崛起

2011—2013 年，小米的火箭式增长，让竞争对手不得不引起重视，小米的四宗法宝，双重定价营销，扁平化管理带来的高效率和执行力，互联网式融资，上市圈钱变现吸引人才，也引起了更多的模仿和学习。如图 1.5.2 所示为小米市场推广宣传画。

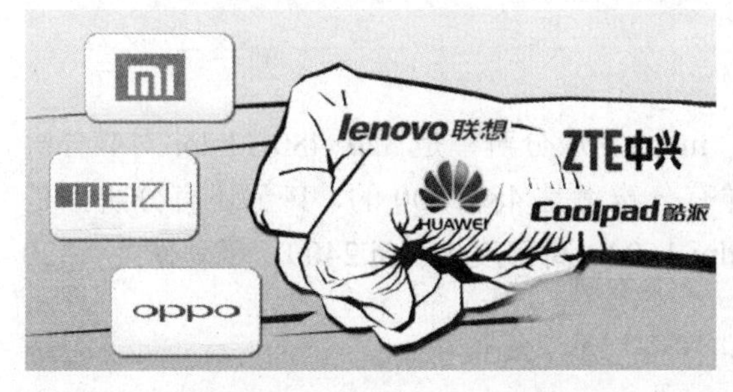

图 1.5.1 手机品牌竞争格局

图 1.5.2 小米市场推广宣传画

中兴成立 nubia 品牌，小团队带来高效率，学习小米模式，nubia z5s 抢了小米 3 联通版的 8974 网络首发。

华为把荣耀独立出来，学习小米的双重定价模式，荣耀 3c 做到 798 与红米的 799 打名义价格战。

OPPO 成立一加，新公司学习了小米的全套四宗法宝。

金立成立 IUNI，开发融资，也要学习小米的互联网式融资。

移动互联互通模式就成为了智能手机市场抢夺用户的焦点，随之而来就是更残酷的线上价格战和产品战。小米的优势逐渐淡化。从小米的销售经验看，线上的成功者会延续到线下市场。

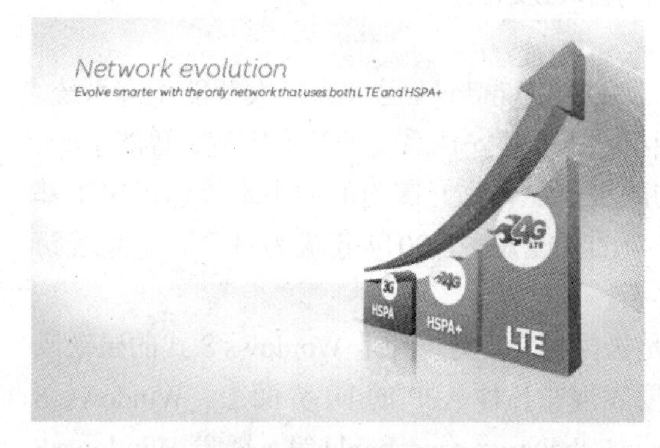

图 1.5.3　手机网速提升示意图

1.5.3 “4G 合约机”的换机潮

2013 年底，终于发了 4G 牌照，对于常年被套上枷锁的中国移动来说，有猛虎出笼的感觉，如图 1.5.3 所示为手机网速提升示意图。

中国移动第一轮普及的 TD 智能合约机，也因为自然磨损和软件升级到了换代的时候。这个 4G 定制机的市场会非常大。支持 4G、最低双核、四核主流的低价合约机会成为 2014 年低端的主流。华为、中兴、酷派这些合约机老主顾会有一定的销量。这一块市场对资金链要求很高，小厂商承受不了这种资金压力。

1.5.4 硬件参数淡化，工业设计回归

2011 年开始的智能机普及，偏重于硬件参数，相当于计算机从 MM×166 到酷睿 2 这些年的发展，这是因为低端硬件不够流畅，不够快，满足不了人们的需要。

随着技术的发展，低价的 MTK6589、720P 屏幕，800 万的 BSI 摄像头已经足以满足日常需要。更高的硬件是好，但是日常使用感觉不到。

当硬件发展不快的时候，低价机和高价机区别不大的情况下，硬件参数就不能作为主要参考对象了，而工业设计，包括外观设计、UI 设计就会回归。

品牌定位、广告营销会更大程度地影响手机的价值，一款低配置、漂亮外观、准确定位的手机，会比没有设计的高配置手机卖的更贵，销量更好。

1.6 关于安卓的多种屏幕适配

1.6.1 安卓支持的多种屏幕

传统意义上，ldpi 对应分辨率是 240×320；mdpi 对应分辨率是 320×480；hdpi 对应分辨率是 480×800 或 480×854。但实际上 ldpi 一样有分辨率是 480×800 的，甚至还有分辨率是 1024×600 的。低密度（ldpi 120）、中密度（mdpi 160）、高密度（hdpi 240）、超高密度（320 xhdpi）对应分辨率如表 1.6.1 所示。

表 1.6.1　　手机屏幕大小与对应分辨率

手机屏幕类型	低密度（ldpi 120）	中密度（mdpi 160）	高密度（hdpi 240）	超高密度（320 xhdpi）
小屏幕	QVGA（240×320）		480×640	
中屏幕	WQVGA400（240×400） WQVGA432（240×432）	HVGA（320×480）	WVGA800（480×800） WVGA854（480×854） 600×1024	640×960
大屏幕	WVGA800（480×800） WVGA854（480×854）	WVGA800（480×800） WVGA854（480×854） 600×1024		
超大屏幕	1024×600	WXGA（1280×800） 1024×768 1280×768	1536×1152 1920×1152 1920×1200	2048×1536 2560×1536 2560×1600

1.6.2　ldpi、mdpi、hdpi 的区别

为什么要将分辨率区分为 ldpi、mdpi、hdpi？这主要是为了在不同的屏幕密度下取得最好的显示效果。

传统意义上的通过分辨率判断手机 dpi，例如：

ldpi：对应分辨率 240×320

mdpi：对应分辨率 320×480

hdpi：对应分辨率 480×800 或 480×854

因为 ldpi 如果要是 320×480，则需要 4.8 寸的屏幕，如果是 480×800，则需要 7.8 寸的屏幕，如果 mdpi 是 480×800，则需要 5.2 寸的屏幕，一般的手机屏幕不会这么大。

只要我们知道屏幕分辨率、屏幕尺寸（对角线长度），就可以算出相应的屏幕密度，从而根据其范围得出属于哪种屏幕密度。

我们可以根据长或者宽来计算 dpi，计算公式为：

$$\text{dpi} = \frac{宽}{\sqrt{(尺寸^2 \times 宽^2)/(宽^2 + 高^2)}} = \frac{长}{\sqrt{(尺寸^2 \times 长^2)/(宽^2 + 高^2)}}$$

大概计算方法如下（以宽为例）：

（1）例如分辨率为 320×480，则长宽比为 1:1.5。

（2）例如屏幕尺寸为 3.6，则根据勾股定理，$长^2+宽^2=3.6^2$，即$宽^2+2.25宽^2=12.96$，得出$宽^2=12.96/3.25$，则宽=1.9969。

（3）宽为 320px，分布在 1.9969 上，因此密度为 $\frac{320}{1.9969}=160.2467$。

（4）因此此密度为 mdpi 的密度。

1.6.3　粗略的分辨率 ldpi、mdpi、hdpi

传统意义上的通过分辨率判断手机 dpi，例如：

ldpi 对应分辨率：240×320。

mdpi 对应分辨率：320×480。

hdpi 对应分辨率：480×800 或 480×854。

因为如果 ldpi 分辨率为 320×480，则需要 4.8 英寸的屏幕，如果分辨率为 480×800，则需要 7.8 英寸的屏幕，如果 mdpi 分辨率为 480×800，则需要 5.2 英寸的屏幕，而一般的手机屏

幕不会这么大。

1.6.4 如何适配 9-patch

简单来说，如果你的图片资源是可以拉伸而不会变形或者模糊的，则完全可以使用 9-patch 的格式，而不用为不同的 dpi 提供不同的图片资源。此格式经常用在背景性质的图片资源中。

安卓开发包提供了 9-patch 的制作工具，上方的划线指明横向可以拉伸的区域，左方的划线指明纵向可以拉伸的区域，下方的划线指明水平居中的区域，右方的划线指明垂直居中的区域。一般提供 hdpi 大小的图片，并制作为 9-patch 格式，此时的拉伸在 mdpi、ldpi 上基本都不会带来问题。

1.6.5 如何适配图标和其他图片

除了指明拉伸区域拉伸不变形的图片外，类似图标或者其他会变形的图片资源，最佳情况下需要分别针对不同的 dpi 提供不同的图片。

此处特别需要注意的是，假设不考虑 xhdpi、hdpi、mdpi、ldpi 的支持，需要考虑相应的比例，即 1.5:1:0.75，需要在相应比例关系下保持整数的像素值，否则可能会产生模糊的情况。

举个具体例子，某个图标在 hdpi 下大小为 48×48，则在 mdpi 和 ldpi 下分别为 32×32 和 24×24，如果此图标在 hdpi 设定为 50×50，则 mdpi 下 50 无法整除 1.5，因此 mdpi 下图标不论设定为 33×33 还是 34×34 都会模糊。

1.6.6 菜单图标和应用图标

桌面图标在 hdpi 上分辨率虽然定义为 72×72，但实际上应该只占 60×60（如果是正方形，则应该是 56×56），而不少应用直接把图标设定为 72×72，所以会发现安卓中很多图标比系统的图标大一些。

1.7 手机屏幕参数

现在手机屏幕的大小，一般用单位“英寸”来表示，1 英寸=2.54cm，其大小指的是屏幕对角线的长度，如图 1.7.1 所示。

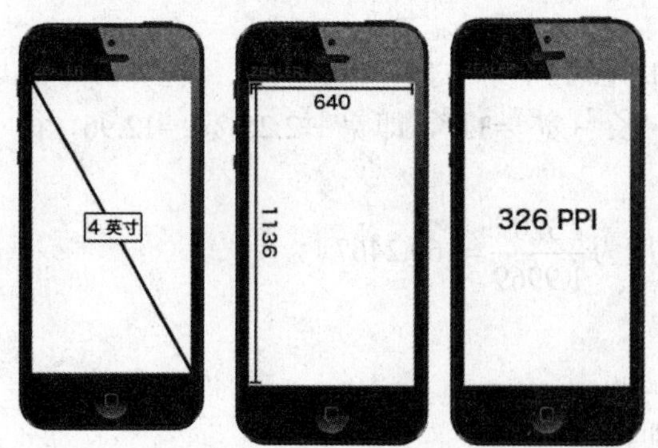

图 1.7.1 手机屏幕的三个参数

分辨率指单位长度内包含像素的数量，单个像素（Pixel）一般包含 3 个子像素，分辨率为 1136×640。表示每一列有 1136 像素，每一行有 640 像素。

PPI 是指每英寸所拥有的像素数目。计算公式为：

$$PPI = \frac{\sqrt{X^2 + Y^2}}{Z}$$

X 表示每列像素数，Y 表示每行像素数，Z 表示屏幕大小。

如 iPhone 5 的 $PPI = \frac{\sqrt{1136^2 + 640^2}}{4} \approx 326$。

1.8　苹果 iOS 应用程序图标的设计

程序图标主要作用是为了使该程序更加具象及更容易理解，有更好视觉效果的图标可以提高产品的整体体验和品牌，可引起用户的关注和下载，激发用户点击的欲望。

1.8.1　表现形态

在有限的空间里表达出相对应的信息，在 iOS 程序图标设计中，直观是第一个解决的问题，不应该出现太多繁琐的修饰，当然还要有很好的视觉表现力，使用户可以更容易理解此应用的实际作用，更轻松地辨识此应用。下面来说说几种表现的形态。

1.8.2　图形表现

只用图形表现应用程序的用途，图形可以很好地吸引用户的眼球，更具象地表现出信息，如图 1.8.1 所示。

图 1.8.1　图形表现的 APP 图标

1.8.3　文字表述

文字表述是一种非常直观的表现方法，文字应该简洁明了，不繁琐，如图 1.8.2 所示。

图 1.8.2　文字表述的 APP 图标

1.8.4　图形和文字结合

此形式除了有很好的表现力之外还可以直接把信息告知用户，因为会有一定的内容，所以在空间布局上要注意疏密，避免繁琐拥挤，如图 1.8.3 所示。

图 1.8.3　图文结合的 APP 图标

1.8.5　iOS 程序图标特性

iOS 系统桌面图标与其他移动系统的图标存在非常大的区别，因为 iOS 图标有很好的整体性，良好的整体性可以减少用户体验上带来的冲突，所以我们需要保持其中的一些特点，以便程序可以更好融入系统中，带给用户更好的应用体验。

1. 尺寸

图 1.8.4　添加投影效果的 iOS 系统桌面图标

在不同设备的 iOS 系统桌面中，程序图标的尺寸和默认自带的修饰效果会有不同，系统默认自带的修饰效果可以使图标更好保持 iOS 风格，但很多时候为了实际效果，我们可以要求系统不作部分效果的添加，以便达到我们想要的效果，如图 1.8.4 所示。

上传到 APP Store 需要 512×512 像素的图片，iPhone 手机上传 APP 图标的参数设置如表 1.8.1 所示。

表 1.8.1　iPhone 手机 APP 图标像素设置参数

iPhone 分辨率/像素	图标显示尺寸/像素	圆角/像素	90 度黑色投影/像素	90 度白色内投影/像素
960×640	114×114	20	4	2
480×320	57×57	10	2	1
1024×768	72×72	13	2	1

2. 质感

在 iOS 中，为表现图标的质感，很多时候都会为其添加一些光感，使其更有质感。光是从上面来的，所以过渡颜色的渐变应该是从上往下的。很多时候为表现 iOS 系统类似玻璃质感般的感觉，图标底部都会带有一个亮度较高的反光，当然这些都是以我们想要的实际效果而绘制添加的，如图 1.8.5 所示。

图 1.8.5　图标质感表现的绘制过程

3. iOS 程序图标设计的构思

为表达好应用程序的作用，我们可以将应用程序的图标作很多不同视觉效果的处理，以达到更好的视觉享受。不同类型的应用要注意表现的效果，如新闻资讯类的应该简洁一点，使其应用有更整洁的感觉，如游戏类可以设计得给用户一种活跃的感觉，如一些日常应用类的我们很多时候都会将其拟物化，使用户更直观地感受到其作用。

在这里着重说一下拟物化程序图标，这是非常具象去表现程序用途的方法，但有时候要表现的元素存在几个，在狭小的空间中不一定能放下如此多的元素，这时要分析轻重，轻的可以减少占据位置的比例或者将其去除，重的要多作强调，同时，要找到多样元素中的共性，如图 1.8.6 所示。

图 1.8.6　多样元素中的共性

我们只需找到共性，就能构想出不错的创意。在图形的构思上有时我们可以利用 iOS 图标的圆角制作一些特殊的感觉效果处理，如立体感，如图 1.8.7 所示，这些可以帮助图标有更好的视觉冲击力，更容易获取用户的喜爱与点击。

图 1.8.7　制作立体感图标

第2章　手机主题图标设计

手机主题包括了整个手机的整体风格，应用在手机所有画面中，例如桌面、功能表、短信、应用程序等。如果更换主题，就可能同时改变了壁纸、屏保、开机动画、关机动画、铃声等。壁纸只是手机待机时的界面，更换壁纸不会改变其他设置。目前 360 手机桌面以 28.93%的累计用户市场份额排名首位，91 桌面和 GO 桌面紧随其后，如图 2.0.1 所示是一款手机主题。

根据市场调查得知，截至 2014 年第一季度中国第三方手机桌面 APP 累计用户市场份额如图 2.0.2 所示。

图 2.0.1　手机主题

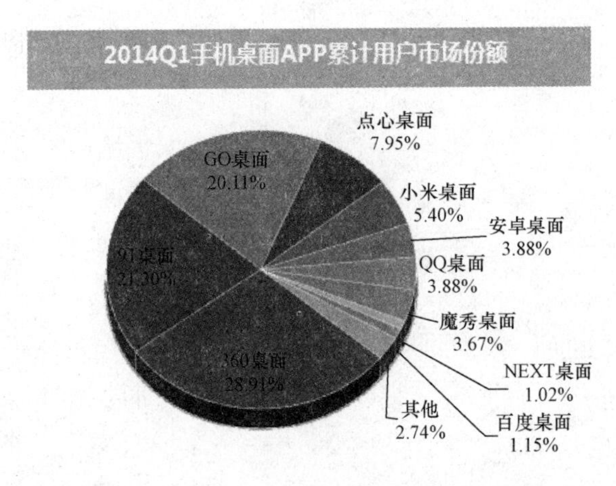

图 2.0.2　手机桌面 APP 累计用户市场份额图

数据显示，360 桌面、91 桌面和 GO 桌面三款产品占据了国内市场 70.32%的累计用户市场份额。其中，360 手机桌面市场达 28.91%；其次为 91 桌面，为 21.3%；GO 桌面位居第三位，市场份额为 20.11%。

图 2.0.3　手机主题设计图标

这三者之所以能位居主导地位，原因是涉足时间较早，自身在推广渠道占据优势，如 360、91 依靠各家的手机助手积累大量用户。GO 桌面率先从海外突围，然后迂回国内市场。

在排名前十的产品中，由于收购及投资等因素，91 桌面、点心桌面、安卓桌面和百度桌面四款产品均可称为“百度系”，总计市场份额达到 34.28%。此外，GO 桌面与 NEXT 桌面均为久邦数码旗下产品，两者合计市场份额为 21.13%。

本章我们将以图 2.0.3 的主题为例设计一款手机主题。

2.1　足球场图标

图 2.1.1 是足球场图标，可以作为竞技类游戏的应用程序图标。

图 2.1.1　足球场图标

➘制作步骤

01 执行“新建”→“文档”命令，在弹出的“新建”对话框中，设置“名称”为“足球场”，文档宽度和高度都为“110 像素”，背景内容为“透明”，如图 2.1.2 所示。

02 在“图层”面板单击“创建新组”命令新建一个组，命名为“足球场”。在工具条单击“设置前景色”图标，在“拾色器（前景色）”对话框中，设置“RGB：#2ecc71”绿色前景色，按住“矩形工具”图标，在侧拉菜单中选择“圆角矩形工具”，在透明背景中从左上到右下框选一个圆角矩形，在图层面板自动创建一个“圆角矩形 1”图层，按组合键 Ctrl+Enter，将形状转换为选择框。

03 在“图层”面板单击“创建新图层”命令，在“圆角矩形 1”图层上创建一个新的图层，命名为“绿色背景”，按组合键 Alt+delete，将矩形框颜色填充为绿色的前景色，如图 2.1.3 所示。

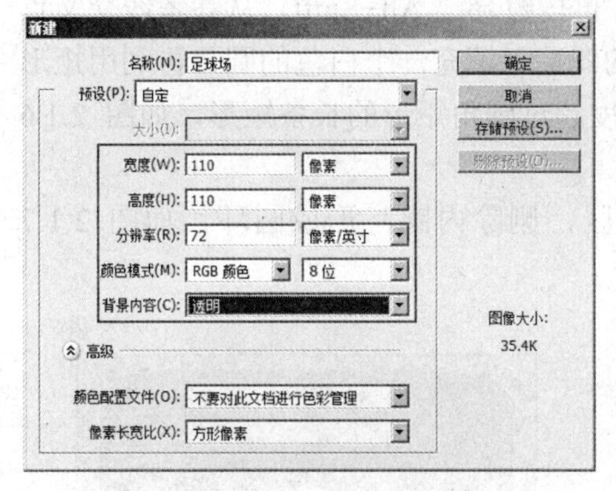

图 2.1.2　新建文档

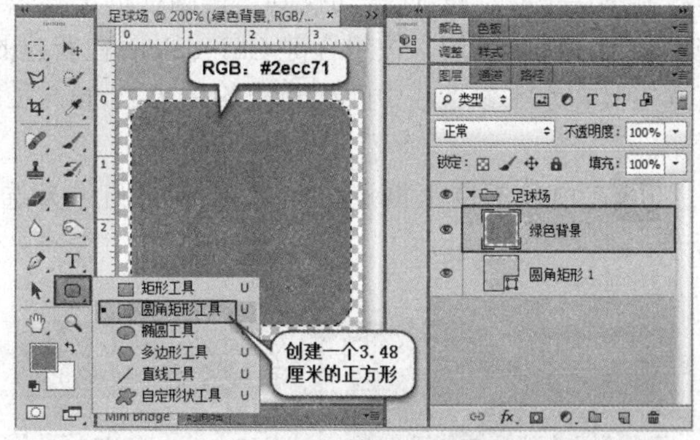

图 2.1.3　创建一个绿色的圆色矩形

【相关知识】

在工具箱中使用形状工具组，可以利用现有的图形绘制许多路径，如矩形工具、圆角矩形工具、椭圆工具、多边形工具、直线工具及自定义形状工具，如图 2.1.4 所示。

这些工具和选框工具使用方法类似，只是选框工具制作的是选择区，形状工具可以做路径，也可以做矢量图和光栅图，使用方法在它们的属性栏设置里面。

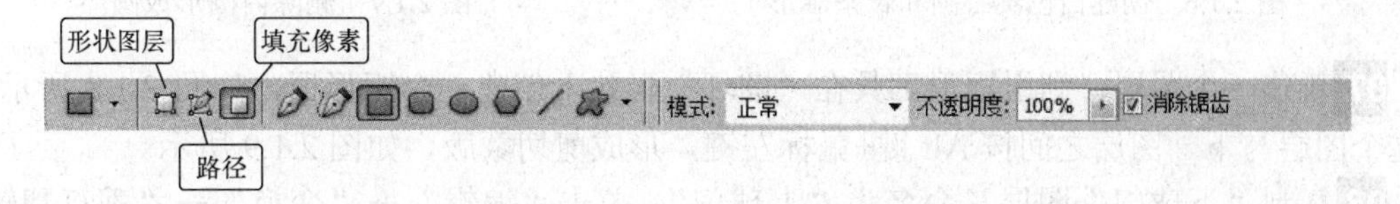

图 2.1.4　形状工具组

04 双击“绿色背景”图层，弹出“图层样式”对话框，勾选“投影”复选框，设置其混合模式为“正常”，不透明度为“20%”，角度为“90”度，单击“确定”按钮。绿色圆角矩形框底部显示出阴影效果，如图 2.1.5 所示。

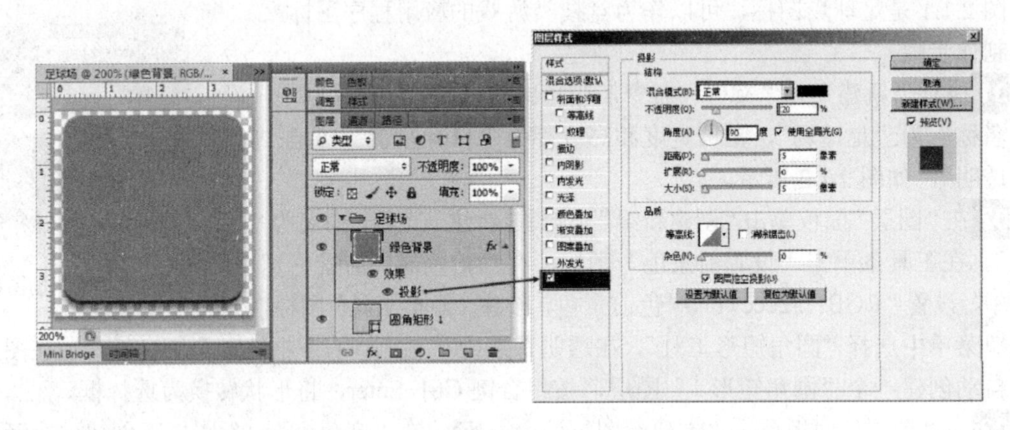

图 2.1.5 设置“绿色背景”图层的投影效果

05 新建一个图层，命名为“圆环”，按组合键 Ctrl+R 调出标尺，分别移出水平和垂直参考线到图层中心，按 M 键切换到“椭圆选框工具”，再按组合键 Alt+Shift，从参考线交叉点拖曳一个 1.6cm 的圆，按组合键 Ctrl+delete 在新建的图层上填充一个白色的圆，再利用矩形框选工具在水平参考线中间绘制一条高 0.28cm，长度超过圆角矩形的长条矩形，如图 2.1.6 所示。

06 在白色的圆上框选一个 1.2cm 的圆作为选区，删除内圆，形成圆环，如图 2.1.7 所示。

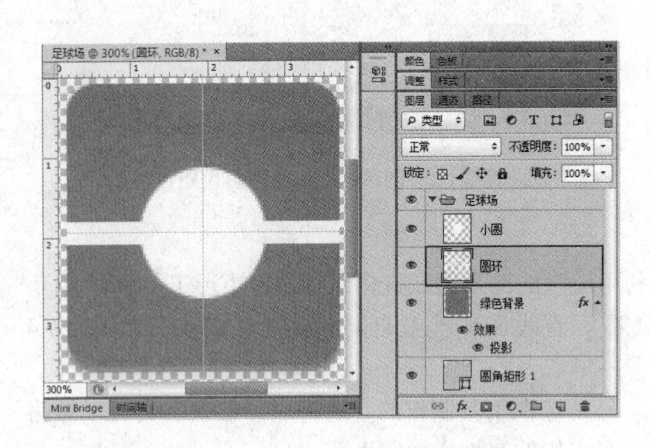

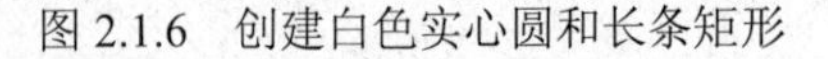

图 2.1.6 创建白色实心圆和长条矩形

图 2.1.7 删除内圆形成圆环

07 新建一个图层，利用矩形工具在“圆环”形状下创建一个矩形框，如图 2.1.8 所示，在这个图层与下一图层之间按 Alt 键+鼠标左键，形成剪切蒙版，如图 2.1.9 所示。

08 复制“下球门”图层，命名为“上球门”，单击“编辑”→“变换”→“垂直翻转”命令，将上矩形框移至“圆环”顶部，如图 2.1.10 所示。

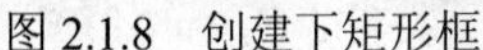

图 2.1.8　创建下矩形框

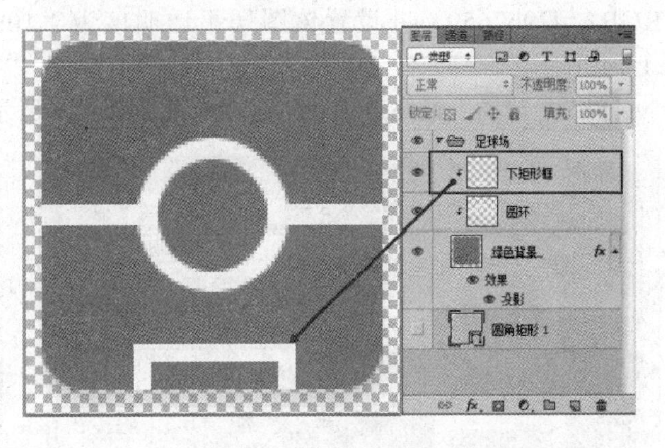

图 2.1.9　设置剪切蒙版

09新建一个图层，命名为“深草皮 1”，在圆角矩形的上方绘制一个矩形，填充为深绿色（RGB：#2bc06a），如图 2.1.11 所示。

图 2.1.10　复制并调整上矩形框

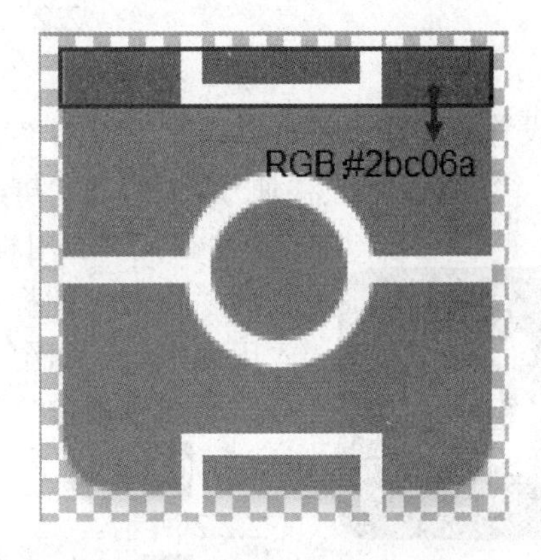

图 2.1.11　绘制一条“深色草皮”

10调整“深草皮 1”的“不透明度”为“40%”，按住 Alt 单击“深草皮 1”图层与“背景”图层的中间，形成剪切蒙版，此时深色草皮将叠放于圆角矩形上，如图 2.1.12 所示。

11按相同的方法绘制“深草皮 2”至“深草皮 5”，如图 2.1.13 所示。

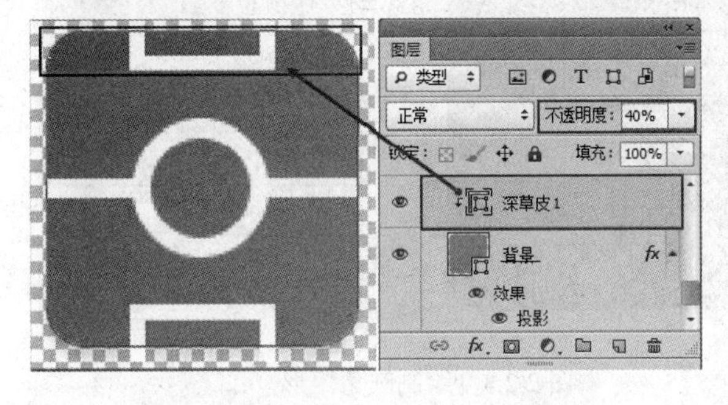

图 2.1.12　设置“深草皮 1”图层

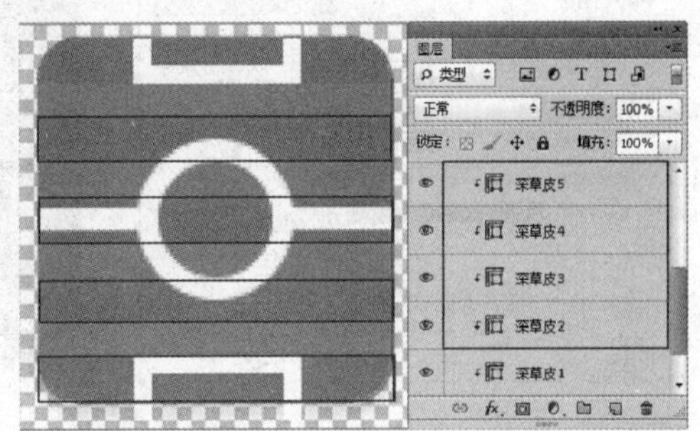

图 2.1.13　复制其他草皮并分布排列

12创建“投影”图层，在足球场左侧绘制“阴影”部分的形状，填充为深绿色

（RGB：#29b765），并设置该图层不透明度为“10%”，将图层设置为剪切蒙版，如图 2.1.14 所示。

13“足球场”最终效果及所有图层如图 2.1.15 所示。

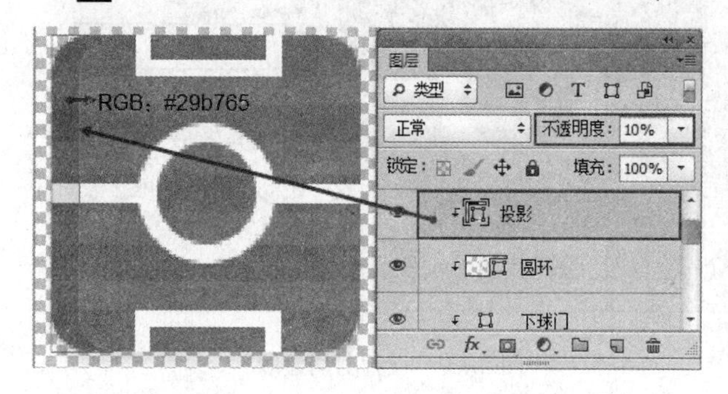

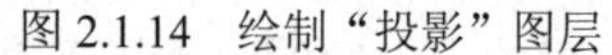
图 2.1.14　绘制“投影”图层

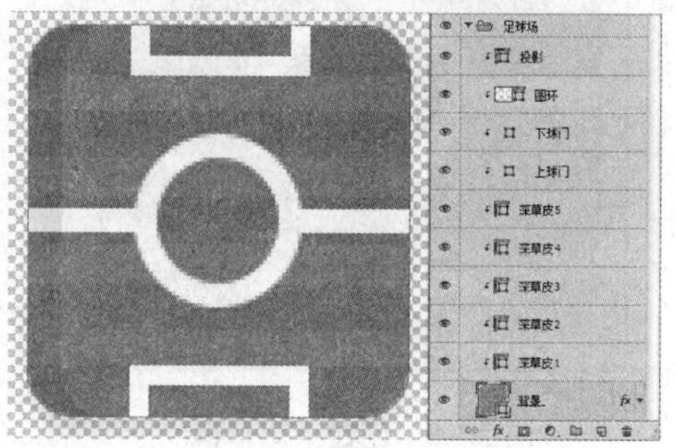

图 2.1.15　“足球场”最终效果及所有图层

2.2　“设置”图标

“设置”图标一般可以设置手机的“WLAN”、“蓝牙”、“亮度”、“壁纸”、“字体大小”、“音量”、“手机铃声”、“通知铃声”和“屏幕锁定”等功能。主要的设置内容是“无线和网络”、“设备”、“应用程序”、“个人”、“账户”、“系统”。手机用户可以通过“设置”图标设置手机的联网方式，管理手机内存，安装卸载应用程序等。如图 2.2.1 所示为常用的“设置”图标效果图。

图 2.2.1　“设置”图标

制作步骤

01新建一个 110×110 像素的文档，命名为“设置图标”，如图 2.2.2 所示。

02按组合键 Shift+Ctrl+N 创建一个“背景”图层，按“U”键调用“圆角矩形工具”，在“背景”图层创建一个 3.5cm×3.5cm 的圆角矩形，填充为灰色（RGB：#383838），如图 2.2.3 所示。

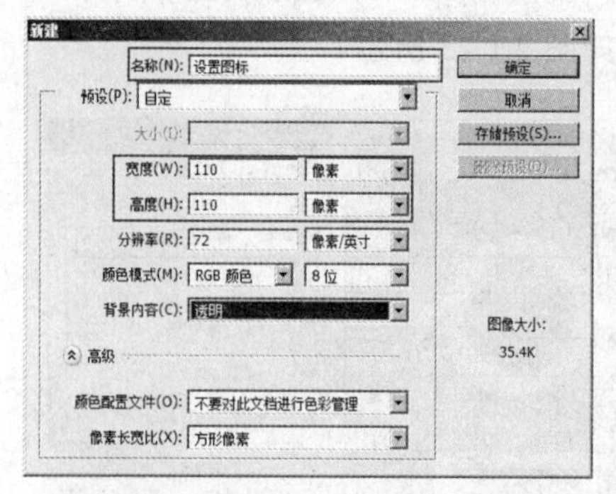

图 2.2.2　创建“设置图标”文档

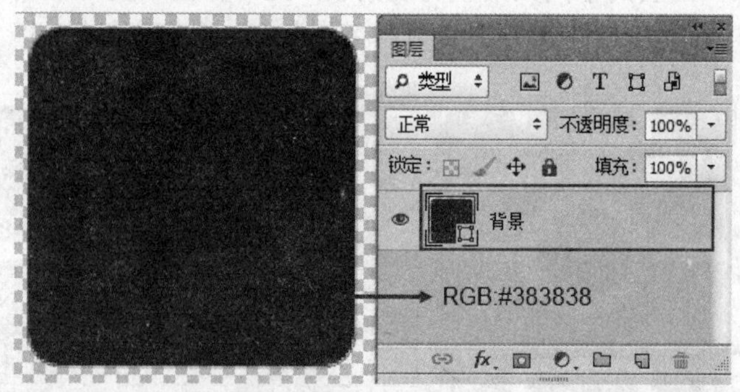

图 2.2.3　绘制圆角矩形

03双击“背景”图层，弹出“图层样式”对话框，勾选“投影”选项，设置“混合模式”为“正常”，“不透明度”为“20%”，角度为“90 度”，如图 2.2.4 所示。

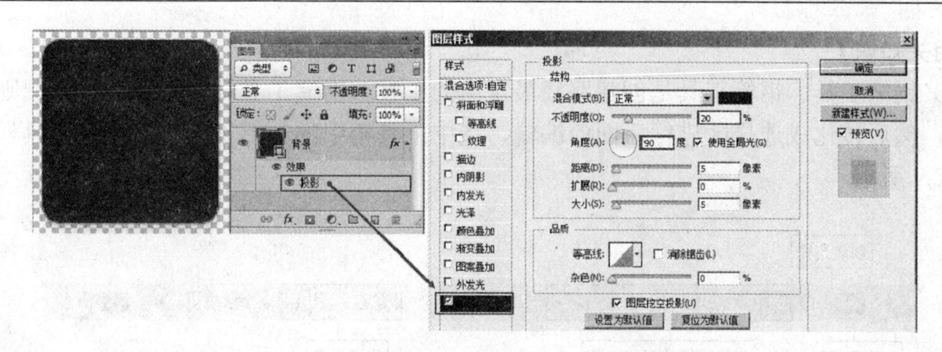

图 2.2.4　设置圆角矩形背景的投影效果

04 按组合键 Ctrl+R 调用标尺，移动水平和垂直参考线至中心点，启用椭圆选框工具，按组合键 Alt+Shift，从中心点绘制一个 1.83cm 的正圆，填充浅灰色（RGB：#e8e8e8），如图 2.2.5 所示。

05 按住 Ctrl 键单击“圆环”图层，圆被框选，单击“选择”→“修改”→“收缩”，在弹出的“收缩”对话框中，设置收缩“6 像素”，填充内圆为灰色（RGB：#383838），如图 2.2.6 所示。

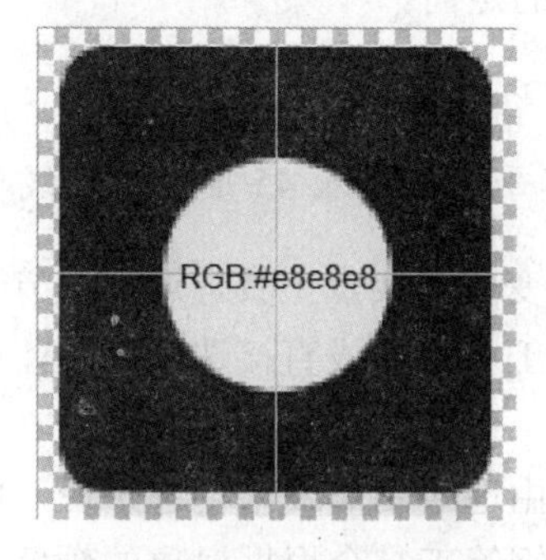

图 2.2.5　绘制浅灰色内圆

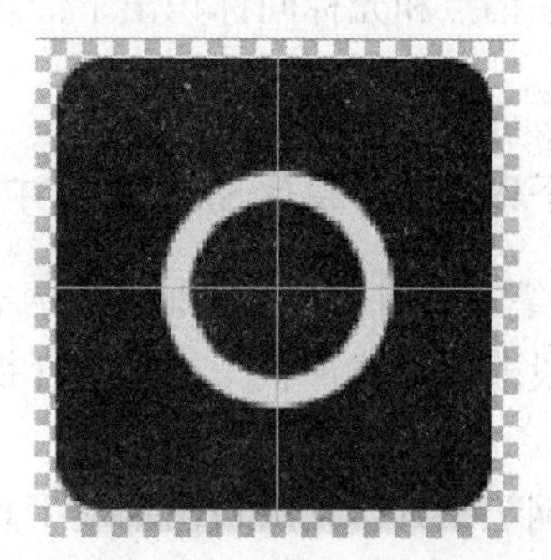

图 2.2.6　收缩选框绘制圆环

06 按相同的方法，再按“5 像素”比例收缩三个内圆，分别填充浅灰色与灰色，形成圆环，如图 2.2.7 所示。

07 使用“钢笔工具”在外圆上绘制一个三角形，再使用“转换点工具”将三角形顶点向两边拖曳形成圆弧，单击鼠标右键，选择“填充路径”，填充颜色为浅灰色，如图 2.2.8 所示。

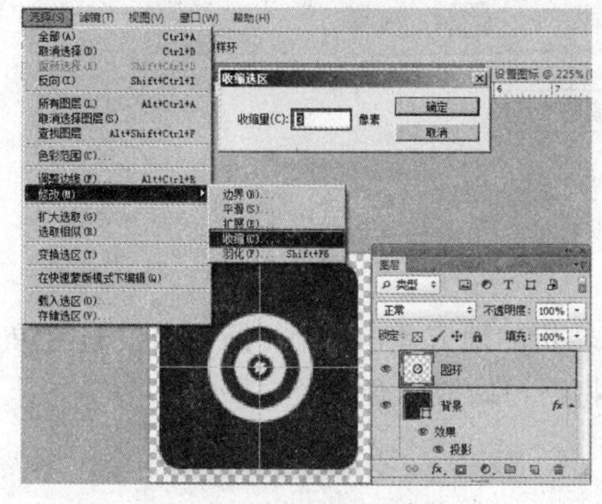

图 2.2.7　绘制多个圆环

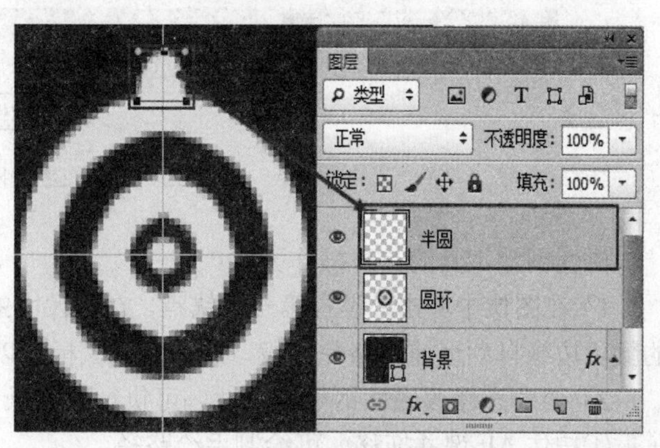

图 2.2.8　绘制半圆图形

【相关知识】

（1）钢笔工具。钢笔工具是创建路径最常用的工具。钢笔工具可以绘制各种不规则的路径形状，然后转化成选择区进行后面的编辑，选中工具箱中的钢笔工具后，其工具栏选项如图 2.2.9 所示。

图 2.2.9 “钢笔工具”的工具栏

1）选择选项栏中的“自动添加/删除”，在已经绘制的线段上，钢笔工具自动变为“添加锚点工具”，可以在路径上添加锚点；在锚点上，钢笔工具自动变为“删除锚点工具”，可以单击删除已有的锚点。

2）单击选项栏中自定义形状工具中的下拉按钮，并选择“橡皮带”，可以在绘图时预览路径段，即在锚点和光标间标识出下一段路径线的走向。

提 示

单击第二个锚点时，按住 Shift 键，可以绘制水平、垂直或 45 度角的直线路径。

3）使用钢笔工具时，按下 Alt 键，钢笔工具将变成转换点工具，通过调节大锚点和小锚点两边的直线段改变曲线形状。按下 Ctrl 键，钢笔工具将变成直接选择工具，可以显现和移动锚点。

（2）自由钢笔工具。使用自由钢笔工具可以自由地绘制曲线来创建路径，像用铅笔在纸上绘图一样。绘制时不需要确定锚点的位置，自由钢笔工具会根据对象的颜色范围自动添加锚点。

（3）磁性钢笔工具。磁性钢笔是自由钢笔工具属性栏中的选项，它可以绘制与图像中定义区域的边缘对齐的路径。自由钢笔工具选取磁性的选项设置后，可以激活磁性钢笔工具，如图 2.2.10 所示。

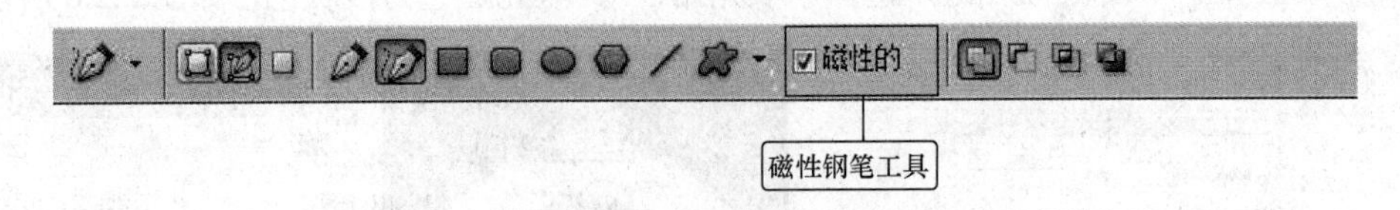

图 2.2.10 设置磁性钢笔工具

磁性钢笔工具的具体操作方法：

1）在图像中单击，设置第一个锚点，在图像大的转折的地方单击锚点，路径会根据图像的颜色边缘自动地捕捉路径线段，最后双击鼠标可以将路径做成闭合路径。

2）要动态修改磁性钢笔的属性，可执行下列操作之一。

①按住 Alt 键并拖移，可绘制手绘路径。

②按住 Alt 键并点移，可绘制直线段。

③按左方括号键（[）可将磁性钢笔工具的宽度减小 1 像素；按右方括号键（]）可将钢笔宽度增加 1 像素。

完成路径的操作如下：

1）按 Enter 键，结束开放路径。

2）单击两次，闭合包含磁性段的路径。

3）按住 Alt 键并单击两次，闭合包含直线段的路径。

路径是一种矢量图形，用户可以对其进行精确定位和调整。利用路径能创建不规则的复杂的图像区域。路径的基本组成包括锚点、直线段、曲线段、控制柄等，路径的组成及调整方法如图 2.2.11 所示。

锚点：曲线段或直线段之间连接的点，调节大锚点可以通过控制柄同时调节大锚点两边的曲线段，调节小锚点可以控制大锚点一边的控制柄从而控制一边的曲线段。

直线段：使用钢笔工具在图像中单击两个不同的位置，将在两点之间创建一条直线段，若按住 Shift 键再建一个点，则新建的线段与以前的直线成 45° 角。

曲线段：锚点两边平滑的线段为曲线段。

控制柄：当选择曲线段的一个锚点后，会在该锚点上显示控制柄，拖动控制柄一边的锚点就可以改变曲线段的形状。

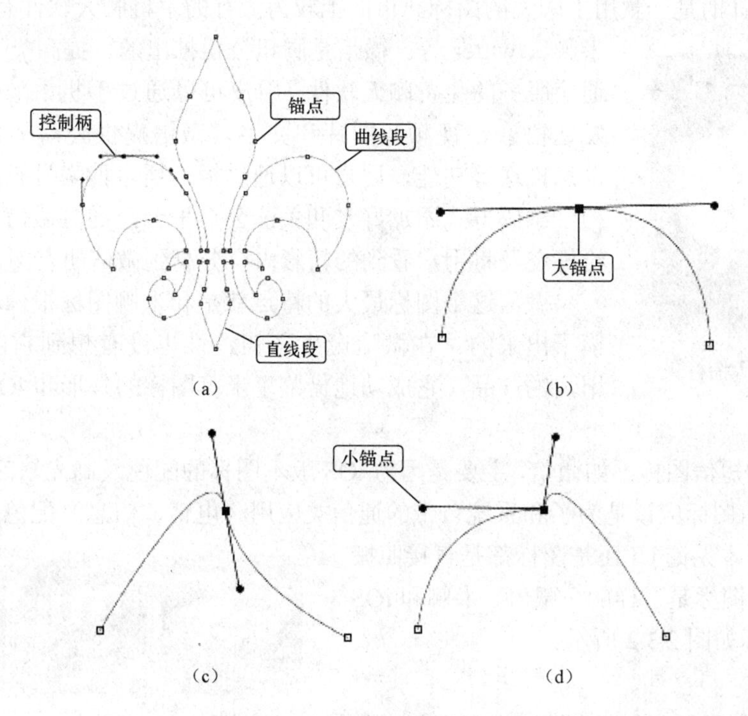

图 2.2.11 路径的组成及调整方法

（a）路径的基本组成；（b）大锚点；（c）调节大锚点；（d）小锚点

08 复制“半圆”图层，按组合键 Ctrl+T 变换半圆图形，按住 Alt 键将半圆中心移至圆环的圆心，然后在属性栏的角度框输入“40 度”，接下来按组合键 Ctrl+Shift+Alt+T 复制其他 8

个半圆，合并圆环和半圆图形到一个图层，命名为“齿轮形状”，如图 2.2.12 所示。

09 新建“长投影”图层，绘制一个矩形，填充为黑色，按组合键 Ctrl+T 旋转矩形位置，将其调整为齿轮图案的长投影，并将该图层设置为“背景”图层的剪切蒙版，将所有图层剪切到新建的“设置”组，以便调用，如图 2.2.13 所示。

图 2.2.12　绘制齿轮形状

图 2.2.13 “设置”图标及所有图层

2.3 聊 天 图 标

图 2.3.1 设计的是一款用于聊天的图标。市面上较为流行的手机聊天软件有 QQ、微信、米聊、twitter 等。微信是腾讯公司推出的，提高类 Kik 免费即时通信服务的免费聊天软件。用户可以通过手机、平板、网页快速发送语音、视频、图片和文字。微信提供公众平台、朋友圈、消息推送等功能，用户可以通过摇一摇、搜索号码、附近的人、扫二维码方式添加好友和关注公众平台，同时微信帮将内容分享给好友及将用户看到的精彩内容分享到微信朋友圈。

图 2.3.1　聊天图标

微信这个图标最大的特点就是和米聊图标很像，几乎是一个模子出来的。在微信诞生之初，谁也没有想到它能够成为亿级用户的产品，它成功地借鉴了米聊图标的外形和 iOS 短信图标的配色。

iOS 版本的短信图标不如微信，主要是因为 iOS 版本图标的配色及高光缺乏质感造成的。iOS 版本的微信图标应该是为了和系统自带的通信类应用（电话、信息）配色及质感一致而设计的。安卓版本无论 UI 还是图标都是直接照搬 iOS 版本，所以图标是一样的。微信、米聊和 iOS 短信的三种图标如图 2.3.2 所示。

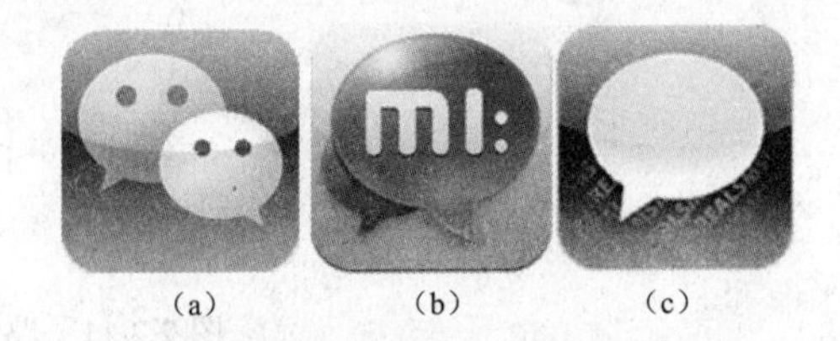

（a）　（b）　（c）

图 2.3.2　各种版本的聊天图标

（a）微信图标；（b）米聊图标；（c）iOS 短信图标

制作步骤

01 新建一个 110×110 像素的文档，命名为“微信图标”，如图 2.3.3 所示。

02 按组合键 Shift+Ctrl+N 创建一个“背景”图层，按“U”键调用“圆角矩形工具”，在“背景”图层创建一个 3.5cm×3.5cm 圆角矩形，填充为蓝色（RGB：# 008efe），如图 2.3.4 所示。

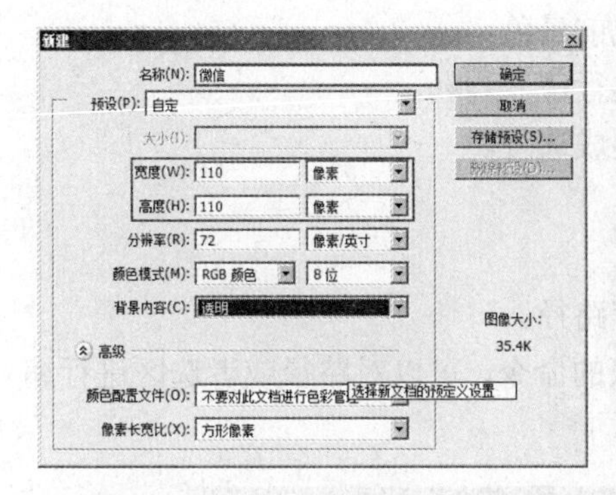

图 2.3.3 创建“微信图标”文档

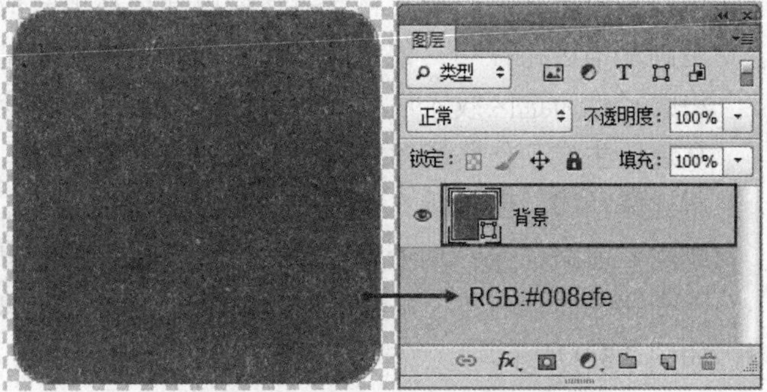

图 2.3.4 创建圆角矩形作为背景

03 双击“背景”图层，弹出“图层样式”对话框，勾选“投影”选项，设置“混合模式”为“正常”，“不透明度”为“20%”，角度“90 度”，如图 2.3.5 所示。

04 单击“路径”面板选项卡，切换到“路径”面板，单击“从选区生成路径”按钮，如图 2.3.6 所示。

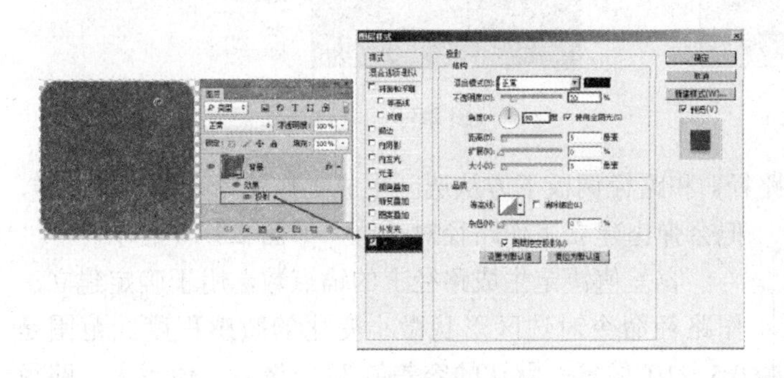

图 2.3.5 设置背景的投影效果

图 2.3.6 将椭圆选区生成路径

【相关知识】

路径类型一般包括直线路径、曲线路径、开放路径、闭合路径和混合路径。路径可以是封闭的，如圆、正方形，也可以是开放的，如直线、波浪线等，如图 2.3.7 所示。

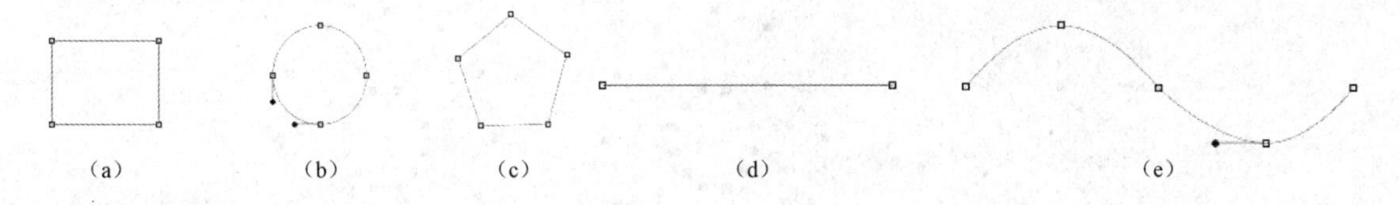

图 2.3.7 路径的类型

（a）矩形路径；（b）圆形路径；（c）多边形路径；（d）直线路径；（e）波浪线路径

路径是 Photoshop CS5 非常重要的一个功能，和图层通道一样，路径也有专门的调板，如图 2.3.8 所示。

工作路径：也是临时路径，当做好一个路径以后，没有将工作路径转换成路径 1 存储起来，单击路径调板灰色部分将路径隐藏以后，再做新的路径，则前面的路径会消失不见，所以一般将工作路径双击进行存储保留。

用前景色填充路径：将当前路径内部全部填充成前景色。

用画笔描边路径：使用前景色沿路径的外轮廓进行边界勾勒。

将路径作为选区载入：将当前被选中的路径转换成选区。

从选区生成工作路径：将选区转换成路径。

新建路径：创建新的路径。

删除当前路径：用于删除路径调板所选择的所有路径。

单击路径面板右边三角形下拉菜单，会打开隐藏的命令，可以对路径或者选区进行编辑，如图 2.3.9 所示。

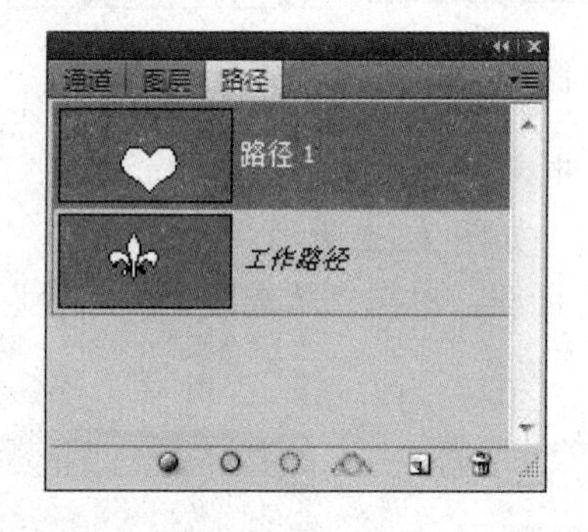

图 2.3.8　路径调板

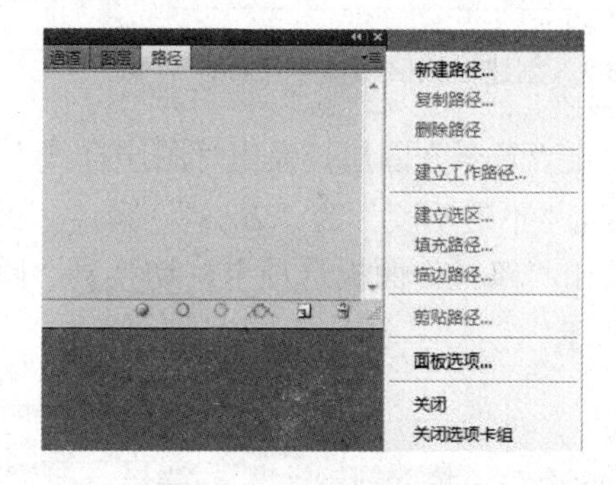

图 2.3.9　编辑路径

建立工作路径：将选区转换成路径。和路径调板下方从选区生成工作路径功能一样，但会弹出建立工作路径对话框，如图 2.3.10 所示。

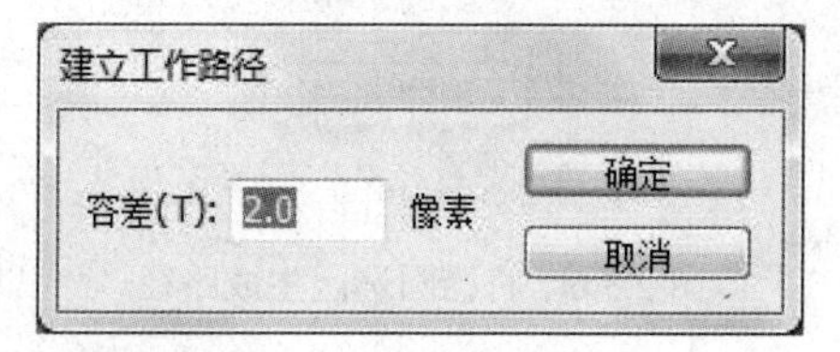

图 2.3.10　建立工作路径对话框

容差值决定生成路径上的锚点数，用于确定建立工作路径命令对选区形状微小变化的敏感程度。范围是 0.5～10 像素，默认的容差值为 2 像素。值越大，路径上定位的锚点数量越少，路径也越平滑。图 2.3.11 所示为不同容差值生成的路径效果对比图。

建立选区：将路径转换为选区。和路径调板下方将路径作为选区载入功能一样，但会弹出建立选区对话框，如图 2.3.12 所示。

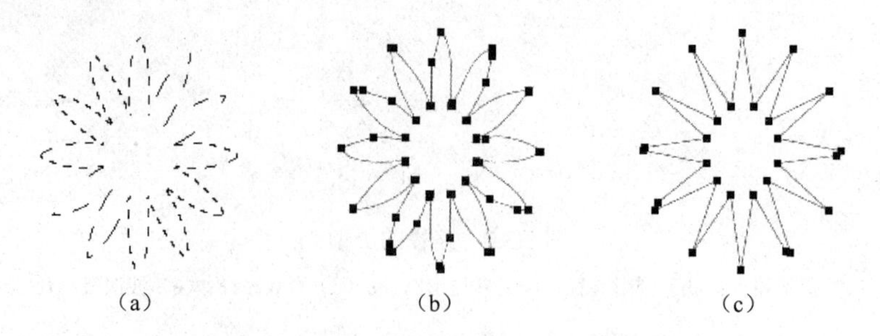

图 2.3.11　不同容差值生成的路径效果对比图

（a）原选区；（b）容差值为 1 时生成的路径；（c）容差值为 10 时生成的路径

图 2.3.12 中：新建选区是新建一个单独的选区；添加到选区是将路径转换成选区再和原有的选区合并；从选区中减去是将路径转换成选区再从原有的选区中减去；与选区交叉是将路径转换成选区后与原有的选区相交。

05 返回图层面板，在矩形上单击，在相应位置用“添加锚点工具”添加相应锚点，再单击“直接选择工具”（快捷键“A”），拖曳相应控制点，制作出气泡的效果，如图 2.3.13 所示。

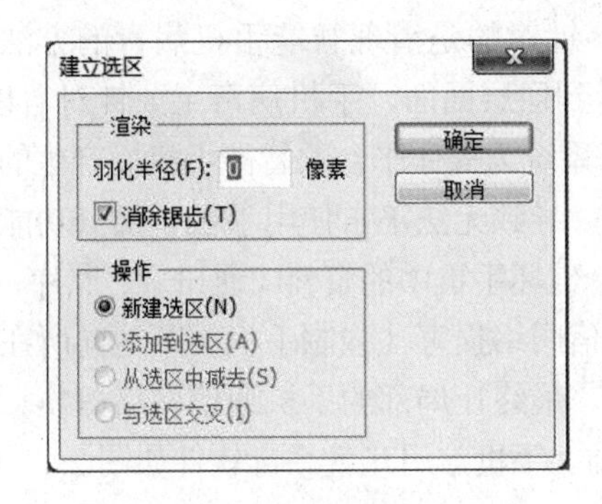

图 2.3.12 建立选区对话框

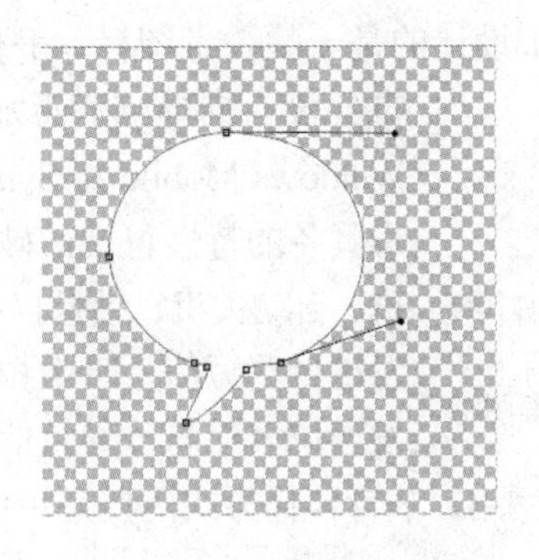

图 2.3.13 调整气泡形状

06 按组合键 Alt+Delete 填充气泡颜色为白色，如图 2.3.14 所示。

07 按相同的方法制作小气泡，如图 2.3.15 所示。

图 2.3.14 填充气泡颜色为白色

图 2.3.15 小气泡形状

08 按组合键 Ctrl+J 复制“小泡泡”图层，将复制的图层命名为“小泡泡阴影”，并放在“小泡泡”图层下，按组合键 Ctrl+T 调整小泡泡的大小，如图 2.3.16 所示。

09 在“大泡泡”和“小泡泡阴影”图层间按 Alt 键，将“小泡泡阴影”图层设置为“大泡泡”的剪切蒙版，将显示在大泡泡外的多余阴影隐藏，如图 2.3.17 所示。

10 新建一个名为“微信”的组，将上面制作的所有图层放置到该组中，如图 2.3.17 所示。

图 2.3.16 复制并制作小泡泡的阴影

图 2.3.17 创建小泡泡阴影为剪切蒙版

2.4　杀　毒　图　标

图 2.4.1 设计的是一款杀毒图标。手机杀毒，针对的是清理智能手机病毒的方法。手机病毒并没有向电脑病毒那样充斥到层层面面，手机病毒主要针对着以 Palm、Windows Mobile 和 Symbian 等系统为操作平台的智能手机而产生的。手机病毒具备的特性包括：破坏设备，导致无法正常使用手机、部分功能失效、死机、自动关机、频繁自动重启、破坏手机中的资料（通讯录、照片、图铃等）、发送付费短信、暗中扣费、通信网络损害（强制手机不断地向所在通信网络发送垃圾信息，导致信息堵塞，最终让局部的手机通信网络瘫痪。手机表现出自动连接网络，病毒传播方式主要是短信。市场上手机常用几款杀毒软件如图 2.4.2 所示。

图 2.4.1　杀毒图标

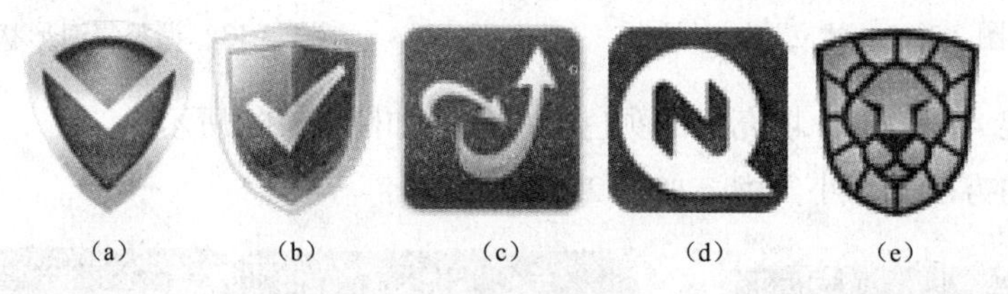

（a）　（b）　（c）　（d）　（e）

图 2.4.2　手机常用杀毒软件

（a）腾讯手机管家；（b）金山手机卫士；（c）金山毒霸手机版；（d）网秦安全；（e）瑞星杀毒软件手机版

↘制作步骤

01 新建一个 110×110 像素的文档，命名为“备忘录图标”，如图 2.4.3 所示。

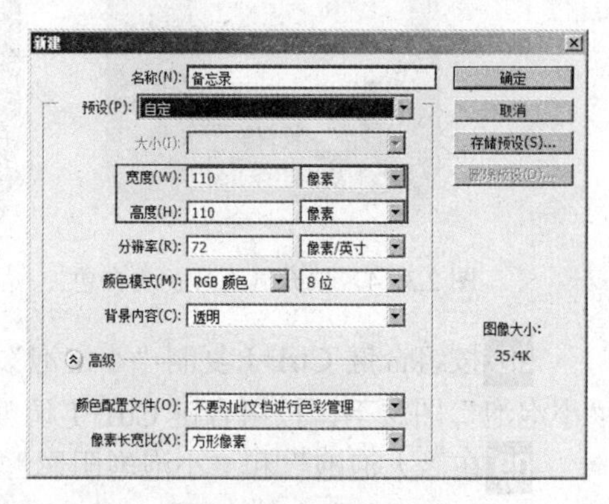

图 2.4.3　新建文档

02 按组合键 Shift+Ctrl+N 创建一个名为“背景”的图层，按“U”键调用“圆角矩形工具”，在“背景”图层创建一个 3.5cm×3.5cm 圆角矩形，填充为白色，并设置投影效果，如图 2.4.4 所示。

03 使用“钢笔工具”绘制金盾的左半边，再使用“转换点工具”调整左下角锚点，使之变成圆弧，按组合键 Ctrl+Enter 将路径切换成选框，新建“图层 1”，按组合键 Alt+Delete 填充黄色（RGB：#fcb516），如图 2.4.5 所示。

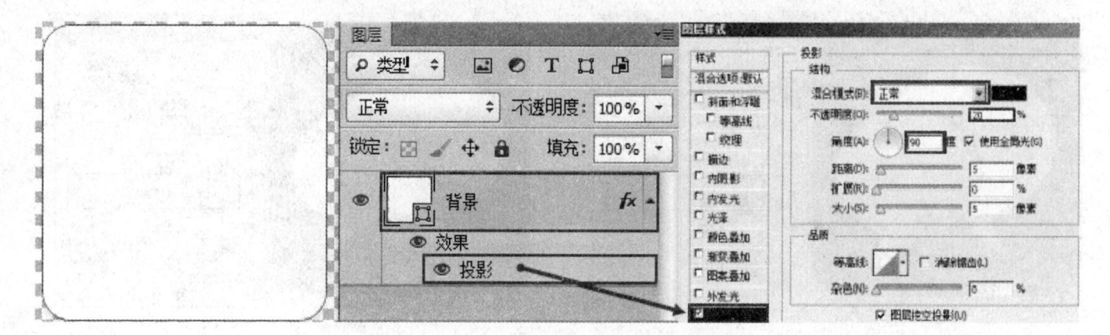

图 2.4.4　绘制圆角矩形并设置投影

【相关知识】

（1）添加、删除锚点和续画路径。使用添加锚点工具和删除锚点工具，可在路径上添加锚点和删除现有的锚点。

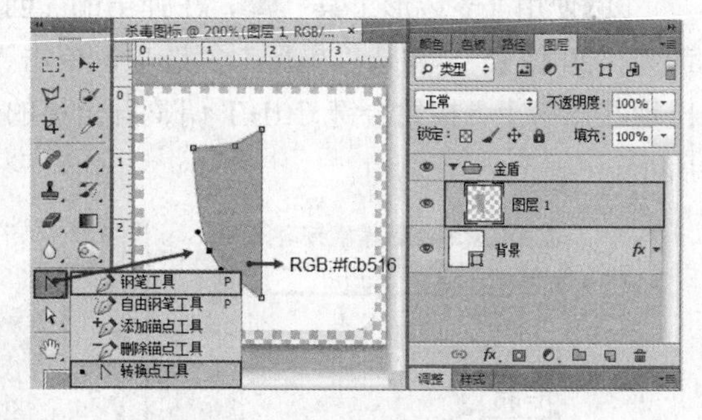

图 2.4.5　绘制金盾的左半边

选择钢笔工具或自由钢笔工具，在路径的起点或终点上单击，可继续绘制路径。

（2）调整路径。调整整个路径，选择工具箱中路径选择工具选择整个路径后进行移动或者调整。

调整路径局部或锚点，使用直接选择工具单击路径，则显现锚点，按 Alt 键使用转换点工具对大小锚点进行调整。

（3）填充路径。填充路径是指将颜色或图案填充到路径内部的区域。填充路径是在填充路径对话框中完成的，在路径面板中需要填充的路径上单击鼠标右键，在弹出的快捷菜单中选择填充路径命令，即可弹出填充路径对话框，如图 2.4.6 所示。

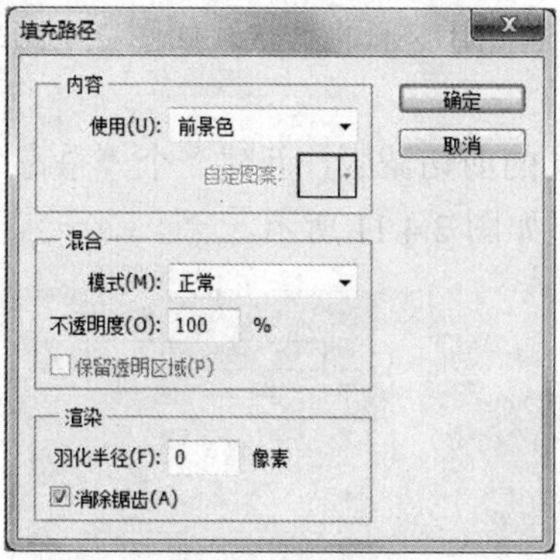

图 2.4.6　填充路径对话框

对话框中各项含义如下。

使用下拉列表框可以选择填充的内容，包括前景色、背景色、自定义颜色和图案等。

模式下拉列表框中可以设置填充内容的混合模式。

羽化半径用于设置填充后的羽化效果，数值越大，羽化效果越明显。

（4）描边路径。用户可以使用画笔、铅笔、橡皮擦和图章等工具为路径描边，对路径进行各种笔触效果的描绘。

04 按组合键 Ctrl+J 复制“图层 1”生成“图层 1 副本”，单击“编辑”→“变换”→“水平翻转”，将复制的金盾左边复制到右边，按组合键 Ctrl+E 合并左右两边的金盾部分，将新生成的图层命名为“金盾”，如图 2.4.7 所示。

05 新建“金盾右侧”的图层，使用“矩形选框工具”框选金盾右半边，填充深黄色（RGB：#dd8c0a），在两图层间按 Alt 键，金盾的右半边显示为深黄色，矩形多余部分被隐藏，如图 2.4.8 所示。

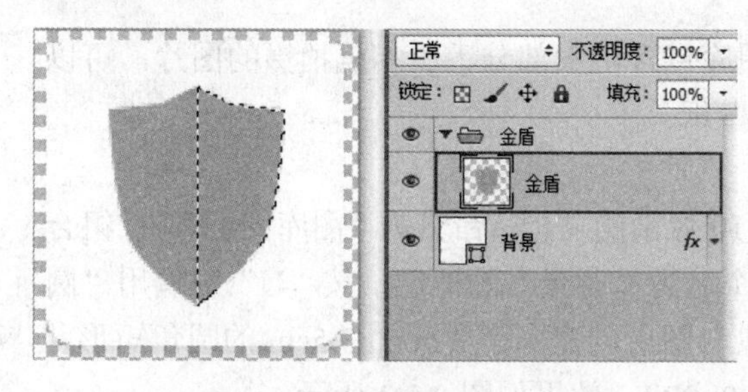

图 2.4.7　复制并合并生成金盾

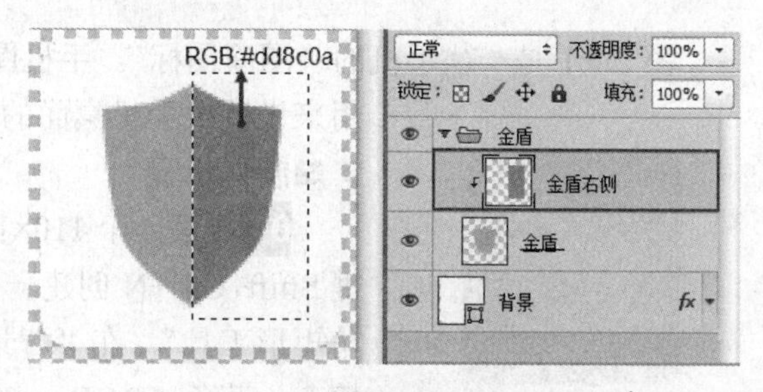

图 2.4.8　设置金盾右侧背光颜色

06 使用“多边形工具”，在弹出的“创建多边形”对话框中，选择“宽度”和“高度”都为“20 像素”，勾选“星形”复选项，单击“确定”，在金盾的相应位置单击，一个五角星出现在盾牌上，按组合键 Ctrl+T 调整五角星的角度和位置，并填充五角星为白色，如图 2.4.9 所示。

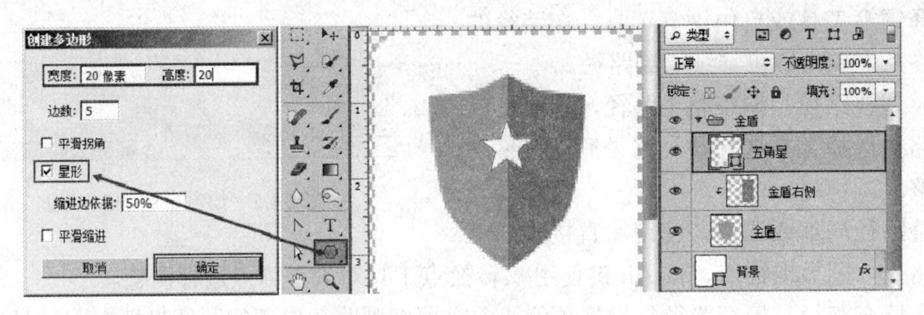

图 2.4.9 绘制五角星

07 使用“矩形工具”在金盾的下方绘制一个矩形，按组合键 Ctrl+T 调整矩形的角度和位置，并填充其颜色为浅灰色（RGB：#d7d9da），按 Enter 键应用变形的形状，如图 2.4.10 所示。

08 在两个图层间按 Alt 键使“长投影”图层变成背景图层的剪切蒙版，新建一个“杀毒图标”的组，将所有图层移至该组，杀毒图标效果及所有图层如图 2.4.11 所示。

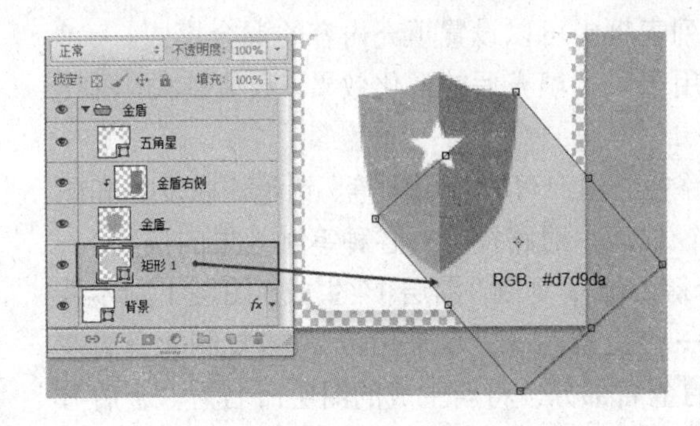

图 2.4.10 绘制金盾的长投影

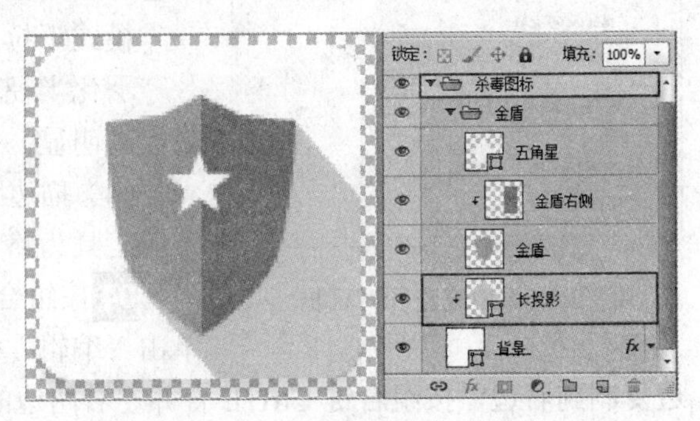

图 2.4.11 杀毒图标效果及所有图层

2.5 图 库 图 标

图 2.5.1 是一款手机的“图库图标”。手机图库包含了大部分手机相机拍摄的图片，可以用来设置成手机桌面的壁纸。

图 2.5.1 图库图标效果图

➘制作步骤

01 新建一个 110×110 像素的文档，命名为“图库图标”。按组合键 Shift+Ctrl+N 创建一个名为“背景”的图层，按“U”键调用“圆角矩形工具”，在“背景”图层创建一个 3.5cm×3.5cm 的圆角矩形，填充为蓝色（RGB：# 00bff3），效果如图 2.5.2 所示。

02 双击“背景”图层，弹出“图层样式”对话框，勾选“投影”

选项，设置“混合模式”为“正常”，“不透明度”为“20%”，角度为“90度”。

03 新建“太阳”的图层，使用“椭圆工具”，按Shift+鼠标左键在背景左下方拖曳一个圆，填充颜色为黄色（RGB：# f1c40f），在图层间按Alt键将图层转换成剪切蒙版，如图2.5.3所示。

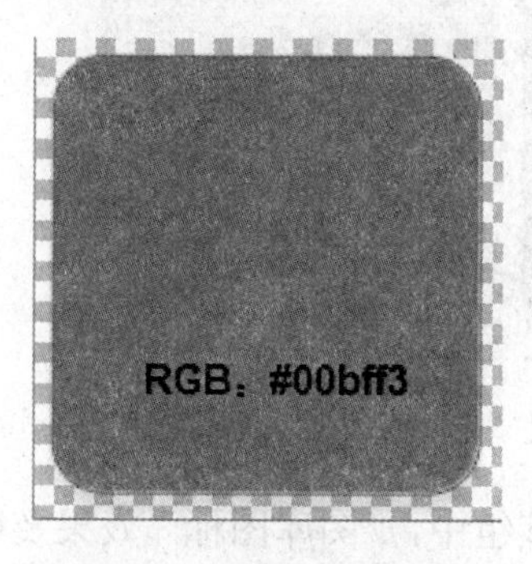

图2.5.2 创建圆角矩形

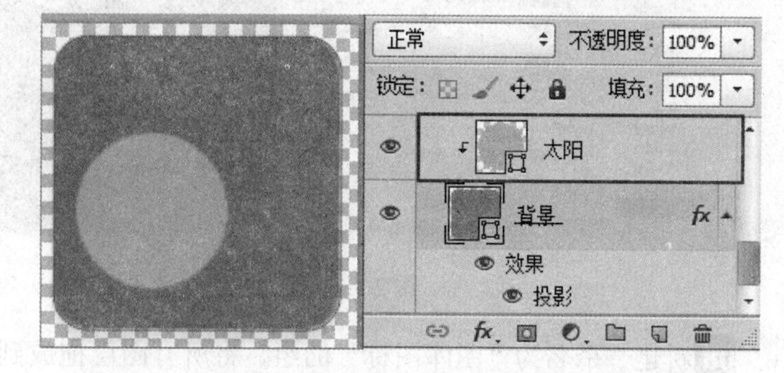

图2.5.3 创建太阳剪切蒙版图层

04 新建“小云”的图层，使用“椭圆工具”绘制三个大小不同相交连的圆，并将该图层转换为剪切蒙版，如图2.5.4所示。

05 按相同的方法创建“大云”，如图2.5.5所示。

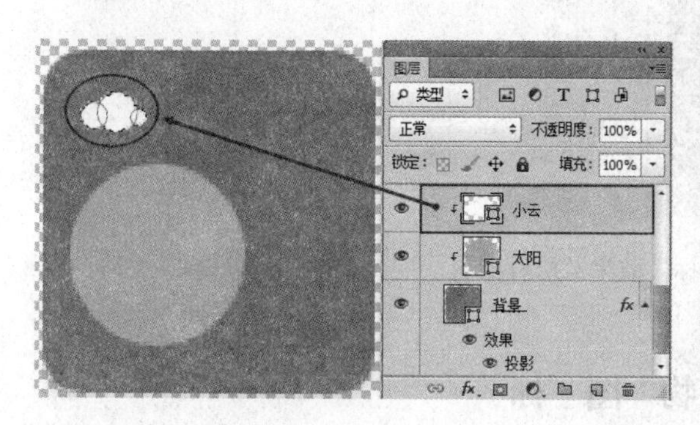

图2.5.4 创建小云朵

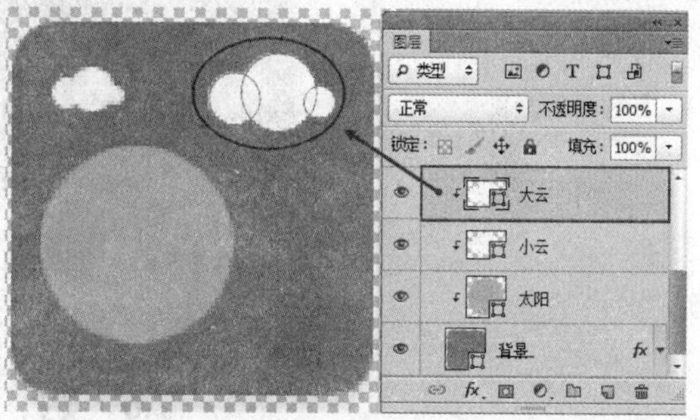

图2.5.5 创建大云朵

06 新建“绿地右”图层，使用“椭圆工具”绘制一个椭圆，按组合键Ctrl+T调整椭圆大小、形状及位置，设置完成后转换为剪切蒙版，如图2.5.6所示。

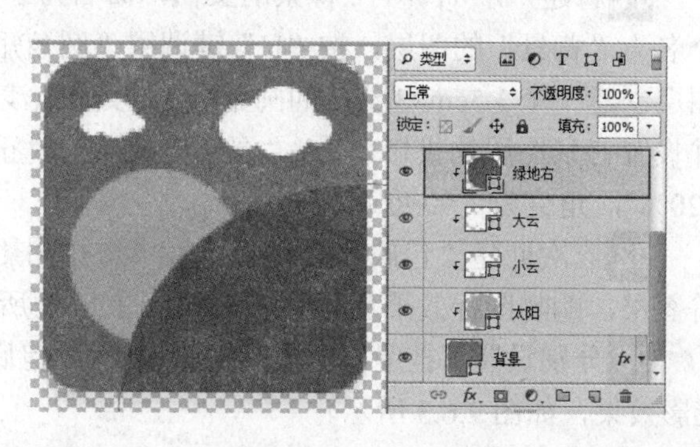

图2.5.6 绘制右边绿地

07 按相同的方法绘制“绿地左”，并设置该图层的“投影”效果，阴影颜色为深绿色（RGB：#096351），投影距离为“11”，如图 2.5.7 所示。

图 2.5.7　绘制左边绿地并设置投影效果

08 新建一个名为“图库图标”的组，将所有图层拖放到该组中，“图库图标”效果及所有图层如图 2.5.8 所示。

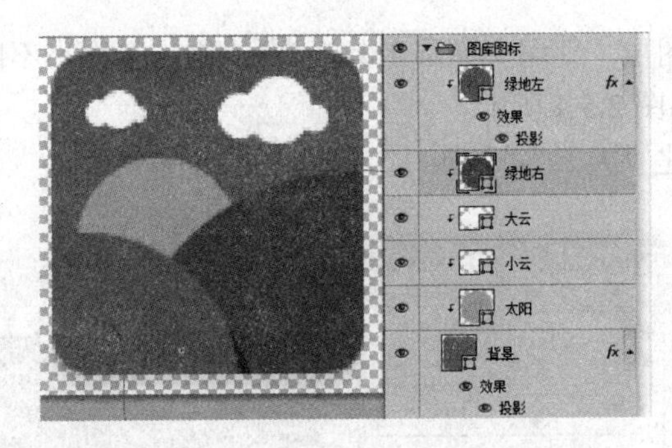

图 2.5.8　“图库图标”效果及所有图层

2.6　购　物　图　标

图 2.6.1 是一款购物的图标。

制作步骤

图 2.6.1　购物图标

01 新建一个 110×110 像素的文档，命名为“购物图标”。再新建一个名为“背景”的图层，按“U”键调用“圆角矩形工具”，在“背景”图层创建一个 3.5cm×3.5cm 的圆角矩形，填充为浅黄色（RGB：#dcbb6a），并设置背景图层的投影效果，“混合模式”为“正常”，“不透明度”为“20%”，角度为“90 度”。

02 依次创建“包底”、“包搭扣”、“搭扣阴影”、“圆点”、“挂绳”等图层，购物图标效果及其所有图层如图 2.6.2 所示。

03 分别设置“挂绳”图层的阴影效果，“包底”图层的描边效果，以及“背景”图层的投影效果，如图 2.6.3 所示。

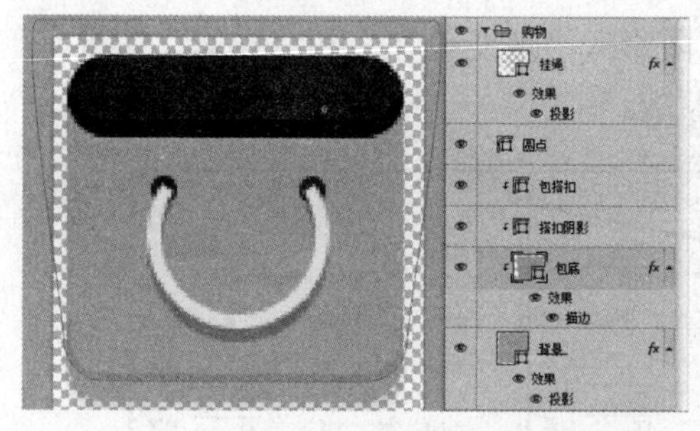

图 2.6.2 购物图标效果及其所有图层

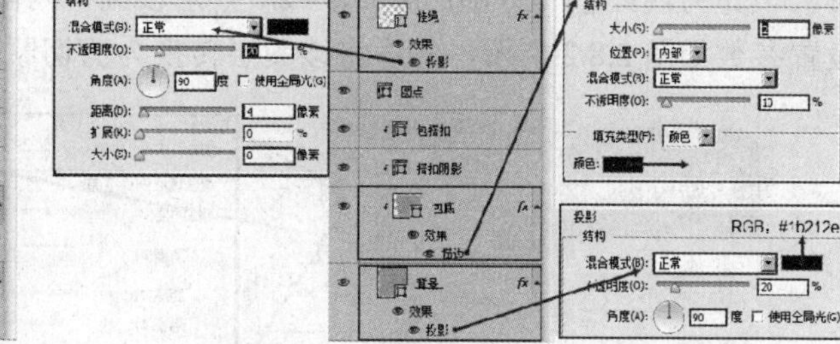

图 2.6.3 设置相应图层的混合模式

2.7 时 钟 图 标

图 2.7.1 是一款时钟图标。用户可以通过“时钟图标”设置“闹钟”，查看所在地区的时间，启用“秒表”功能，设置“计时器”。

图 2.7.1 时间图标

↘操作提示

新建“时间图标”文档，分别创建“时钟边框”、“时钟内部”、“时针长投影”、“长针”、“短针”、“时钟转轴”图层，并设置相应颜色，其中“时钟内部”和“时钟外框”需要设置投影效果，时间图标及其各图层设置如图 2.7.2 所示。

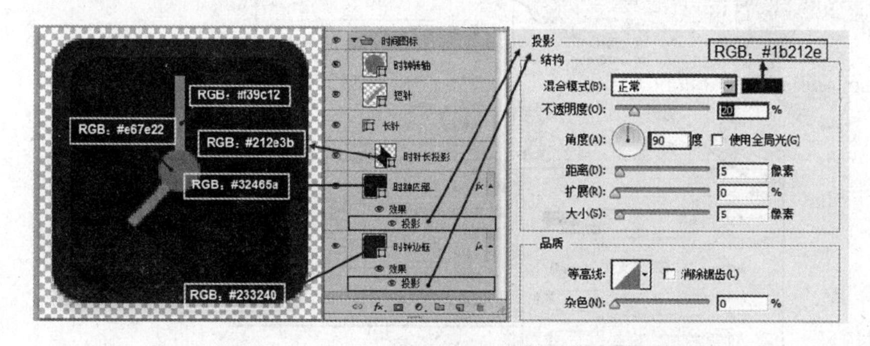

图 2.7.2 时间图标及其各图层

2.8 相 机 图 标

图 2.8.1 相机图标效果图

图 2.8.1 是一款“相机”图标。用户可以通过手机的“相机”功能拍摄相片，录制视频，并可以及时地将拍摄的图片发送到微博、微信或 QQ 等，分享给亲朋好友。

↘制作步骤

01 新建一个名为“相机图标”的 110×110 像素的文档，在“背景”图层创建一个 3.5cm×3.5cm 的圆角矩形，填充为浅灰色（RGB：#ecf0f1），并设置背景图层的投影效果，如图 2.8.2 所示。

02 新建“红色上部”的图层，在圆角矩形的上半部使用“椭圆选框工具”框选一个矩形，填充为浅红色（RGB：#e55f54），分别设置“内阴影”、“渐变叠加”和“投影”效果，设置参数如图 2.8.2 所示，然后将该图层转换为剪切蒙版。

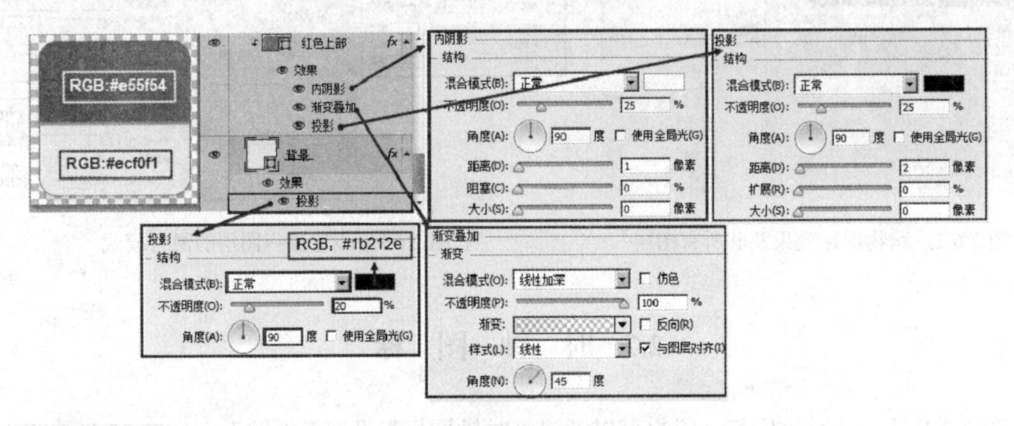

图 2.8.2　创建背景和红色上部的图层

03 新建“镜头外圈”图层，使用“椭圆工具” 在图层中心位置按组合键 Shift+Alt+鼠标左键拖曳一个圆，并填充灰色（RGB：#dad8cb），双击该图层，在弹出的“图层样式”对话框中，设置镜头外圈的“内阴影”、“渐变叠加”和“投影”效果，参数如图 2.8.3 所示，然后将该图层转换为剪切蒙版。

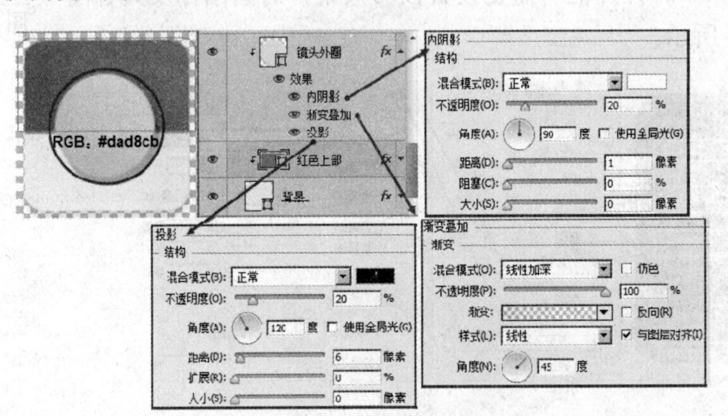

图 2.8.3　绘制镜头外圈并设置混合效果

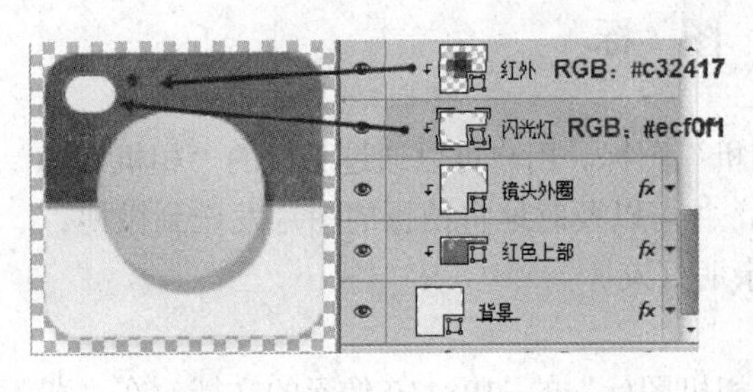

图 2.8.4　绘制闪光灯和红外线光源

04 分别新建“闪光灯”和“红外”图层，在相应图层绘制相应图形及颜色，并将图层转换为剪切蒙版，如图 2.8.4 所示。

05 分别新建“灰色内圈 1”、“黄色内圈 2”和“红色内圈 3”的图层，在相应图层以“镜头外圈”为圆心绘制三个不同颜色的同心圆，其中“灰色内圈 1”设置“内阴影”效果，并将图层转换为剪切蒙版，内圈的颜色及内阴影的参数如图 2.8.5 所示。

注：绘制同心圆可调用参考线按组合键 Shift+Alt+鼠标左键绘制。

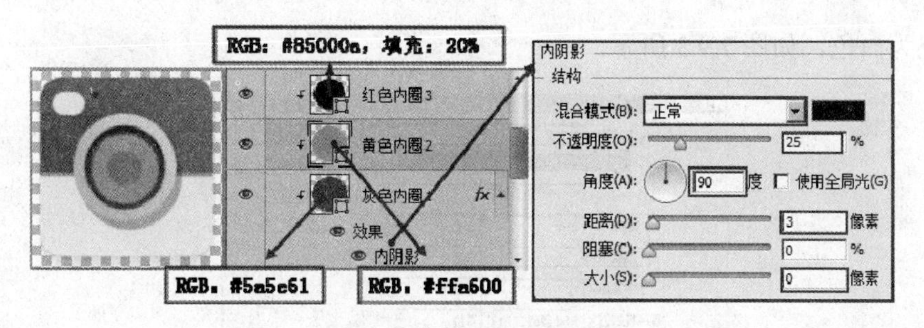

图 2.8.5　绘制镜头内圈

06 新建“背光投影”图层，在镜头左下角用钢笔工具绘制一个半圆形状，并填充半圆为灰色（RGB：#282828），将其填充值设置为“10%”，并将图层转换为剪切蒙版，如图 2.8.6 所示。

07 新建“镜头高光区”图层，在镜头右上角用“椭圆工具”绘制一个椭圆，并调整其角度和位置，填充白色，填充值为“25%”，并将图层转换为剪切蒙版，如图 2.8.7 所示。

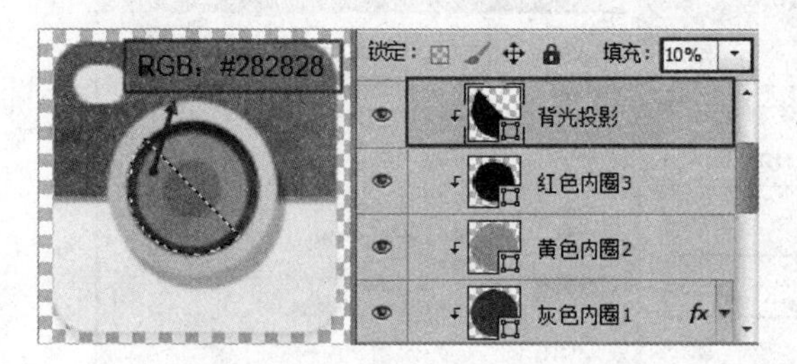

图 2.8.6　创建背光投影形状

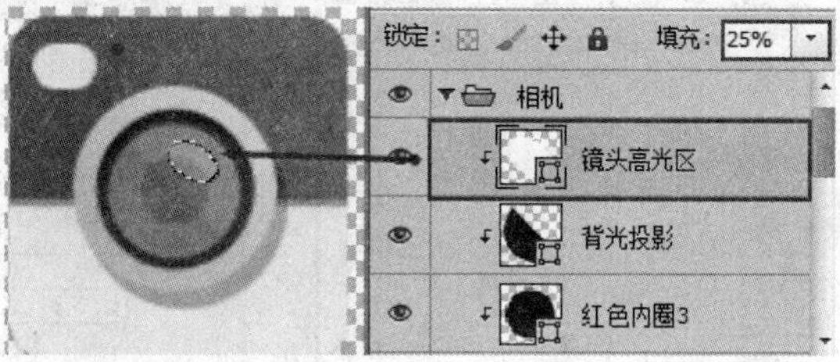

图 2.8.7　创建镜头高光区

08 “相机图标”效果图及各图层如图 2.8.8 所示。

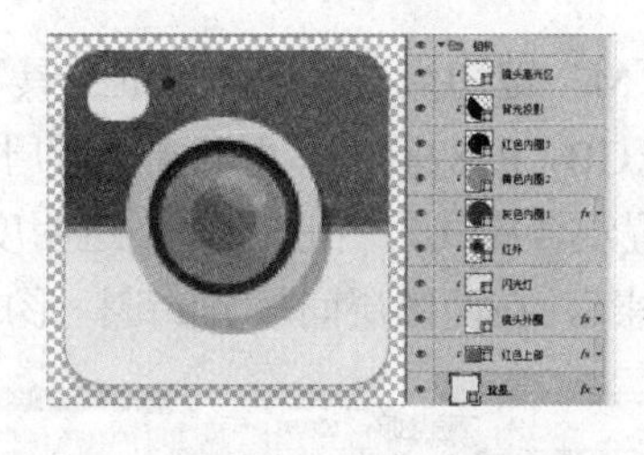

图 2.8.8　“相机图标”效果图及各图层

2.9　备 忘 录 图 标

图 2.9.1 是一款备忘录图标。用户可以通过手机的“备忘录”添加或删除记录，为工作和生活提供了便利。

图 2.9.1　备忘录图标

制作步骤

01 新建一个 110×110 像素的文档，命名为“备忘录”，如图 2.9.2 所示。

02 按组合键 Shift+Ctrl+N 创建一个名为“背景”的图层，按“U”键调用“圆角矩形工具”，在“背景”图层创建一个 3.5cm×3.5cm 的圆角矩形，填充为白色，如图 2.9.3 所示。

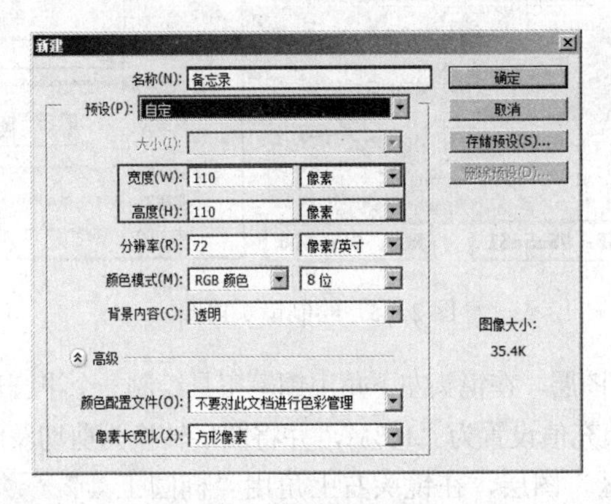

图 2.9.2 新建文档

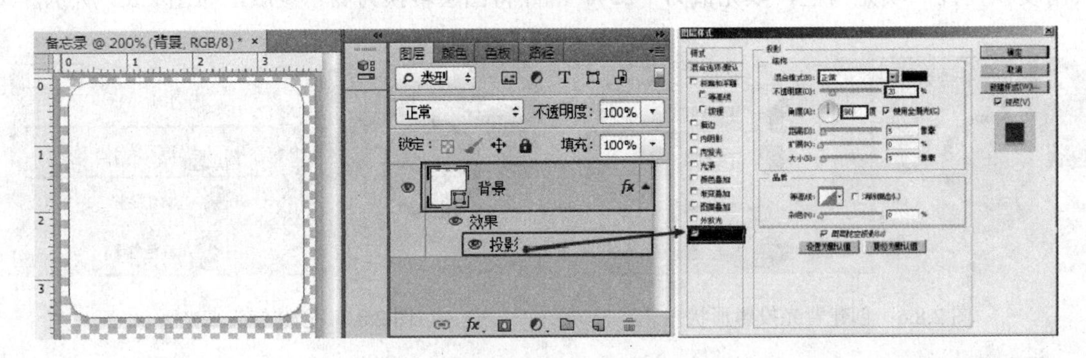

图 2.9.3 创建圆角矩形并填充为白色

03 新建“页眉”图层，按“M”键切换到“椭圆选框工具”，在圆角矩形框顶部框选一个矩形，填充矩形颜色为深灰色（RGB：#282828），再双击“页眉”图层，在弹出的“图层样式”对话框中勾选“投影”选项，设置混合模式为“正常”，不透明度为“100%”，角度为“90 度”，距离为“3 像素”，大小为“0 像素”，在两图层间按 Alt 键，形成剪切蒙版，如图 2.9.4 所示。

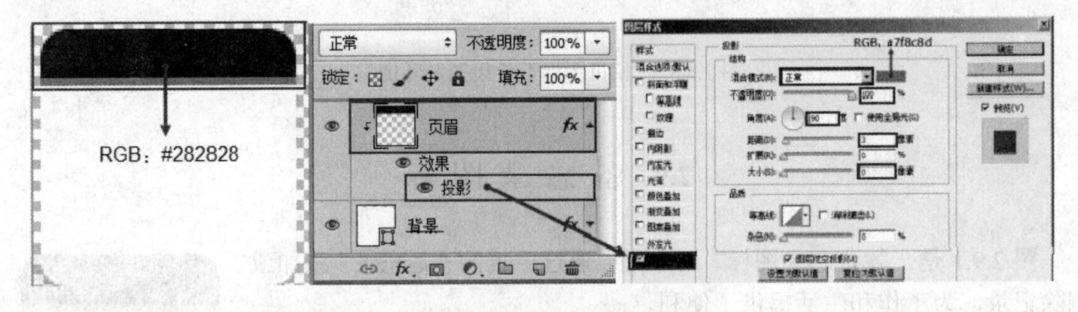

图 2.9.4 创建备忘录页眉并设置投影

04 在工具箱中选择“直线工具”，将直线的“填充”颜色设置为浅蓝色（RGB：#65d2fd），在圆角矩形左边按 Shift+鼠标左键拖曳绘制一条直线，图层面板会自动创建一个形状图层，将其命名为“竖线”，如图 2.9.5 所示。

05 使用相同的方法绘制一条横线，如图 2.9.6 所示。

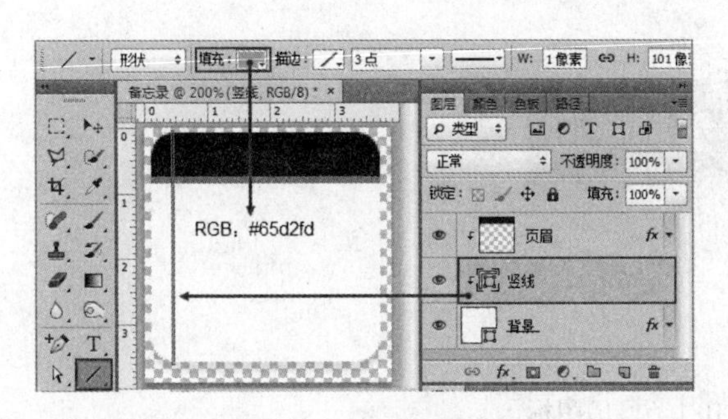

图 2.9.5 绘制竖线条　　图 2.9.6 绘制一条横线

06 按组合键 Ctrl+C 复制横线，再按组合键 Ctrl+V 在原位置粘贴横线，设置“Y”方向移动“42 像素”，被复制的横线被移至第一条横线下方，如图 2.9.7 所示。

07 按组合键 Ctrl+Shift+Alt+T 复制其他四条横线，并将图层命名为“横线”，如图 2.9.8 所示。

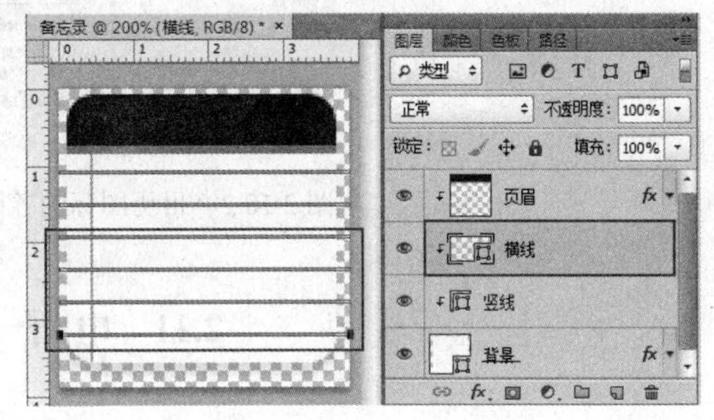

图 2.9.7 在第一条横线下方复制第二条横线　　图 2.9.8 复制其他四条横线

08 新建“备忘录”组，将所有图层放置到该组中，如图 2.9.9 所示。

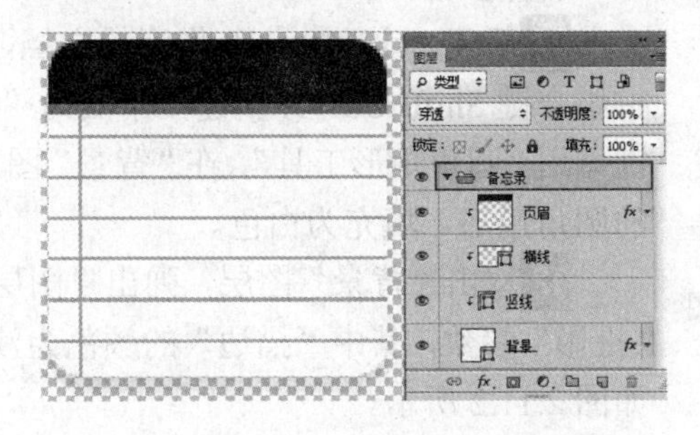

图 2.9.9 备忘录效果图及所有图层

2.10 日 历 图 标

图 2.10.1 是一款“日历”图标。用户通过手机的“日历”功能可以查看月历、周历、日历，并可记录相应日期的日程。

操作提示

用“T横排文字工具”分别创建“星期一”和“10”的图层，并设置“投影”效果，具体设置如图 2.10.2 所示。

图 2.10.1　日历图标

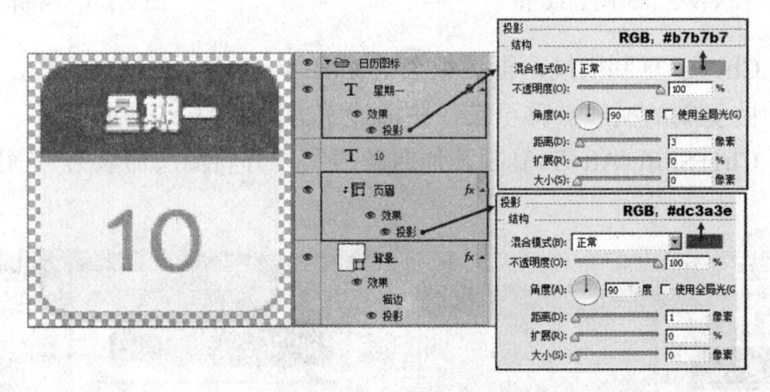

图 2.10.2　日历图标的各图层及相应投影参数设置

2.11　电子邮件图标

图 2.11.1 是一款“电子邮件”图标。用户可以通过手机“电子邮件”功能添加 E-mail 账户，如 qq、sina、sohu 等。

图 2.11.1　电子邮件图标效果图

↘制作步骤

01 新建一个 110×110 像素的文档，命名为“电子邮件图标”，按组合键 Shift+Ctrl+N 新建一个名为“背景”的图层，按“U”键调用“圆角矩形工具”，在“背景”图层创建一个 3.5cm×3.5cm 的圆角矩形，填充为白色。

02 双击“背景”图层，弹出“图层样式”，设置“描边”和“投影”参数，其中“描边”的颜色为浅灰色（RGB：#e8e8e8），如图 2.11.2 所示。

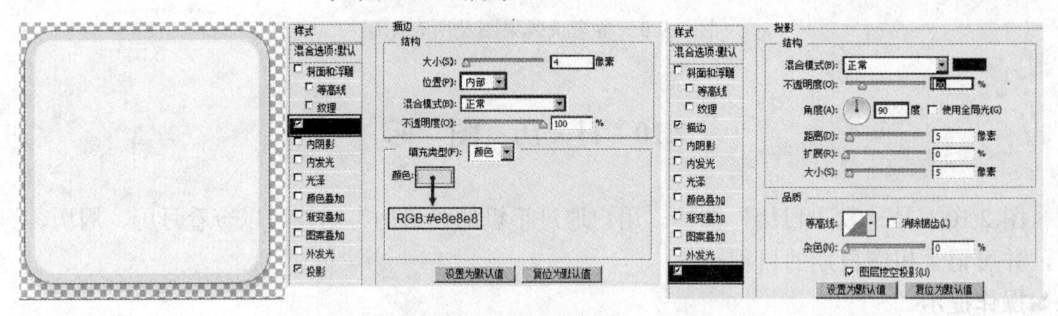

图 2.11.2　设置圆角矩形的描边和投影效果

03 新建“下折页”图层，绘制一个圆角矩形，按组合键 Ctrl+T 调整矩形的大小位置及角度，设置“描边”效果，然后将该图层转换为剪切蒙版，如图 2.11.3 所示。

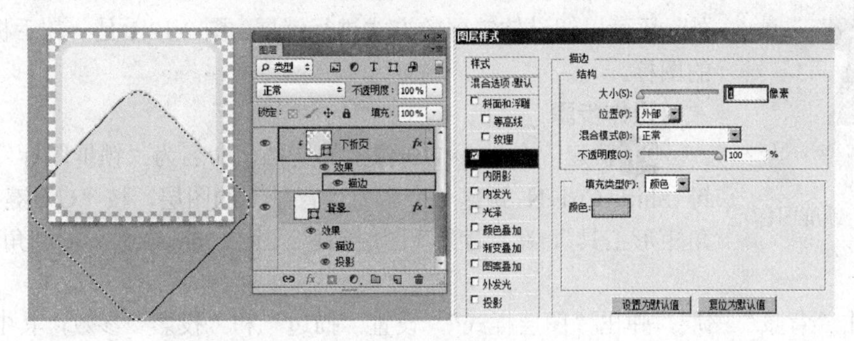

图 2.11.3　创建下折页

04 用相同的方法创建“上折页”，如图 2.11.4 所示。

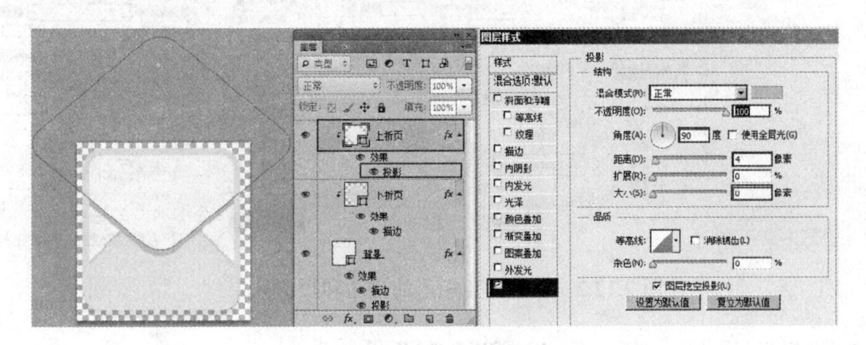

图 2.11.4　创建上折页

05 复制“上折页”的圆角矩形，调整其位置及形状，使用“画笔工具” 在相应位置绘制红色虚线，如图 2.11.5 所示。

06 电子邮件图标及其各图层如图 2.11.6 所示。

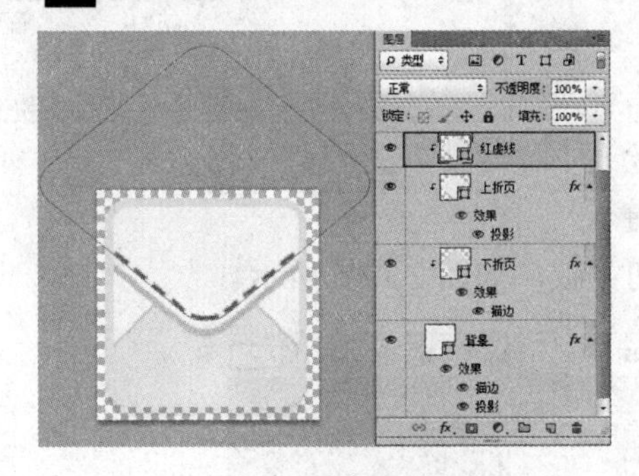

图 2.11.5　创建“红虚线”

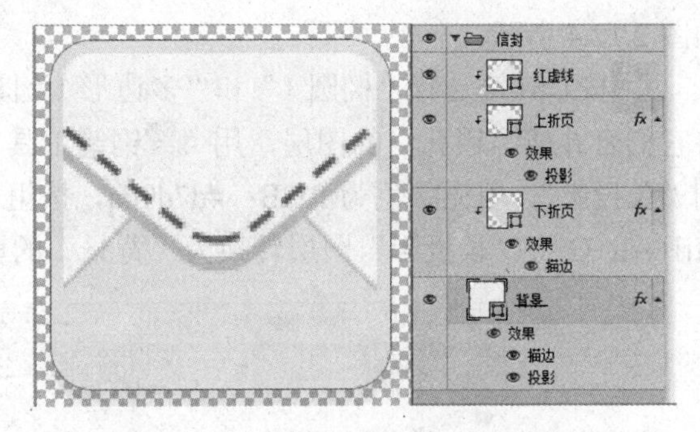

图 2.11.6　电子邮件图标及其各图层

2.12 锁 屏 图 标

现在的触屏智能手机都默认有锁屏界面，这是为了防止误触手机屏幕，导致误拨他人电话，或下载应用程序产生流量而浪费电信资费，从手机硬件保护方面而言，可以延长手机按键的寿命。用户除了通过手机按键进行硬锁屏外，还可以通过软锁屏的方式进行锁屏。图 2.12.1 是一款手机“锁屏”的图标。

图 2.12.1　锁屏图标

➘操作步骤

01 新建一个 110×110 像素的文档，命名为“锁屏图标”，按组合键 Shift+Ctrl+N 新建一个名为“背景”的图层，按“U”键调用“圆角矩形工具”，在“背景”图层创建一个 3.5cm×3.5cm 的圆角矩形，填充为白色。

02 双击“背景”图层，弹出“图层样式”，设置“描边”和“投影”参数，其中“描边”的颜色为浅灰色（RGB：#e8e8e8），如图 2.12.2 所示。

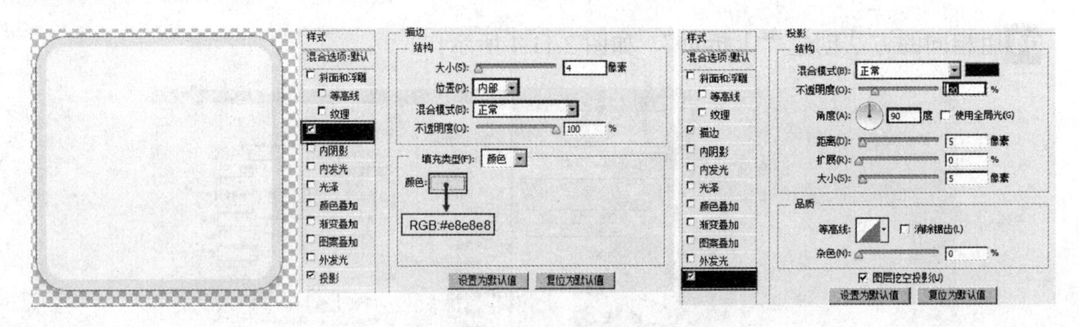

图 2.12.2　设置圆角矩形的描边和投影效果

03 用“椭圆工具”按组合键 Alt+Shift 在背景图层上绘制一个 1.09×1.09 像素的圆，填充颜色为深灰色 RGB：#282828，如图 2.12.3 所示。

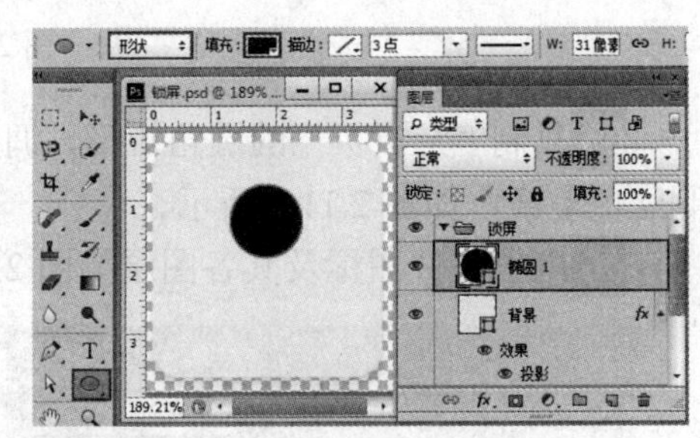

图 2.12.3　绘制圆

04 在“椭圆 1”下用“多边形工具”绘制一个三角形，用“直接选择工具”调整三角形的形状，如图 2.12.4 所示。

05 按 Ctrl 键选择“椭圆 1”和“多边形 1”图层，将它们合并成“锁孔”的图层，用“钢笔工具”绘制“长投影”，填充颜色为 RGB：#d7d9da，按组合键 Ctrl+Alt+G 将“长投影”图层转换为“背景”的剪切蒙版，如图 2.12.5 所示。

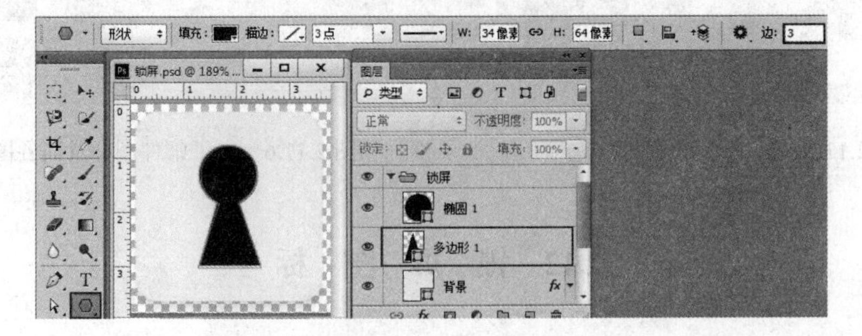

图 2.12.4　绘制三角形

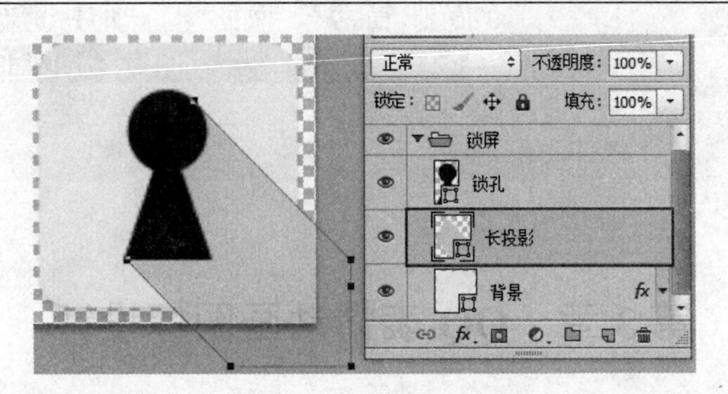

图 2.12.5　绘制长投影

第3章 QQ表情动画图标设计

图 3.0.1 菠萝侠客的卡通形象

QQ 表情是指 QQ 聊天过程中用于传递情感和心情的小头像图片。QQ 表情的出现极大地丰富了 QQ 聊天的乐趣，使得 QQ 聊天不再是单调的文字叙述，特别是各种搞笑幽默的动态图片的出现，使得 QQ 聊天变得丰富多彩。QQ 具有自定义表情和动态 QQ 表情功能，个性字符、动感酷图、搞笑图片都可以成为 QQ 自定义表情，另外“QQ 表情”还是一种输入法名称。

QQ 表情也就是图片，一般是 jpg 或者 gif 类型的图片动画，实际上，这些图片都是一个系列的，例如被拟人化的喜怒哀乐的卡通头像。

下面就来制作一个菠萝侠客（见图 3.0.1）的 QQ 表情。

3.1 菠 萝 侠 客

➘制作步骤

1. 创建“身体”图层组

01 新建一个 350×440 像素，分辨率为 72 像素/英寸，背景为透明色的文件，文件命名为“菠萝侠客”。新建图层组，命名为“主体”，在“主体”组下方新建一个图层组，命名为“身体”，如图 3.1.1 所示。

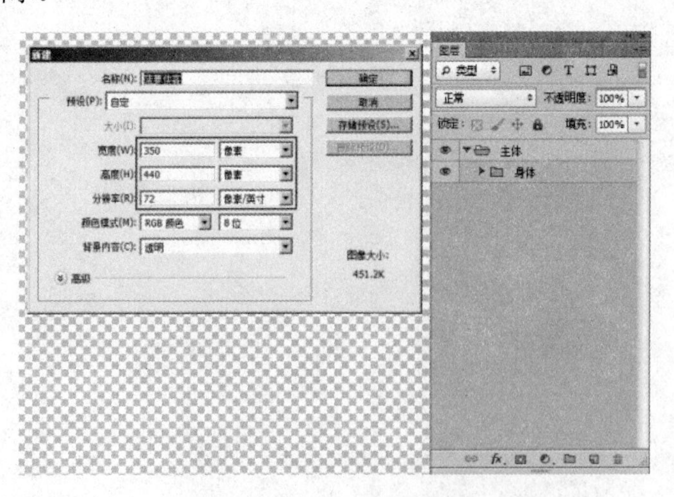

图 3.1.1 新建文件设置图层组

02 选择“钢笔工具”，将前景色设置为“RGB：#ff8a00”，设置钢笔工具属性栏为“形状”，新建图层“形状 1”，制作菠萝侠客的身体部分，保持选择工具箱中钢笔工具不变，结合“Ctrl”键和“Alt”键，制作图形部分形状，如图 3.1.2 所示。

图 3.1.2　绘制菠萝侠客的身体部分形状和颜色

03 新建“图层 1”，选择“套索工具”，绘制一个圆形选区，选择菜单→修改→羽化，羽化命令设置 30 像素，填充颜色“RGB：#ffa500”，如图 3.1.3 所示。

04 取消选择区，按组合键 Ctrl+Alt+G 为“图层 1”创建图层剪贴蒙板，将制作的高光部分范围局限在形状 1 所制作的身体形状范围之内，如图 3.1.4 所示。

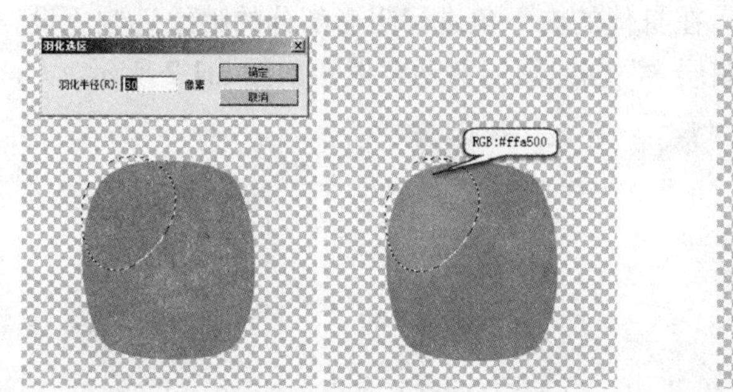

图 3.1.3　绘制身体部分的亮面受光部分

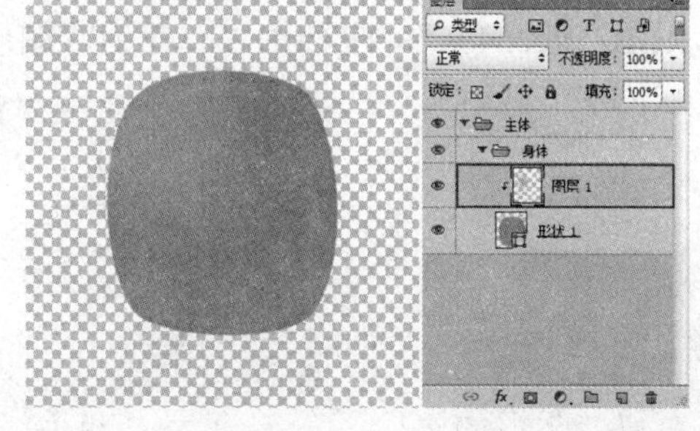

图 3.1.4　通过图层剪贴蒙板将图层 1 多余的部分进行隐藏

【相关知识】

选择区的创建有很多种方法，如基本的选择区制作工具；正方形选择工具、圆形选择工具、单行选框工具、单列选框工具；能根据图像颜色区域制作选区的魔术棒工具、用画笔直接作选区的快速选择工具；能手动创建任意形状的选区工具；自由套索工具，多变形套索工具，自动根据颜色区域的不同捕捉选区范围的磁性套索工具；能制作准确形状选区的钢笔工具，工具箱中能使用画笔等绘图工具制作选区的蒙版工具，以及通道中的 Alpha 通道等。

基本选择区制作工具包括选框、套索和魔术棒等工具，在 Photoshop 中几乎所有对图像的操作都得事先选择一个区域，如移动、填色、删除等。当然，如果是移动整个图像，那么在图层上操作则更方便。

选框工具共有四种形式，即矩形、椭圆、单行及单列，其中，后两种只选定一行或一列像素，前两种，可修改相应工具选项栏。图 3.1.5 显示的是矩形选框工具选项栏。矩形选框工具选项栏分为三部分：选区编辑按钮、羽化、样式。

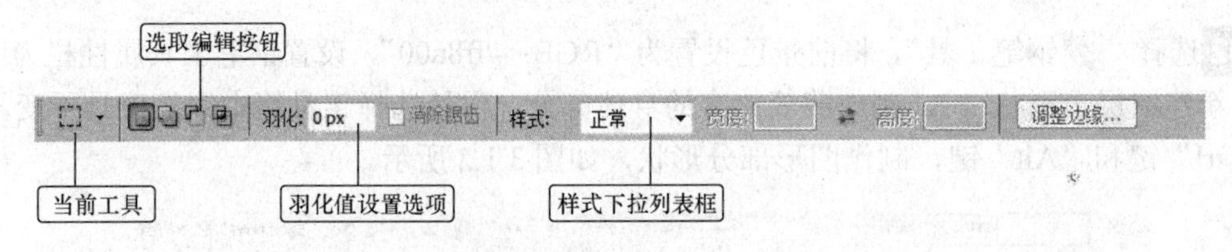

图 3.1.5　矩形选框工具选项栏

当前工具：显示当前选区创建工具，如果单击右侧的下拉按钮，在打开的面板中单击新建按钮，可在弹出的面板中创建新的工具预设。

选区编辑按钮：单击该组中的一个按钮，即选择相应的选区编辑方式。“新选区”按钮用于新建选区。“添加到选区”按钮用于选区相加，扩大选区。“从选区中减去”按钮用于选区相减，减小选区。“与选区交叉”按钮是两个选区相交的区域为新的选区。

羽化：在被选和非选像素间用平滑过渡来软化边缘，使边缘模糊。这种模糊会造成选区边缘上的一些细节的丢失。

样式：单击右侧的下拉按钮，在弹出的下拉列表框中可选择制作选区大小的设定方法。

05 新建“图层 2”，填充颜色“RGB：#ffc500”，用同样的方法制作身体部分的高光，如图 3.1.6 所示。

06 新建“图层 3”，按 Ctrl 单击“形状 1”图层缩览图，将制作的身体部分选区调出来，选择“画笔工具”，设置属性为“柔边圆”，在身体的右下角进行阴影部分的喷绘，颜色设置为“RGB：#ec640a”，按 Ctrl+Alt+G 为“图层 3”创建图层剪贴蒙板，如图 3.1.7 所示。

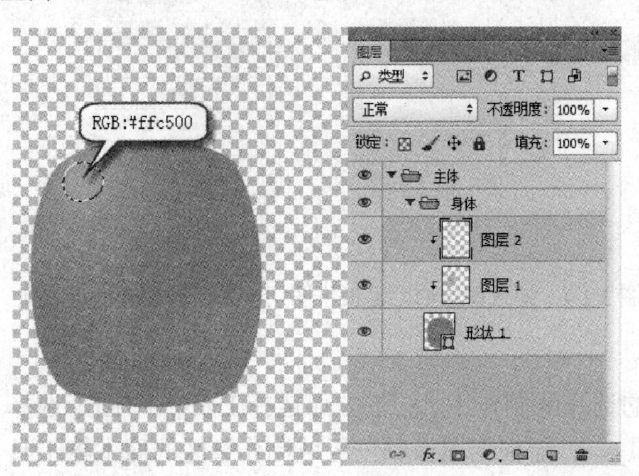

图 3.1.6　设置身体左上角部分的高光形状和颜色

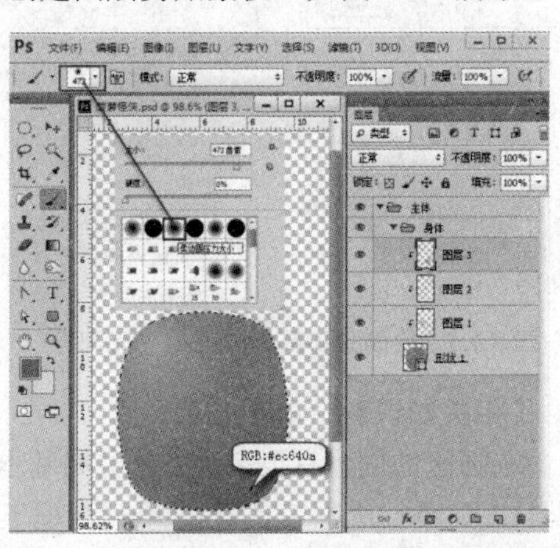

图 3.1.7　设置身体右下角的阴影部分颜色效果

07 新建“图层 4”，选择工具箱中的“钢笔工具”，属性栏工具模式设置“路径”，结合“Ctrl”键和“Alt”键，制作右下角阴影部分选区，如图 3.1.8 所示。

08 选择菜单选择→修改→羽化。羽化命令设置 10 像素，使用工具箱中的“画笔工具”，设置属性为“柔边圆”，在身体的右下角进行阴影部分的喷绘，颜色设置为“RGB：#d75909”，按组合键 Ctrl+Alt+G 为“图层 4”创建图层剪贴蒙版，如图 3.1.9 所示。

09 新建“图层 5”，使用工具箱中的“钢笔工具”，制作路径后转换成选区，选择菜单→修改→羽化。羽化命令设置“5 像素”，将前景色设置为“RGB：#a94d00”，使用工具箱中的“画笔工具”，设置属性为“柔边圆”，不透明度设置为 50%，在身体的下端进行阴影部分的喷绘，按组合键Ctrl+Alt+G为“图层5”创建图层剪贴蒙版，如图3.1.10所示。

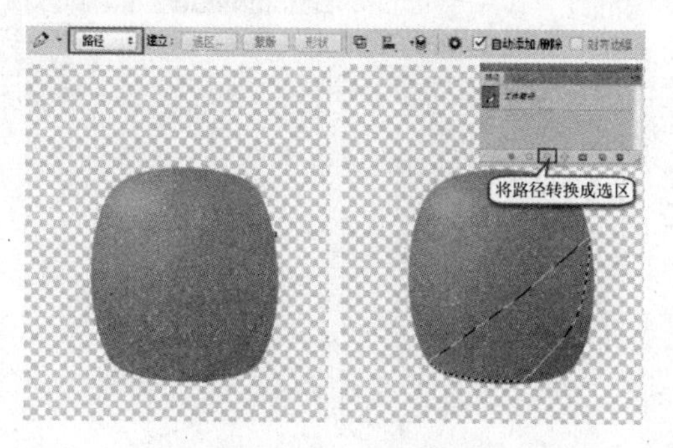

图3.1.8　设置身体右下角的阴影部分选区形状

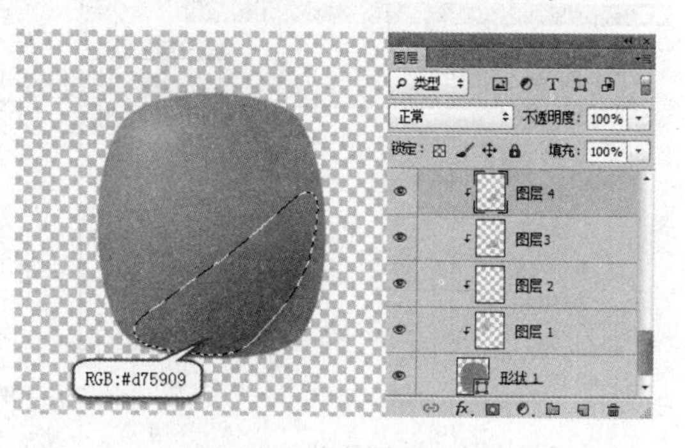

图3.1.9　设置身体右下角的阴影部分选区颜色

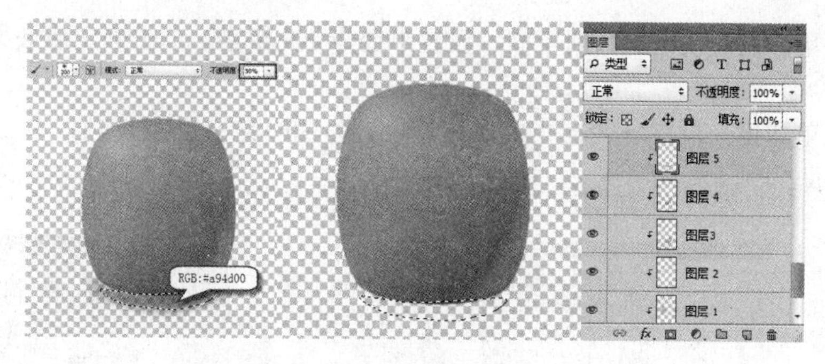

图3.1.10　设置身体底端的阴影部分颜色

10 新建“图层6”，用同样的方法制作右下角的蓝色反光区域，颜色设置为“RGB：#a1bfe0”，如图3.1.11所示。

图3.1.11　设置身体右下角蓝色反光颜色

11 新建“图层7”，用同样的方法制作右下角的黄色反光区域，颜色设置为“RGB：#ffd420”，如图3.1.12所示。

12 制作一个毛发肌理效果，新建一个200×200像素，分辨率为72像素/英寸的文本，如图3.1.13所示。

13 设置前景色和背景色分别为黑色和白色，选择菜单滤镜→杂色→添加杂色，数量为20%，效果如图3.1.14所示。

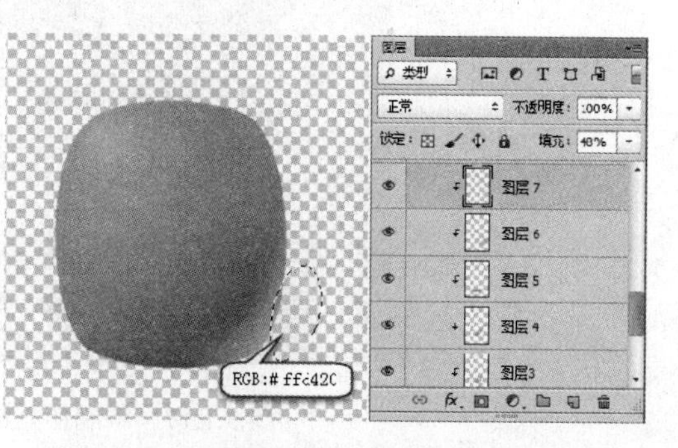

图3.1.12　设置身体右下角黄色反光颜色

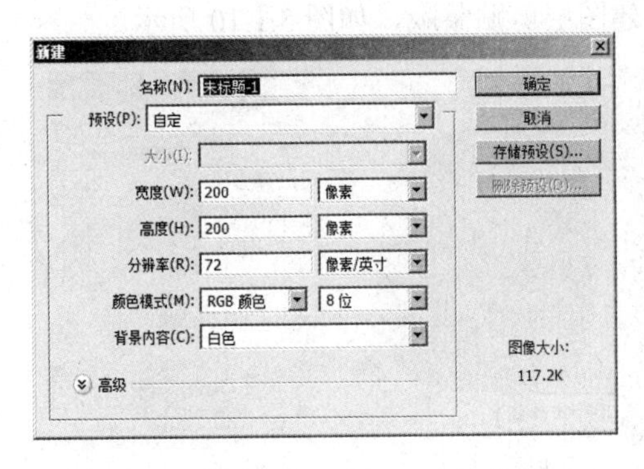

图 3.1.13 新建肌理效果文件

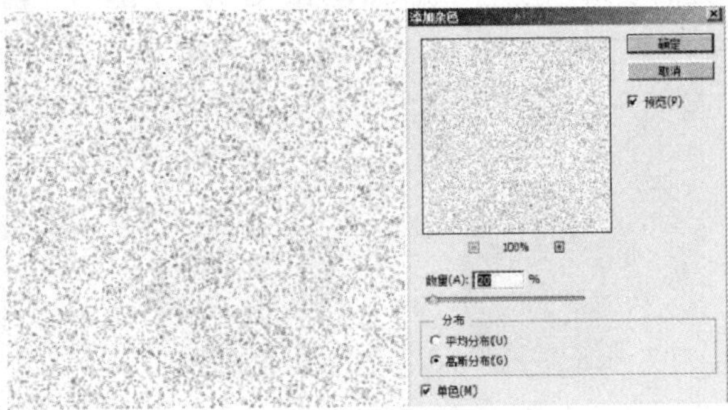

图 3.1.14 设置初步肌理效果

14 选择菜单滤镜→模糊→高斯模糊，设置半径为 1.5 像素，单击确定后效果如图 3.1.15 所示。

15 选择菜单滤镜→模糊→径向模糊，数量设置为 30，选择缩放选项，单击确定后效果如图 3.1.16 所示。

图 3.1.15 将肌理效果进行柔和处理

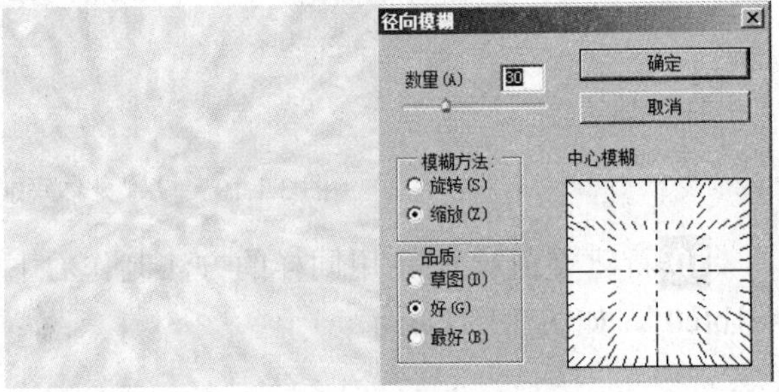

图 3.1.16 将制作好的肌理图进行径向模糊处理

16 选择菜单图像→调整→曲线命令。设置输出：126，输入：218，单击确定后效果如图 3.1.17 所示。

17 选择新建肌理文件中的背景图层，使用工具箱中的“移动工具”，把制作好的肌理效果拖到原文件“菠萝侠客”中，设置图层为“图层 8”，如图 3.1.18 所示。

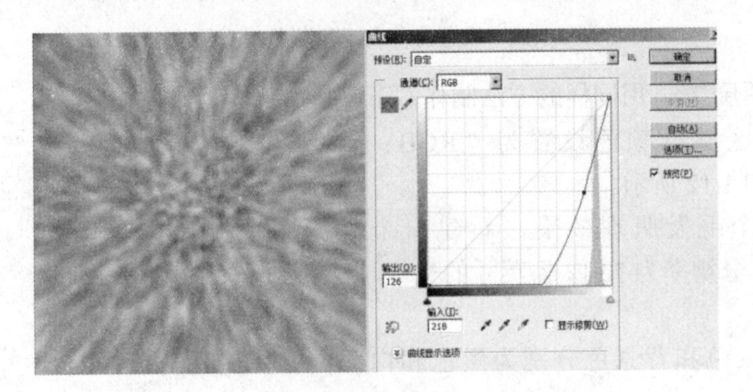

图 3.1.17 将制作好的肌理图进行明暗色调调整

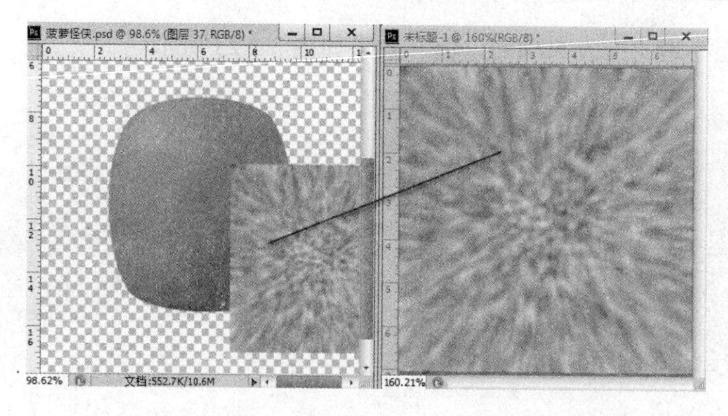

图 3.1.18　将制作好的肌理图片拖到菠萝侠客文件中

18 按组合键 Ctrl+T 调出自由变换工具，将肌理效果图片缩放到合适大小。选择“形状 1”图层，按 Alt 键单击图层缩览图，调出身体部分的选择区，设置羽化值为 10 像素，选择菜单→反选命令，将身体以外的图像删除，如图 3.1.19 所示。

19 设置“图层 8”的图层混合模式为柔光。按组合键 Ctrl+Alt+G 为“图层 8”创建图层剪贴蒙版，效果如图 3.1.20 所示。

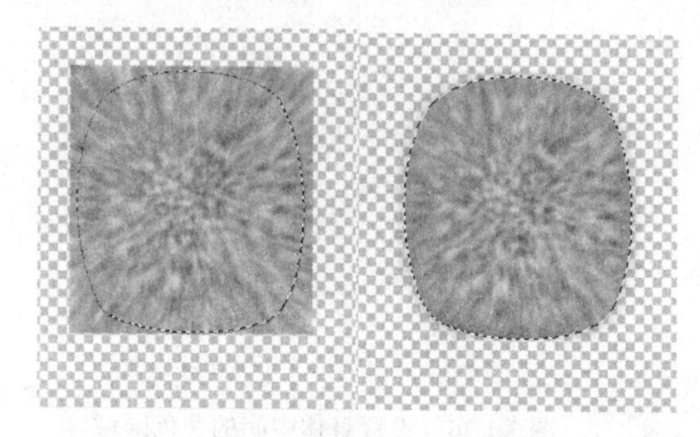

图 3.1.19　将制作好的肌理图片贴合身体形状部分

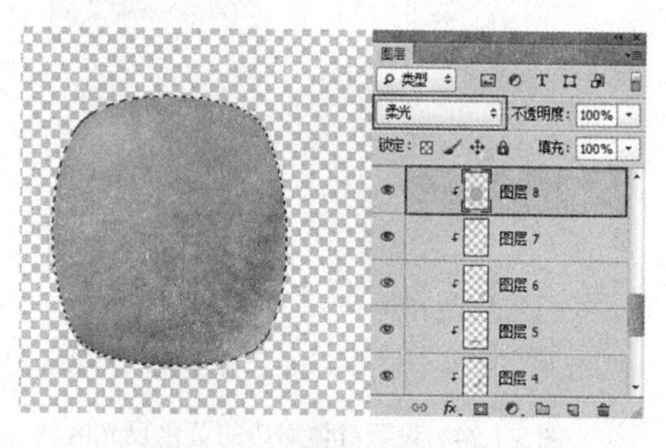

图 3.1.20　设置图层混合模式将肌理效果进行融合

20 参考步骤 7，新建“图层 9”，使用“钢笔工具”制作选择区，选择“画笔工具”进行喷涂。颜色设置为“RGB：#f89102”，效果如图 3.1.21 所示。

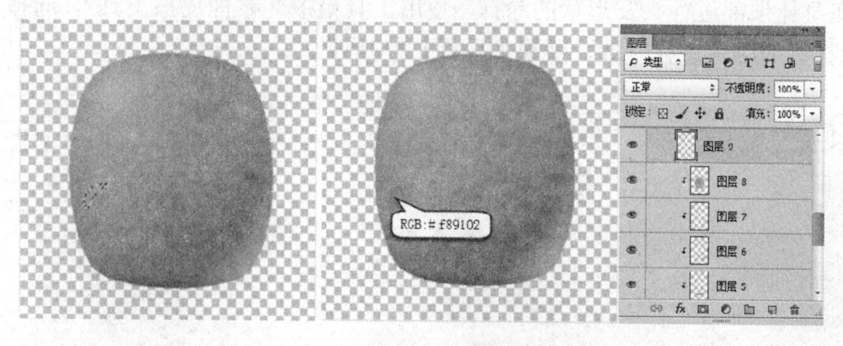

图 3.1.21　设置脸部左边酒窝形状和颜色

21 新建“图层 10”，用同样的手法制作右边的酒窝，效果如图 3.1.22 所示。

22 新建“图层 11”，用“椭圆选框工具”制作一个圆形选区，羽化值设置为“5 像素”

后单击确定，填充不透明度为50%的白色，效果如图3.1.23所示。

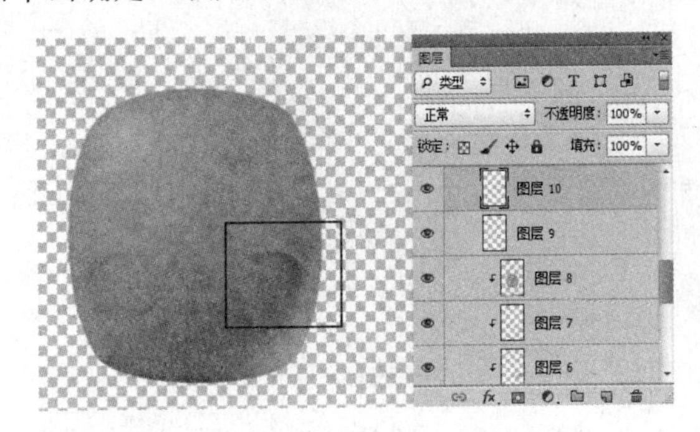

图3.1.22 设置脸部右边酒窝形状和颜色

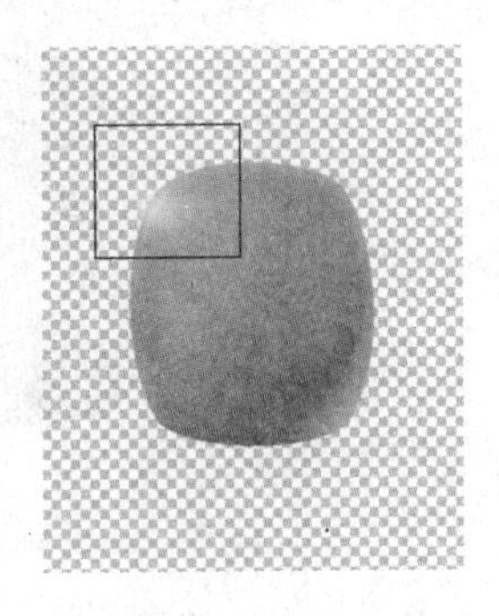

图3.1.23 设置身体左上角的高光部分

23 新建“图层12”，按Alt键单击“形状1”图层调出身体部分的选区，使用“画笔工具”，选择颜色“RGB：#ffb326”，对红色区域进行喷涂，效果如图3.1.24所示。

24 新建“图层13”，用“椭圆选框工具”制作两个选区，使用“画笔工具”，选择颜色“RGB：#f59504”，对选区内进行喷涂，效果如图3.1.25所示。

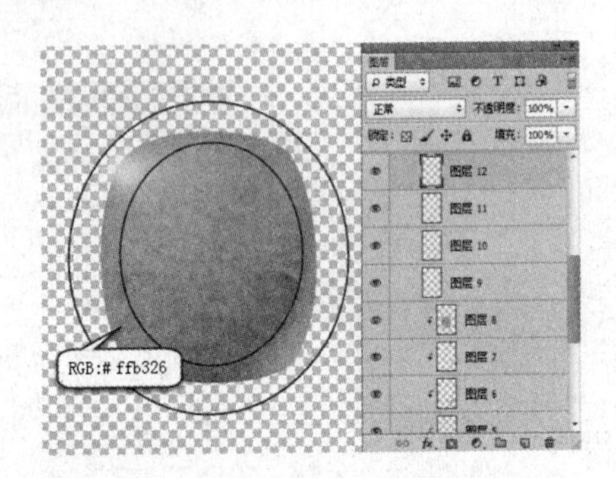

图3.1.24 设置身体周边的黄色反光区域

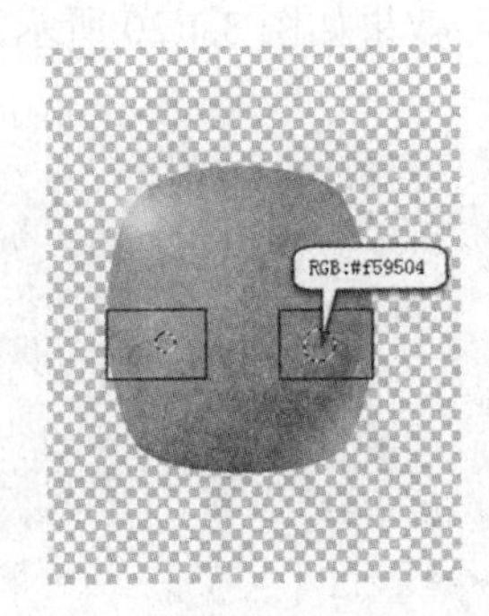

图3.1.25 设置身体中间的黄色区域

25 新建“图层14”，用同样的方法对菠萝侠客身体部分加强反光处理，效果如图3.1.26所示。

26 新建“图层15”，选择“钢笔工具”，选择“柔边圆”笔触，颜色设置为“RGB：#8b5406”在身体顶部进行头发形状的涂抹，使用工具箱中“橡皮擦工具”，选择“硬边圆”笔触，对涂抹好的颜色进行修改，效果如图3.1.27所示。

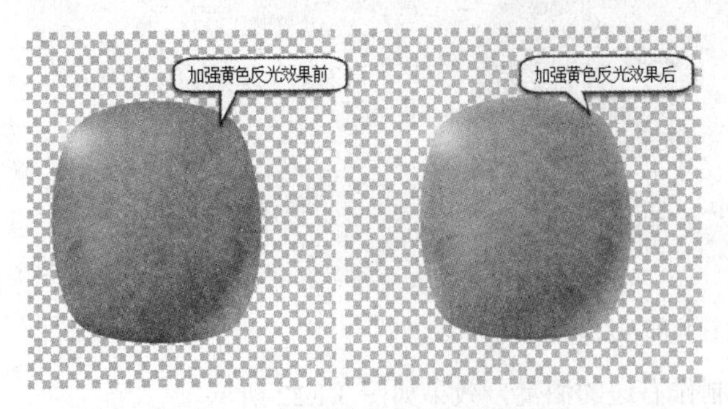

图3.1.26 设置身体中间的黄色区域

图3.1.27 绘制头发的阴影部分颜色和形状

27 新建“图层16”，选择“钢笔工具”，制作选择区，选择工具箱中的“渐变工具”，颜色设置为“从前景色到透明色的渐变”，颜色设置为“RGB：#ae6c15”，从左到右拉一条线性渐变，效果如图3.1.28所示。

2. 创建“头发”图层组

28 新建图层组，命名“头发”，选择“钢笔工具”，属性设置为“形状”，制作一个绿色的形状图形，将图层命名为“形状1”，颜色设置为“RGB：#489e09”，效果如图3.1.29所示。

图3.1.28　绘制头发的阴影部分颜色和形状

图3.1.29　绘制头发的颜色和形状

29 在图层组“头发”下新建图层1，选择“画笔工具”，选择“柔边圆”笔触，颜色设置为“RGB：#265505”在头发处进行阴影部分的涂抹，按组合键Ctrl+Alt+G为“图层1”创建图层剪贴蒙版，效果如图3.1.30所示。

图3.1.30　绘制头发阴影部分的颜色和形状

30 按照相同的方法，绘制出头发的形状和效果，如图3.1.31所示。

图3.1.31　绘制头发整体的形状和效果

3. 创建“纹理”图层组

31 选择“钢笔工具”，属性设置为“形状”，制作一个褐色的形状图形，将图层命名为“形状 1”，颜色设置为“RGB：#bf7c01”，效果如图 3.1.32 所示。

32 选择“钢笔工具”，属性设置为“形状”，制作一个褐色的形状图形，将图层命名为“形状 2”，颜色设置为“RGB：#bf7c01”，效果如图 3.1.33 所示。

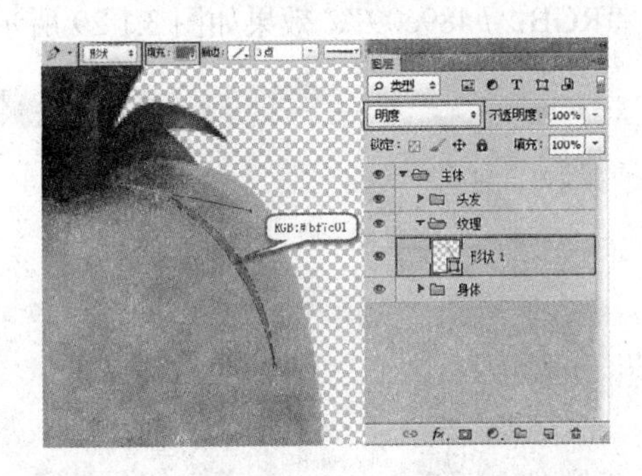

图 3.1.32 绘制头发边上的纹理形状和颜色

图 3.1.33 绘制头发边上的纹理整体效果

4. 创建“头巾”图层组

33 选择“钢笔工具”，属性设置为“形状”，制作一个褐色的形状图形，将图层命名为“形状 1”，颜色设置为“RGB：# 54310f”，效果如图 3.1.34 所示。

34 按 Alt 键单击“形状 1”图层缩览图，调出“头巾”的选择区，选择菜单选择→修改→羽化，羽化值设置为“10 像素”，新建图层，命名“图层 1”，选择“图层 1”填充颜色，颜色设置为“RGB：# 54310f”，使用“椭圆选框工具”，在“头巾”上方制作选区，按 Delete 键删除图像，效果如图 3.1.35 所示。

35 使用“椭圆选框工具”，在“头巾”两端制作选区，按 Delete 键删除图像，效果如图 3.1.36 所示。

图 3.1.34 绘制褐色的图形

图 3.1.35 绘制头巾的颜色和阴影部分（一）

图 3.1.36 绘制头巾的颜色和阴影部分（二）

36 选择“钢笔工具”，属性设置为“形状”，制作一个褐色的形状图形，新建图层“形状 2”和“形状 3”，颜色分别设置为“RGB：#502f0e”和“RGB：#241404”，将图层命名为“形状 1”，效果如图 3.1.37 所示。

37 选择“钢笔工具”，属性设置为“形状”，制作一个褐色的形状图形，新建图层“形状 4”，颜色设置分别为“RGB：# 331e09”，效果如图 3.1.38 所示。

图 3.1.37　绘制头巾背部的颜色和阴影部分

图 3.1.38　绘制头巾下方的飘带颜色和形状

38 新建“图层 2”，选择工具箱中的“画笔工具”，设置笔触为“柔边圆”笔触，颜色设置为“RGB：#bbb9a2”，在头巾尾部进行阴影部分的涂抹，按组合键 Ctrl+Alt+G 为“图层 2”创建图层剪贴蒙板，效果如图 3.1.39 所示。

图 3.1.39　设置飘带的形状和受光部分图层

39 用同样的方法创建后面的飘带部分，建立“形状 5”图层和“图层 3”，效果如图 3.1.40 所示。

40 新建“图层 4”，选择工具箱中的“画笔工具”，设置笔触为“柔边圆”笔触，喷涂出飘带的亮面和暗面，按组合键 Ctrl+Alt+G 为“图层 4”创建图层剪贴蒙板，效果如图 3.1.41 所示。

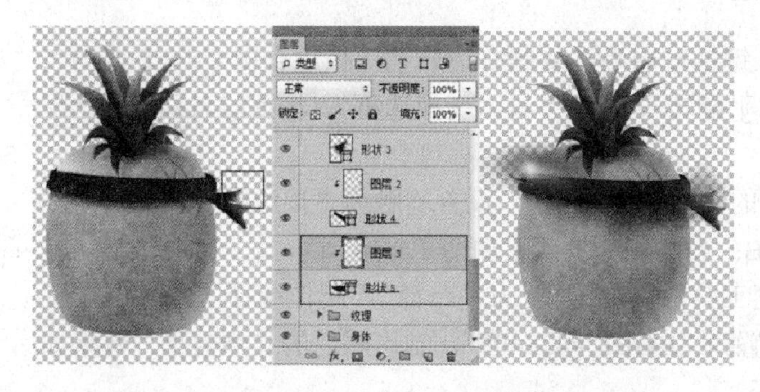

图 3.1.40　设置后面飘带的形状和受光部分图层

图 3.1.41　设置飘带的亮面和暗面的颜色

41 新建“图层 5”，选择“钢笔工具”，属性设置为“路径”，制作选择区，颜色设置为“RGB：#3b230b”，按组合键 Ctrl+Alt+G 为“图层 5”创建图层剪贴蒙板，效果如图 3.1.42 所示。

图 3.1.42 设置飘带的褶皱线条颜色和形状

42 选择“钢笔工具”，属性设置为“路径”，制作选择区，颜色设置为“RGB：#3b230b”，效果如图 3.1.43 所示。

5. 创建“五官”图层组

43 新建“五官”图层组，选择“钢笔工具”，属性设置为“形状”，制作形状图形，颜色设置为“RGB：#1d4103”，自动创建“形状 1”图层，效果如图 3.1.44 所示。

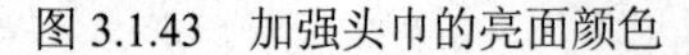

图 3.1.43 加强头巾的亮面颜色　　图 3.1.44 绘制眉毛的形状和颜色

44 选择“移动工具”，按住 Alt 键拖动眉毛，复制右边眉毛，按组合键 Ctrl+T 调出自由变换工具，单击鼠标右键，选择“水平翻转”，双击“自由变换选框”，将图层名称改为“形状 2”图层，效果如图 3.1.45 所示。

45 新建“图层 1”，选择工具箱中的“画笔工具”，设置笔触为“柔边圆”笔触，喷涂出眉毛下放的阴影，颜色设置为“RGB：#a45508”，效果如图 3.1.46 所示。

46 新建“图层 2”，选择“钢笔工具”，属性设置为“路径”，制作选择区，颜色设置为“从前景色到透明色渐变”，颜色设置为“RGB：#428408”，制作眉毛的立体效果，效果如图 3.1.47 所示。

47 按组合键 Ctrl+Alt+G 为“图层 2”创建图层剪贴蒙板，效果如图 3.1.48 所示。

图 3.1.45　复制左边眉毛并放置到合适的位置

图 3.1.46　设置眉毛下方的阴影效果

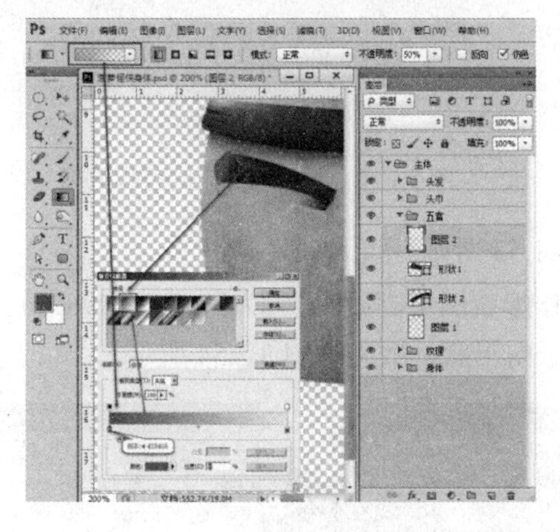

图 3.1.47　设置渐变效果来让眉毛变得立体

图 3.1.48　设置图层的剪贴蒙版效果让图像以外的效果隐藏

48 新建“图层 3”，选择工具箱中的“画笔工具”，设置笔触为“柔边圆”笔触，喷涂出眉毛上方的亮面，颜色设置为“RGB：# 6ba302”。按组合键 Ctrl+Alt+G 为“图层 3”创建图层剪贴蒙版，效果如图 3.1.49 所示。

49 新建“图层 4”和“图层 5”，用上述同样的方法制作右边的眉毛阴影及立体效果，效果如图 3.1.50 所示。

图 3.1.49　增强眉毛左上方的高光效果

图 3.1.50　设置右边眉毛的立体效果

50 使用工具箱中的“椭圆工具”，设置工具模式为“形状”，颜色为白色，在眉毛下方拉一个圆形的形状图形，将自动新建的形状图层命名为“形状 3”，双击“形状 3”图层，调出图层样式，勾选“描边”效果，设置如图 3.1.51 所示。

51 用同样的方式制作一个黑色的小圆，放在白色图形的中间，效果如图 3.1.52 所示。

图 3.1.51　设置右边眼睛眼白部分的形状和颜色

图 3.1.52　设置右边眼睛整体效果

52 用同样的方式制作左边的眼睛，效果如图 3.1.53 所示。

53 选择“钢笔工具”，属性设置为“形状”，制作形状图形，颜色设置为“RGB: #d9671a”，将自动新建的图层命名为“形状 7”图层，制作鼻子的形状，效果如图 3.1.54 所示。

图 3.1.53　设置左边眼睛整体效果

图 3.1.54　设置鼻子的形状和颜色效果

54 在“形状 7”下方新建“图层 8”，选择工具箱中的“画笔工具”，设置笔触为“柔边圆”笔触，喷涂出鼻子的阴影效果，颜色设置为“RGB：#c86406”，效果如图 3.1.55 所示。

55 选择“钢笔工具”，属性设置为“形状”，颜色设置为黑色，制作形状图形，将自动新建的图层命名为“形状 8”图层，制作鼻子底端的形状，依次新建形状图层，并制作脸上的黑色线条，效果如图 3.1.56 所示。

56 选择“钢笔工具”，属性设置为“形状”，颜色设置为“RGB：# 3b1f0a”，制作形状图形，将自动新建的图层命名为“形状 15”图层，制作嘴巴的形状，效果如图 3.1.57 所示。

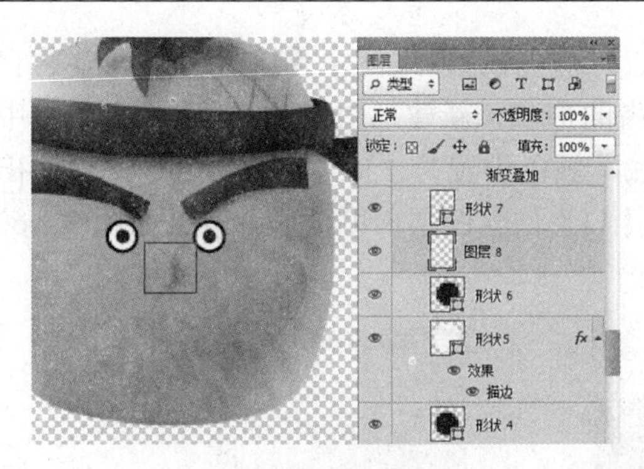

图 3.1.55　绘制鼻子的阴影和颜色效果

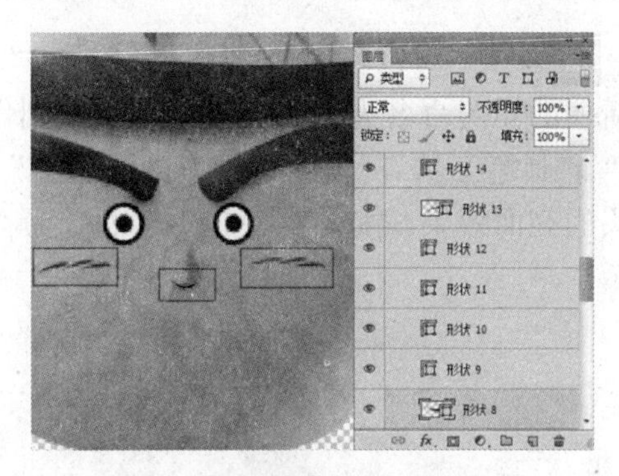

图 3.1.56　绘制鼻子底端的线条和脸上的线条颜色和形状

57 新建“图层 9”，选择工具箱中的“画笔工具”，设置笔触为“柔边圆”笔触，喷涂出嘴巴内部的阴影效果，颜色设置为“RGB：#221104”，按组合键 Ctrl+Alt+G 为“图层 9”创建图层剪贴蒙版，效果如图 3.1.58 所示。

图 3.1.57　绘制嘴巴的颜色和形状

图 3.1.58　绘制嘴巴内部的阴影效果

58 选择“钢笔工具”，属性设置为“形状”，颜色设置为“RGB：#8c3026”，制作形状图形，将自动新建的图层命名为“形状 16”图层，制作嘴巴的形状，新建“图层 10”，选择工具箱中的“画笔工具”，设置笔触为“柔边圆”笔触，喷涂出舌头的亮面效果，按组合键 Ctrl+Alt+G 为“图层 10”创建图层剪贴蒙版，效果如图 3.1.59 所示。

图 3.1.59　绘制嘴巴内部的高光效果

59 选择“钢笔工具”，属性设置为“形状”，颜色设置为白色，制作形状图形，将自动新建的图层命名为“形状 17”图层，制作牙齿的形状，新建“图层 11”，选择工具箱中的“画笔工具”，设置笔触为“柔边圆”笔触，颜色设置为“RGB：#879f9f”，喷涂出舌头的亮面效果，按组合键 Ctrl+Alt+G 为“图层 11”创建图层剪贴蒙版，效果如图 3.1.60 所示。

图 3.1.60 绘制牙齿的形状和颜色

6. 创建“手”图层组

60 新建图层组“手”，选择“钢笔工具”，属性设置为“形状”，颜色设置为“RGB：#ff8a00”，制作形状图形，将自动新建的图层命名为“形状 1”图层，制作手的形状，效果如图 3.1.61 所示。

61 新建“图层 1”，选择工具箱中的“画笔工具”，设置笔触为“柔边圆”笔触，颜色设置为“RGB：#e97209”，喷涂出手的暗面效果，按组合键 Ctrl+Alt+G 为“图层 1”创建图层剪贴蒙版，效果如图 3.1.62 所示。

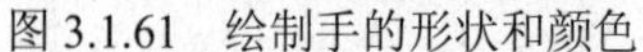

图 3.1.61 绘制手的形状和颜色

图 3.1.62 绘制手暗面的颜色效果图

62 新建“图层 2”，选择工具箱中的“画笔工具”，设置笔触为“柔边圆”笔触，颜色设置为“RGB：#ffa800”，喷涂出手的亮面效果，按组合键 Ctrl+Alt+G 为“图层 2”创建图层剪贴蒙版，效果如图 3.1.63 所示。

63 新建“图层 3”，选择工具箱中的“画笔工具”，设置笔触为“柔边圆”笔触，颜色设置为“RGB：#76b7df”，喷涂出手顶端的蓝色效果，按组合键 Ctrl+Alt+G 为“图层 3”创建图层剪贴蒙版，效果如图 3.1.64 所示。

64 新建“图层 4”，选择工具箱中的“画笔工具”，设置笔触为“柔边圆”笔触，颜色设置为“RGB：#fecd28”，增强手部的高光效果，按组合键 Ctrl+Alt+G 为“图层 4”创建图层剪贴蒙版，效果如图 3.1.65 所示。

65 新建“图层 5”，选择工具箱中的“画笔工具”，设置笔触为“柔边圆”笔触，颜色设置为“RGB：#e26e10”，增强手部的暗面效果，按组合键 Ctrl+Alt+G 为“图层 5”创建图层剪贴蒙版，效果如图 3.1.66 所示。

图 3.1.63　绘制手亮面的颜色效果

图 3.1.64　绘制手顶端的蓝色效果

图 3.1.65　增强手上部的高光效果

图 3.1.66　增强手部暗面效果

66 新建“图层 6”，选择工具箱中的“画笔工具”，设置笔触为“柔边圆”笔触，颜色设置为“RGB：#fae494”，增强手顶部的亮面效果，按组合键 Ctrl+Alt+G 为“图层 6”创建图层剪贴蒙版，效果如图 3.1.67 所示。

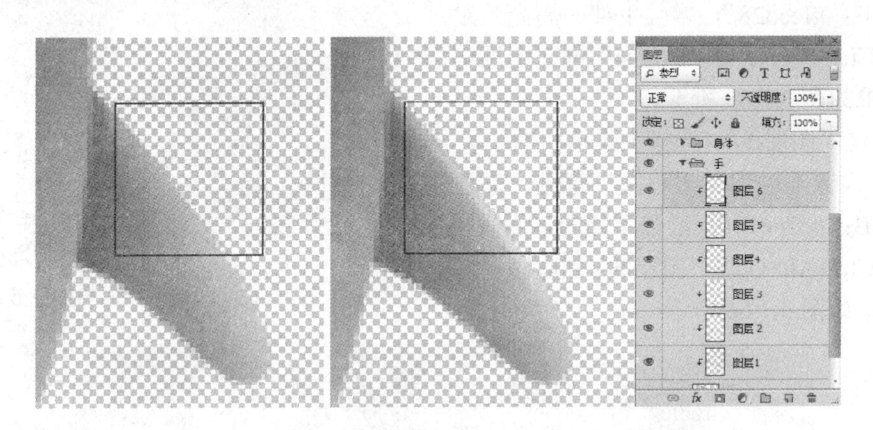

图 3.1.67 增强手部亮面效果

67 用同样的方法制作左边的手部效果，效果如图 3.1.68 所示。

7. 创建“菠萝侠客”文字效果

68 选择工具箱中的“T 横排文字工具”，输入“菠萝侠客”文字，设置字体系列为“华文琥珀”，大小为“83 像素”，颜色设置为“RGB：#ff8f00”，图层自动新建成“菠萝侠客”图层，效果如图 3.1.69 所示。

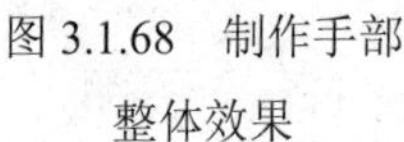

图 3.1.68 制作手部整体效果

图 3.1.69 设置“菠萝侠客”文字字体和颜色

69 双击“菠萝侠客”图层，调出图层样式面板，勾选“描边”选项，设置渐变的位置及颜色分别为“位置：0%，RGB：#dc5e0a”、“位置：77%，RGB：RGB：# ffc100”、“位置：100%，RGB：#ffffff”；勾选“内发光”选项，颜色设置“RGB：#ffc000”；勾选“渐变叠加”选项，颜色设置“位置：0%，RGB：#ff3c00”、“位置：92%，RGB：#ff9400”、“位置：100%，RGB：#ffc000”；单击“确定”按钮，效果如图 3.1.70 所示。

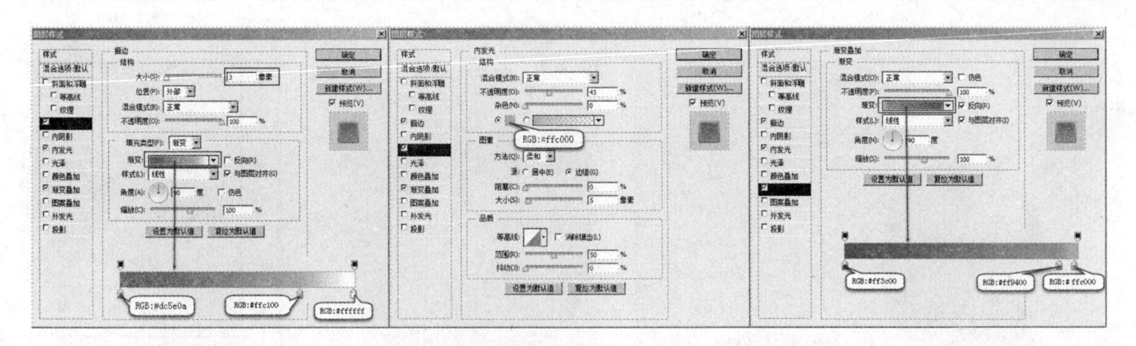

图 3.1.70　设置“菠萝侠客”图层样式的效果

70 制作完文字效果以后，“菠萝侠客”表情的整体效果如图 3.1.71 所示。

图 3.1.71　“菠萝侠客”表情的整体效果

3.2　杀　人　表　情（见图 3.2.1）

图 3.2.1　菠萝侠客的“杀人表情”

制作步骤

01 新建一个 150×150 像素的文档，并命名为“杀人表情”。

02 按“3.1 菠萝侠客”的制作步骤制作出菠萝的身体，如图 3.2.2 所示。

03 制作菠萝的身体右上角的纹理，如图 3.2.3 所示。

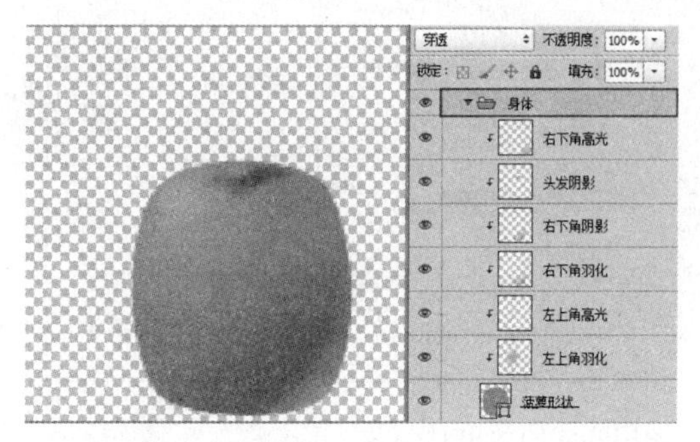

图 3.2.2 制作菠萝的“身体”组图形

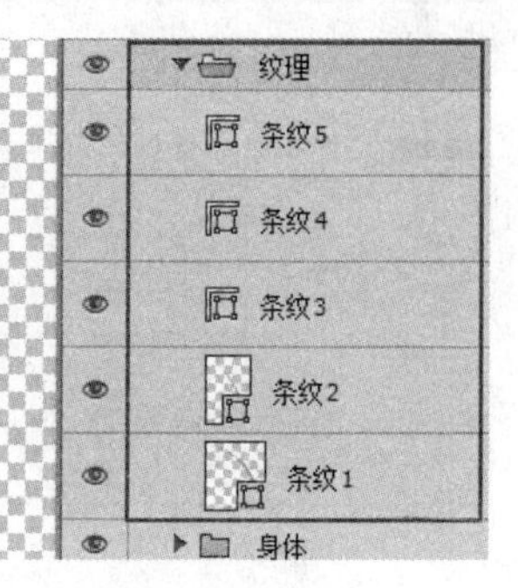

图 3.2.3 制作菠萝“纹理”组图形

04 绘制菠萝的头发部分，由“绿叶”和“染红”图层形成“头发”组件，“染红”图层要设置为“绿叶”图层的剪切蒙版，这样可以显示出菠萝叶子的渐变立体效果，如图 3.2.4 所示。

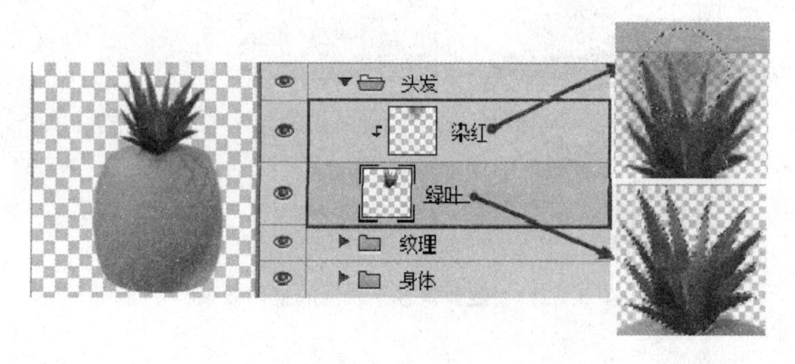

图 3.2.4 绘制菠萝的“头发”图形

05 使用“钢笔工具”分别绘制出菠萝的两只手，如图 3.2.5 所示。

06 使用“画笔工具”按不同颜色绘制菠萝左手的阴影效果和高光效果，然后将“左手阴影 1”、“左手阴影 2”和“左手高光”3 个图层转换成剪切蒙版，如图 3.2.6 所示。

图 3.2.5 绘制菠萝的左右手

图 3.2.6 绘制菠萝左手的阴影和高光效果

07 使用“画笔工具”按不同颜色绘制菠萝右手的阴影效果和高光效果，然后将“右手阴影 1”、“右手阴影 2”和“右手高光”3 个图层转换成剪切蒙版，如图 3.2.7 所示。

图 3.2.7　绘制菠萝右手的阴影和高光效果

08 新建“菜刀”图层，用“钢笔工具”绘制菜刀形状，并设置菜刀的“描边”和“渐变叠加”效果，如图 3.2.8 所示。

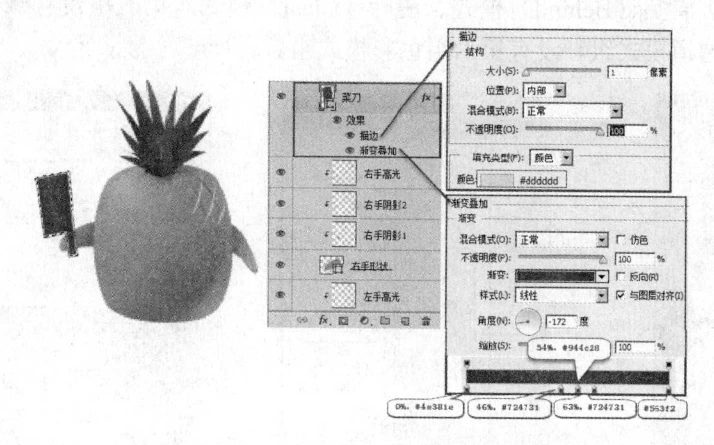

图 3.2.8　绘制菜刀形状并设置描边和渐变叠加效果

【相关知识】

PS 的图层混合模式运用得很广泛，不仅仅在图层界面使用，还在画笔、填充、应用图像中使用。

PS CS6 中的图层混合模式，共分为 7 组 30 种，此外还有 4 种是只在一定条件下才会出现（黑体字部分），减去（Minus）模式在不同的情况下所属的组不一样。

（1）组合模式组：正常（Normal）模式、溶解（Dissolve）模式、背后（Behind）模式（只出现在绘画和填充工具及填充命令中）、清除（Clear）模式（只出现在绘画和填充工具及填充命令中）。

（2）加深模式组：变暗（Darken）模式、正片叠底（Multiply）模式、颜色加深（Color Burn）模式、线性加深（Linear Burn）模式、深色（Darker Color）模式。

（3）减淡模式组：变亮（Lighten）模式、滤色（Screen）模式、颜色减淡（Color Dodge）模式、线性减淡（Linear Dodge）模式、浅色（Lighter Color）模式。

（4）对比模式组：叠加（Overlay）模式、柔光（Soft Light）模式、强光（Hard Light）模式、亮光（Vivid Light）模式、线性光（Linear Light）模式、点光（Pin Light）模式、实色混合（Haard Mix）模式。

（5）比较模式组：差值（Difference）模式、排除（Exclusion）模式、减去（Minus）模式、划分（Divide）模式。

（6）色彩模式组：色相（Hue）模式、饱和度（Saturation）模式、颜色（Color）模式、明度（Luminosity）模式。

（7）通道模式组：相加（Add）模式、减去（Minus）模式（此模式组中的 2 种模式只出现在通道计算中）。

图层的所有功能，比如图层样式，共有 6 组 27 种模式，第一组组合模式组没有背后（Behind）模式、清除（Clear）模式，没有第七组通道模式组，如图 3.2.9 所示。

上色类工具的选项，比如画笔，共有 6 组 29 种模式。没有第七组通道模式组，如图 3.2.10 所示。

应用图像类的选项，如图 3.2.11 所示，共有 6 组 23 种模式。第一组组合模式组没有溶解（Dissolve）模式、背后（Behind）模式、清除（Clear）模式。第五组没有减去（Minus）模式，并入第七组通道模式组。没有第六组色彩模式组。

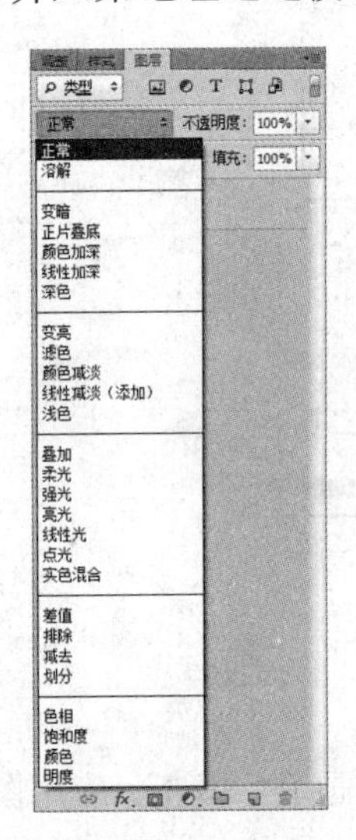

图 3.2.9 图层类混合模式

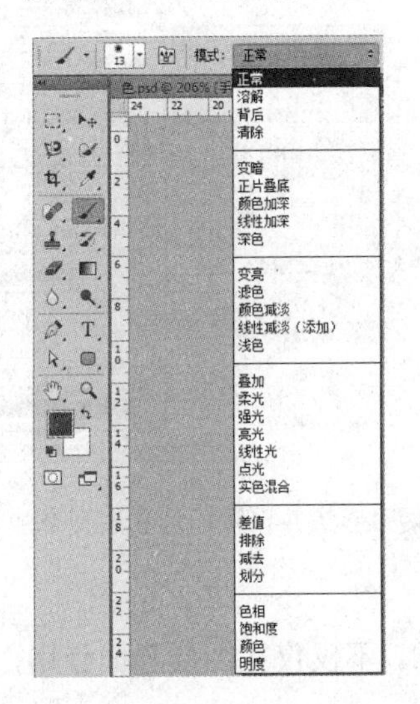

图 3.2.10 画笔类混合模式

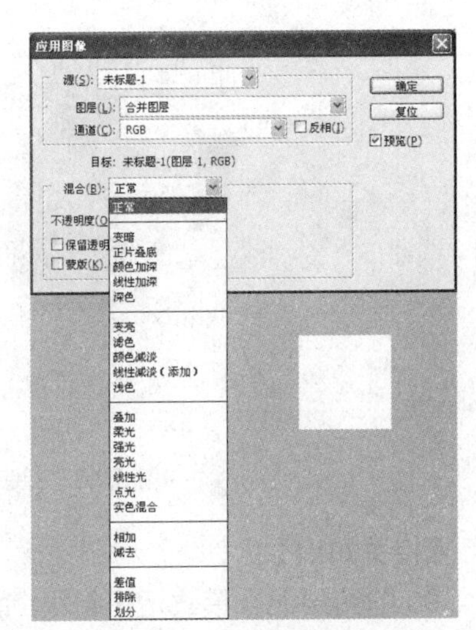

图 3.2.11 应用图像类混合模式

09 用“钢笔工具”绘制右手指握刀的部分，填充颜色为#fdb401，再用“减淡工具”制作右手指的高光部分，并将“右手指高光”图层转换为剪切蒙版，如图 3.2.12 所示。

10 新建“菜刀高光”图层，在菜刀右上角绘制一个三角形，设置由黑到白的渐变效果，如图 3.2.13 所示。

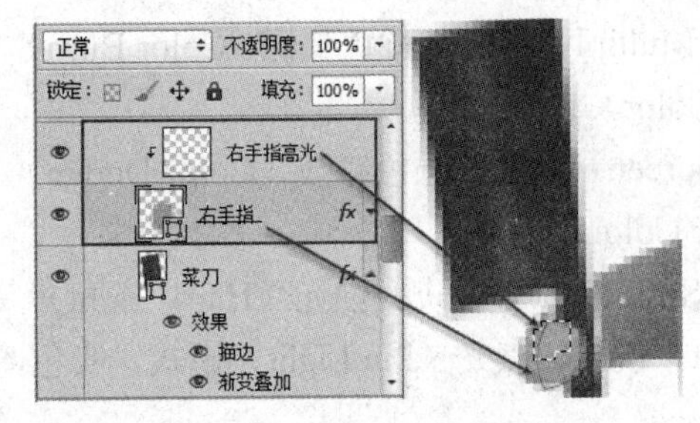

图 3.2.12 绘制握菜刀的右手指

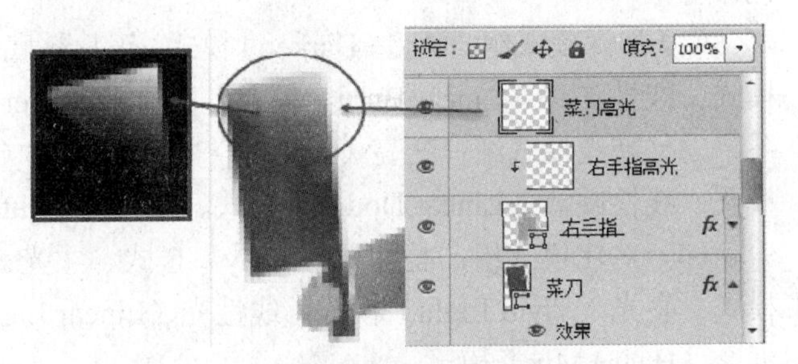

图 3.2.13 绘制菜刀的高光渐变效果

11 新建菠萝“手”的组，将其所属图层放置在该组中，效果图及相应图层如图 3.2.14 所示。

12 用“钢笔工具”绘制菠萝的眉毛，填充颜色为“深绿色#1d4103”，再用“画笔工具”在眉毛上分别绘制出皱纹，颜色为黑色，如图 3.2.15 所示。

图 3.2.14　菠萝手的效果图及相应图层　　　图 3.2.15　绘制菠萝的眉毛和皱纹

13 用“钢笔工具”绘制“左眼”的形状，调整其位置和大小后，按组合键 Ctrl+J 复制“右眼”图层，单击“编辑”→“变形”→“水平翻转”，再调整右眼的位置及大小；再用“画笔工具”绘制眼珠及眼睛下方的阴影，如图 3.2.16 所示。

14 使用“画笔工具”绘制鼻子，再用“钢笔工具”绘制嘴巴的形状，并填充“深红色#623512”，如图 3.2.17 所示。

图 3.2.16　绘制眼睛部分

图 3.2.17　绘制鼻子和嘴巴

15 用“钢笔工具”绘制“上牙齿”和“下牙齿”，填充为白色，再用定义为黑色的“画笔工具”绘制嘴内部阴影，如图 3.2.18 所示。

图 3.2.18　绘制菠萝的牙齿及嘴内部阴影部分

16 用“画笔工具”绘制下巴和三根圆弧线，然后新建“五官”的组，将相应图层移至“五官”组，如图 3.2.19 所示。

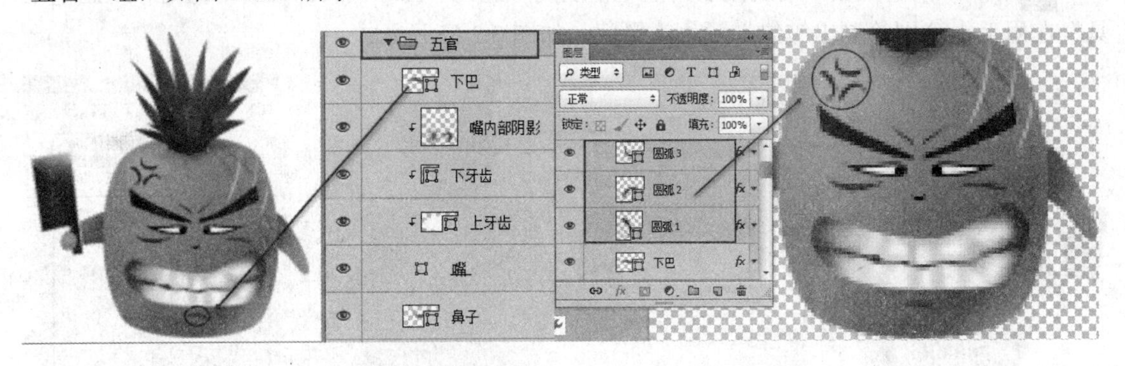

图 3.2.19 绘制菠萝的下巴和右额头的三根弧线

17 新建“菜刀表情”组，将“五官”、“头发”、“纹理”、“身体”和“手”图层组移至“菜刀表情”组，菠萝侠客的杀人表情效果图及其图层组如图 3.2.20 所示。

图 3.2.20 菠萝侠客的杀人表情效果图

3.3 衰 表 情（见图 3.3.1）

制作步骤

01 新建一个 150×150 像素的文档，并命名为“衰”。用“钢笔工具”绘制菠萝身体的形状，并调整菠萝的形状，填充黑色，如图 3.3.2 所示。

图 3.3.1 菠萝侠客的衰表情

图 3.3.2 绘制菠萝的形状

02 将前景色设置为浅黄色#dac6a4，调整画笔的大小和硬度，用“画笔工具”绘制菠萝两侧的高光，这里要调细画笔的大小和硬度，绘制烟雾效果，如图 3.3.3 所示。

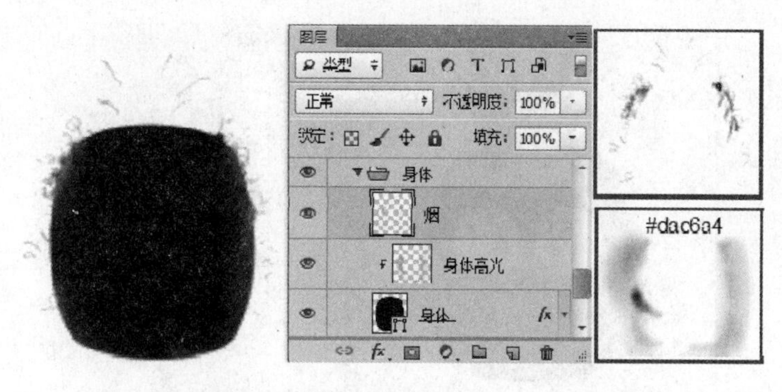

图 3.3.3　绘制菠萝的高光部分和烟雾

03 新建“手”图层组，用“钢笔工具”绘制菠萝的双手，并作相应的调整，填充颜色为黑色，再调细画笔的大小和硬度，用“画笔工具”绘制左、右手的高光部分，如图 3.3.4 所示。

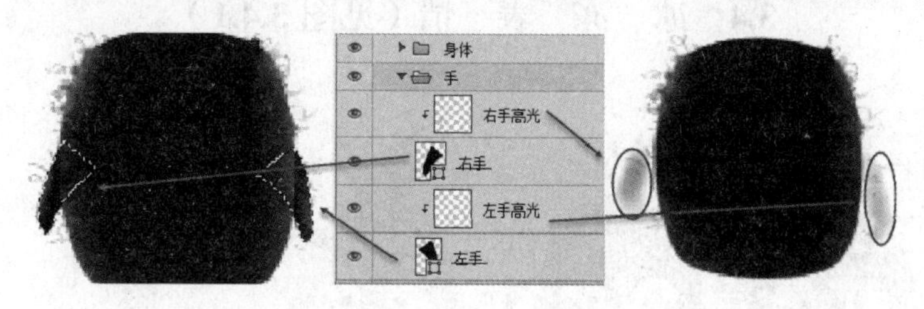

图 3.3.4　绘制菠萝的双手

04 新建“头发”的图层组，用“钢笔工具”绘制头发（具体绘制方法可以参考“3.1 菠萝侠客”），填充颜色为绿色，将该形状图层命名为“绿头发”，如图 3.3.5 所示。

图 3.3.5　绘制菠萝的“绿头发”

05 在“绿头发”图层按 Ctrl 键+单击鼠标左键，将绿色头发部分框选中，新建一个“黑头发”的图层，填充选区颜色为黑色，这样头发就变成炸黑的效果，如图 3.3.6 所示。

06 用“椭圆工具”绘制一个正圆作为“左眼”，按组合键 Ctrl+T 调整大小及形状，再用“画笔工具”绘制“左眼珠”，按组合键 Ctrl+J 分别复制“左眼”和“左眼珠”图层，命名相

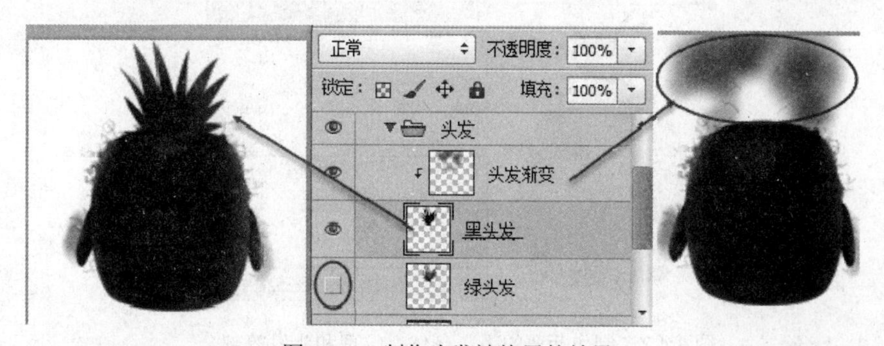

图 3.3.6　制作头发被炸黑的效果

应图层为“右眼”和“右眼珠”，调整其位置。将画笔的颜色设置为#7b3a0d，用“画笔工具”绘制菠萝的“嘴”。新建“衰表情”的组，将所有图层移至该组，如图 3.3.7 所示。

图 3.3.7　绘制菠萝的五官

3.4　冰　冻　表　情（见图 3.4.1）

图 3.4.1　菠萝侠客的“冰冻表情”系列动画

（a）闭嘴；（b）张嘴；（c）扁嘴；（d）冰冻

↘制作步骤

1. 制作菠萝侠客的冰冻表情

01 新建一个 150×150 像素的文档，并命名为“冰”。制作菠萝的手、身体、纹理和头发等部分，具体制作步骤参考“3.1 菠萝侠客”，如图 3.4.2 所示。

图 3.4.2　制作菠萝的手、身体、纹理和头发等部分

02 在左边工具箱中单击“默认前景色和背景色”按钮，将前景色设置为黑色，再启用“画笔工具”，调整画笔的笔触，绘制菠萝的“鼻子”、“左皱纹”、“右皱纹”和“闭嘴”的线条。再用“椭圆工具”绘制一个正圆作为“左眼”，设置眼睛的“描边”效果。再按组合键 Ctrl+J 复制“左眼”，然后用“画笔工具”绘制黑色的眼珠。用“钢笔工具”分别绘制左、右眉毛，填充深绿色#1d4103，菠萝闭嘴的五官表情效果图及相应图层如图 3.4.3 所示。

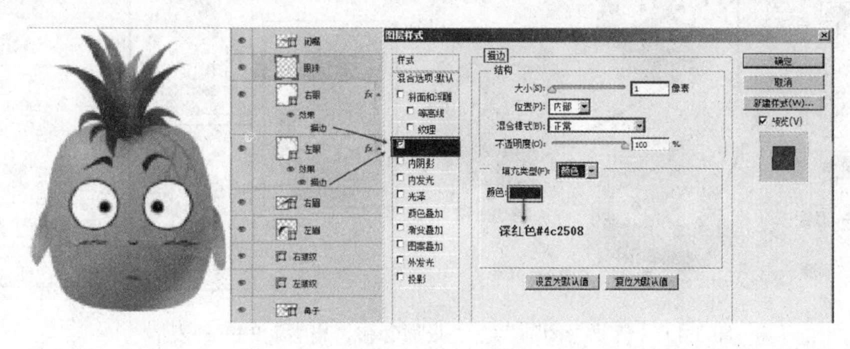

图 3.4.3　制作菠萝的闭嘴的五官表情

03 接下来制作菠萝“张嘴”害怕的表情，用“钢笔工具”绘制菠萝张大的嘴，填充颜色为#281405，再用“椭圆工具”绘制菠萝的舌头，填充的颜色为#602312，用“减淡工具”涂抹舌尖左上角，制作出舌头的高光部分。然后将“舌头”和“舌头高光”图层转换为剪切蒙版，菠萝“张嘴”害怕的表情效果如图 3.4.4 所示。

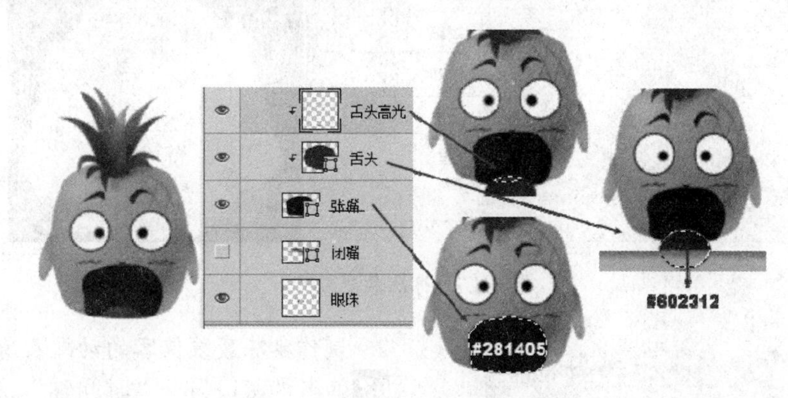

图 3.4.4　菠萝“张嘴”害怕的表情

04 现在将“闭嘴”和“张嘴”的图层隐藏，用鼠标单击这两个图层前的小眼睛。用“钢笔工具”绘制菠萝扁嘴的形状，再用与第 03 步相同的步骤绘制“舌头”和“舌头高光”部分，然后将“舌头”和“舌头高光”图层转换为剪切蒙版，菠萝“扁嘴”害怕的表情效果如图 3.4.5 所示。

图 3.4.5　菠萝“扁嘴”的表情

05 菠萝“闭嘴”、“张嘴”和“扁嘴”的三种表情可以通过遮住小眼睛的方法观察到，新建“五官”的图层组，将五官的所有图层移至该图层组，如图 3.4.6 所示。

06 新建一个组“冰块”，用“钢笔工具”绘制菠萝的外形作为冰块，填充颜色为浅蓝色#c1e8ff，并将“冰化”图层的填充设置为“57%”，制作出冰块透明的效果。再用“矩形工具”绘制“边缘高光1”和“边缘高光2”，填充为白色，然后将这两个图层转换为“冰化”图层的剪切蒙版，菠萝被冻住的表情如图3.4.7所示。

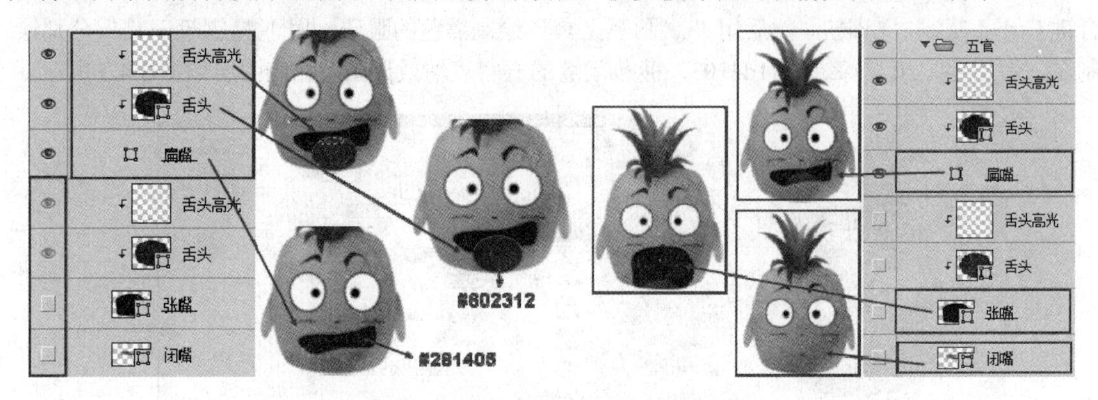

图3.4.6 菠萝“闭嘴”、“张嘴”和“扁嘴”的三种表情

07 新建一个组，命名为“冰冻表情”，将以上制作的所有图层组都移至该组，如图3.4.8所示。

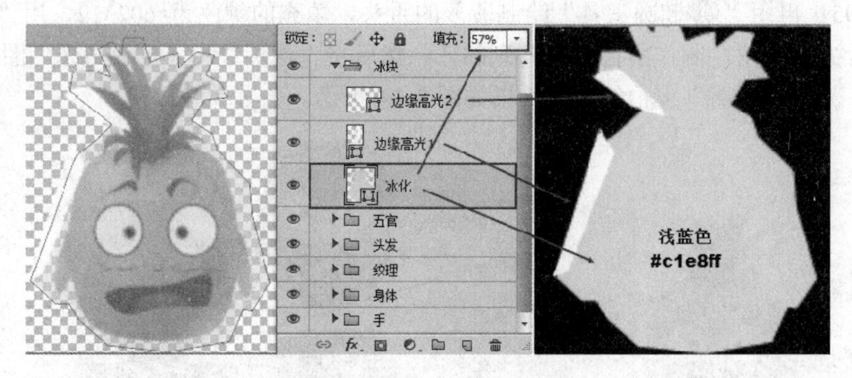

图3.4.7 冰冻菠萝表情

图3.4.8 整理图层组至“冰冻表情”组

2. 制作冰冻菠萝侠客的动画表情

08 单击“窗口”→“时间轴”，在窗口下方出现“时间轴”显示栏，这是Photoshop CS6的新增功能，第1帧动画要设置为菠萝“闭嘴”的表情，打开“五官”组，显示“闭嘴”图层，将“张嘴”和“扁嘴”的图层隐藏，并将“冰块”图层组也隐藏，如图3.4.9所示。

09 单击“时间轴”面板的“复制所选帧”，把第1帧动画复制到第2帧动画，隐藏“闭嘴”图层，显示“张嘴”图层，如图3.4.10所示。

10 按相同的方法制作第3帧“扁嘴”动画，如图3.4.11所示，第4帧“冰冻”动画，如图3.4.12所示。

图 3.4.9　设置“闭嘴”表情为第 1 帧动画

图 3.4.10　第 2 帧“张嘴”动画

图 3.4.11　第 3 帧“扁嘴”动画

图 3.4.12　第 4 帧“冰冻”动画

11 按 Shift 键分别单击第 1 帧至第 4 帧，单击鼠标右键，在弹出的快捷菜单中选择“0.5”，如图 3.4.13 所示，将每帧原来 0 秒延迟的动画帧延迟 0.5 秒，单击“播放”按钮，可以观看菠萝侠客的冰冻表情。

12 单击菜单栏的“文件”→“存储为 Web 所用格式”，如图 3.4.14 所示，打开“存储为 Web 所用格式”对话框，设置文件类型为“GIF”，如图 3.4.15 所示。

图 3.4.13　每帧动画延迟 0.5 秒

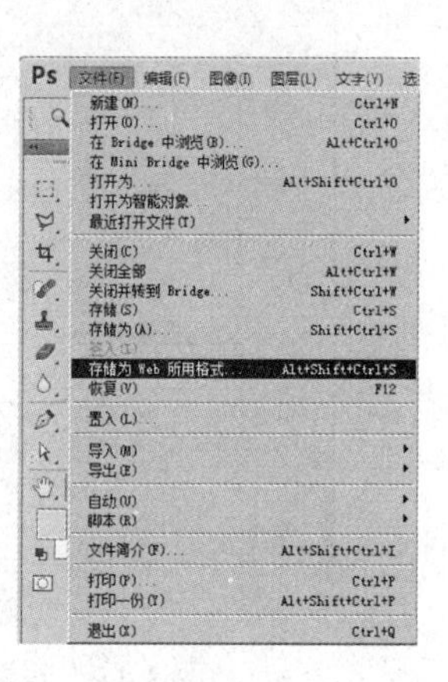

图 3.4.14　文件存储为 Web 格式

图 3.4.15　“存储为 Web 所用格式”对话框

13 单击“存储”按钮，打开“将优化结果存储为”对话框中，在文件名输入框中输入“冰.gif”，格式“仅限图像”，如图 3.4.16 所示。

14 打开 QQ，在聊天对话框中单击“设置”图标，在弹出的快捷菜单中选择“添加表情”，如图 3.4.17 所示。

15 在“打开”对话框中选择“冰.gif”文件，如图 3.4.18 所示。

16 将菠萝侠客的“冰”表情添加到“我的收藏”组，如图 3.4.19 所示。

17 选择“我的收藏”窗口，选择“冰”表情，如图 3.4.20 所示。

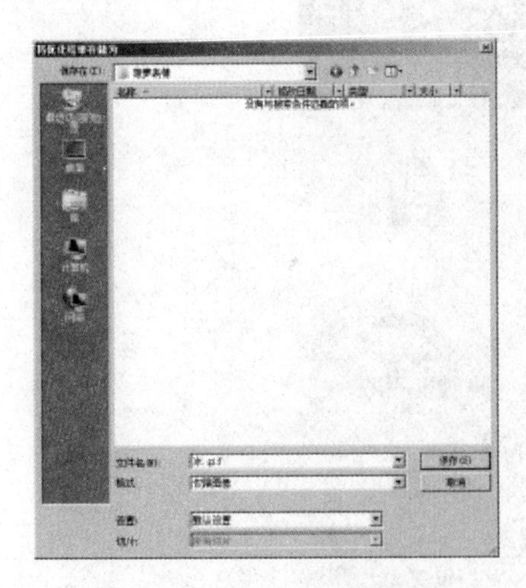

图 3.4.16　存储 gif 格式文件

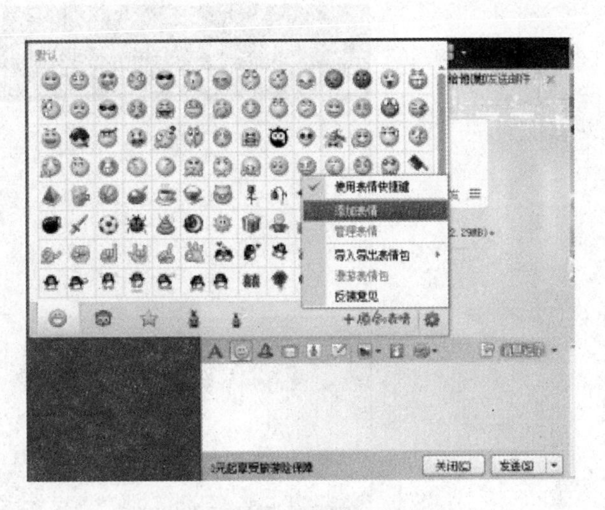

图 3.4.17　在 QQ 中添加表情

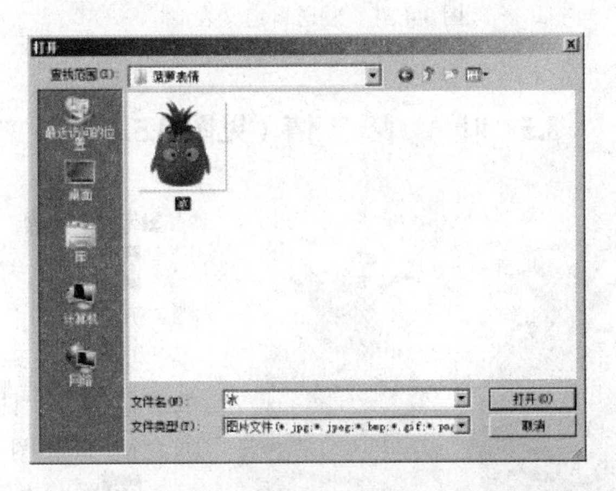

图 3.4.18　选择“冰.gif”文件

18 在 QQ 窗口中，菠萝侠客的冰冻表情显示在聊天框中，单击“发送”，表情就成功发送出去了，如图 3.4.21 所示。

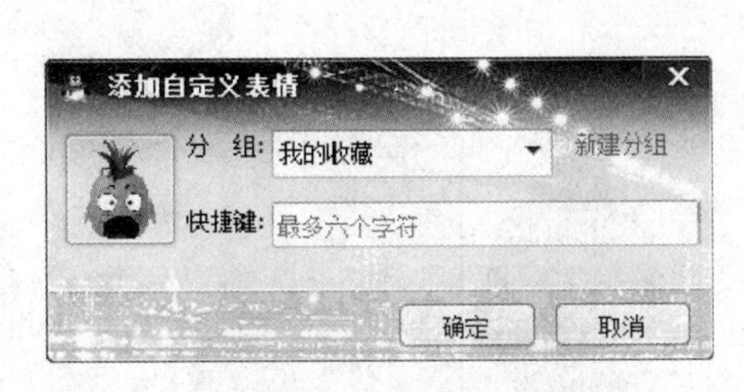

图 3.4.19　添加“自定义表情”

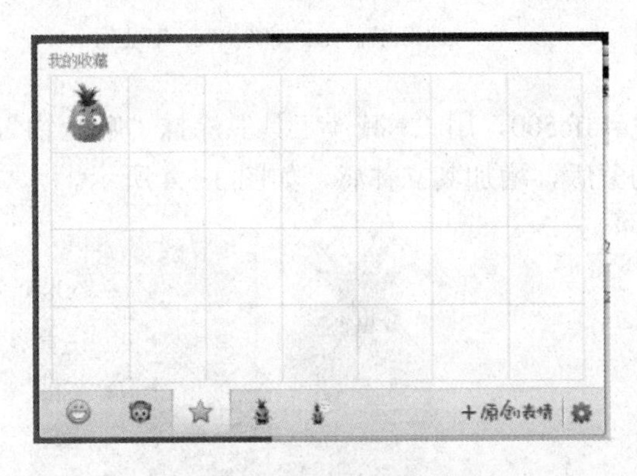

图 3.4.20　打开“我的收藏”

图 3.4.21　发送自定义表情

3.5　吐　表　情（见图 3.5.1）

图 3.5.1　菠萝侠客的“吐表情”系列动画
（a）闭嘴；（b）咧嘴；（c）呕吐物

制作步骤

01 新建一个 150×150 像素的文档，并命名为“吐”。制作菠萝侠客的手、身体、纹理、头发和五官“闭嘴”的表情部分，具体制作步骤参考“3.4 冰表情”，如图 3.5.2 所示。

02 隐藏“闭嘴”图层，用“钢笔工具”绘制菠萝侠客的“咧嘴”形状，填充深红色#623512，如图 3.5.3 所示。

03 用“钢笔工具”绘制菠萝侠客的“呕吐物”形状，填充颜色为黄色# ffc500，用“减淡工具”涂抹“呕吐物”，按 Alt+鼠标左键将“吐高光”图层转换为剪切蒙版，增加其立体感，如图 3.5.4 所示。

图 3.5.2　制作菠萝侠客“闭嘴”的表情

图 3.5.3　绘制“咧嘴”形状

图 3.5.4　绘制“呕吐物”形状

04 参考“3.4 冰表情”制作菠萝侠客的“吐”表情动画，第 1 帧是“闭嘴”表情，延迟时间为 0.5 秒；第 2 帧是“咧嘴”表情，延迟时间为 0.5 秒；第 3 帧是“吐”表情，延迟时间为 1 秒，如图 3.5.5 所示。

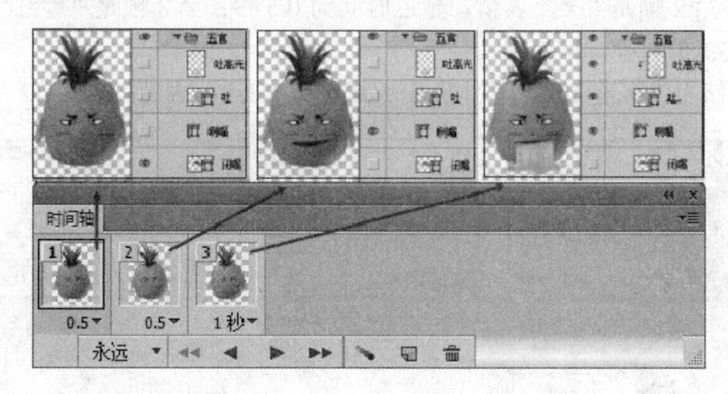

图 3.5.5　制作“吐”系列表情动画

05 将文件存储为“吐.gif”，具体操作步骤参考“3.4 冰表情”的第 12 步和第 13 步。

3.6　害　羞　表　情（见图 3.6.1）

制作步骤

01 新建一个 150×150 像素的文档，并命名为“害羞”。

02 制作菠萝侠客的手、身体、纹理、头发等部分，具体制作步骤参考“3.1 菠萝侠客”。

03 新建“五官”组，绘制“眉毛”、“鼻子”、“闭嘴”和“皱纹”，步骤参考“3.1 菠萝侠客”，再用“画笔工具”绘制下垂的眼睑、眼睫毛，并用“减淡工具”绘制眼皮高光，如图 3.6.2 所示。

图 3.6.1　菠萝侠客“害羞表情”的系列动画

（a）闭嘴；（b）笑嘴；（c）红脸

04 隐藏“闭嘴”图层，用“钢笔工具”绘制菠萝侠客的“笑嘴”，如图 3.6.3 所示。

05 用“画笔工具”绘制脸颊的红晕，设置“前景色”为红色#ff5400，如图 3.6.4 所示。

图 3.6.2　绘制菠萝侠客的五官

图 3.6.3　绘制菠萝侠客的“笑嘴”

图 3.6.4　绘制菠萝侠客的“红脸”

06 参考“3.4 冰表情”制作菠萝侠客的“害羞”表情动画，第 1 帧是“闭嘴”表情，延迟时间为 0.5 秒；第 2 帧是“笑”表情，延迟时间为 0.5 秒；第 3 帧是“脸红”表情，延迟时间为 1 秒，如图 3.6.5 所示。

07 将文件存储为“害羞.gif”，具体操作步骤参考“3.4 冰表情”的第 12 步和第 13 步。

图 3.6.5　制作“害羞”系列表情动画

3.7　睡　觉　表　情（见图 3.7.1）

图 3.7.1　菠萝侠客“睡觉表情”的系列动画

（a）打第 1 个呼噜；（b）打第 2 个呼噜；（c）打第 3 个呼噜；（d）吓醒；（e）眼变绿

➘制作步骤

01 新建一个 150×150 像素的文档，并命名为“睡觉”。

02 制作菠萝侠客的手、身体、纹理、头发等部分，具体制作步骤参考“3.1 菠萝侠客”。

03 新建“五官”组，绘制“眉毛”、“鼻子”、“闭嘴”和“皱纹”，步骤参考“3.1 菠萝侠客”，再用“画笔工具”绘制闭眼的状态，并用“减淡工具”绘制眼皮高光，如图 3.7.2 所示。

04 隐藏“闭嘴”图层，用“钢笔工具”绘制菠萝侠客打呼噜的三个“Z”，以及“扁嘴”的图层，如图 3.7.3 所示。

图 3.7.2　绘制菠萝侠客睡着的表情

图 3.7.3　绘制菠萝侠客打呼噜的表情

05 制作菠萝侠客被吓醒的眼神渐变状态，如图 3.7.4 所示。

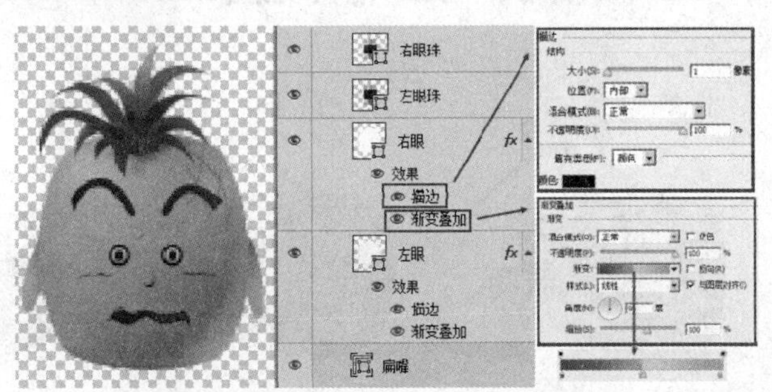

图 3.7.4　绘制菠萝侠客被吓醒的表情

06 参考“3.4 冰表情”制作菠萝侠客的“睡觉”表情动画，第 1 帧是“睡觉”表情，延迟时间为 0.5 秒；第 2 帧是“打第 1 个呼噜”表情，延迟时间为 0.5 秒；第 3 帧是“打第 2 个呼噜”表情，延迟时间为 0.5 秒；第 4 帧是“打第 3 个呼噜”表情，延迟时间为 1 秒；第 5 帧是“吓醒”表情，延迟时间为 0.5 秒；第 6 帧是“眼变绿”表情，延迟时间为 1 秒，如图 3.7.5 所示。

(a)

(b)

(c)

图 3.7.5　制作“睡觉”系列表情动画（一）

（a）第 1 帧；（b）第 2 帧；（c）第 3 帧

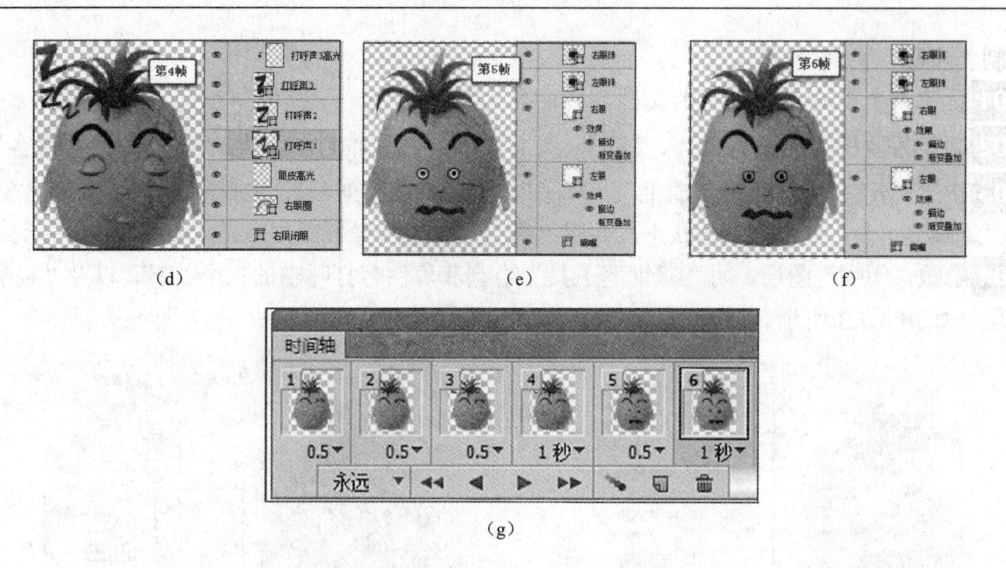

（d） （e） （f）

（g）

图 3.7.5 制作“睡觉”系列表情动画（二）

（d）第 4 帧；（e）第 5 帧；（f）第 6 帧；（g）“睡觉”系列

07 将文件存储为“睡觉.gif”，具体操作步骤参考“3.4 冰表情”的第 12 步和第 13 步。

3.8 晕 倒 表 情（见图 3.8.1）

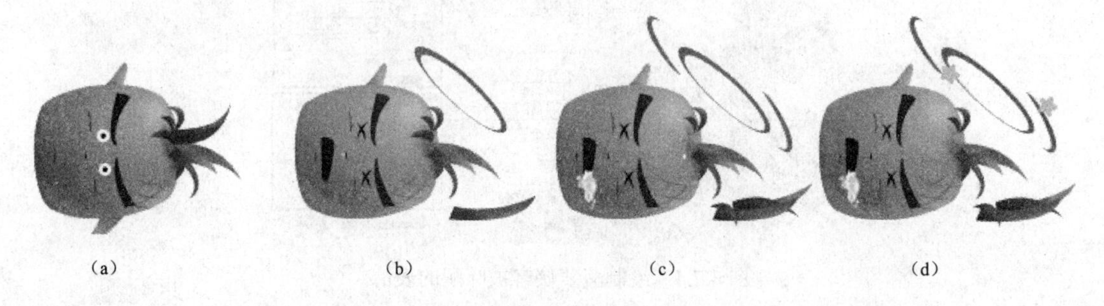

（a） （b） （c） （d）

图 3.8.1 菠萝侠客“晕倒表情”的系列动画

（a）倒下；（b）晕圈 1；（c）晕圈 2；（d）晕圈 3

➘制作步骤

01 新建一个 175×145 像素的文档，并命名为“晕倒”。

02 制作菠萝侠客的手、身体、纹理、头发等部分，具体制作步骤参考“3.1 菠萝侠客”。

03 新建“五官”组，绘制“眉毛”、“眼睛”、“鼻子”、“闭嘴”和“皱纹”，步骤参考“3.1 菠萝侠客”，将该菠萝侠客的表情作为“时间轴”的第 1 帧，如图 3.8.2 所示。

04 在“时间轴”面板单击“复制所选帧”创建第 2 帧，隐藏“左圆眼”、“右圆眼”、“左眼珠”、“右眼珠”图层，用“画笔工具”绘制出打“×”的眼睛，制作“左眼叉”和“右眼叉”图层，用“钢笔工具”绘制“张嘴”的形状，如图 3.8.3 所示。

05 创建第 3 帧，用“钢笔工具”绘制“晕圈 1”、“晕圈 2”、“晕圈 3”，并填充颜色为蓝色（RGB：# 45809f），将这三个图层放到“头晕”图层组。再用“画笔工具”绘制“白沫”，用“减淡工具”绘制“白沫效果”，如图 3.8.4 所示。

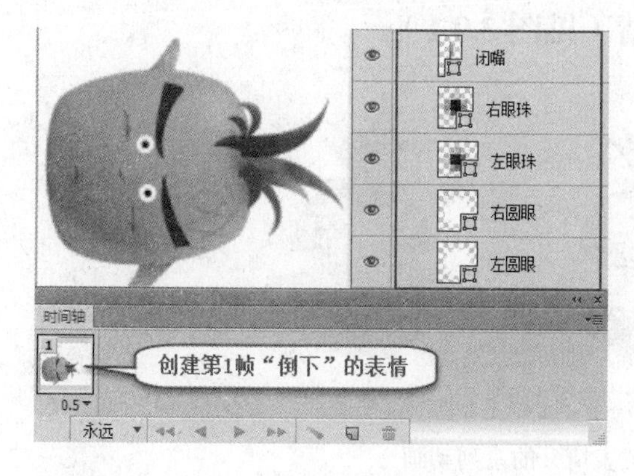

图 3.8.2　创建并绘制第 1 帧“倒下”的表情

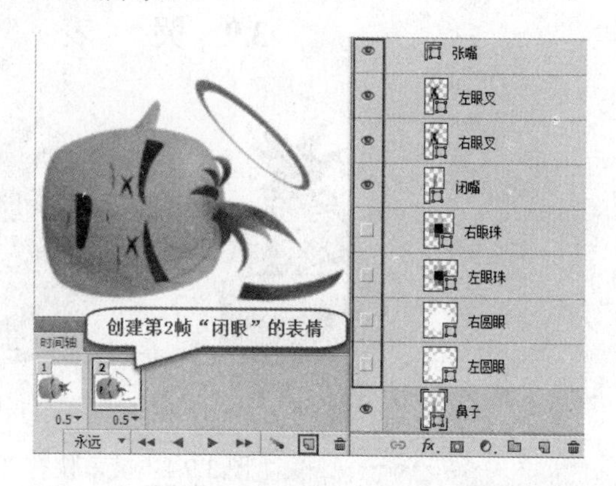

图 3.8.3　创建并绘制第 2 帧“闭眼”的表情

06 创建第 4 帧，启用“多边形工具”，设置“填充”颜色为黄色#ffc200，单击“设置”按钮，在弹出的面板中，勾选“平滑拐角”复选框，在蓝色的“晕圈”线周围分别绘制两颗星星，如图 3.8.5 所示。

07 在“时间轴”面板，分别设置“第 1 帧”、“第 2 帧”、“第 3 帧”延迟时间为 0.5 秒，第 4 帧动画延迟时间为 1 秒，如图 3.8.6 所示。

08 将文件存储为“晕倒.gif”，具体操作步骤参考“3.4 冰表情”的第 12 步和第 13 步。

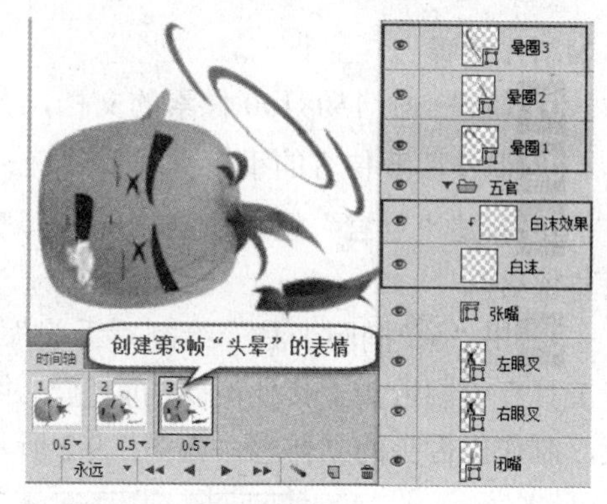

图 3.8.4　创建并绘制第 3 帧“头晕”的表情

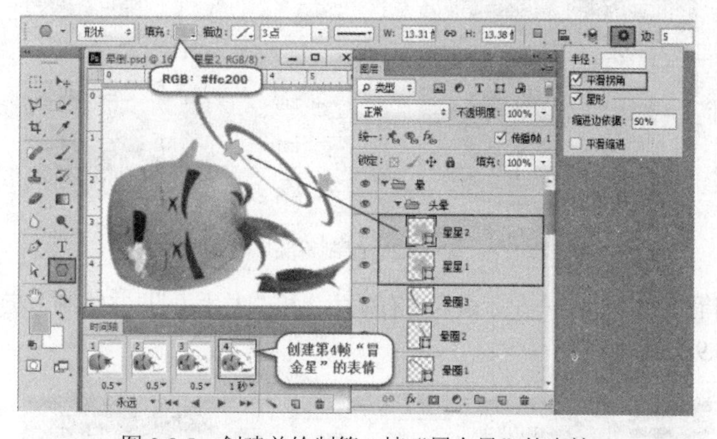

图 3.8.5　创建并绘制第 4 帧“冒金星”的表情

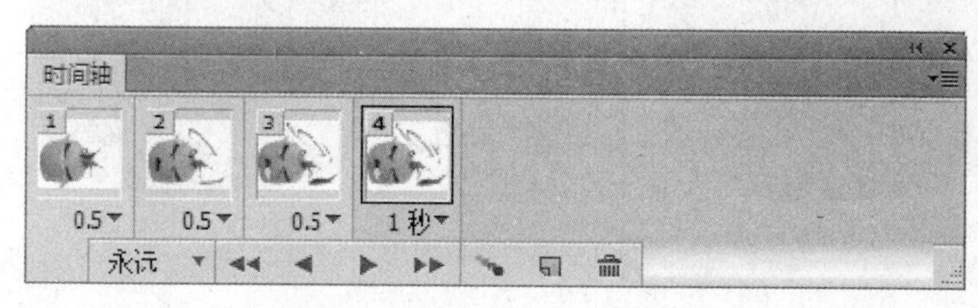

图 3.8.6　设置“晕倒”的时间帧

3.9 哭 表 情（见图 3.9.1）

（a） （b） （c）

图 3.9.1 菠萝侠客“哭表情”的系列动画

（a）张嘴哭；（b）甩泪；（c）泪奔

➘制作步骤

01 新建一个 150×150 像素的文档，并命名为“哭”。

02 制作菠萝侠客的手、身体、纹理、头发等部分，具体制作步骤参考“3.1 菠萝侠客”。

03 新建“五官”组，绘制“眉毛”、“眼睛”、“鼻子”、“嘴”和“皱纹”，步骤参考“3.1 菠萝侠客”。

04 用“椭圆工具”绘制“舌头”的形状，填充颜色为 RGB：#79301d，再用“画笔工具”绘制舌头上其他不同的颜色，并将“舌头”和“舌头高光”转换为“嘴”的剪切蒙版，制作出舌头的立体感，如图 3.9.2 所示。

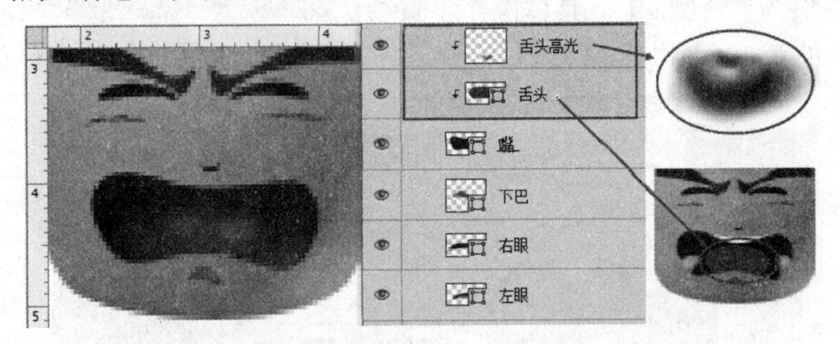

图 3.9.2 绘制舌头

05 用“钢笔工具”绘制“左牙齿”、“右牙齿”和“上牙齿”，并绘制“左牙高光”和“右牙高光”，如图 3.9.3 所示。

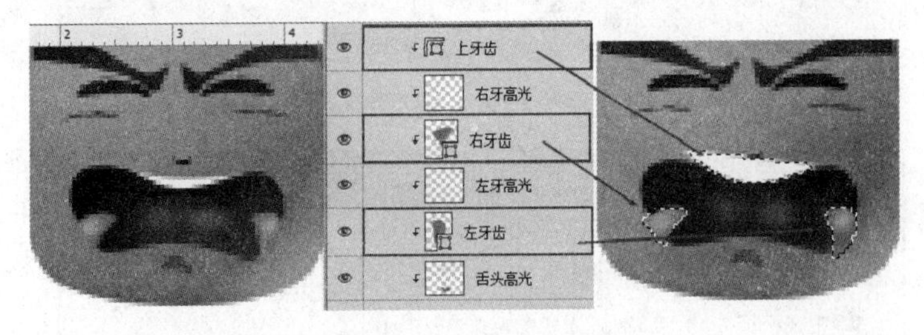

图 3.9.3 绘制牙齿

06 将该菠萝侠客“张嘴哭”的表情作为“时间轴”的第 1 帧，如图 3.9.4 所示。

07 在“时间轴”面板单击“复制所选帧”创建第 2 帧，用“钢笔工具”绘制“左泪 1”和“右泪 1”的形状，并填充浅蓝色 RGB：# d9eaf4，如图 3.9.5 所示。

图 3.9.4　创建并绘制第 1 帧“张嘴哭”的表情

图 3.9.5　创建并绘制第 2 帧“甩泪”的表情

08 创建第 3 帧，用“钢笔工具”绘制其他眼泪，如图 3.9.6 所示。

09 在“时间轴”面板，分别设置“第 1 帧”、“第 2 帧”延迟时间为 0.5 秒，第 3 帧动画延迟时间为 1 秒，如图 3.9.7 所示。

图 3.9.6　创建并绘制第 3 帧“泪奔”的表情

10 将文件存储为“哭.gif”，具体操作步骤参考“3.4 冰表情”的第 12 步和第 13 步。

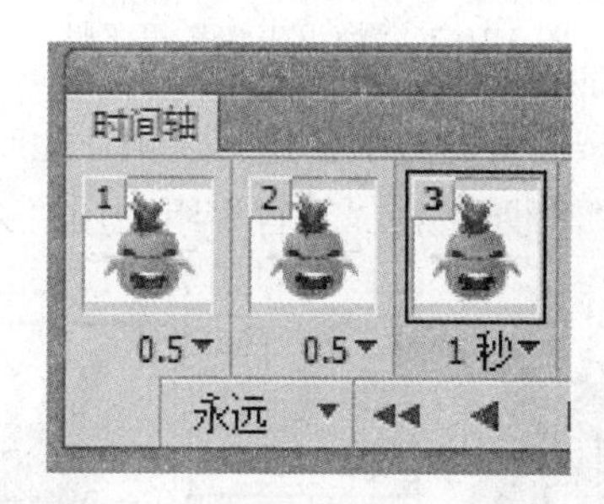

图 3.9.7　设置“哭”的时间帧

3.10　惊　讶　表　情（见图 3.10.1）

图 3.10.1　菠萝侠客“惊讶表情”的系列动画

（a）闭嘴；（b）张嘴；（c）黑线；（d）汗

➘制作步骤

01 新建一个 110×150 像素的文档，并命名为“惊讶”。

02 依次制作菠萝侠客的“手”、“身体”、“纹理”、“头发”等图层组，具体制作步骤参考“3.1 菠萝侠客”。

03 新建“五官”组，绘制“眉毛”、“眼睛”、“皱纹”、“鼻子”和“闭嘴”，并将该表情作为时间轴的第 1 帧，如图 3.10.2 所示，制作步骤参考“3.1 菠萝侠客”。

04 在“时间轴”面板单击“复制所选帧”创建第 2 帧，隐藏“闭嘴”的图层，用“钢笔工具”绘制菠萝侠客受到惊吓后“张嘴”的嘴巴形状，填充为黑色，再用“矩形工具”绘制“牙 1”，按组合键 Ctrl+T 调整牙齿的形状，复制其他三颗牙齿，调整其形状及位置，分别命名为“牙 2”、“牙 3”和“牙 4”，将这四颗牙齿转换为“嘴”的剪切蒙版，如图 3.10.3 所示。

图 3.10.2 “惊讶表情”第 1 帧

图 3.10.3 “惊讶表情”第 2 帧

05 按上步的方法创建第 3 帧，此时菠萝侠客的表情中“头发”变成竖起的状态，额头出现一排“黑线”。在“五官”组中用“直线工具”绘制 15 根黑线，并将其合并到“黑线”图层。再选择“头发”组，按组合键 Ctrl+J 复制其副本，命名为“竖起头发”，依次调整菠萝侠客的头发，按组合键 Ctrl+T 将每根头发调整为竖起的形状，然后将原来的“头发”组隐藏，如图 3.10.4 所示。

图 3.10.4 “惊讶表情”第 3 帧

06 创建第 4 帧，用“椭圆工具”绘制“汗 1”，填充颜色为浅蓝色 RGB：#a0dcff，再新建“汗 1 高光”图层，用“加深工具”描绘“汗 1”形状的边缘，使边缘颜色变深，再用“画笔工具”绘制“汗 1”中间的高光，填充颜色为白色，按组合键 Ctlr+Alt+G 将“汗 1 高光”转换为“汗 1”的剪切蒙版，如图 3.10.5 所示。

07 选择“汗 1”和“汗 1 高光”，按组合键 Ctrl+J 复制这两个图层，分别命名为“汗 2”和“汗 2 高光”，再用“画笔工具”绘制汗珠的阴影部分，填充颜色为# c29d80。此帧头发仍为竖起状态，如图 3.10.6 所示。

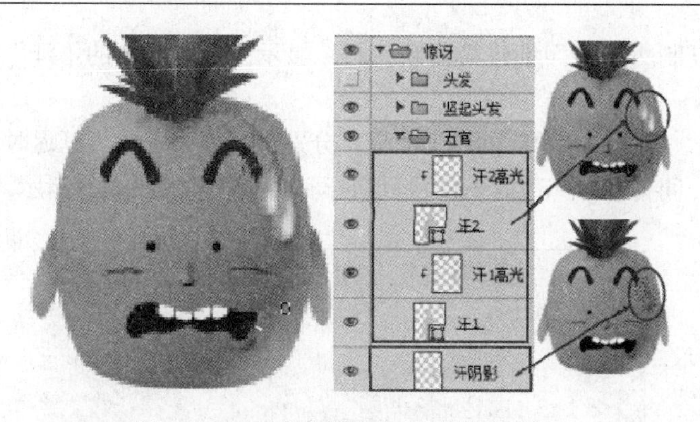

图 3.10.5　制作菠萝侠客的两颗“汗滴”

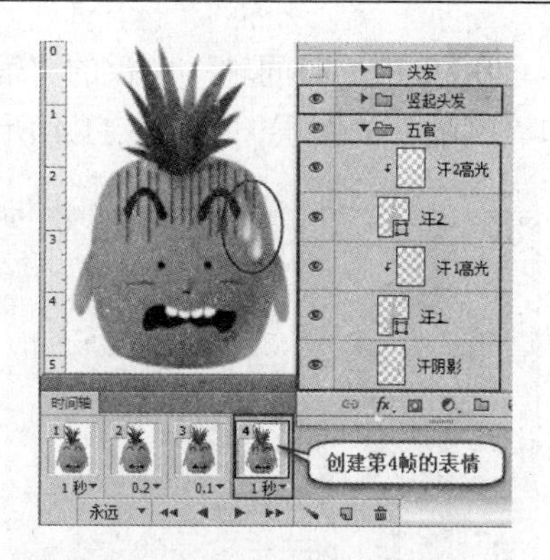

图 3.10.6　“惊讶表情”第 4 帧

08 在“时间轴”面板，分别设置“第 1 帧”延迟时间为 1 秒，“第 2 帧”延迟时间为 0.2 秒，“第 3 帧”延迟时间为 0.1 秒，“第 4 帧”延迟时间为 1 秒，如图 3.10.7 所示。

09 将文件存储为“惊讶.gif”，具体操作步骤参考“3.4 冰表情”的第 12 步和第 13 步。

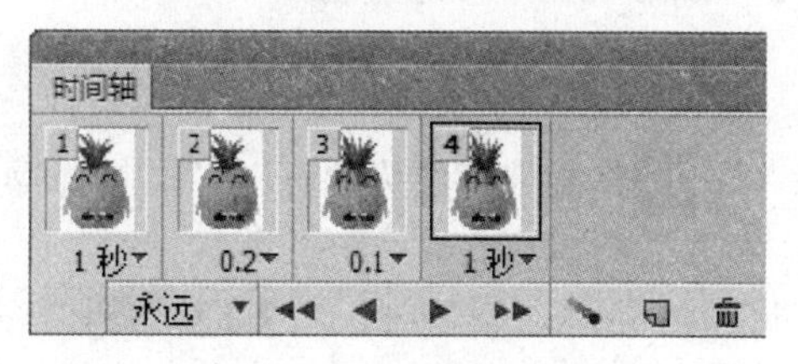

图 3.10.7　设置“惊讶表情”的时间帧

3.11　汗　表　情（见图 3.11.1）

（a）　（b）

图 3.11.1　菠萝侠客“汗表情”的系列动画

（a）闭嘴；（b）咧嘴

制作步骤

01 打开“菠萝侠客素材.psd”文件，将“菠萝侠客”组改名为“汗”组，单击“窗口”→“时间轴”，调出“时间轴”面板，将该菠萝表情设置为时间轴的“第 1 帧”，如图 3.11.2 所示。

02 在“五官”组，用“钢笔工具”绘制“咧嘴”图层，并用“直线选择工具”调整嘴巴的形状。用“椭圆工具”绘制“汗”，再用“转换点工具”调整汗的形状，并填充颜色为浅蓝色（RGB：#a0dcff），用“画笔工具”分别绘制出“汗高光”和“汗阴影”，阴影的颜色为 RGB：# ceb098，效果及图层如图 3.11.3 所示。

图 3.11.2　“汗表情”的第 1 帧动画

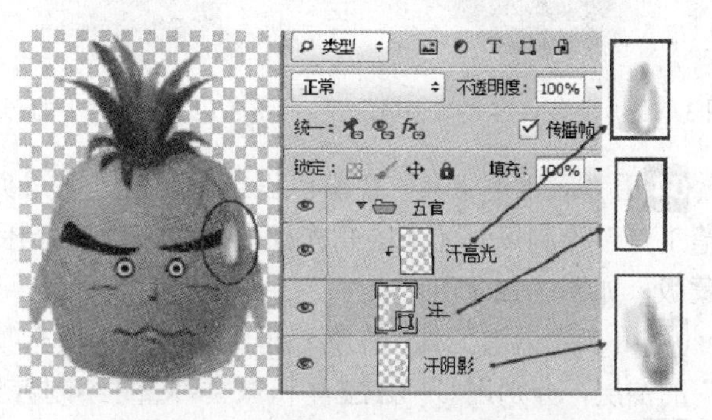

图 3.11.3　绘制“汗”的形状及效果

03 单击“时间轴”面板的“复制所选帧”创建第 2 帧动画，显示上一步制作的“汗”和“咧嘴”的图层，如图 3.11.4 所示。

04 在“时间轴”面板，分别设置“第 1 帧”延迟时间为 0.5 秒，“第 2 帧”延迟时间为 1 秒，如图 3.11.5 所示。

图 3.11.4　创建“汗表情”的第 2 帧

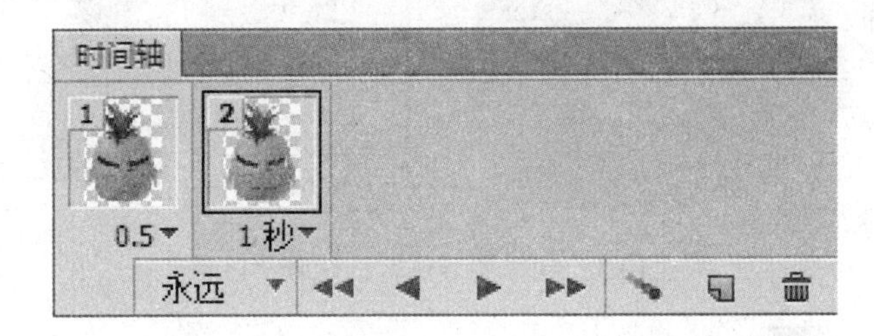

图 3.11.5　设置“汗表情”的时间帧

05 将文件存储为“汗.gif”，具体操作步骤参考“3.4 冰表情”的第 12 步和第 13 步。

3.12　笑　表　情（见图 3.12.1）

制作步骤

01 打开“菠萝侠客素材.psd”文件，将“菠萝侠客”组改名为“笑”组。

02 展开“手”图层组，单击“右手”图层，用“添加锚点工具”在菠萝侠客的右手处单击添加几个锚点，再用“直接选择工具”调整右手叉腰的形状。左手变形方法与右手相同，如图 3.13.2 所示。

03 新建“五官”图层组，绘制眉毛、眼睛、嘴和鼻子等的形状，眼睛设置“描边”效果，设置“1 像素”，描边颜色为 RGB：#4c2508，如图 3.13.3 所示。

图 3.12.1　菠萝侠客“笑表情”

图 3.12.2　调整手的形状

图 3.12.3　绘制五官

04 用“钢笔工具”在嘴巴里绘制牙齿，填充颜色为 RGB：# a6bbbb，再用白色的“画笔工具”绘制每颗牙齿的高光部分，按组合键 Ctrl+Alt+G 将“牙齿阴影”转换为牙齿的剪切蒙版，如图 3.12.4 所示。

05 用“钢笔工具”在嘴巴里绘制舌头，填充颜色为 RGB：# 97402a，再新建“舌头阴影”的图层，分别用加深工具和减淡工具绘制舌头的阴影和高光部分，如图 3.12.5 所示。

06 单击“文件”→“存储为 Web 所用格式”，将文件存储为“笑.gif”。

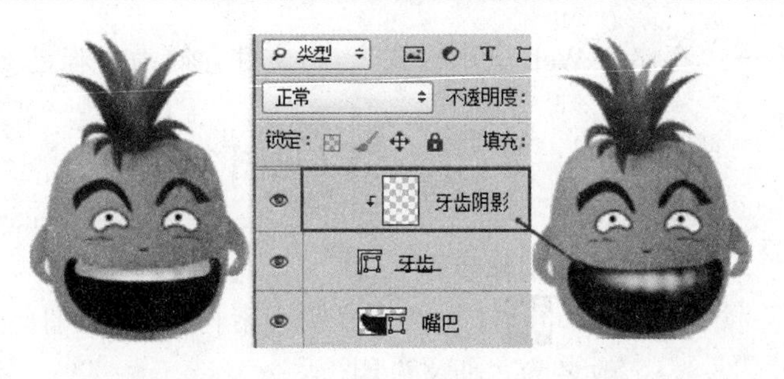

图 3.12.4　绘制牙齿

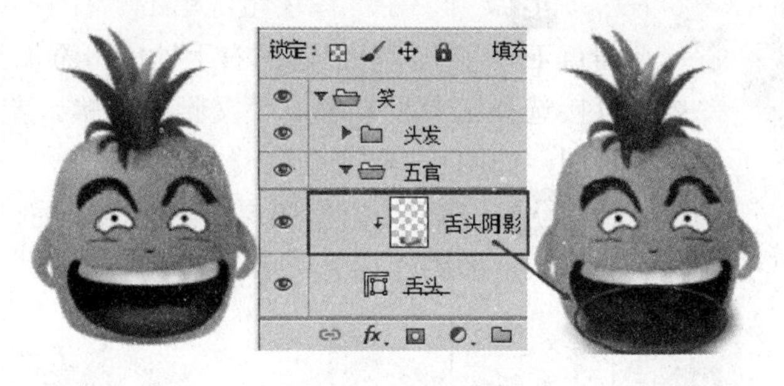

图 3.12.5　绘制舌头

3.13　难　过　表　情（见图 3.13.1）

制作步骤

01 打开“菠萝侠客素材.psd”文件，将“菠萝侠客”组改名为“难过”组。

02 展开“手”图层组，单击“右手”图层，用“添加锚点工具”在菠萝侠客的右手处单击添加几个锚点，再用“直接选择工具”调整右手叉腰的形状。左手变形方法与右手相同，如图 3.13.2 所示。

03 新建“五官”图层组，绘制眉毛、眼睛、嘴和鼻子等的形状，如图 3.13.3 所示。

图 3.13.1　菠萝侠客“难过表情”

图 3.13.2　调整双手叉腰的形状

图 3.13.3　绘制菠萝侠客的“五官”

04 单击“文件”→“存储为 Web 所用格式”，将文件存储为“难过.gif”。

3.14 斯 文 表 情（见图 3.14.1）

图 3.14.1 菠萝侠客“斯文表情”

↘制作步骤

01 打开“菠萝侠客素材.psd”文件，将“菠萝侠客”组改名为“斯文”组。

02 展开“手”图层组，单击“右手”图层，用“添加锚点工具”在菠萝侠客的右手处单击添加几个锚点，再用“直接选择工具”调整右手叉腰的形状。左手变形方法与右手相同，如图 3.14.2 所示。

03 新建“五官”图层组，绘制眉毛、眼睛、嘴和鼻子等的形状，如图 3.13.3 所示。

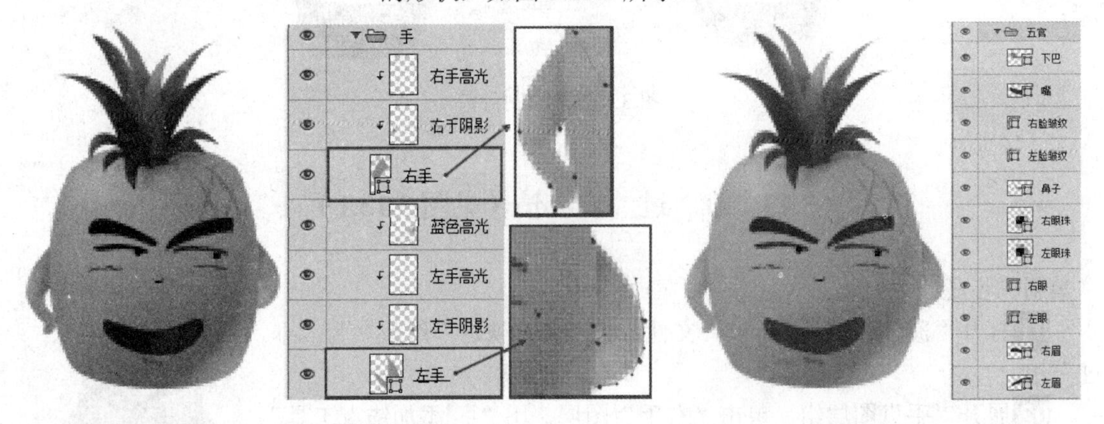

图 3.14.2 调整双手叉腰的形状　　　　图 3.14.3 绘制菠萝侠客的“五官”

04 新建“眼镜”组，用“椭圆工具”按组合键 Shift+Alt 绘制圆形，命名为“左眼镜框”，按组合键 Ctrl+T 调整镜片的大小及位置，双击该图层设置“图层样式”的“描边”和“渐变叠加”，具体设置参数如图 3.14.4 所示。按组合键 Ctrl+J 复制“左眼镜框”图层，命名为“右眼镜框”，并调整其位置，用“钢笔工具”绘制眼镜的两只镜腿和架在鼻子上的镜架，填充颜色为咖啡色 RGB：# 461a0c。

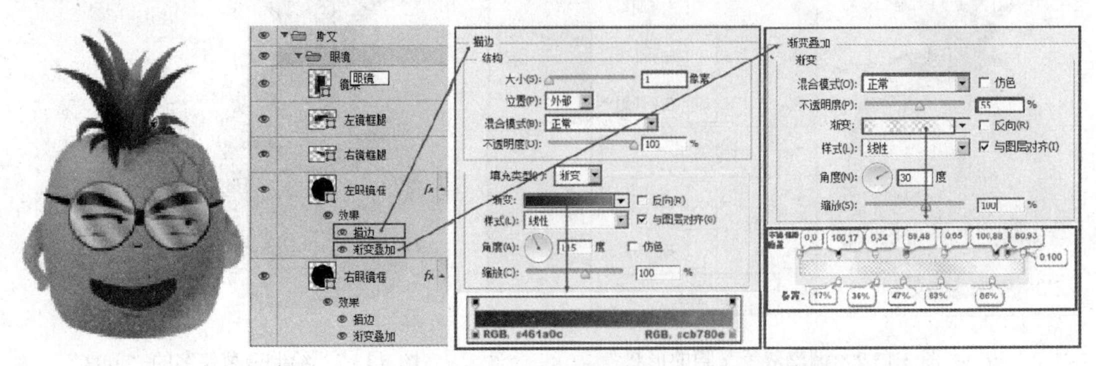

图 3.14.4 绘制眼镜

05 单击“文件”→“存储为 Web 所用格式”，将文件存储为“斯文.gif”。

3.15　阴　险　表　情（见图 3.15.1）

↘制作步骤

01 打开“菠萝侠客素材.psd”文件，如图 3.15.2 所示，将“菠萝侠客”组改名为“阴险”组。

02 展开“手”图层组，单击“右手”图层，用“添加锚点工具”在菠萝侠客的右手处单击添加几个锚点，再用“直接选择工具”调整右手叉腰的形状。左手变形方法与右手相同，如图 3.15.3 所示。

03 展开“五官”图层组，绘制眉毛、眼睛、嘴等的形状，如图 3.15.4 所示。

图 3.15.1　菠萝侠客“阴险表情”

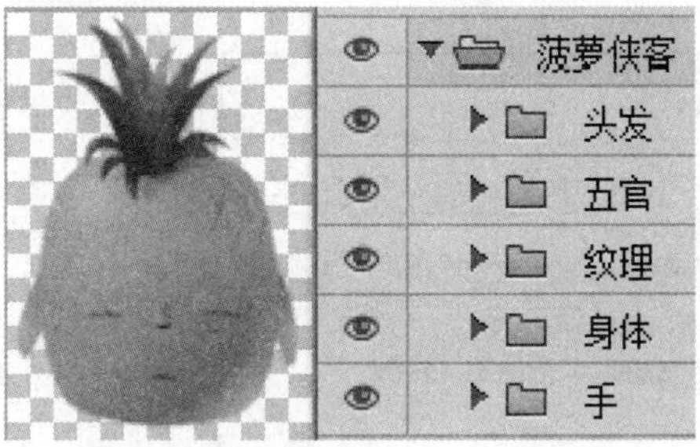

图 3.15.2　“菠萝侠客素材.psd”文件

图 3.15.3　调整“手”的形状

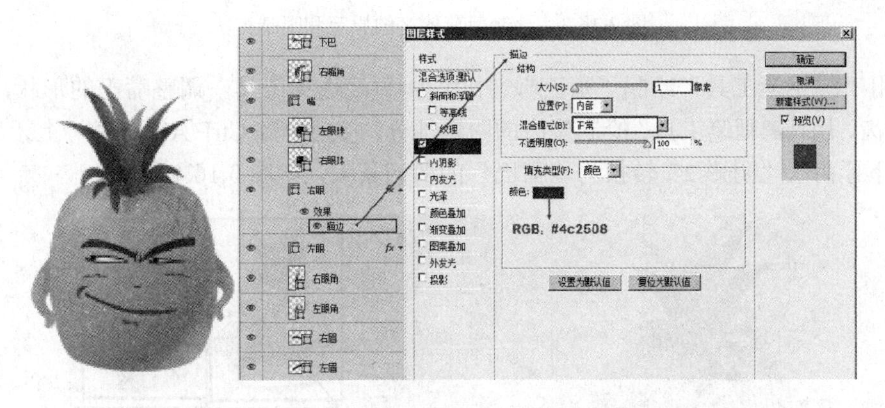

图 3.15.4　绘制菠萝侠客的“五官”

04 单击“文件”→“存储为 Web 所用格式”，将文件存储为“阴险.gif”。

3.16　恨　表　情（见图 3.16.1）

↘制作步骤

01 打开“菠萝侠客素材.psd”文件，将“菠萝侠客”组改名为“恨”的图层组。

02 展开“手”图层组，单击“右手”图层，用“添加锚点工具”在菠萝侠客的右手处单击添加几个锚点，再用“直接选择工具”调整右手叉腰的形状。左手变形方法与右手相同，如图 3.16.2 所示。

图 3.16.1　菠萝侠客“恨表情”　　　图 3.16.2　调整双手叉腰的形状

03 展开“五官”组，分别绘制菠萝侠客的眉毛、眼睛等，如图 3.16.3 所示。

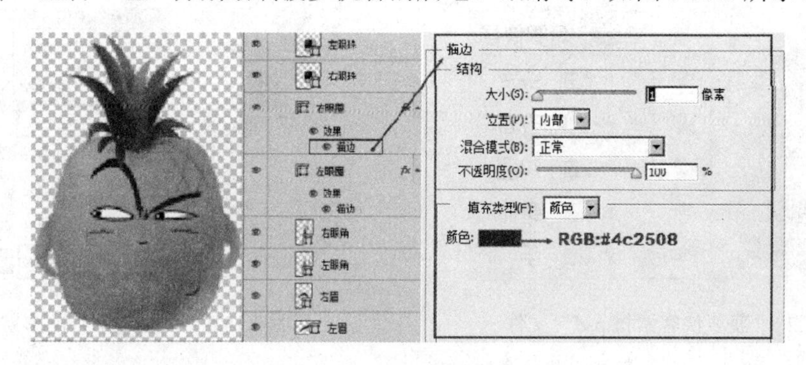

图 3.16.3　绘制菠萝侠客的眉毛和眼睛

04 用“钢笔工具”绘制“嘴巴”，并用“直线选择工具”调整嘴巴的形状，再绘制上下的牙齿，用“画笔工具”绘制牙齿的阴影部分，按组合键 Ctrl+Alt+G 将“上牙齿”、“阴影 1”、“下牙齿”、“阴影 2”转换为“嘴巴”的剪切蒙版，如图 3.16.4 所示。

图 3.16.4　绘制嘴巴和牙齿部分

05 单击“文件”→“存储为 Web 所用格式”，将文件存储为“恨.gif”。

3.17　酷　表　情（见图 3.17.1）

制作步骤

01 打开“菠萝侠客素材.psd”文件，将“菠萝侠客”组改名为“酷”组。

02 展开“手”图层组，单击“右手”图层，用“添加锚点工具”在菠萝侠客的右手处单击添加几个锚点，再用“直接选择工具”调整右手叉腰的形状。左手变形方法与右手相同，如图 3.17.2 所示。

03 展开“头发”图层组，以“头发 10”为例，用“画笔工具”绘制头发底部加深部分，颜色为深绿色 RGB：# 62973b，再用浅绿色 RGB：# a9ef44 绘制头发的顶部。用“矩形选框工具”在头发区域绘制一个矩形框，用“渐变工具”填充矩形框颜色，设置渐变颜色为黑色，在 0%，30%，70%，100%的位置设置“不透明度”为 60%，在 50%的位置设置“不透明度”为 0%，最后按组合键 Ctrl+Alt+G 将头发高亮图层转换为剪切蒙版，如图 3.17.3 所示。

图 3.17.1　菠萝侠客“酷表情”

04 按相同方法设置其他头发的高亮渐变效果，如图 3.17.4 所示。

图 3.17.2　调整双手叉腰的形状

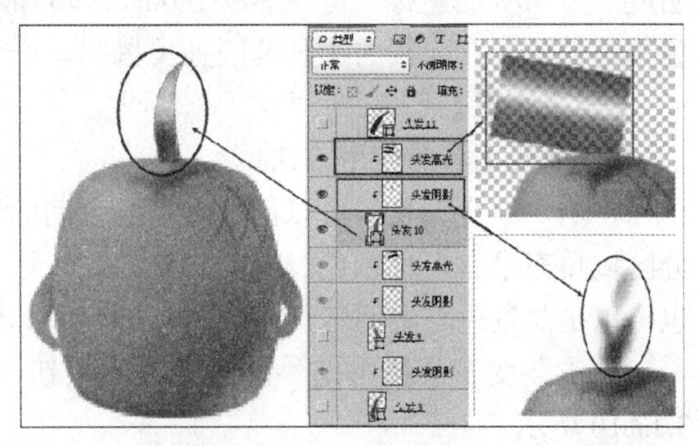

图 3.17.3　绘制头发的高亮部分

05 展开“五官”组，分别绘制菠萝侠客的眉毛、眼睛和鼻子等，如图 3.17.5 所示。

06 新建一个名为“眼镜”的组，用“钢笔工具”绘制眼镜的形状，填充内部颜色为 RGB：#281405，如图 3.17.6 所示。

图 3.17.4　全部头发效果

图 3.17.5　绘制菠萝侠客的五官

图 3.17.6　绘制眼镜的形状

07 设置画笔的“不透明度”为 65%，颜色为咖啡色 RGB：#ddad88，在眼镜周围部分绘制渐变部分，再按组合键 Ctrl+Alt+G 将渐变部分转换为“眼镜”图层的剪切蒙版，如图 3.17.7 所示。

08 用“钢笔工具”在眼镜上绘制镜片的形状，填充内部颜色为黑色，如图 3.17.8 所示。

图 3.17.7　绘制眼镜的渐变部分

图 3.17.8　绘制黑色镜片

09 在“眼镜”图层按组合键 Ctrl+Enter 将形状转换为选区，单击“渐变工具”，在“渐变工具”栏，设置“线性渐变”，编辑渐变颜色，分别在 15%、45%、75%的位置添加“不透明度”为 40%的色标，再在 30%、60%、90%的位置添加“不透明度”为 0%的色标，色标颜色都是白色，在眼镜的选区范围拖曳鼠标，产生眼镜高光的渐变效果，如图 3.17.9 所示。

【相关知识】

➢ **渐变工具的使用方法：**

使用“渐变工具”可以创建多种颜色间的逐渐混合。实际上就是在图像中或图像的某部分区域填充带有多种颜色过渡的混合模式。这个混合模式可以是从前景色到背景色的过渡，也可以是前景色与透明背景间的相互过渡或其他颜色间的相互过渡。

单击渐变工具箱中的“渐变工具”按钮，在选项栏上显示渐变工具的各个选项，如图 3.17.10 所示。

图 3.17.9　绘制镜片渐变高光

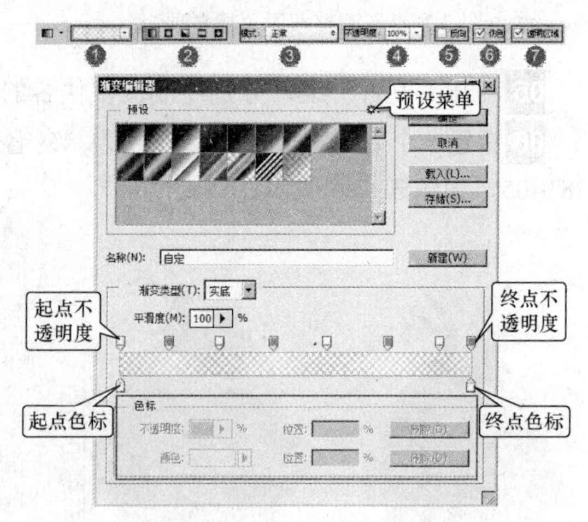

图 3.17.10　渐变工具栏

（1）渐变下拉列表框：在此下拉列表框中显示渐变颜色的预览效果图。单击其右侧的倒三角形，可以打开渐变下拉面板，可以在其中选择一种渐变颜色进行填充。将鼠标指针移动到“渐变下拉面板”的渐变颜色上，会提示该渐变的颜色名称。

（2）渐变类型：选择渐变工具后会有 5 种渐变类型可供选择。分别是“线性渐变”、“径向渐变”、“角度渐变”、“对称渐变”、“菱形渐变”。这 5 种渐变类型可以完成 5 种不同效果的渐变填充效果，其中默认的是“线性渐变”。

（3）模式：选择渐变的混合模式。

（4）不透明度。

（5）反向：勾选该复选框，会使填充后的渐变色与用户设置的渐变色相反。

（6）仿色：勾选该复选框，可用递色法来表现中间色调，使用渐变效果更加平衡。

（7）透明区域：勾选该复选框，将打开透明蒙版功能，使渐变填充可以以应用透明设置。

➢ **渐变编辑器对话框的使用方法：**

（1）单击“渐变预览条”弹出渐变编辑器对话框。

（2）在“名称”文本框中新建渐变名称“不透明度渐变”，在渐变类型下拉列表中选择“实底”选项。

（3）在渐变颜色条上单击“起点色标”按钮，此时，选项组中的“颜色”下拉列表将会激活，这里设置“起点色标”和“终点色标”都为白色。

（4）设置透明蒙版，在渐变颜色条上方选择起点不透明度色标或终点不透明度色标，然后在色标区域中的“不透明度”或“位置”输入框中设置不透明度和位置参数。

要删除新增的渐变色标，可以在选中渐变颜色色标后，单击“位置”输入框的“删除”按钮，或将渐变色标拖出渐变颜色条即可。

10 将画笔颜色设置为黑色，用“画笔工具”绘制眼镜中间部位，如图 3.17.11 所示。

11 用“钢笔工具”绘制两个镜片的反光部分，并填充为 RGB：#fde7d7 的颜色，如图 3.17.12 所示。

12 设置画笔颜色为白色，笔触大小为 13，硬度为 7%，在太阳眼镜的右镜片右上角绘制镜片的反射高光，如图 3.17.13 所示。

图 3.17.11　绘制眼镜中间连接部分

图 3.17.12　绘制镜片的反光部分

13 新建一个图层，用圆角矩形工具画出 4 个圆角矩形，合并图层，单击菜单栏“滤镜”→“扭曲”→“球面化”，再按组合键 Ctrl+T 调整矩形的弧度，绘制蒙版调整边缘的过渡，确定后把图层不透明度设为“60%”，按组合键 Ctrl+J 复制“右镜片反射图案”，将复制的图案移动到左镜片左下角，如图 3.17.14 所示。

图 3.17.13　绘制右镜片高光　　　　图 3.17.14　绘制镜片的反射图案

14 按组合键 Ctrl+J 复制“眼镜”图层，填充颜色为黄色 RGB：#884107，该图层作为眼镜的阴影部分，所以放置到“眼镜”图层的下方，如图 3.17.15 所示。

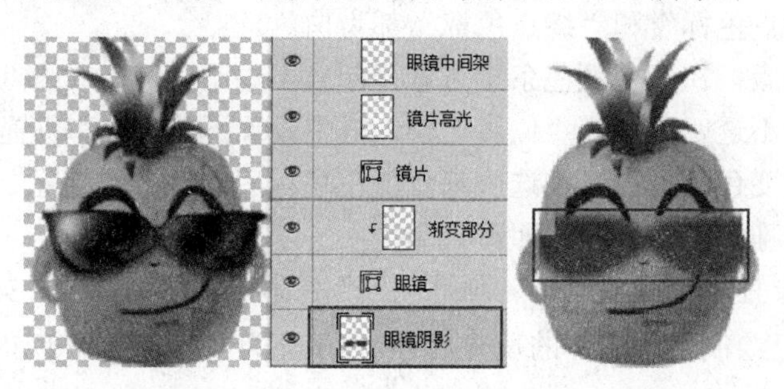

图 3.17.15　绘制眼镜阴影部分

15 单击“文件”→“存储为 Web 所用格式”，将文件存储为“酷.gif”。

3.18　愤　怒　表　情（见图 3.18.1）

图 3.18.1　菠萝侠客“愤怒表情”

➘制作步骤

01 打开“菠萝侠客素材.psd”文件，将“菠萝侠客”组改名为“愤怒”组。隐藏“五官”组，单击“图像”→“画布大小”，在弹出的“画布大小”对话框中，设置“宽度”为 130 像素，“高度”为 150 像素，如图 3.18.2 所示。

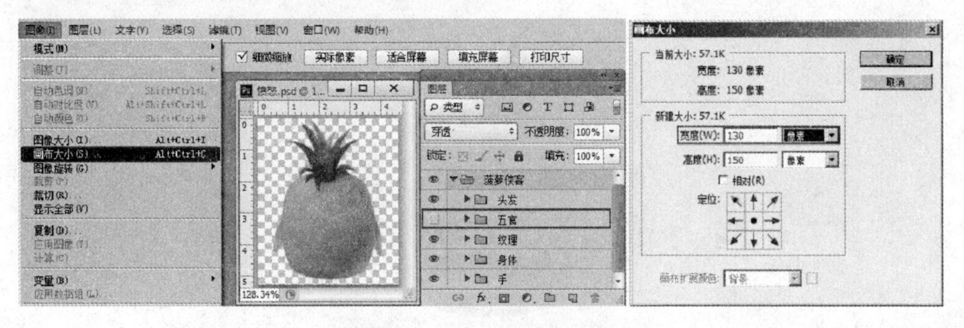

图 3.18.2　修改画布的像素参数

02 展开“手”图层组，单击“右手”图层，用“添加锚点工具”在菠萝侠客的右手处单击添加几个锚点，再用“直接选择工具”调整右手叉腰的形状。左手变形方法与右手相同，如图 3.18.3 所示。

03 展开“五官”组，分别绘制菠萝侠客的眉毛、眼睛和鼻子等，因为是愤怒的表情，所以眉毛的颜色用深红色 RGB：#821305，如图 3.18.4 所示。

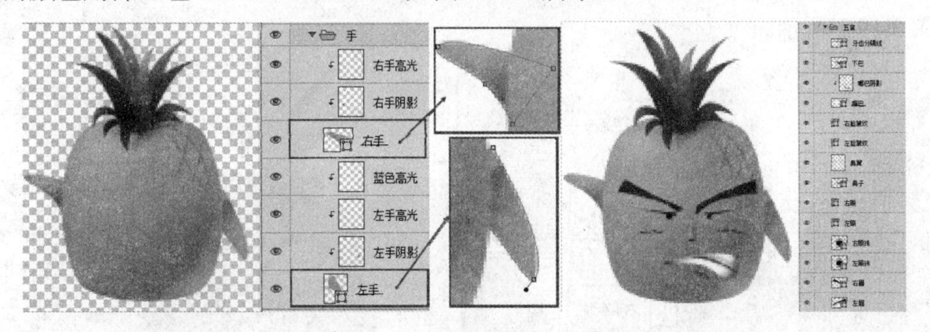

图 3.18.3　调整菠萝侠客的手的形状

04 选择“头发”组，按组合键 Ctrl+J 复制该图层，在“头发副本”图层单击鼠标右键，在弹出的菜单栏中选择“合并组”选项，组转换为“头发副本”的图层，因为发怒时头发会变红，所以要把绿色的头发调成红色，单击“图像”→“调整”→“色相/饱和度”，打开“色相/饱和度”对话框，设置“色相”参数值为–86，“饱和度”为+29，将头发的颜色变成红色，如图 3.18.4 所示。

图 3.18.4　调整头发的颜色为红色

05 单击“文件”→“存储为 Web 所用格式”，将文件存储为“愤怒.gif”。

3.19　受　伤　表　情（见图 3.19.1）

图 3.19.1　菠萝侠客“受伤表情”

制作步骤

01 打开“菠萝侠客素材.psd”文件，将“菠萝侠客”组改名为“受伤表情”组。

02 展开“手”图层组，单击“右手”图层，用“添加锚点工具”在菠萝侠客的右手处单击添加几个锚点，再用“直接选择工具”调整右手叉腰的形状。左手变形方法与右手相同，如图 3.19.2 所示。

图 3.19.2　调整手叉腰的形状

图 3.19.3　绘制菠萝侠客的眉毛、眼睛和鼻子

03 分别绘制菠萝侠客的眉毛、眼睛和鼻子，眉毛用绿色，如图 3.19.3 所示。

04 用“钢笔工具”绘制嘴巴的形状，填充颜色为 RGB：#281405；再用“椭圆工具”绘制舌头，填充颜色为深红色 RGB：#6d2b17，按组合键 Ctrl+Alt+G 将“舌头”图层转换为“嘴”图层的剪切蒙版；绘制五颗牙齿，将其设置为嘴巴的剪切蒙版；用“画笔工具”绘制上、下嘴角，如图 3.19.4 所示。

05 用“圆角矩形工具”绘制“创可贴 1”，填充形状的颜色为粉红色 RGB：#ffd2b1，再用 加深工具 和 减淡工具 涂抹出创可贴 1 的高光和阴影部分；按相同的方法制作“创可贴 2”，用“画笔工具”绘制两张创可贴图阴影部分，颜色为 RGB：#e48a37，如图 3.19.5 所示。

图 3.19.4　绘制嘴巴和牙齿、舌头

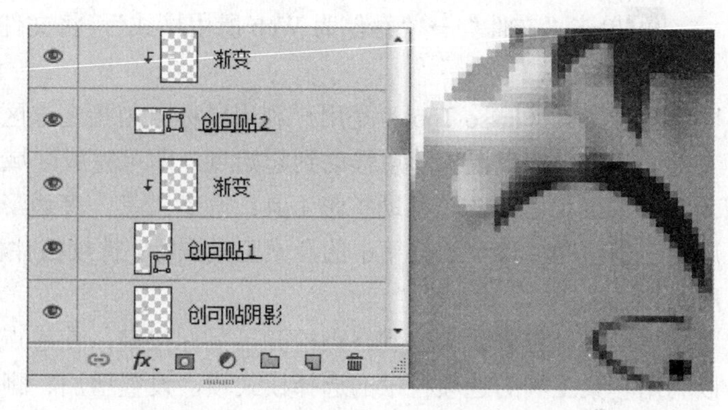

图 3.19.5　绘制“创可贴 1”和“创可贴 2”

06 用“椭圆工具”在菠萝侠客的左侧头顶绘制一个圆，填充形状颜色为 RGB: #ff8a00，单击“添加图层蒙版”，用黑色的画笔涂抹椭圆边缘，使小肿包产生向透明过渡的渐变，再用红色的画笔涂抹小肿包顶部，显示出小肿包红肿充血的状态，如图 3.19.6 所示。

07 用“钢笔工具”绘制“大肿包”的形状，用画笔绘制出肿包的高光渐变，及红肿部分；再用“钢笔工具”绘制“创可贴 3”的形状，填充颜色为粉红色 RGB：#ffd2b1，按组合键 Ctrl+Alt+G，设置“红肿”、“高光”和“创可贴 3”为“肿包 2”的剪切蒙版，如图 3.19.7 所示。

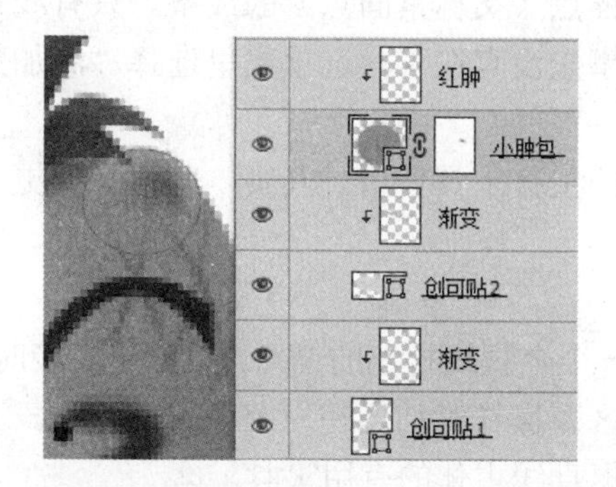

图 3.19.6　绘制菠萝侠客头部的小肿包

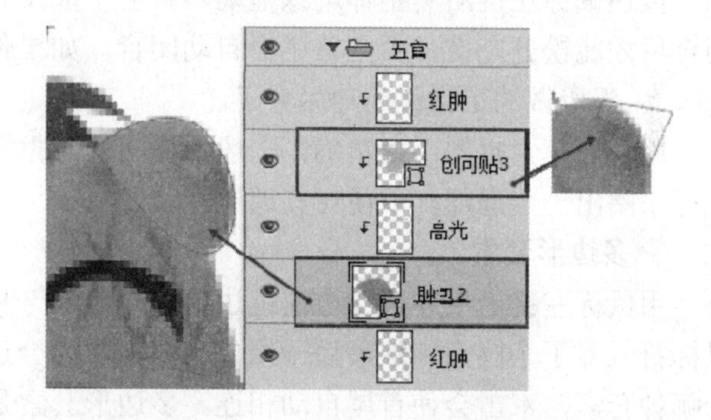

图 3.19.7　绘制菠萝侠客头部的大肿包

08 展开“头发”组，用“套索工具”将几根头发截掉一半，显示出菠萝侠客挨打后，菠萝叶子被扯去的狼狈像，如图 3.19.8 所示。

图 3.19.8　修剪菠萝侠客的头发

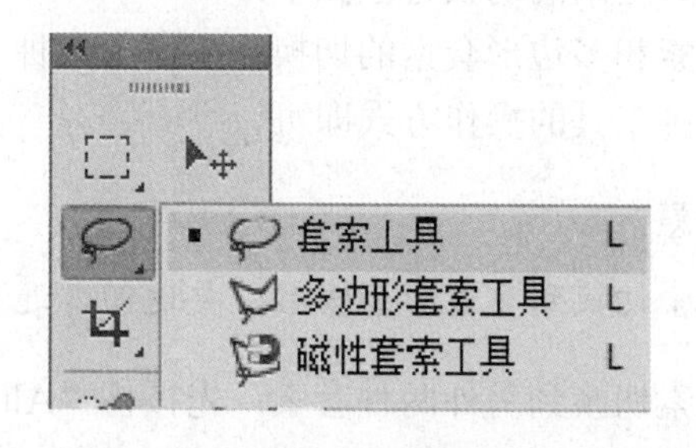

图 3.19.9　3 个辅助扩张

09 单击“文件”→“存储为 Web 所用格式”，将文件存储为“受伤.gif”。

【相关知识】

套索工具（lasso Tool）是用户利用鼠标自由指定选区的工具，在选区的起始点单击鼠标左键，并自由拖曳鼠标随意移动到起始点，即可完成区域选择。

套索工具包括 3 个辅助扩张工具：套索工具、多边形套索工具及磁性套索工具。具体调用方法是将光标移至工具箱中的套索工具图标，持续按住鼠标，即出现扩张工具，如图 3.19.9 所示。

当操作过程失误未达到终点松开了鼠标按键，使起点和终点自动相连的情况发生时，可以利用套索工具的选项栏中的选择模式项，设置增加、删除选框选区，如图 3.19.10 所示。

图 3.19.10 套索工具栏

（1）新选区：取消原来选区，而重新选择新的区域。

（2）添加到选区：为已经选择过的区域增加新的选择范围。

（3）从选区减去：从选区中减去所选区域。

（4）与选区交叉：在原选区和新选区中选择重复的部分。

普通套索

按住鼠标左键沿着主体边缘拖动，就会生成没有锚点（又称紧固点）的线条。只有线条闭合后才能松开左键，否则首尾会自动闭合。如果你事先没有在工具选项栏里选择“添加到选区”，那所做的工作就前功尽弃了。

用普通套索抠图不太精确，一般不作为套索抠图的主打工具使用。其实，普通套索更多地用来圈出一个局部，以便对其调整修饰。

多边形套索

用鼠标左键沿主体边缘边前进边单击，就会产生一个个直线相连的锚点，当首尾连接时，鼠标符号多了个圆点，这最后一次单击即产生闭合选区。操作时切忌在一个位置上双击。无论哪种套索，双击会使首尾自动相连。多边形套索是抠直线主体的有用工具。

磁性套索

用鼠标左键单击起点，再沿主体边缘移动鼠标，会产生自动识别边缘的一个个相连的锚点。首尾相遇时双击左键，闭合选区产生。

使用磁性套索，轻松、好玩、有效，是套索抠图的主力工具，但是用好它是需要技巧的。

套索工具之间的切换方法如下：

普通套索和多边形套索的切换：在使用一种工具的过程中，按住“Alt”键，再将操作方式改成另一种工具的操作方式即可。

注 意

普通套索切换到多边形套索后，要返回普通套索，一定要先按住左键再松开 Alt 键。

磁性套索切换到另外两种套索：先按住“Alt”键，再将操作方式改为普通套索（或多边形套索）即可。

磁性套索使用技巧：

羽化——既然要精确抠图，当然要先设为 0。

边对比度——设定磁性套索的敏感度，取值为 1～100，这是最重要的选项。如果主体与背景有精确的边缘，可取值较高，反之则较低。如果两种边缘都有，我个人认为应该就低不就高。遇到与背景差别较小的边缘，鼠标拖动要慢。

宽度——设定套索的探测范围，取值为 1～256。取值越大，就好像磁性越强，虽然鼠标指针偏离了主体边缘，但锚点仍然落在边缘上。如果取值为 1，你会发现，磁性小到和使用普通套索差不多了。在使用磁性套索过程中，可以单击“[”或“]”键来随时减小或增加宽度的值，以适应不同边缘的需要。

频率——自动生成锚点的密度，取值为 1～100。取值越小，速度越快，取值越大，精度越高。我当然选取后者，取值 100。

添加到选区——为了防止因中途的鼠标双击误操作造成前功尽弃，应选中此图标。这样做，一旦锚点首尾相连形成部分闭合选区后，也可以继续将剩下的边缘选出来。

磁性套索操作技巧：

（1）为了使选区精确，要尽可能放大主体，即使主体超出工作界面，看不到完整图像也没有关系。

（2）当锚点移动到工作界面边上时，按住“空格”键，使鼠标变为抓手，将界面外的主体移到界面内。

（3）出现不满意的锚点时，单击“Delete”或退格键，让锚点从最后一个开始，逐个消失。如果要对前面的工作完全废止，单击“Esc”键。

（4）遇到凸凹变化剧烈的边缘，要边移动边单击（切勿双击）左键，以产生出强制锚点来确保走线的正确。

（5）操作过程中，必要时可使用放大或缩小图像的快捷键（Ctrl+“+”或 Ctrl+“-”）。

（6）遇到直线边缘时，临时改成多边形套索工具操作；遇到主体边缘与背景模糊不清时，可临时改为普通套索操作。

（7）选区闭合后，可使用选项栏中的“调整边缘”来修整边缘。

3.20　QQ 表情的添加方法

方法 1：直接在图片上单击鼠标右键，在弹出的菜单中选择“复制”，然后“粘贴”到 QQ 输入框里“发送”，就完成了 QQ 表情的添加。

方法 2：在喜爱的 QQ 表情图片上单击鼠标右键选择“添加到 QQ 表情”。

方法 3：eip 格式是 QQ 表情打包文件，到网上下载后双击就可以将系列表情添加到 QQ 表情了。

方法 4：进入“表情管理”，单击“添加”和“浏览”按钮，再选择当前计算机硬盘的图片。

方法 5：在 QQ 聊天窗口单击“截图”，选择所需的表情，单击“确定”和“发送”按钮。

第4章　图形类图标设计

图形类图标是通过图案或几何图形来传达图标的理念和特色的。

一般有三种制作方法：

（1）复制法：复制单一图形，结合旋转、反射、平移等形式，形成新的图案，使图标达到新的视觉效果。

（2）删除法：运用删除法，有意地删除图形的部分内容，可使图标不仅具有变化性，同时还给人留下深刻的印象。

（3）抽象概括法：从现实的事物开始，采用简化、提炼、概括、夸张等方法对图标中的图形加以抽象变形，使之艺术化。

4.1　新浪微博 LOGO 图标

新浪微博是一个由新浪网推出，提供微型博客服务的类 Twitter 网站。用户可以通过网页、WAP 页面、手机客户端、手机短信、彩信发布消息或上传图片。新浪可以把微博理解为“微型博客”或者“一句话博客”。用户可以将看到的、听到的、想到的事情写成一句话，或发一张图片，通过电脑或者手机随时随地分享给朋友，一起分享、讨论；还可以关注朋友，即时看到朋友们发布的信息。

图 4.1.1　新浪 LOGO 效果图

新浪微博 LOGO 如图 4.1.1 所示。其设计采用人的眼睛为核心元素，黑色的眼球呈现两点大小不同的高光，有几分神似，椭圆形的内框包含黑色的眼球，使其具有统一性，两个红色的爱心组合在一起的图案，从视觉上更吸引人，两条橘黄色的半弧线，代表着向外传递信息的含义。

制作步骤

01 新建 350×330 像素的文档，将文档命名为“新浪微博”，如图 4.1.2 所示。

02 按组合键 Shift+Ctrl+N，新建“红色底图”图层，使用“钢笔工具”描绘出新浪 LOGO 的红色底图，如图 4.1.3 所示。

03 双击“红色边缘”图层，弹出“图层样式”对话框，勾选“颜色叠加”复选框，设置颜色为 RGB：#b40f06，如图 4.1.4 所示。

04 使用“椭圆工具”在红色的 LOGO 图上绘制眼睛的“眼白”部分，命名该图层为“眼白”，设置该图层的“斜面和浮雕”、“描边”、“内阴影”、“光泽”、“渐变叠加”、“外发光”

等的混合样式，如图 4.1.5 所示。

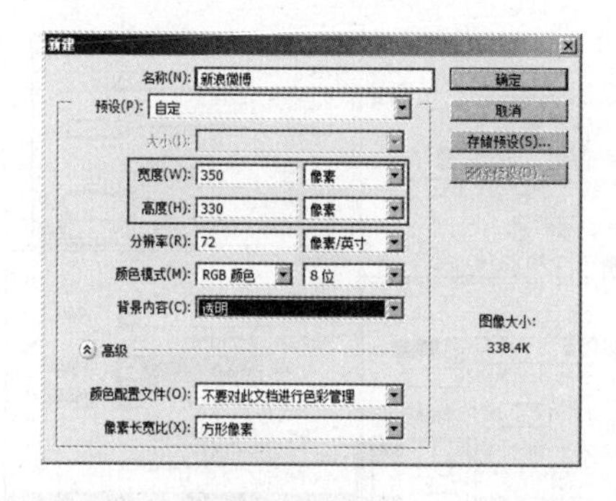

图 4.1.2　新建“新浪微博”的文档

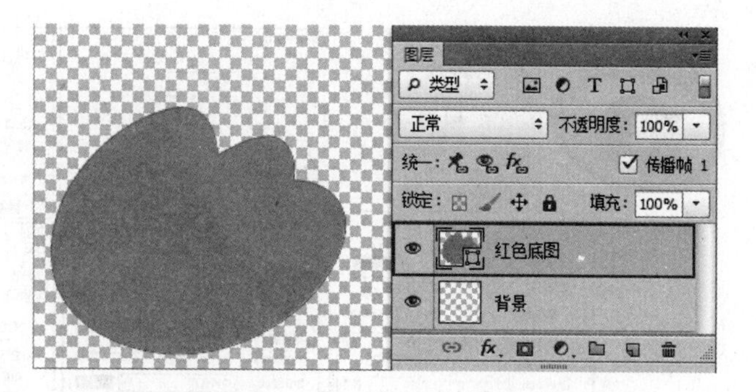

图 4.1.3　用钢笔工具描绘新浪 LOGO 的外形

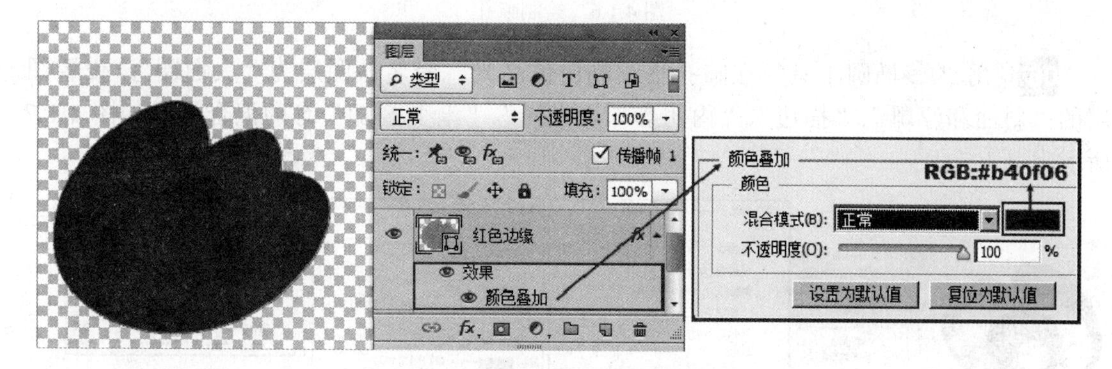

图 4.1.4　设置新浪 LOGO 的底图为红色

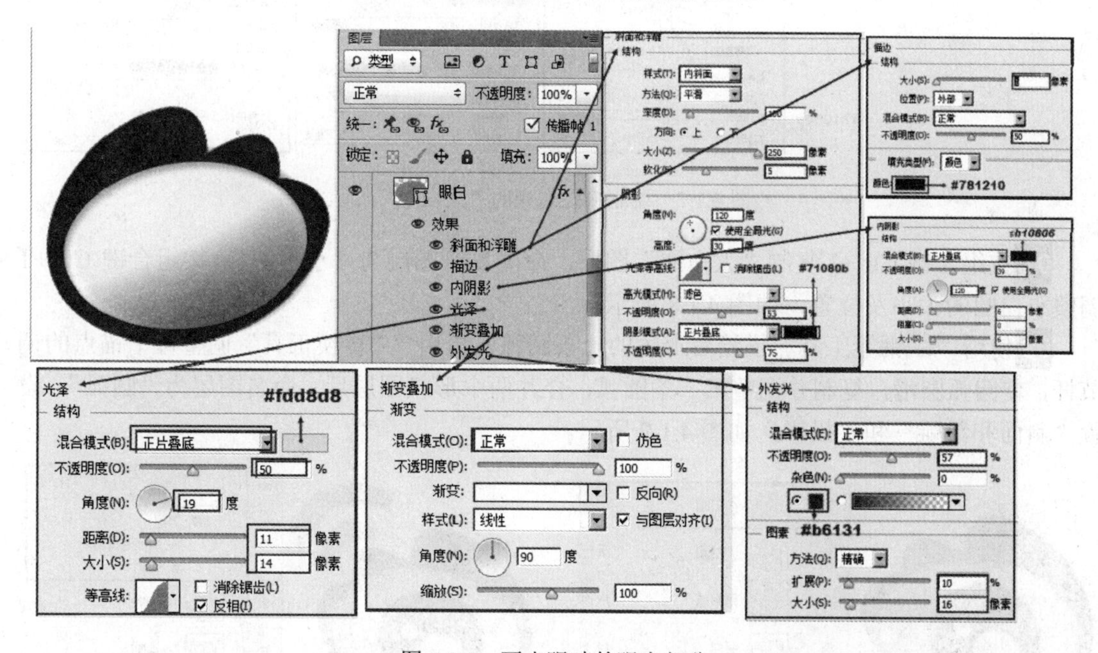

图 4.1.5　画出眼睛的眼白部分

05 使用“椭圆工具”在眼白图层上绘制瞳孔，命名该图层为“黑眼珠“，设置图层的“斜面和浮雕”、“描边”、“内阴影”、“光泽”、“渐变叠加”等的混合样式如图 4.1.6 所示。

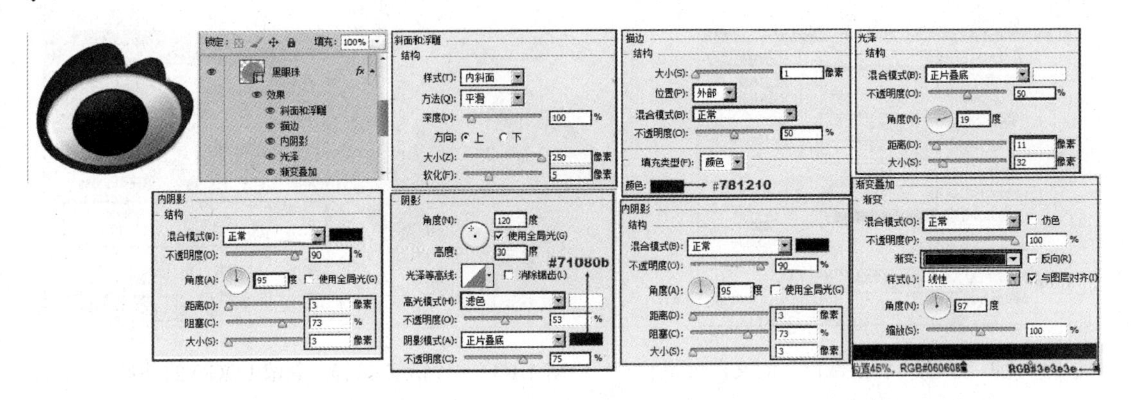

图 4.1.6　绘制瞳孔

06 使用“椭圆工具”在瞳孔上绘制白色高光，命名该图层为“大白圈”，设置图层的“斜面和浮雕”、“描边”、“内阴影”、“光泽”、“渐变叠加”等的混合样式如图 4.1.7 所示。

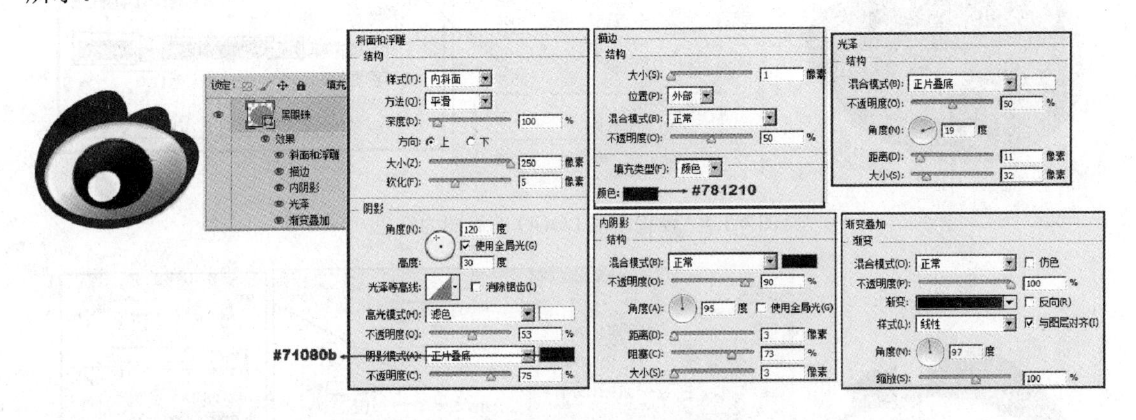

图 4.1.7　绘制瞳孔高光的“大白圈”

07 按组合键 Ctrl+J 复制“大白圈”图层，命名复制图层为“小白圈”，按组合键 Ctrl+T 调整小白圈的大小及位置，如图 4.1.8 所示。

08 使用“钢笔工具”描绘右上角的一条圆弧，再用“转换工具”调整每个锚点的调节杆，使圆弧圆滑，复制并调整第二条圆弧，合并两个形状图层后，命名图层为“圆弧”，设置“斜面和浮雕”和“投影”如图 4.1.9 所示。

图 4.1.8　复制并调整瞳孔的另一高光区

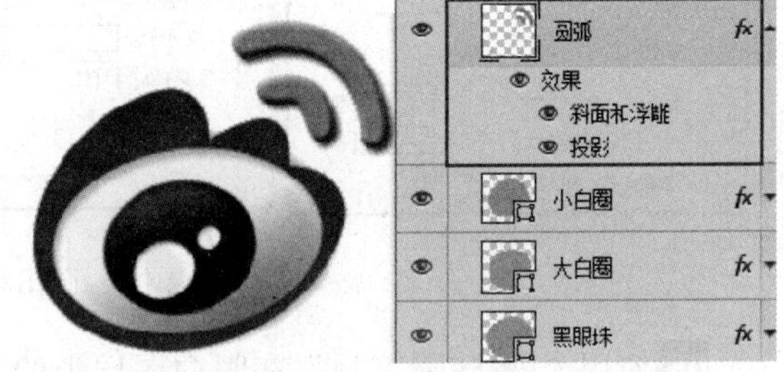

图 4.1.9　绘制两条圆弧并设置混合效果

4.2　Twitter 小鸟图标

Twitter（非官方中文惯称：推特）是一个社交网络和一个微博客服务，它可以让用户更新不超过 140 个字符的消息，这些消息也被称作“推文（Tweet）”。这个服务是由杰克·多西在 2006 年 3 月创办并在当年 7 月启动的。Twitter 在全世界都非常流行，被形容为“互联网的短信服务”。Twitter 的意思就是鸟叽叽喳喳的叫声，当时做 twitter 的时候，就是为了营造一种轻松的交流氛围，140 字使得大部分人都能参与其中，非常的随意和自然，并且希望来自每个个体的“鸣叫”汇集成一股巨大的和声。

图 4.2.1　Twitter 小鸟图标

制作步骤

1. 创建“背景”图层

01 新建一个 1024×800 像素的文件，设置背景的颜色为蓝色渐变，上面颜色为#afd9e8，下面颜色为“#69a8c0”，如图 4.2.2 所示。

2. 创建鸟的“身体”组

02 在“背景”图层上新建一个组命名为“身体”，在“身体”组下新建一个“鸟身体”的图层，并在该图层用钢笔工具绘制一个鸟身体的轮廓，如图 4.2.3 所示。

图 4.2.2　设置“背景”图层

图 4.2.3　创建鸟“身体”图层并修改选区形状

03 双击“鸟身体”图层，打开“图层样式”，设置“渐变叠加”样式，设置渐变的位置及颜色分别为“位置：8%，RGB：68，212，228”、“位置：57%，RGB：37，136，180”、“位置：85%，RGB：13，49，70”、“位置：100%，RGB：24，11，138”，“径向”渐变，“角度：120 度”，“缩放：125%”，单击“确定”按钮，如图 4.2.4 所示。

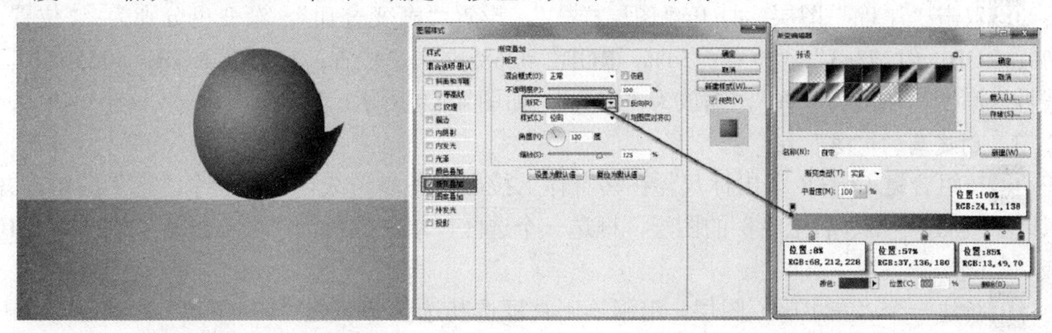

图 4.2.4　设置“身体”图层的“渐变叠加”效果

04 在“鸟身体”图层上按组合键 Shift+Ctrl+N 新建一个“脸上高光”的图层，设置其渐变色为“RGB：#a8d5e5”的蓝色，左边色标“不透明度：100%”，右边色标“不透明度：0%”，在画布中设置颜色渐变内深外浅，如图 4.2.5 所示。

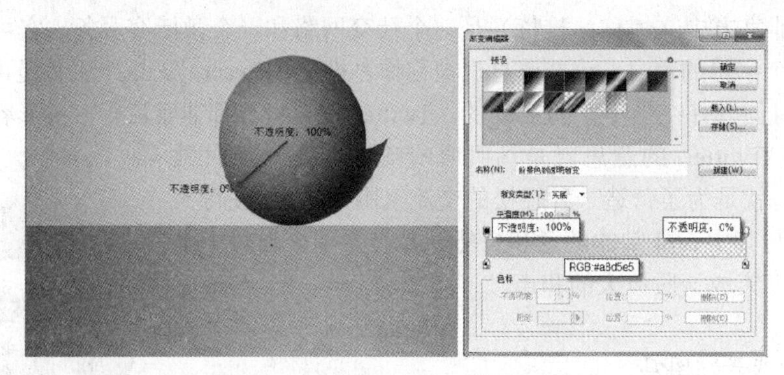

图 4.2.5 新建鸟的“脸上高光”图层并设置不透明色的渐变

05 按组合键 Shift+Ctrl+N 在“脸上高光”图层上新建一个“胸羽”的图层，使用“钢笔”工具勾选一个椭圆选区，并填充渐变色，显示鸟的胸羽高光部分，如图 4.2.6 所示。

06 选择左侧工具条的“加深”工具，在鸟的胸羽下部涂抹加深底部颜色，如图 4.2.7 所示。

07 在“鸟身子”图层下新建“尾巴”图层，在鸟的尾部框选出“尾巴”选区，并填充 RGB 的颜色为“#41d1e2”，如图 4.2.8 所示。

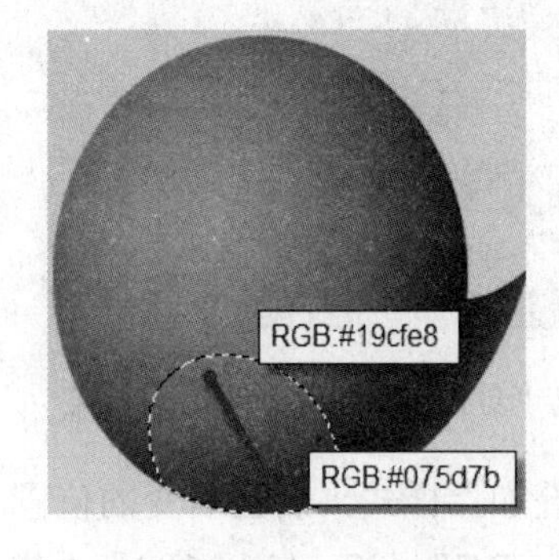

图 4.2.6 调整鸟的胸羽高光部分

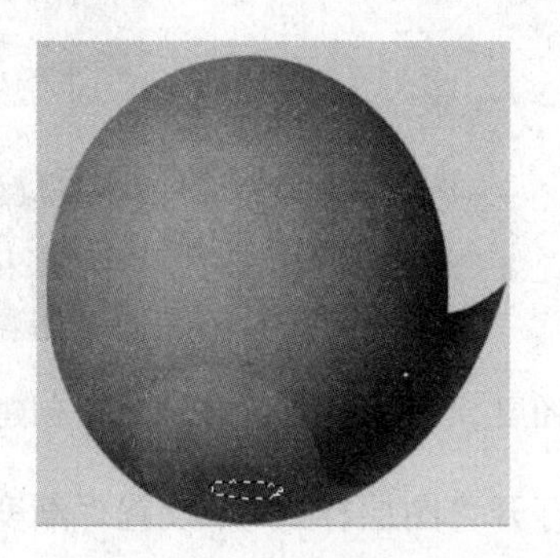

图 4.2.7 加深胸羽底部颜色

图 4.2.8 绘制“尾巴”形状并设置颜色

08 双击“尾巴”图层，打开“图层样式”，设置“渐变叠加”，渐变色分别为：“位置：15%，RGB：#1273a3”、“位置：54%，RGB：#268bb6”、“位置：100%，RGB：#0d5b84”，“线性”渐变，角度为“90”，缩放为“87%”，如图 4.2.9 所示。

3. 创建鸟的“喙”组

09 按组合键 Ctrl+R 调出标尺，在鸟身体上拉出四条参考线，新建一个“喙”的组，并在该组下新建一个“右上喙”的图层，框选一个选区，填充颜色为“# 8ac4e6”，如图 4.2.10 所示。

10 新建一个“左上喙”图层，用钢笔工具框选其选区并填充“#356699”的颜色，双击该图层，打开“图层样式”，勾选“渐变叠加”样式，调整其渐变颜色由“#bef4ff”渐变至

"#1b4c7f"，如图 4.2.11 所示。

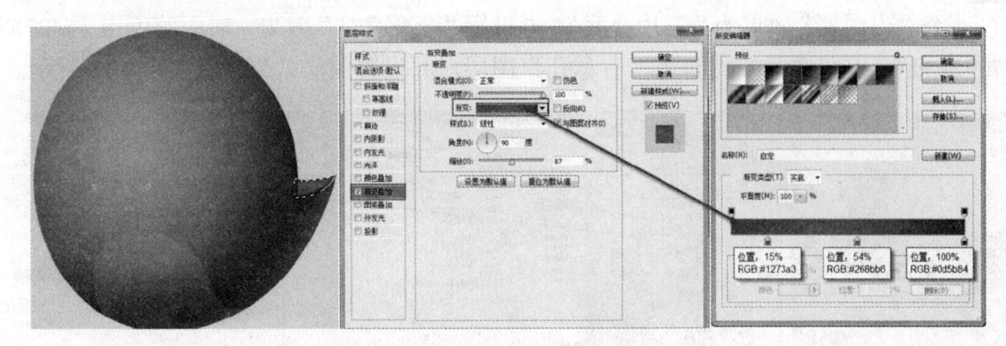

图 4.2.9　设置"尾巴"渐变叠加效果

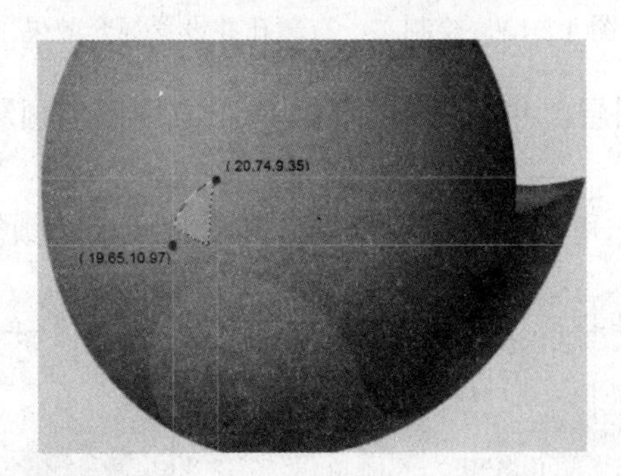

图 4.2.10　绘制"右上喙"形状

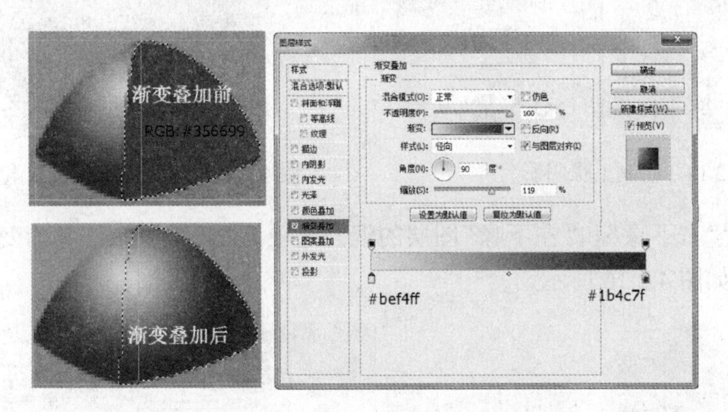

图 4.2.11　设置"右上喙"渐变叠加效果

11 新建"上喙高光"图层，使用"画笔"绘制出上喙高光区，如图 4.2.12 所示。

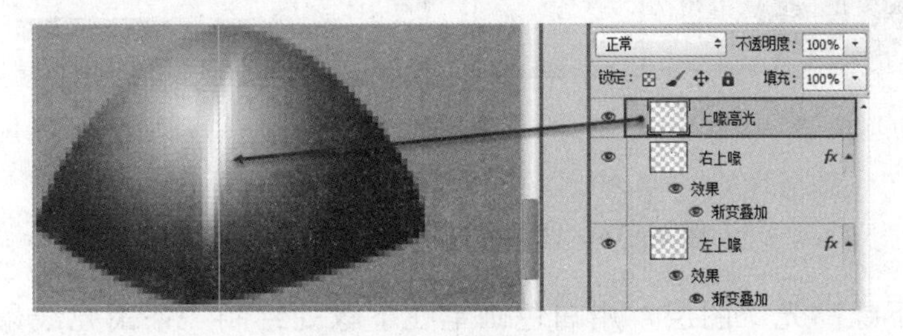

图 4.2.12　绘制上喙高光区

12 新建“左鼻孔”图层，先用画笔在上喙左侧画出左鼻孔，再双击该图层，打开“图层样式”，设置“内阴影”效果为“正片叠底”，再设置“渐变叠加”效果，渐变颜色由“#42759e”至“#09213d”，用同样的方式创建“右鼻孔”图层，并设置图层效果，如图 4.2.13 所示。

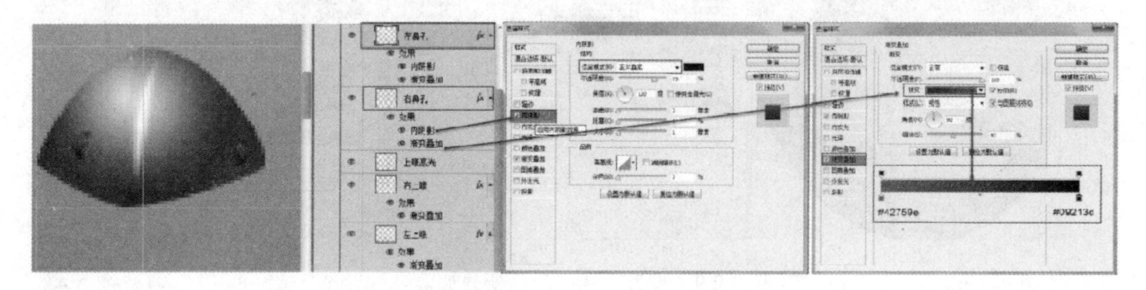

图 4.2.13　绘制左、右鼻孔并设置混合效果

13 新建“上喙阴影”图层，并在画布中的上喙下方用黑色画笔绘制一条圆弧线，作为上喙阴影，如图 4.2.14 所示。

14 分别新建“右下喙”和“左下喙”图层，其形状及填充颜色如图 4.2.15 所示。

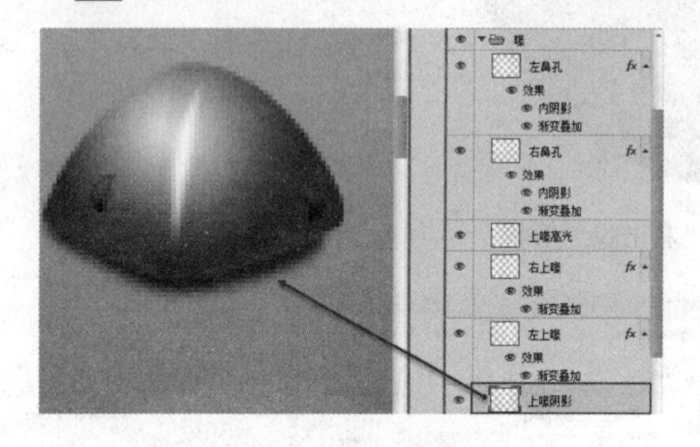

图 4.2.14　绘制上喙阴影

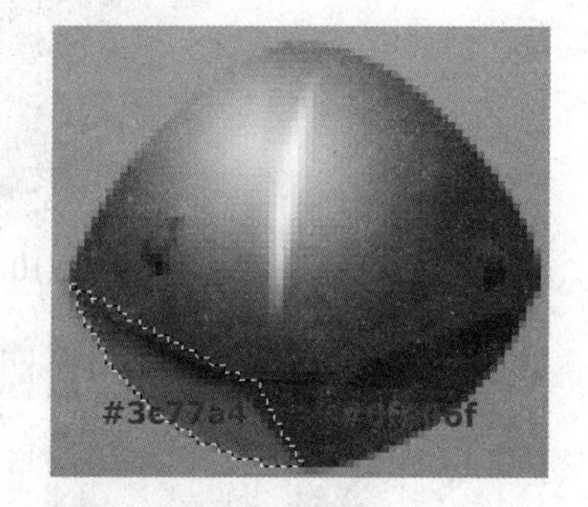

图 4.2.15　绘制“左下喙”和“右下喙”

15 分别设置“右下喙”和“左下喙”图层的混合选项为“渐变叠加”，其渐变色由“#3d7db5”至“#04306a”，如图 4.2.16 所示。

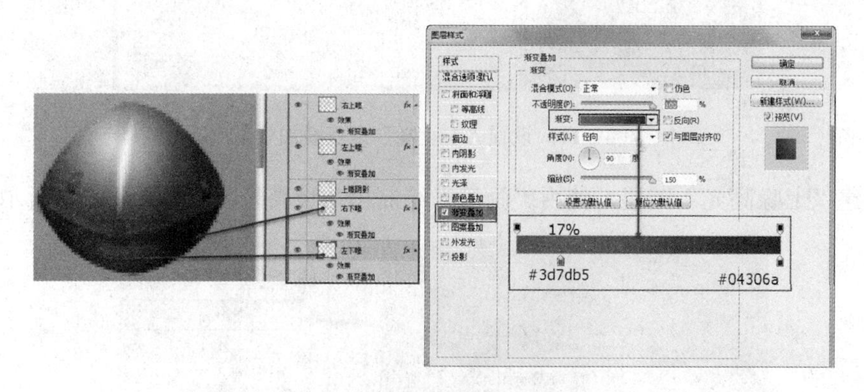

图 4.2.16　设置鸟的下喙渐变叠加效果

16 新建“下喙高光”图层，用白色画笔在下喙处绘制一条高光线条，如图 4.2.17 所示。

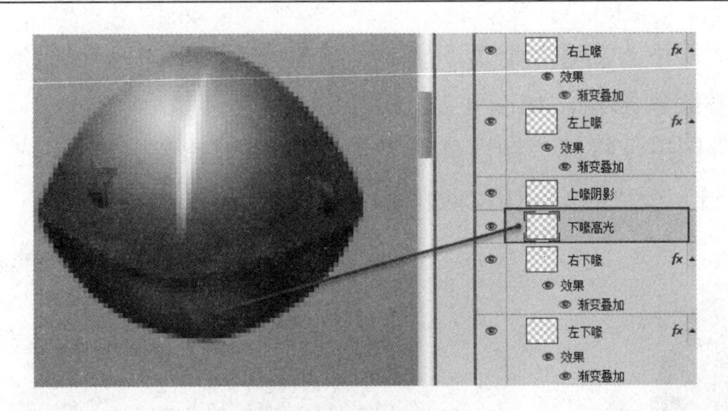

图 4.2.17　绘制下喙高光

4. 制作“黄色的喙”图层

17 复制“喙”图层组，合并到新图层“黄色的喙”，将喙的颜色改为“黄色”（#f7d000），如图 4.2.18 所示。

5. 绘制“右眼”组

18 新建一个“右眼”的组，并在该组新建“眼白”的图层，在该图层绘制一个椭圆，填充为“#6feeff”，调整椭圆的形状，如图 4.2.19 所示。

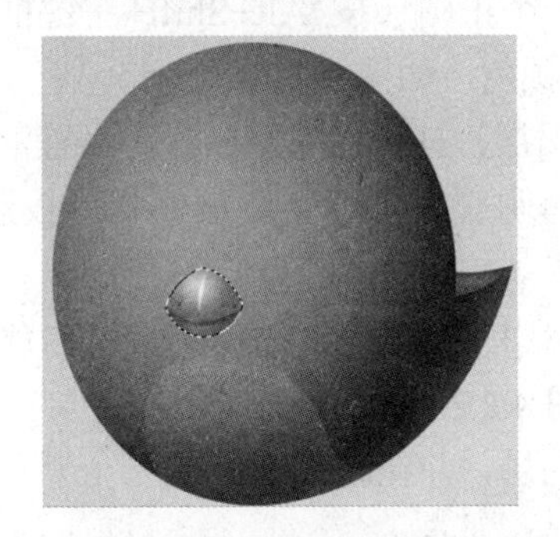

图 4.2.18　修改鸟喙的颜色为黄色

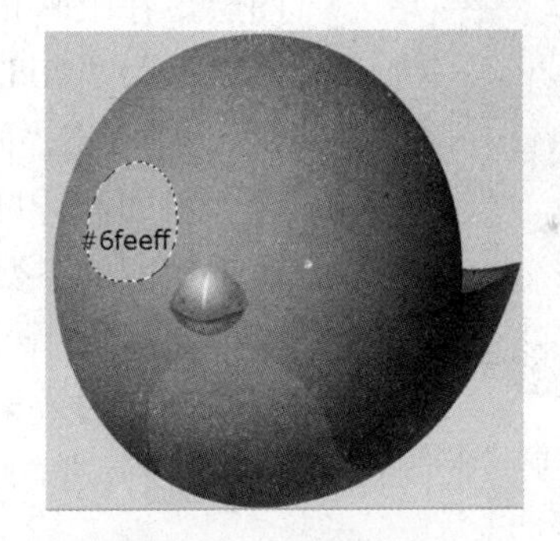

图 4.2.19　绘制眼白图层

19 双击“眼白”图层，打开“图层样式”对话框，分别设置“内发光”、“渐变叠加”和“投影”三种效果，如图 4.2.20 所示。

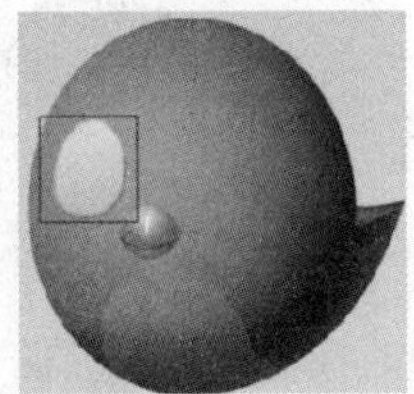

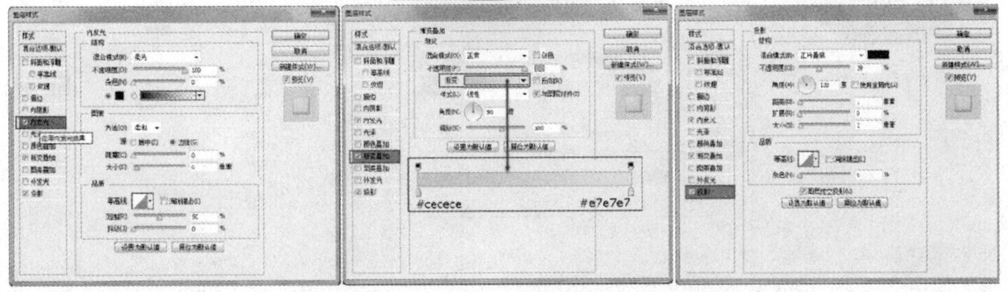

图 4.2.20　设置“眼白”的混合效果

20 在“眼白”图层下方新建“眼眶”图层，在该图层上眼白位置绘制一个椭圆，并填充“#6feeff”颜色，调整眼眶形状，如图 4.2.21 所示。

21 双击“眼眶”图层，打开“图层样式”设置眼眶的混合选项，勾选“渐变叠加”，调整其渐变色由“#6dd5e5”至“#23bad1”，如图 4.2.22 所示。

图 4.2.21　绘制“眼眶”

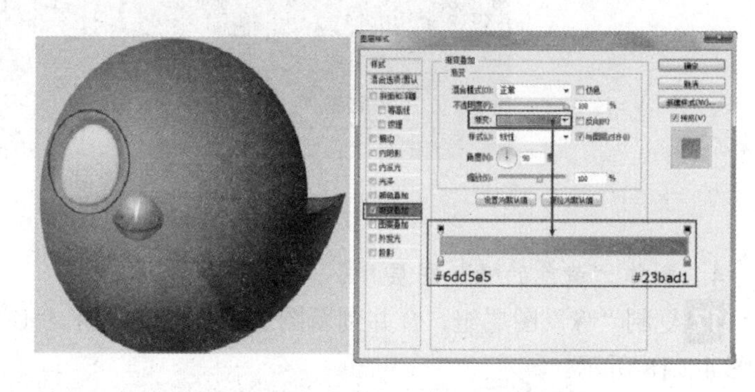

图 4.2.22　设置“眼眶”的渐变叠加效果

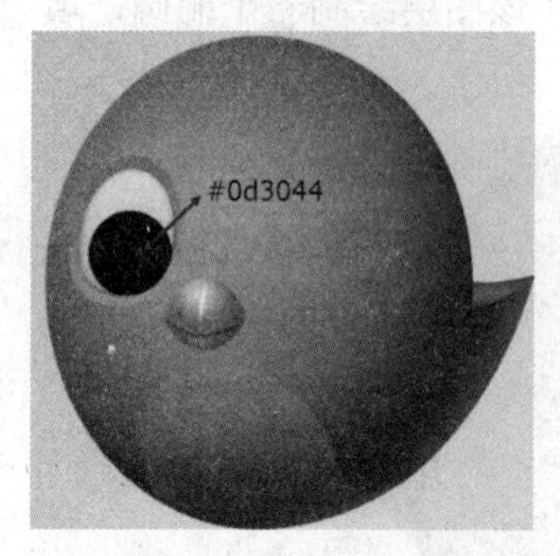

图 4.2.23　绘制“眼珠”

22 在“眼白”图层上新建“眼珠”组，在该组里新建“眼珠”图层，在眼眶里绘制一个正圆（按 Alt+Shift+左键框选）选区，并填充为“#0d3044”颜色，如图 4.2.23 所示。

23 双击“眼珠”图层，打开“图层样式”设置混合选项，勾选“斜面和浮雕”、“内阴影”、“渐变叠加”和“投影”，并分别设置相应的参数，如图 4.2.24 所示。

24 在“眼珠”图层上新建“眼珠高光”，用白色画笔绘制出眼珠高光的效果，如图 4.2.25 所示。

25 新建“眼瞳”图层，并在眼珠上绘制一个黑色的正圆，如图 4.2.26 所示。

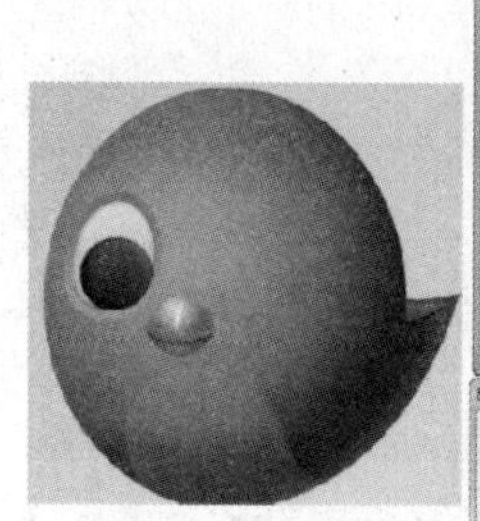

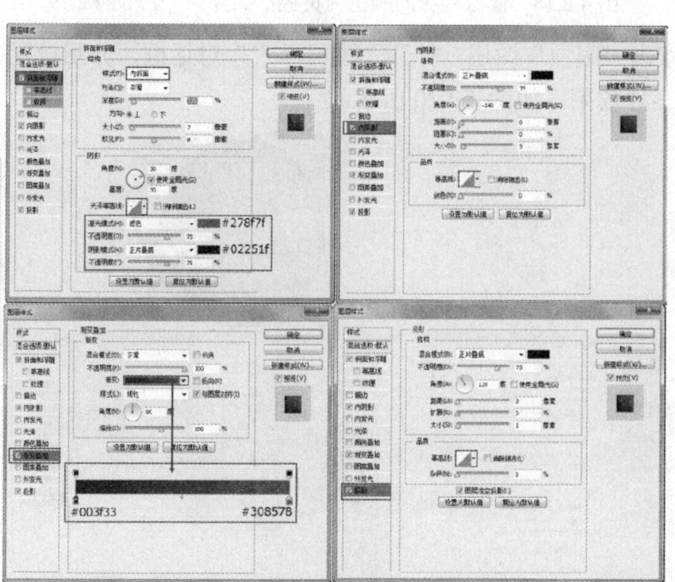

图 4.2.24　设置“眼珠”混合效果

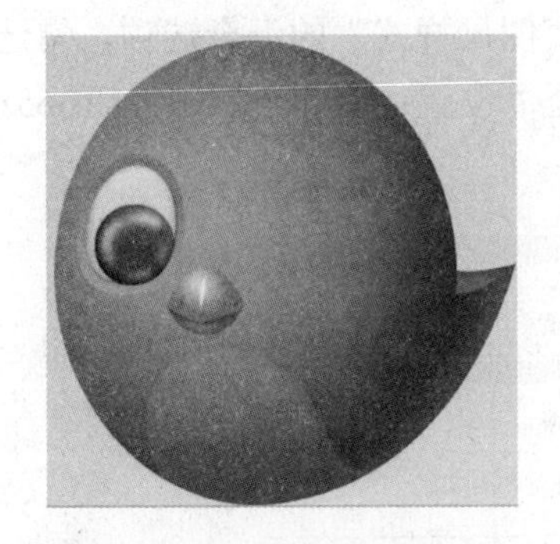

图 4.2.25 绘制“眼珠高光”

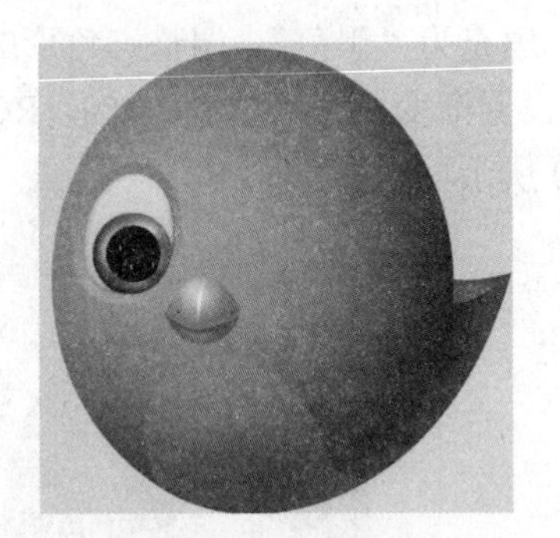

图 4.2.26 绘制眼瞳

26 分别新建“眼球高光”和“眼珠高光”图层，眼球高光的填充色为“白色”，“眼珠高光”选区的填充色为“#e9e9e9”，如图 4.2.27 所示。

27 选择“眼珠”组，为其添加矢量蒙版，在蒙版图层按眼眶形状绘制一个白色区域，如图 4.2.28 所示。

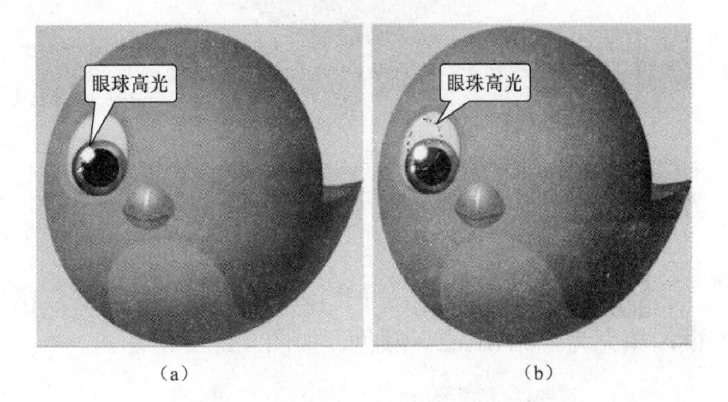

（a） （b）

图 4.2.27 绘制“眼球高光”和“眼珠高光”

（a）眼球高光；（b）眼珠高光

6. 复制“右眼”组并调整“左眼”组位置

28 单击“右眼”组，再单击鼠标右键，在弹出的菜单中选择“复制组”，并在画布中将复制的“右眼副本”移动到小鸟的右边，将组名改为“左眼”，如图 4.2.29 所示。

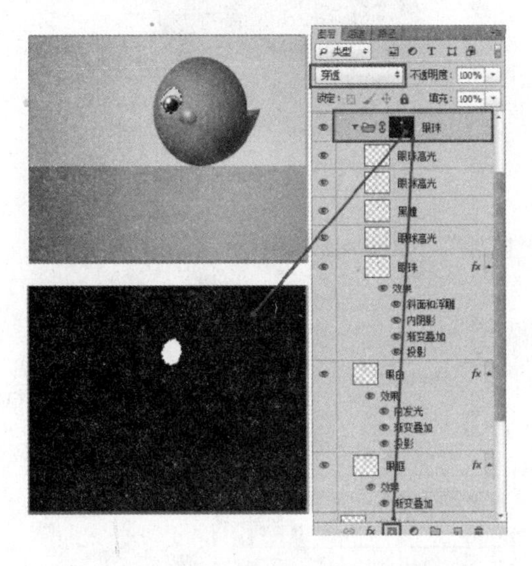

图 4.2.28 添加“眼珠”组的蒙版效果

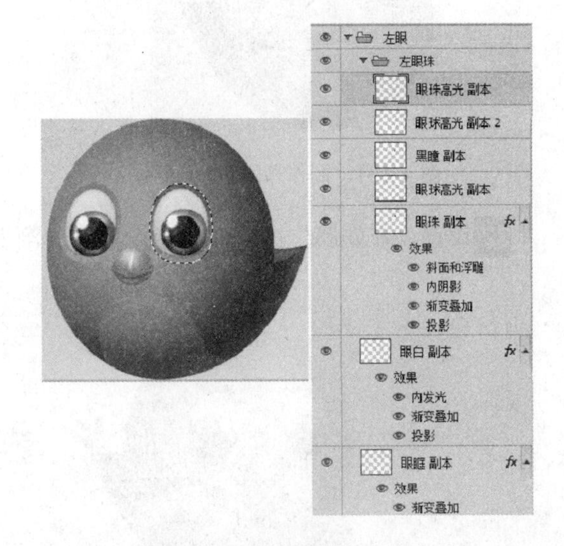

图 4.2.29 复制并调整“右眼”

7. 制作“翎毛”组

29 新建“翎毛”组，并在该组中新建“翎毛 1”图层，用钢笔工具在小鸟头上绘制一个三角形，填充为“黑色”，调整三角形的形状，并设置“图层样式”的混合选项，勾选“渐变叠加”，设置渐变色由“位置：7%，RGB：#5cafd7”至“位置：87%，RGB：#1b658b”，如图 4.2.30 所示。

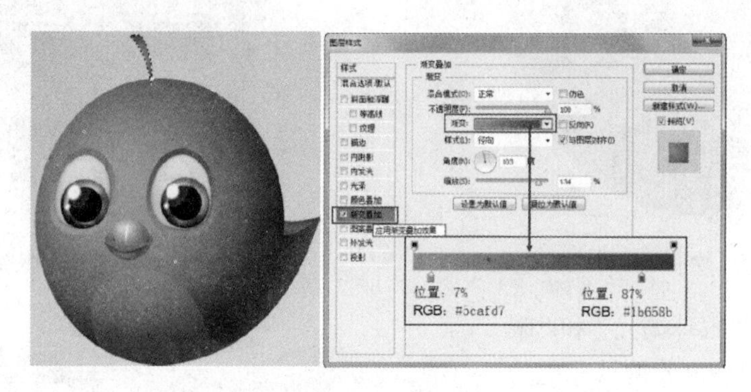

图 4.2.30　绘制“翎毛 1”

30 复制“翎毛 1”图层，将图层命名为“翎毛 2”，调整翎毛 2 的位置及形状大小，按此方法再复制其他 5 根翎毛，如图 4.2.31 所示。

8. 制作“翅膀”组

31 新建“翅膀”组，并在该组里新建“左翅膀”图层，在小鸟身体左侧绘制一个椭圆选框，填充为“#41d1e2”颜色，如图 4.2.32 所示。

图 4.2.31　制作鸟的其他翎毛

图 4.2.32　绘制“左翅膀”

32 设置“左翅膀”图层的混合选项为“渐变叠加”，如图 4.2.33 所示。

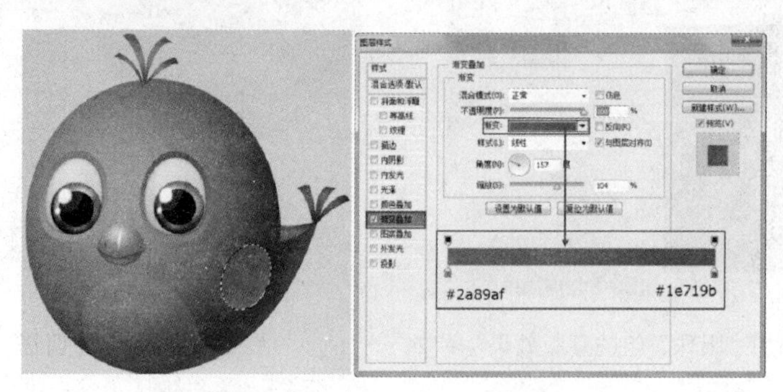

图 4.2.33　设置“左翅膀”渐变叠加效果

33 按组合键 Ctrl+J 复制“左翅膀”图层，并将图层改名为“左翅阴影”，按住 Ctrl 键单击该图层，出现闪烁的线框，按组合键 Ctrl+T，调整该选区的形状、位置及大小，并使用渐变工具设置其渐变色由“#0f3b53”至“#05171f”，在该选区拉出一个线性渐变，调整出左翅膀的阴影效果，如图 4.2.34 所示。

34 分别新建“右翅膀”和“右翅阴影”图层，并按左翅膀的“渐变叠加”设置方法设置右翅膀的混合选项，用黑色画笔描出“右翅阴影”效果，如图 4.2.35 所示。

图 4.2.34 设置左翅膀的阴影效果

图 4.2.35 制作右翅膀及其阴影效果

35 在“右翅膀”图层使用“加深工具”涂抹右翅膀边缘绘制出阴影效果，阴影颜色为“#196b91”，再使用“减淡工具”涂抹左、右翅膀的高亮部分，高亮颜色为“#3fcddf”，如图 4.2.36 所示。

图 4.2.36 加深及减淡翅膀颜色

9. 制作“翎毛”组

36 新建“右翅膀羽毛 1”图层，绘制羽毛形状，并填充为“#41d1c2”，再打开“图层样式”的混合选项，设置“渐变叠加”，如图 4.2.37 所示。

37 新建“羽毛 1 阴影”图层，按住 Ctrl 键单击“翅膀羽毛 1”图层，在“羽毛 1 阴影”按选区填充黑色，调整右翅膀羽毛 1 的阴影效果，如图 4.2.38 所示。

图 4.2.37 设置翅膀羽毛的渐变叠加效果

38 按上述方法分别创建另外 5 个“翅膀羽毛”和“羽毛阴影”图层，如图 4.2.39 所示。

10. 制作鸟在地面的阴影效果

39 新建“鸟身体”图层，在鸟身体下方利用“椭圆选框”工具绘制一个椭圆形，用径向渐变工具填充该椭圆选区，制作鸟在地面的阴影效果，如图 4.2.40 所示。

图 4.2.38 绘制左翅膀羽毛阴影

图 4.2.39 绘制其他翅膀羽毛

11. 设置鸟在地面的投影效果

40 按住 Shift 键分别单击“翅膀”、“翎毛”、“左眼”、“右眼”、“黄色的喙”、“身体”图层及组，单击鼠标右键，在弹出的菜单中选择“复制组”，再按组合键 Ctrl+E 合并被复制的图层，命名该图层为“投影”，选择合并后的“投影”图层，按组合键 Shift+Ctrl+H 水平翻转“投影”图层，如图 4.2.41 所示。

图 4.2.40 绘制鸟在地面的阴影效果

图 4.2.41 复制鸟的“投影”图层

41 设置“投影”图层“不透明度”为 33%，并为该图层“添加矢量蒙版”，按住 Alt 键单击“蒙版”图层，设置蒙版的颜色为由白至黑的线性渐变色，如图 4.2.42 所示。

42 “twitter”图标的小鸟的最终效果图如图 4.2.43 所示。

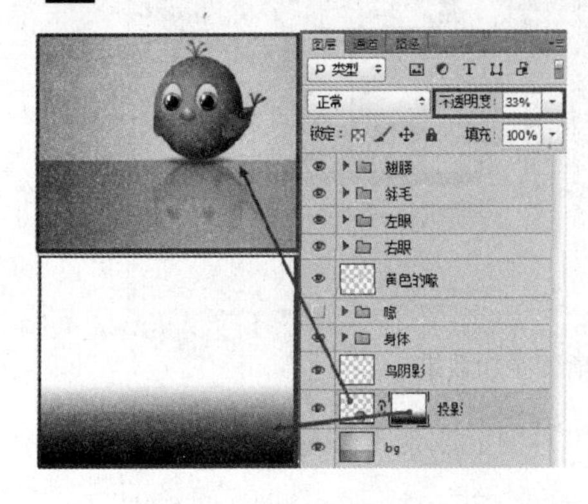

图 4.2.42 创建“投影”蒙版

图 4.2.43 twitter 小鸟图标最终效果

4.3　草莓甜甜圈图标

↘制作步骤

1. 绘制“甜甜圈”基本形状图层

图 4.3.1　草莓甜甜圈图标

01 新建一个 700×500 像素的文件，首先，先画出基本“甜甜圈”形状。设置“前景色”为“#f7b569”，选择“钢笔工具”（工具模式：“形状”）绘制如图 4.3.1 所示的形状。图层命名为“Base1”，效果如图 4.3.2 所示。

02 设置颜色“#fe4258”，用“钢笔工具”绘制“甜甜圈”上的糖衣形状，尽量画的不规则。图层命名为“Icing”，效果如图 4.3.3 所示。

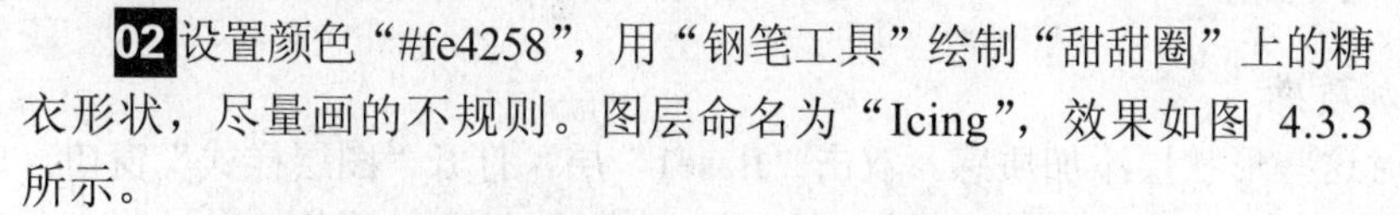

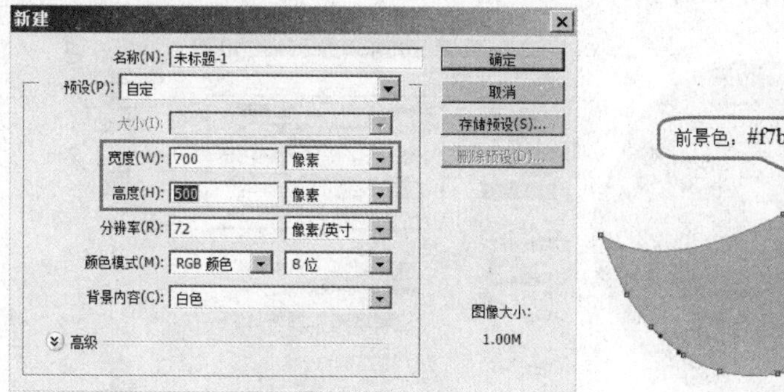

图 4.3.2　绘制“甜甜圈”基本形状“Base1”

03 绘制“甜甜圈”中心缺口形状，尽量画的不规则。命名为“Hole”，效果如图 4.3.4 所示。

图 4.3.3　绘制“甜甜圈”基本形状“Icing”　　图 4.3.4　绘制“甜甜圈”基本形状“Hole”

04 按住 Shift 键，选择“Icing”和“Hole”层。然后，选择“图层”→“合并形状”→“减去顶层形状”。命名为“Icing”，效果如图 4.3.5 所示。

05 再设置“#f7b569”为前景色，使用“钢笔工具”（工具模式：形状）绘制下一个形状。图层命名为“Base2”，效果如图 4.3.6 所示。

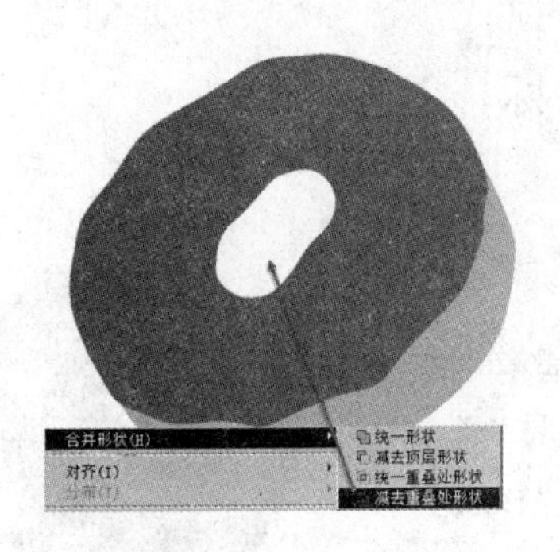

图 4.3.5 “合并形状”图层

图 4.3.6 绘制“甜甜圈”基本形状“Base2”

2. 为“甜甜圈”添加质感

06 下一步，我们将对这些形状层添加质感。双击“Base1”层，打开“图层样式”窗口，设置“内阴影”，具体设置如图 4.3.7 所示。

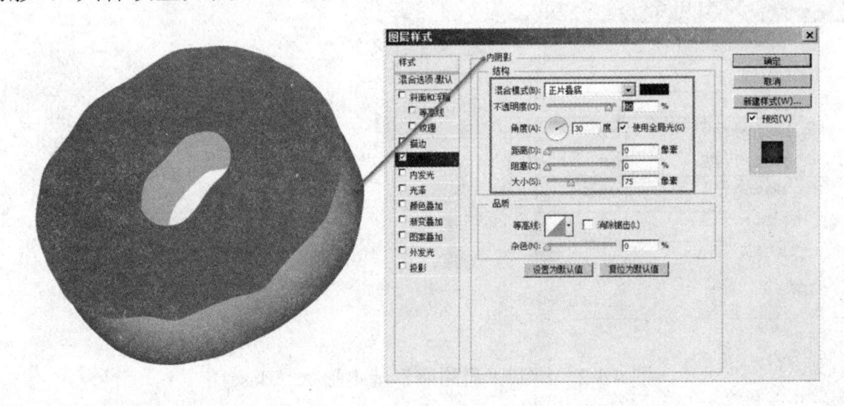

图 4.3.7 添加“Base1”的“内阴影”效果

07 双击“Base2”层，打开“图层样式”窗口，设置“内阴影”，具体设置如图 4.3.8 所示。

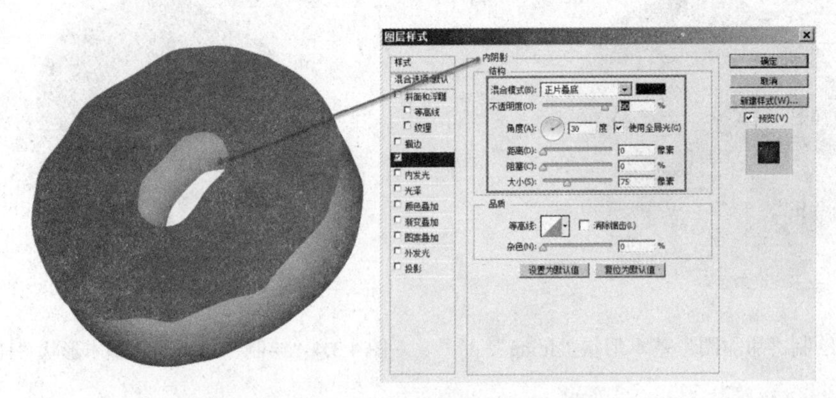

图 4.3.8 添加“Base2”的“内阴影”效果

08 双击“Icing”层，分别设置“内阴影”、“光泽”和“投影”的效果，具体设置如图 4.3.9 所示。

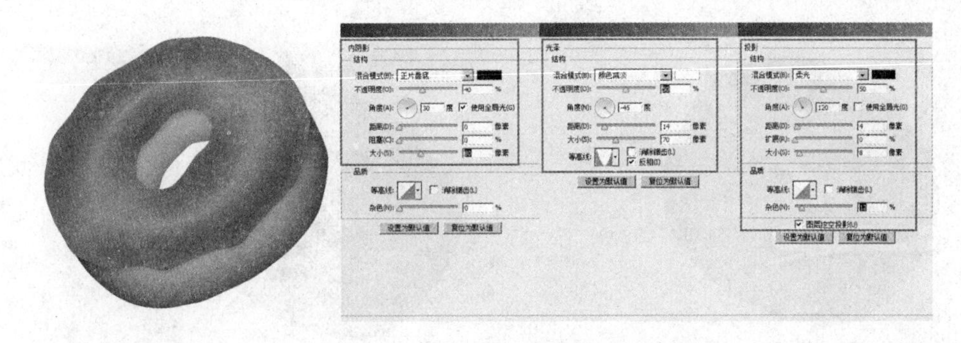

图 4.3.9 添加“Icing”的混合效果

3. 绘制各图层的细节部分

09 现在，我们将添加“Base1”层的细节。设置“前景色”为“#ae7533”，选择“画笔工具”，设置“大小”约为 30～40 像素，“硬度”为 0。按住 Ctrl 键同时单击“Base1”的缩览图创建选区。然后，新建一个图层，命名为“细节 1”，并大致画出如图 4.3.10 所示的红色参考区域。绘制后的效果如图 4.3.10 所示。

10 再新建一个图层，命名为“细节 2”，保持“Base1”层选区不变，设置前景色为“#cf8d42”，选择“画笔工具”，设置“大小”约为 15～20 像素，“硬度”为 0，“不透明度”为 60%，绘制出不规则的线，效果如图 4.3.11 所示。

图 4.3.10 绘制“细节 1”的效果图

图 4.3.11 绘制“细节 2”后的效果图

11 新建一个图层，命名为“高光”，保持“Base1”层选区不变，设置前景色为“#fed8ac”，选择“画笔工具”，设置“大小”约 30～40 像素，“硬度”为 0。绘制出如图 4.3.12 所示高光区域，然后降低该图层的不透明度为 50%。

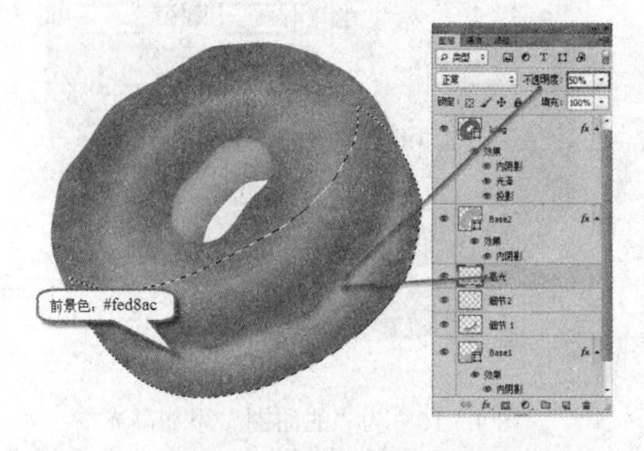

图 4.3.12 “高光”效果

12 新建一个图层，命名为“细线”，保持“Base1”层选区不变，选择“画笔工具”，设置“大小”为 2～3 像素，“硬度”为 100，绘制出明暗“细线”，“细线”的颜色分别为“#9b5810”和“#efc089”。效果如图 4.3.13 所示。

13 选择“涂抹工具”，设置“强度”为 15%，涂抹“细线”，完成后将图层“不透明度”降低到 50%，效果如图 4.3.14 所示。

图 4.3.13 明暗“细线”

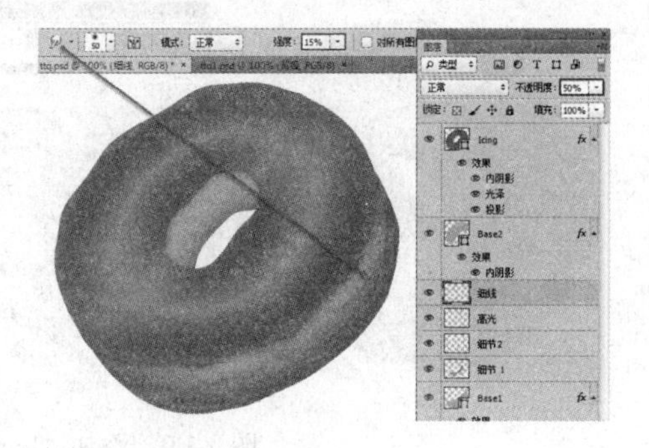

图 4.3.14 涂抹“细线”

14 保持“Base1”图层选区，新建一个图层，命名为“明暗”，选择“编辑”→“填充”→“50%灰色”。设置“混合”为“叠加”，“不透明度”为 75%。选择“加深工具”，笔触“大小”约为 40～50 像素，范围：“中间调”，曝光度：“20%”，绘制出暗部，效果如图 4.3.15 所示。

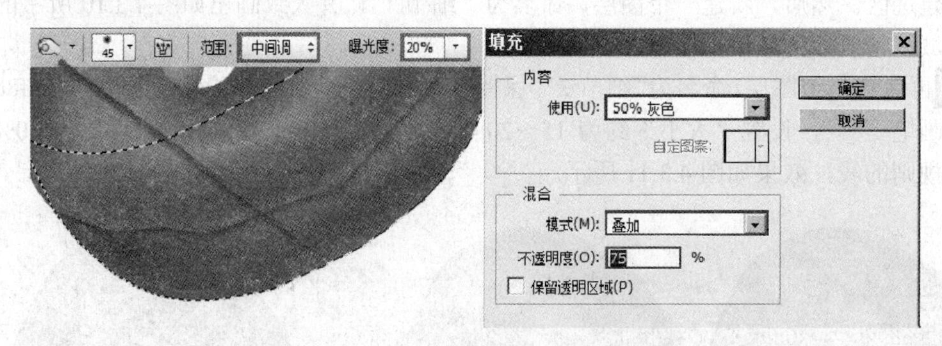

图 4.3.15 填充“甜甜圈”细节并添加暗部

15 保持“Base1”图层选区，再选择“减淡工具”设置笔触“大小”约为 2～3 像素，范围：“中间调”，曝光：“20%”，绘制高光区域，效果如图 4.3.16 所示。

16 最后在图层编辑栏改变其混合模式为“叠加”，“不透明度”为 75%。效果如图 4.3.17 所示。

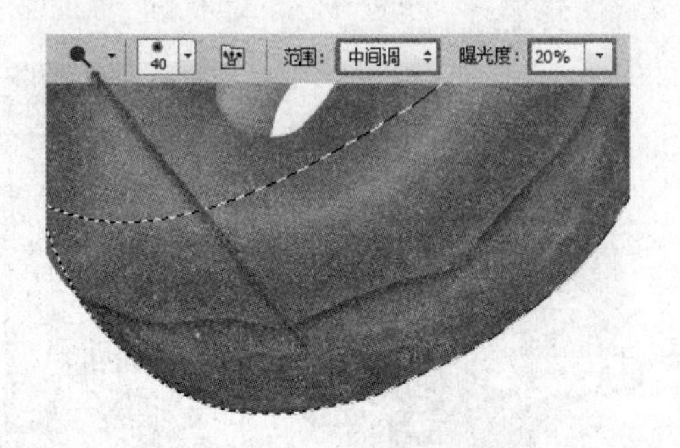

图 4.3.16 为“甜甜圈”添加高光

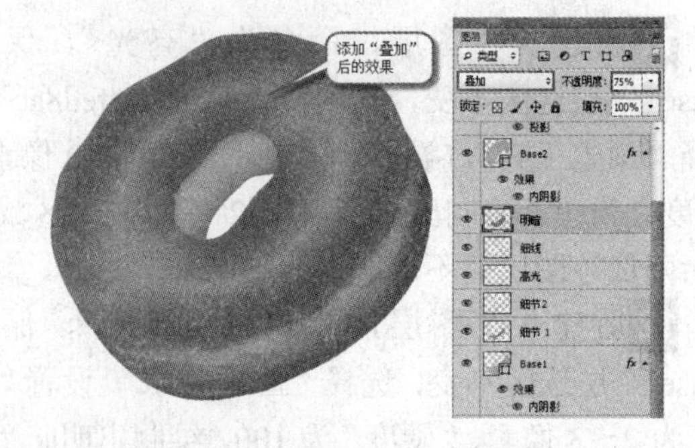

图 4.3.17 叠加“甜甜圈”明暗部后的效果

17 接下来，我们将在“Base1”上添加纹理。还是保持“Base1”层选区，新建一层，命名为“纹理”，填充颜色为“#d19956”。之后，进入“滤镜”→“杂色”→“添加杂色”，设置“数量”为 15，平均分布，勾选“单色”，效果如图 4.3.18 所示。

18 进入“滤镜”→“滤镜库”→“画笔描边”→“强化的边缘”，按照如图 4.3.19 所示的参数进行设置。然后改变其混合模式为“柔光”，设置“不透明度”为 75%，设置前后的效果如图 4.3.20 所示。

19 接下按照步骤 09～18 同样的方法给“Base2”层添加细节和纹理，最后效果如图 4.3.21 所示。

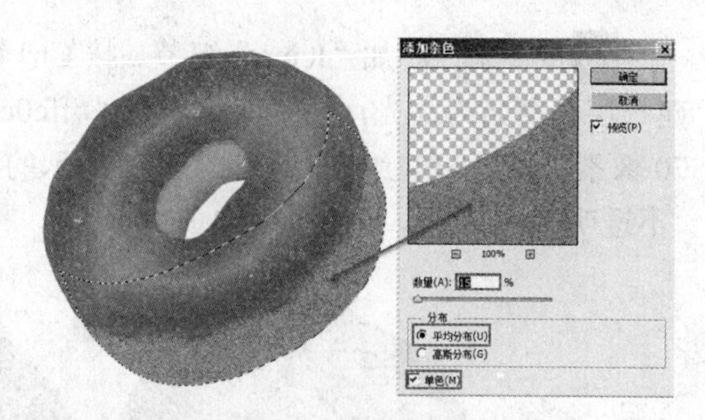

图 4.3.18　为“甜甜圈”添加杂色

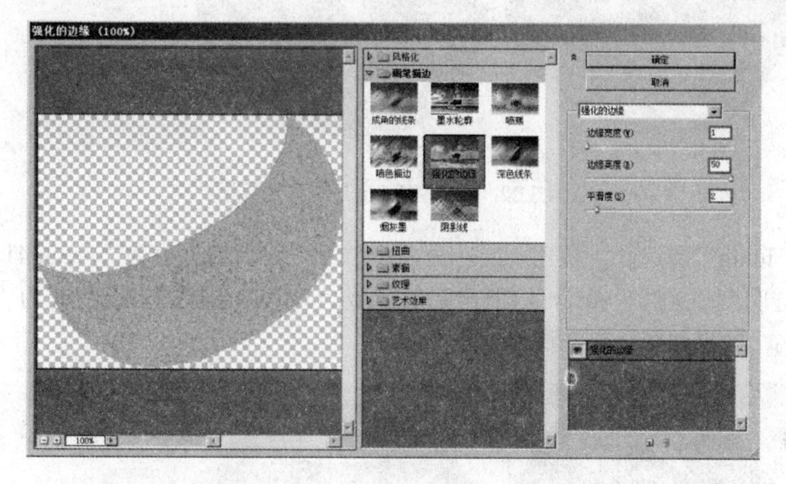

图 4.3.19　添加“强化的边缘”的纹理效果

图 4.3.20　为“甜甜圈”添加纹理

图 4.3.21　给“Base2”添加细节

20 接下来，添加“Icing”细节。按 Ctrl 键同时单击“Icing”图层的缩略图创建选区。新建一层，命名为高光，设置前景色为“#ffc0cc”，选择“画笔工具”，设置“大小”约为 60～70 像素，硬度：0。绘制出如图 4.3.22 所示的高光区域，然后改变该图层混合模式为“叠加”，“不透明度”：60%，效果如图 4.3.22 所示。

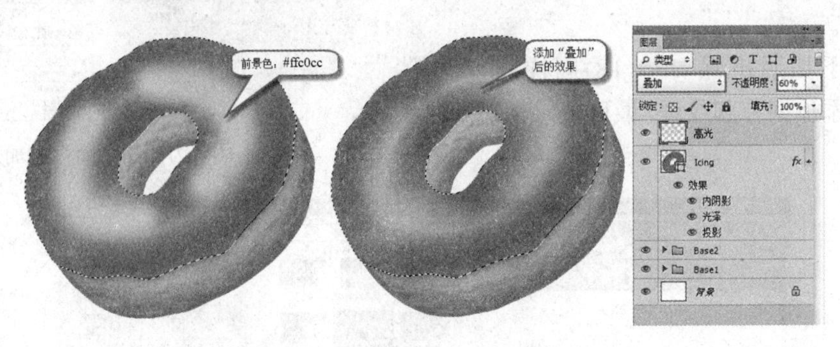

图 4.3.22 绘制“Icing”的高光效果

21 保持“Icing”层选区，新建一层，命名为强光，设置前景色为“#a33d41”，选择“画笔工具”，不透明度：50%～60%，绘制出暗部区域。改变该图层的混合模式为“强光”，“不透明度”：75%，效果如图 4.3.23 所示。

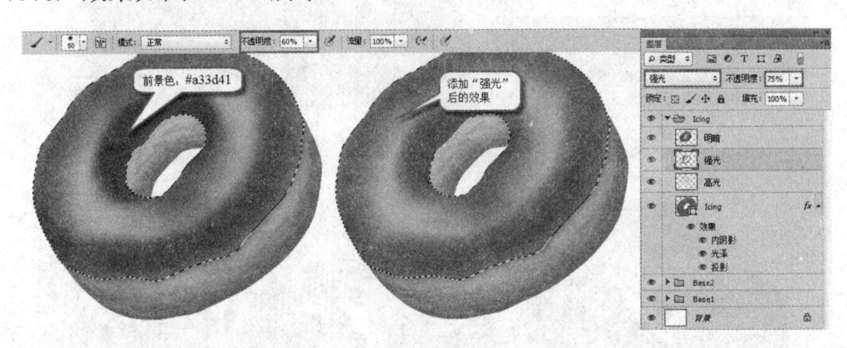

图 4.3.23 绘制“Icing”的强光效果

22 保持“Icing”层选区，新建一层，命名为明暗，选择“编辑”→“填充”→“50%灰色”。应用“加深”和“减淡”工具来绘制明暗关系，绘制步骤和参数参考绘制“Base1”明暗部分的步骤。效果如图 4.3.24 和图 4.3.25 所示。

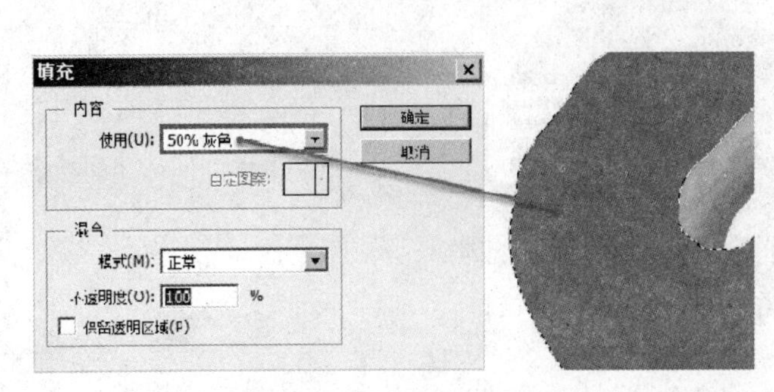

图 4.3.24 给“Icing”填充 50%灰度

图 4.3.25 绘制“Icing”的明暗关系

23 进入“滤镜”→“滤镜库”→“艺术效果”→“塑料包装”，如图 4.3.26 所示的数值设置。然后改变该图层的混合模式为“线性光”，并设置不透明度为 55%，效果如图 4.3.27 所示。

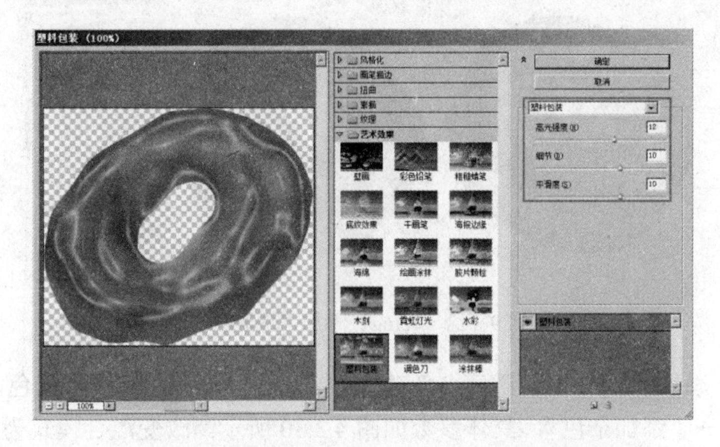

图 4.3.26　给“Icing”添加“塑料包装”滤镜效果

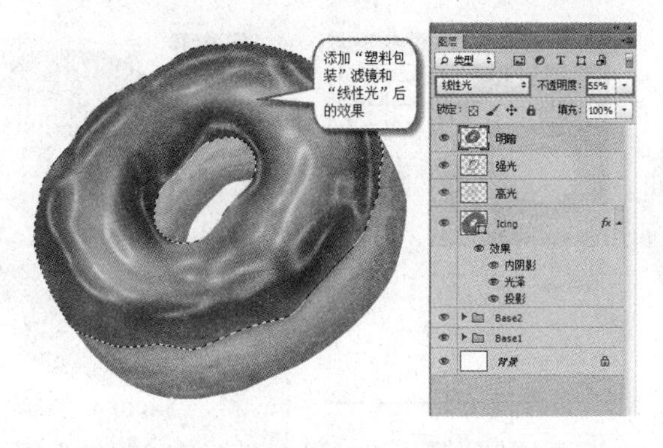

图 4.3.27　添加“线性光”和不透明度后的效果

24 设置前景色为红色“#ff0000”和背景色为蓝色“#0000ff”，再选择“画笔工具”，按 F5 键打开画笔面板，具体设置如图 4.3.28 所示。

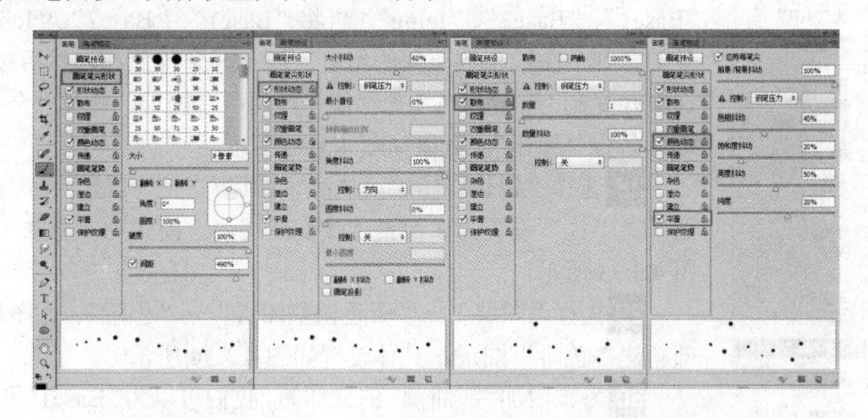

图 4.3.28　设置“画笔”参数

25 保持“Icing”层选区，新建一层命名为“珠光 1”，用画笔绘制，改变混合模式为“线性减淡”。再新建一层命名为“珠光 2”，再用画笔绘制，混合模式为“线性减淡”，“不透明度”为 28%，效果如图 4.3.29 所示。

图 4.3.29 给“Icing”添加“珠光”效果

26 接下来，添加“Icing”层质感。新建一层，命名为“质感”，用黑色填充选区，“滤镜”→“杂色”→“添加杂色”，具体参数如图 4.3.30 所示。改变混合模式为“滤色”，并设置不透明度为 30%。效果如图 4.3.31 所示。

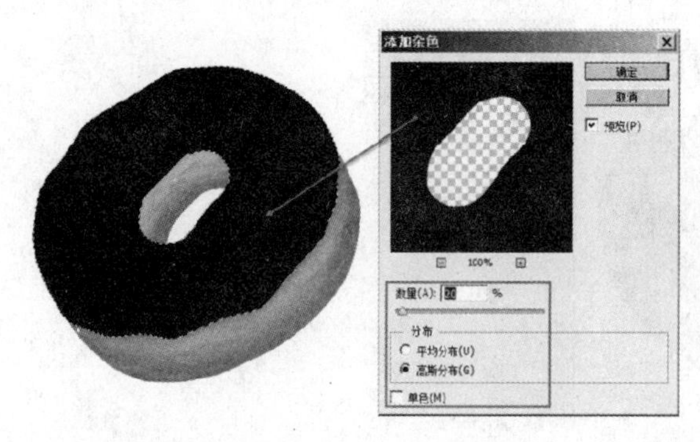

图 4.3.30 给“Icing”添加杂色

图 4.3.31 添加“滤色”和不透明度后的效果

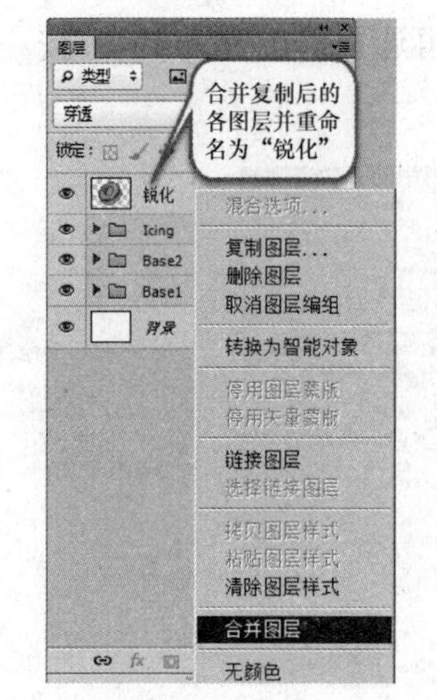

图 4.3.32 创建“组”复制并合并图层

4. “甜甜圈”整体效果修饰

27 接下来锐化细节，首先分别在图层面板创建组并命名为“Base1”、“Base2”、“Icing”，再将“Base1”、“Base2”、“Icing”三部分的各细节图层拖到所属的组里，便于区分与管理，然后按 Ctrl 键选中并复制“甜甜圈”三个“组”内的所有图层，将其“合并图层”，重命名为“锐化”，效果如图 4.3.32 所示。

28 选择“锐化”图层，执行“滤镜”→“其他”→“高反差保留”，“半径”设置为 3 像素，改变图层混合模式为“叠加”，效果如图 4.3.33 所示。

29 执行“图层”→“新建调整图层”→“色阶”，在图层面板顶部新建“色阶”图层，具体设置如图 4.3.34 所示。

30 为了增加“甜甜圈”的立体感，我们可以为“Base1”和“Base2”添加“描边”效果，分别载入“Base1”和“Base2”的选区，在各组新建一个图层并命名为“描边”，选中该图层，执行“编辑”→“描边”，具体设置如图 4.3.35 所示。

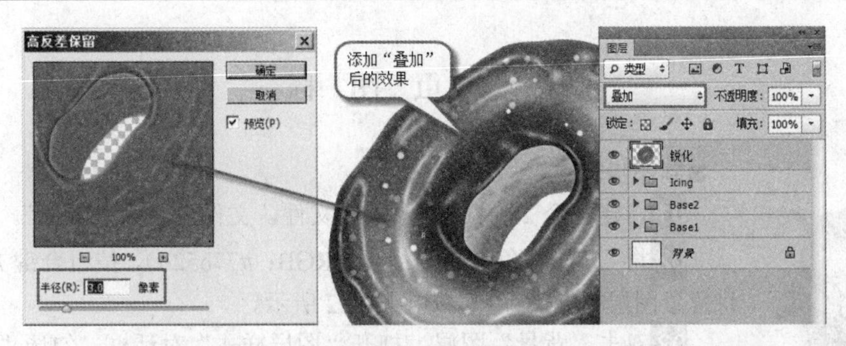

图 4.3.33 设置“高反差保留”滤镜和“叠加”混合模式后的效果

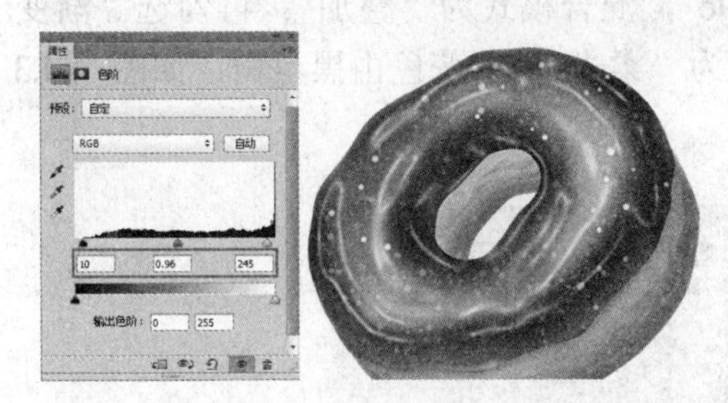

图 4.3.34 创建“色阶”图层

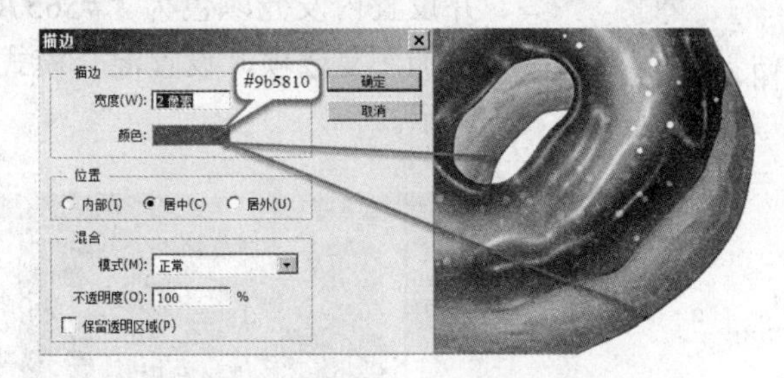

图 4.3.35 添加细节部分的“描边”

31 下面我们来制作阴影部分，新建一层，命名为“阴影”，设置“大小”约为 50 像素，“硬度”为 0，颜色为黑色的“画笔工具”涂抹，效果如图 4.3.36 所示。

32 设置图层“填充”为 25%，图层样式选择“渐变叠加”，具体设置如图 4.3.37 所示。

图 4.3.36 绘制“甜甜圈”的阴影

图 4.3.37 设置“阴影”的渐变效果

33 最后将背景图层设置为“径向渐变”效果，效果如图 4.3.38 所示。

34 最终效果如图 4.3.39 所示。

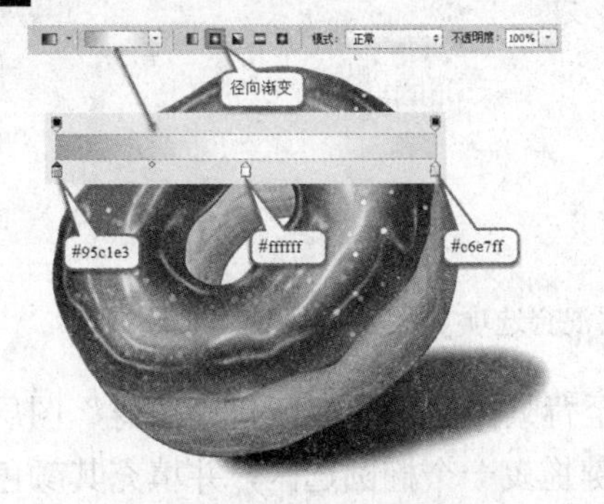

图 4.3.38 设置背景渐变效果

图 4.3.39 草莓甜甜圈最终效果图

4.4　瓢　虫　图　标

↘制作步骤

图 4.4.1　瓢虫图标

01 新建一个 256×256 像素的文件，文件命名为“瓢虫”。

02 将“前景”色设置为绿色（RGB：#77b52d），按组合键 Alt+Delete 将背景图层填充为绿色，如图 4.4.2 所示。

03 双击“背景”图层，打开“图层样式”对话框，勾选“内发光”，并设置内发光颜色为“#56570c”，混合模式为“叠加”；再勾选“渐变叠加”复选项，设置混合模式为“柔光”，渐变色由黑至白，如图 4.4.3 所示。

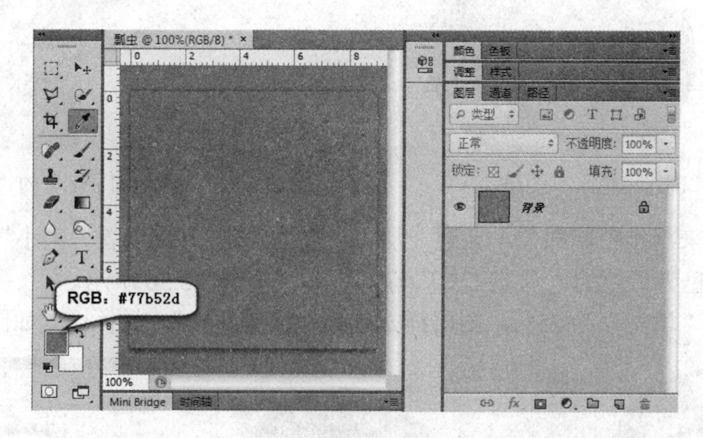

图 4.4.2　设置背景图层颜色

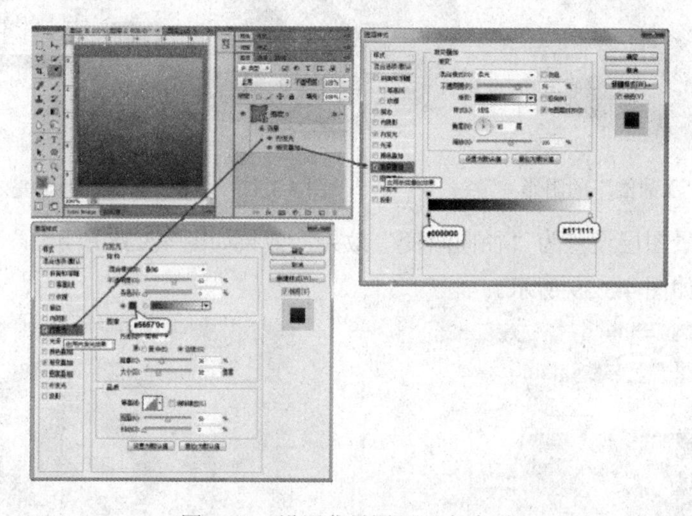

图 4.4.3　设置背景图层混合选项

04 按组合键 Ctrl+R 调出标尺，再将参照线移至背景图层中心，新建“虫身”图层，启用椭圆框选工具，从参照线交叉点按 Alt+鼠标左键拖曳一个椭圆选区，并填充其颜色为橙色“#be4d00”，如图 4.4.4 所示。

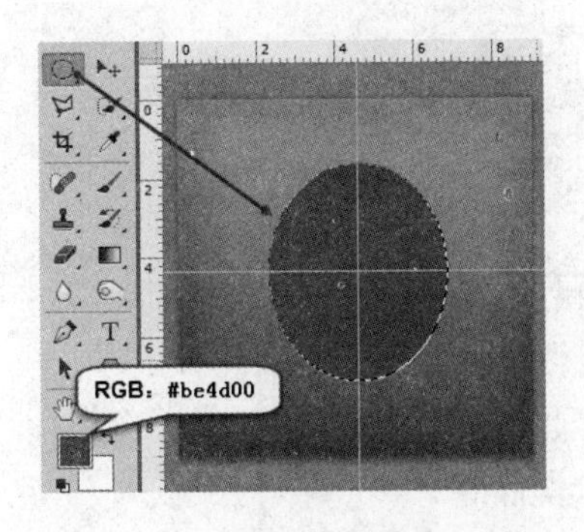

图 4.4.4 创建椭圆作为瓢虫身体

图 4.4.5 设置虫身的混合选项

05 设置虫身的混合选项，效果如图 4.4.5 所示。双击“虫身”图层，打开“图层样式”分别设置“内阴影”、“内发光”、“渐变叠加”和“投影”的混合参数，如图 4.4.6 所示。

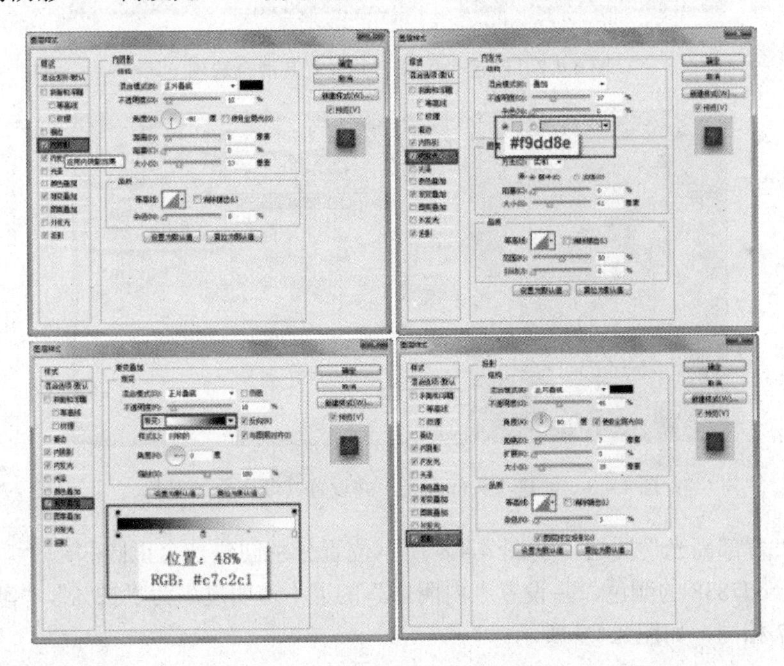

图 4.4.6 “虫身”图层的混合选项参数

06 在“虫身”图层下新建“虫脚”图层，使用“矩形工具”先绘制一个矩形，按组合键 Ctrl+T 使用“变形”工具调整矩形的形状，填充其内部颜色为黑色，复制其他 7 个脚，并调整其大小和位置，按图 4.4.7 的参数设置“虫脚”图层的“内阴影”和“投影”参数。

07 新建“头部高光”图层，使用“椭圆选框”工具按组合键 Ctrl+Shift，再按鼠标左键在瓢虫头上部创建一个正圆，再在正圆下方的瓢虫身体上创建一个椭圆，在两个圆相交的部分填充颜色#cd7838，并设置其“渐变叠加”参数，混合模式为“滤色”，不透明度为“28%”，渐变色由黑至白，如图 4.4.8 所示。

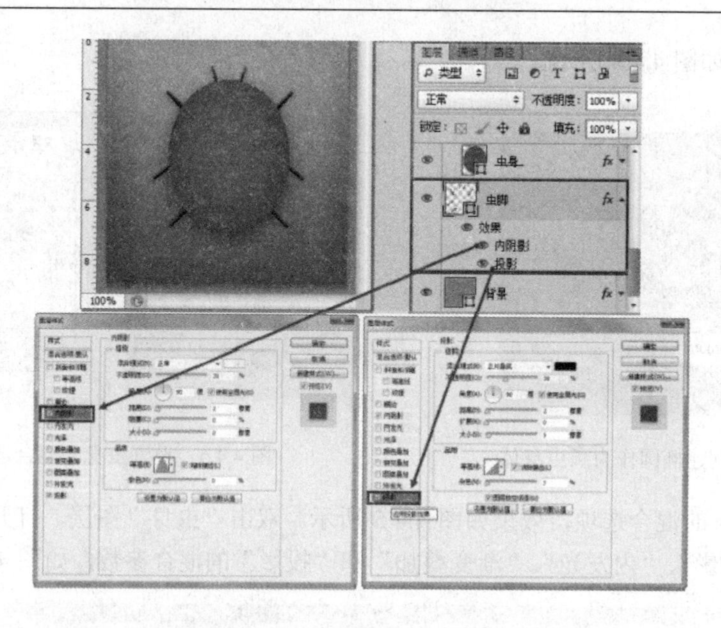

图 4.4.7 创建“虫脚”并设置其混合选项

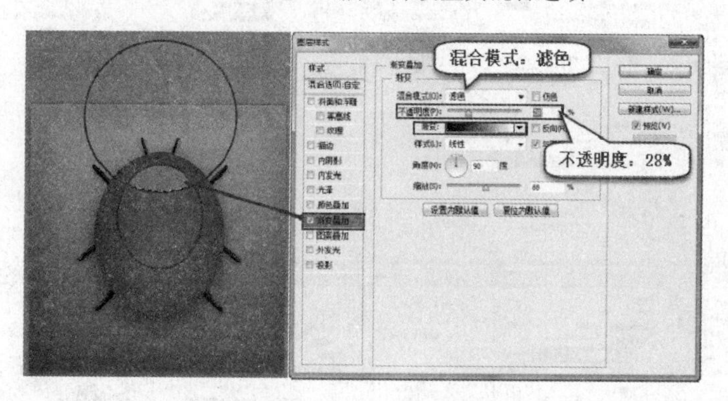

图 4.4.8 创建“头部高光”并设置其渐变叠加参数

08 新建“背部高光”图层，在图 4.4.8 所示位置分别创建一个正圆和一个矩形，在瓢虫背部位置填充#cd7838 的颜色，并设置“内阴影”的“不透明度”为“12%”，“渐变叠加”的效果与图 4.4.7 相同，如图 4.4.9 所示。

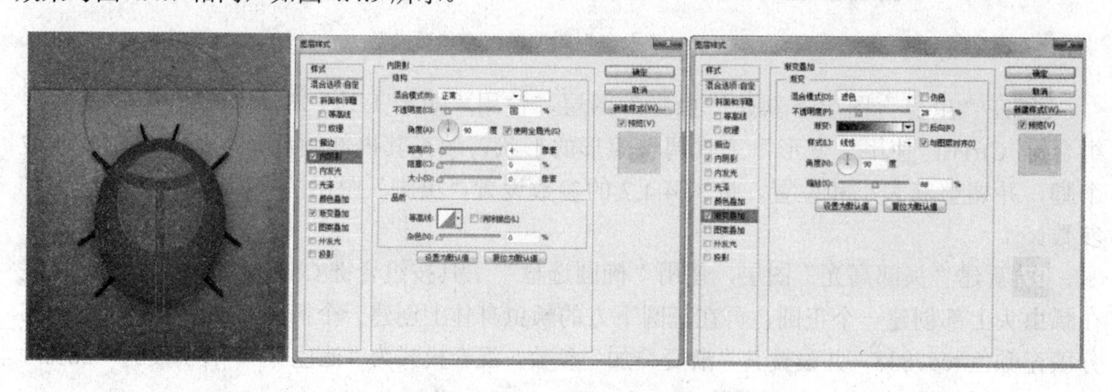

图 4.4.9 创建“背部高光”并设置其混合效果

09 按住 Alt 键，点击“背部高光”和“虫身”两个图层中间（鼠标指针会变成拐弯的箭头），使图片形成剪切蒙版，如图 4.4.10 所示。

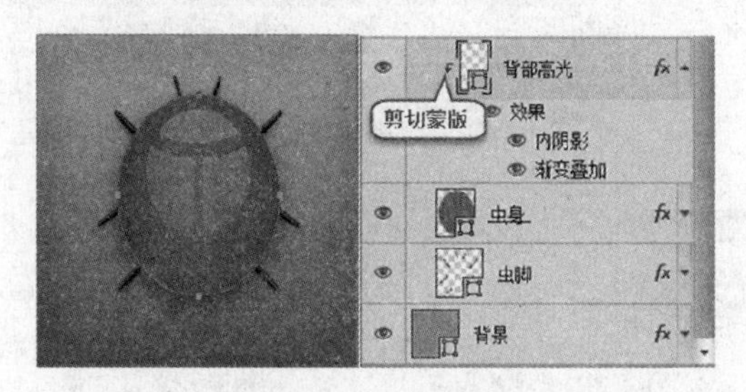

图 4.4.10　创建虫身背部的剪切蒙版

10 在“背部高光”图层下新建“背部黑点”图层，在瓢虫的背部绘制 4 个圆形黑点，并调整其位置及大小，再按 Alt 键单击“虫身”和“背部黑点”两个图层中间，使图片形成剪切蒙版，如图 4.4.11 所示。

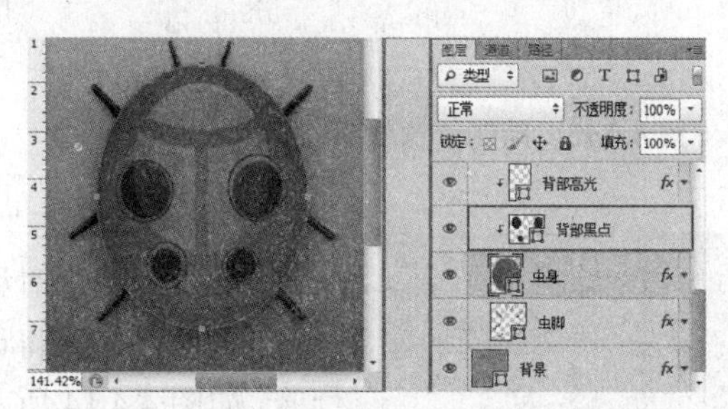

图 4.4.11　创建“背部黑点”图层并绘制黑点

11 新建“头部黑圈”图层，在瓢虫头部创建一个正圆形选区，填充为黑色，设置“内阴影”、“渐变叠加”和“投影”的三种混合效果，并按 Alt 键创建图层的剪切蒙版，如图 4.4.12 所示。

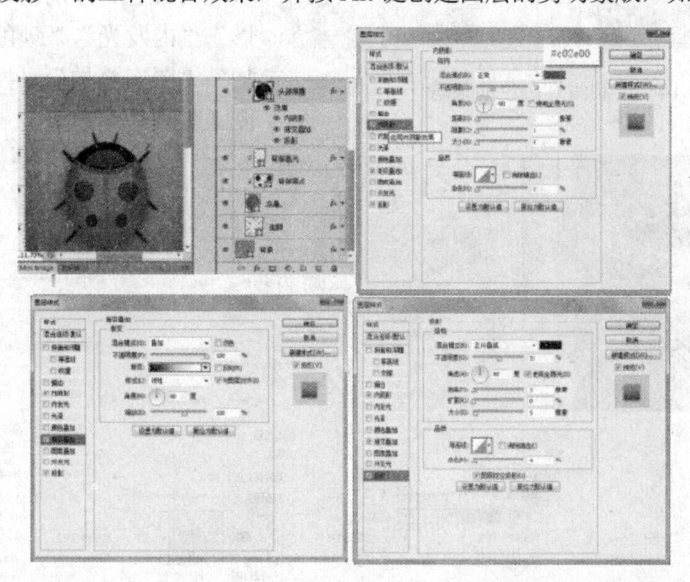

图 4.4.12　绘制“头部黑圈”并设置其效果

12 新建“背部凹槽”图层，绘制凹槽区，并设置“内阴影”、“内发光”、“渐变叠加”和

“外发光”效果的参数，然后将该图层创建为剪切蒙版，如图 4.4.13 所示。

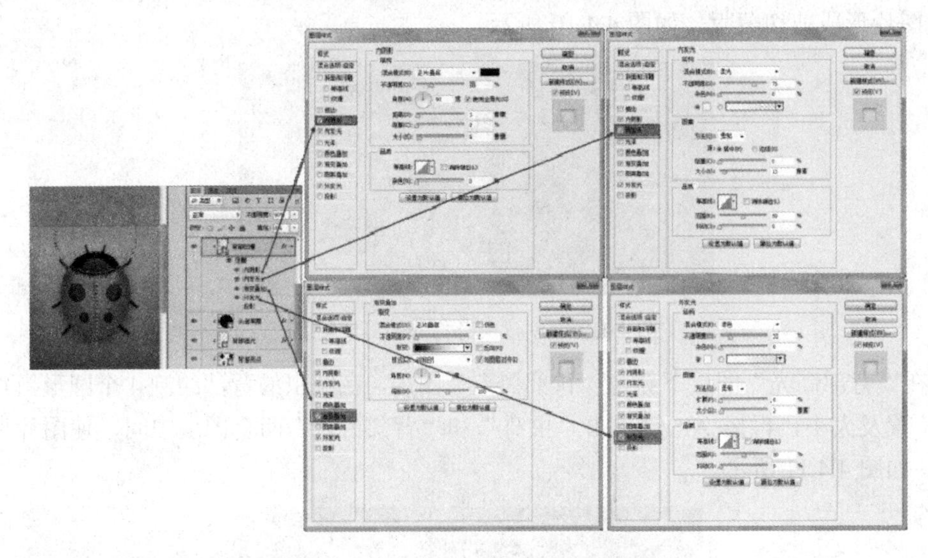

图 4.4.13 绘制“背部凹槽”并设置其效果

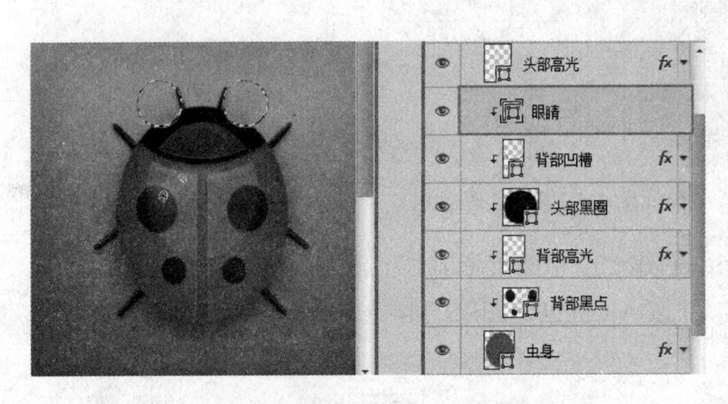

图 4.4.14 绘制两只白色的眼睛

13 新建“眼睛”图层，在瓢虫头部绘制两个对称的正圆，将两个圆填充为白色，并将该图层创建为剪切蒙版，如图 4.4.14 所示。

14 按住 Ctrl 单击“虫身”图层，创建一个椭圆选框，新建“高亮”图层，填充为红色，分别设置该图层的“内阴影”、“内发光”、“颜色叠加”、“渐变叠加”、“图案叠加”、“投影”等效果，如图 4.4.15 所示。

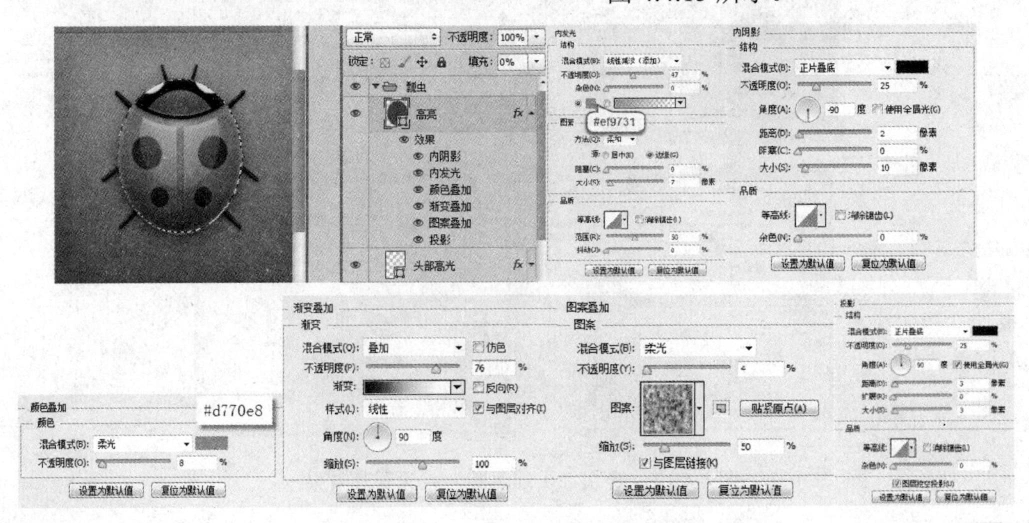

图 4.4.15 瓢虫“高亮”图层效果

15 瓢虫的最终效果如图 4.4.16 所示。

图 4.4.16　瓢虫效果图

4.5　放大镜图标（见图 4.5.1）

➘制作步骤

1. 创建“背景”图层

图 4.5.1　放大镜图标

01 新建一个 1000×750 像素，分辨率为 72 像素→英寸的文件。选择背景图层，选择渐变工具，设置颜色属性，设置渐变的位置及颜色分别为“位置：0%，RGB：208，229，255”、“位置：30%，RGB：187，205，255”、“位置：67%，RGB：123，189，237”、“位置：100%，RGB：133，194，241”，单击“确定”按钮，由中心向两边拉出背景图层的渐变色，如图 4.5.2 所示。

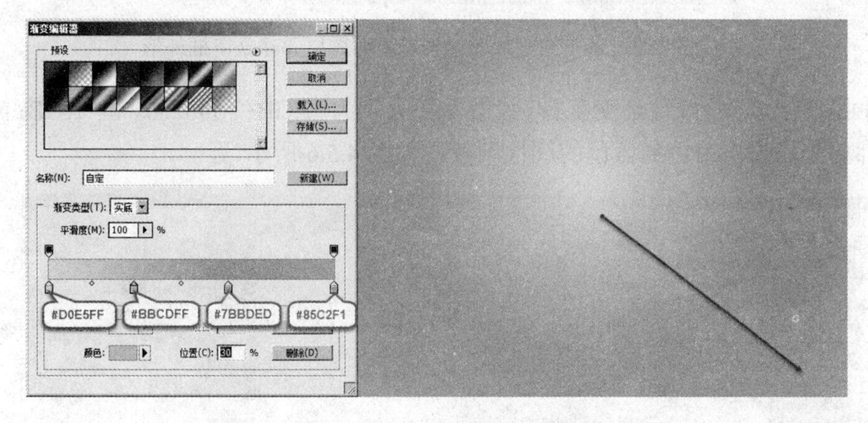

图 4.5.2　设置“背景”图层

2. 创建放大镜的镜框部分

02 按组合键 Ctrl+R 调出标尺，然后用移动工具拉出两条相交的参照线，新建一个组，命名为“组 1”，在图层面板上给组 1 添加黑色蒙版。选择椭圆选框工具，以交点为圆心，按住 Alt+Shift+按住鼠标左键拖动，拉出一个合适的正圆选区，然后填充白色，如图 4.5.3 所示。

03 按组合键 Ctrl+D 取消选区，在组里新建一个“图层 1”，填充淡黄色作为参考，如图 4.5.4 所示。

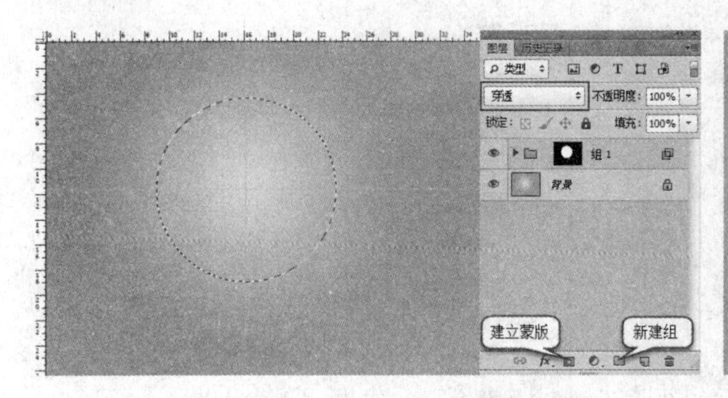

图 4.5.3　建立图层组并绘制镜框的选择区

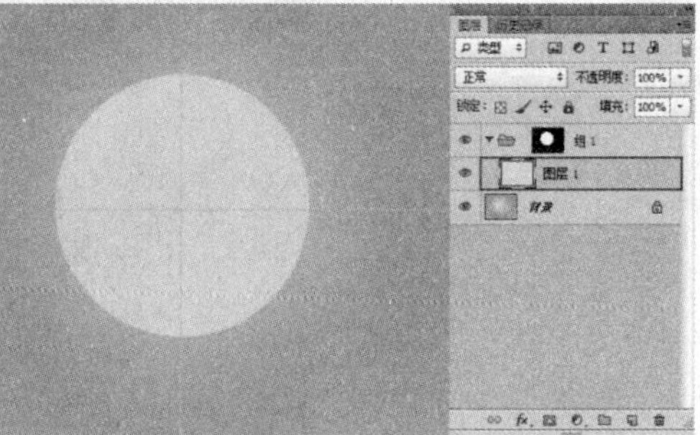

图 4.5.4　建立图层组并预览镜框的选择区

04 图层面板中“组 1”的蒙版，在蒙版状态下选择椭圆选框工具，以辅助线交点为圆心，按住 Alt+Shift+按住鼠标左键拖动，拉一个稍小的正圆选区，填充黑色，如图 4.5.5 所示。

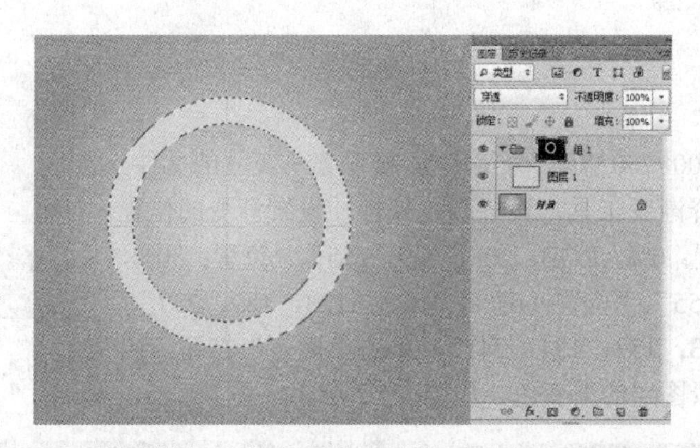

图 4.5.5　通过组 1 的蒙板图层预览下面图层并建立镜框外形

05 返回图层 1，选择线性渐变工具，设置颜色分别为“RGB: #5882a8”和“RGB: #f6f6f6”，然后由底部向上拉出由白色到蓝色的线性渐变，如图 4.5.6 所示。

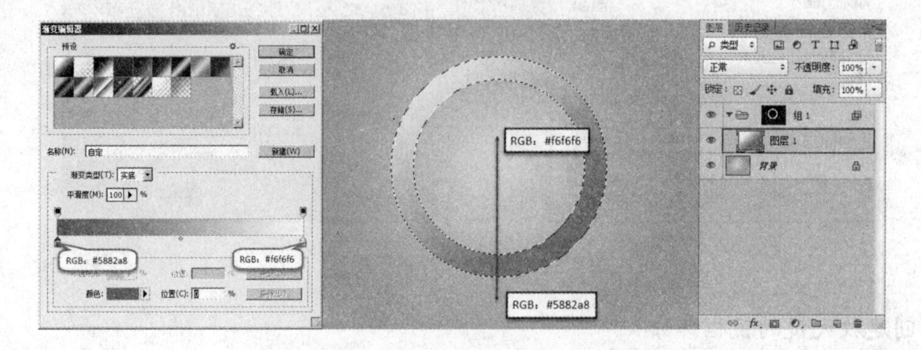

图 4.5.6　建立镜框图层并填充渐变颜色

06 按组合键 Ctrl+J 把当前图层复制一层，图层名为“图层 1 副本”，混合模式改为“滤色”，按住 Alt 键添加图层蒙版，在图层蒙版状态下将“图层 1 副本”用白色画笔把左上角高光部分涂亮一点，如图 4.5.7 所示。

图 4.5.7　复制图层并提亮镜框高光部分

07 新建“图层 2”，用同样的方法拉一个正圆选区，选择渐变工具，设置颜色“RGB：#e3e1ec”和“RGB：#799cb2”，制作从上到下的线性渐变，如图 4.5.8 所示。

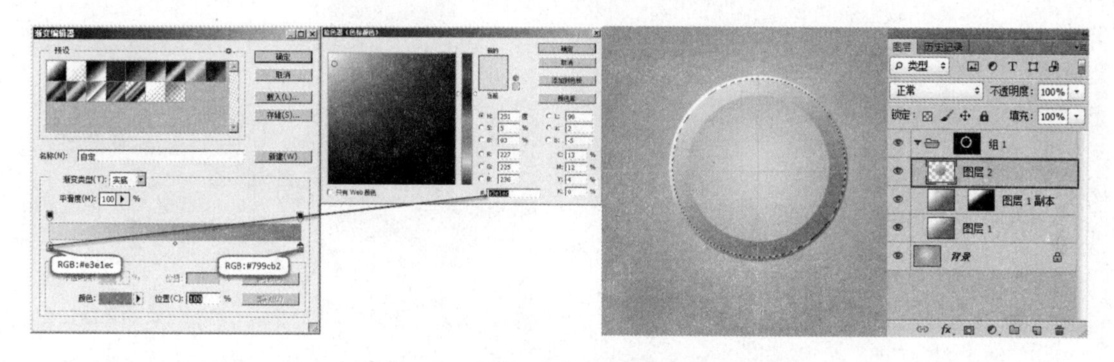

图 4.5.8　设置镜框表面的颜色和厚度

08 取消选区后，双击该图层，打开“图层样式”，勾选“外发光”样式及“斜面和浮雕”样式，参数及效果如图 4.5.9 所示。

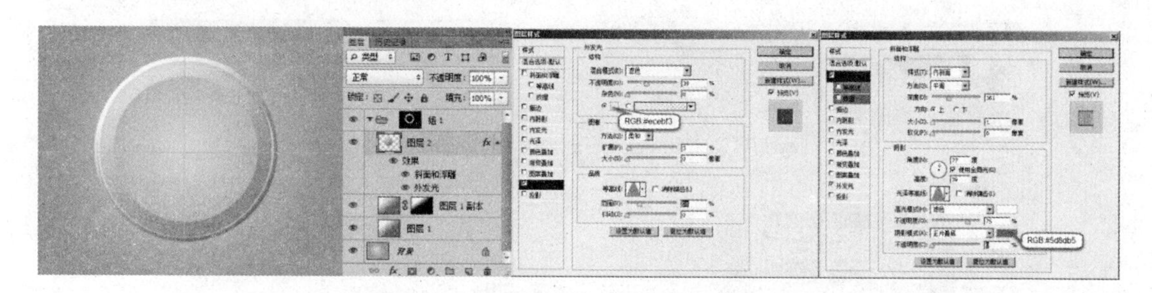

图 4.5.9　建立图层设置颜色和图层样式绘制镜框的厚度

09 新建“图层 3”，用椭圆选框工具拉出下图所示的正圆选区，羽化 1 个像素后填充淡蓝色：“RGB：#cbeaf2”。取消选择区，再给当前图层添加图层样式，勾选“斜面和浮雕”样式，参数及效果如图 4.5.10 所示。

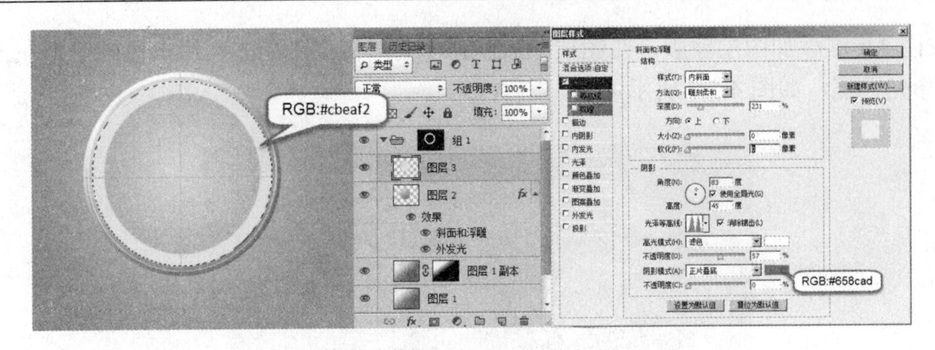

图 4.5.10　设置镜框本身平面部分的颜色

10 选择“图层 3”，添加图层蒙版，选择画笔工具，将前景色设置为黑色，在蒙版状态下进行镜框内部的高光处理，如图 4.5.11 所示。

11 按组合键 Ctrl+J 把当前图层复制一层，名为“图层 3 副本”，清除图层样式后把混合模式改为“滤色”，单击图层上的图层蒙版，添加图层蒙版，用白色画笔把右侧部分的高光涂出来，用相同的手法绘制左侧暗部，如图 4.5.12 所示。

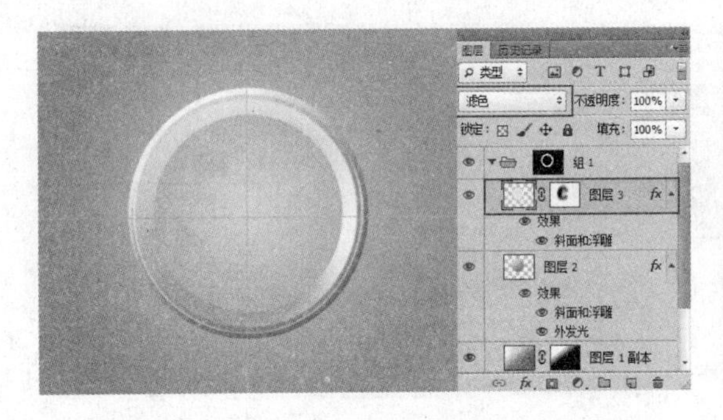

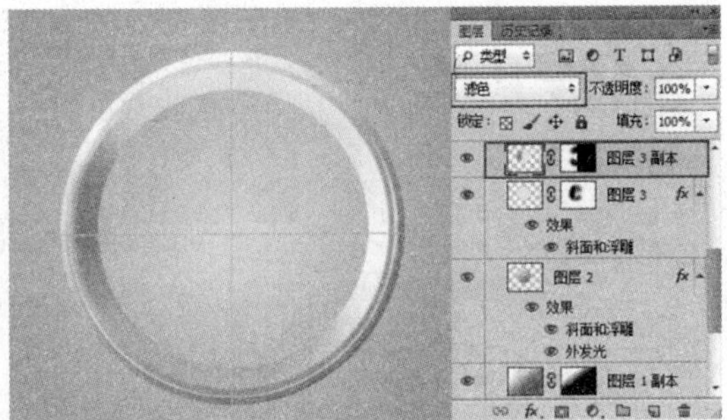

图 4.5.11　设置镜框本身平面部分的高光颜色　　图 4.5.12　设置镜框本身平面部分的暗面颜色

12 新建“图层 4”，用椭圆选框工具拉出一个正圆选区，选择渐变工具，设置颜色“RGB：#e3e1ec”和“RGB：# 809cb2”，如图 4.5.13 所示。

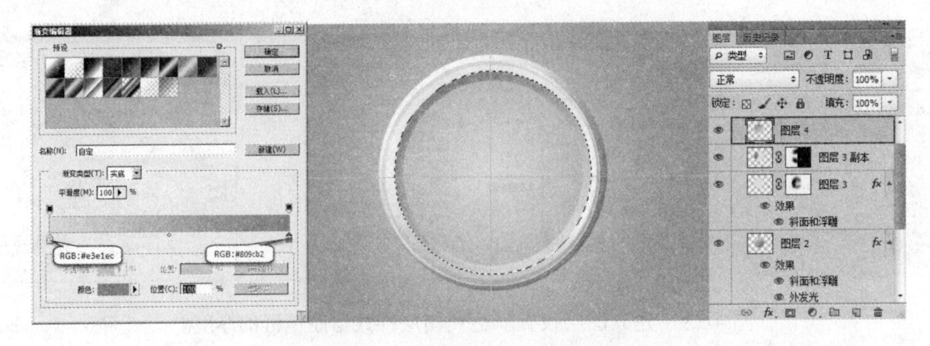

图 4.5.13　设置镜框内侧面的厚度

13 新建“图层 5”，用椭圆选框工具拉一个正圆选区，羽化 1 个像素后加上步骤 11 的渐变色，取消选区。选择菜单图像→调整→曲线，用曲线工具增大阴影颜色的对比，如图 4.5.14 所示。

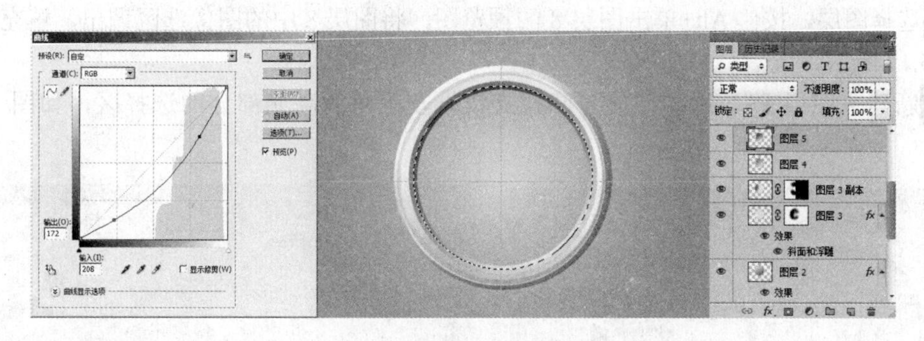

图 4.5.14　增强镜框内部的阴影效果

14 取消选区后，新建“图层 6”，将前景色设置为白色，按组合键 Alt+Backspace 填充前景色，效果如图 4.5.15 所示。

15 用椭圆选框工具拉一个圆形选区，羽化 8 个像素后按 Delete 键删除，给“图层 6”添加图层蒙版，选择渐变工具，在图层蒙版状态下，用白色到黑色的线性渐变将镜框左上角提亮，取消选区后效果如图 4.5.16 所示。

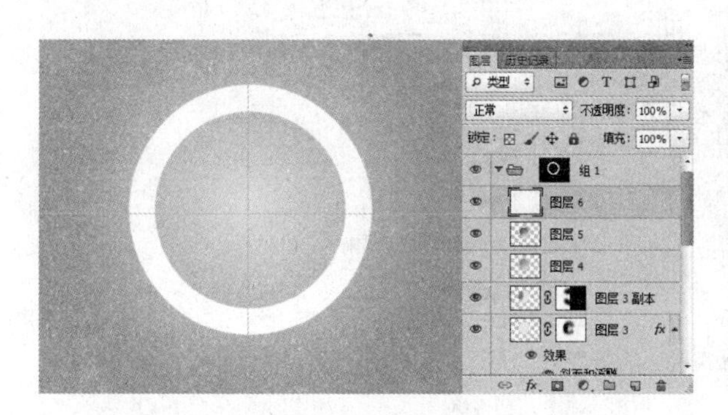

图 4.5.15　通过组 1 的蒙版状态下预览图层 6 中的圆环效果

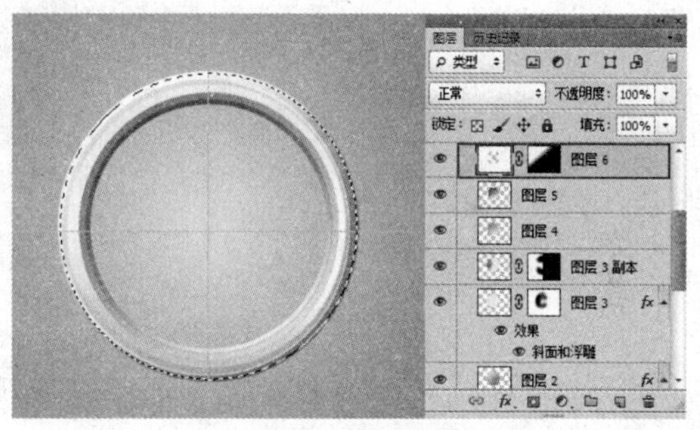

图 4.5.16　绘制镜框表面左上角的亮面效果

16 新建“图层 7”，用圆形选区工具拉出一个选择区，选择画笔工具给底部增加一点暗蓝色“RGB：#5e86ac”，如图 4.5.17 所示。

17 新建“图层 8”，用圆形选区工具拉出一个选择区，填充白色，将选择区向左上角偏移一点，按 Delete 键删除选择区内白色图像部分，如图 4.5.18 所示。

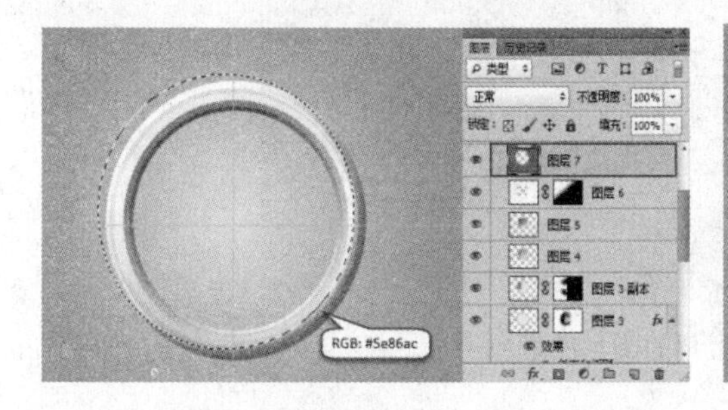

图 4.5.17　给镜框右下角添加暗面立体效果

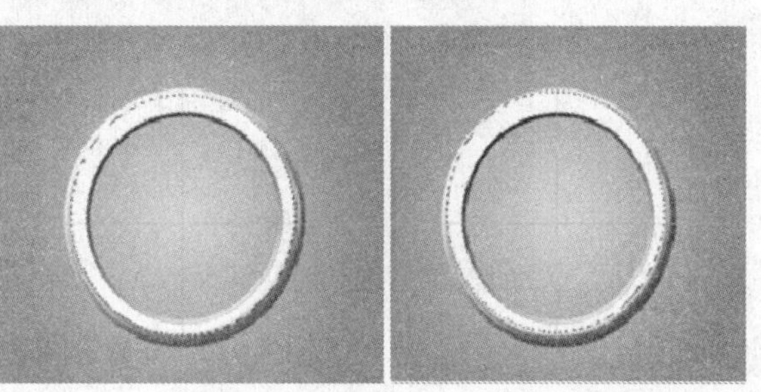

图 4.5.18　给镜框右下角制作镜面亮部效果的选区

18 选择图层，按住 Alt+单击图层 8 的预览图，将图层 8 中的图像选区调出，填充白色，如图 4.5.19 所示。

19 新建“图层 9”，用同样的方法建立镜框左上角的高光部分的选择区，如图 4.5.20 所示。

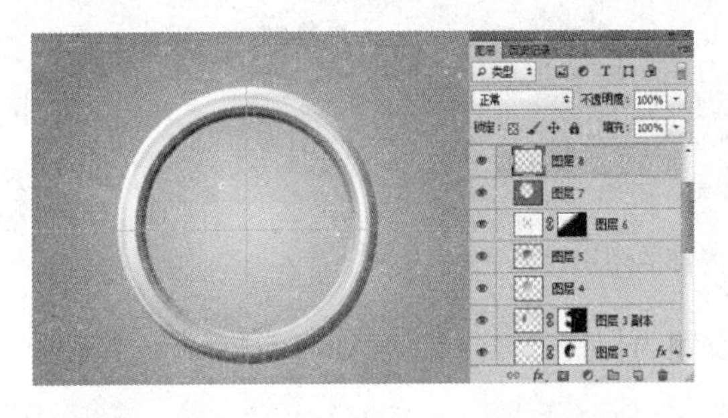

图 4.5.19 制作镜框表面右下角的亮面效果

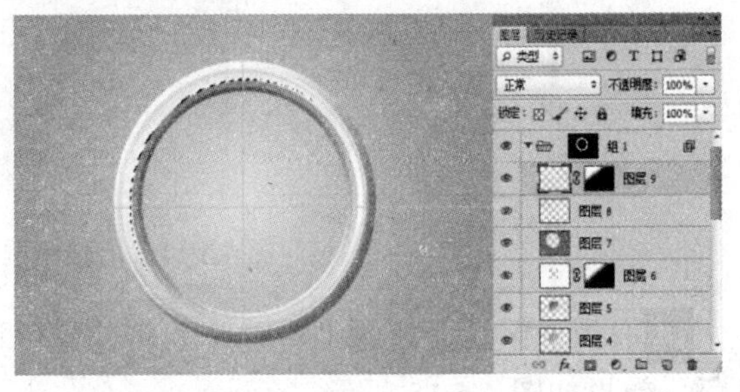

图 4.5.20 制作镜框表面左上角的亮面效果的选区

20 选择“图层 9”，将镜框表面左上角所制作选择区填充为白色，效果如图 4.5.21 所示。

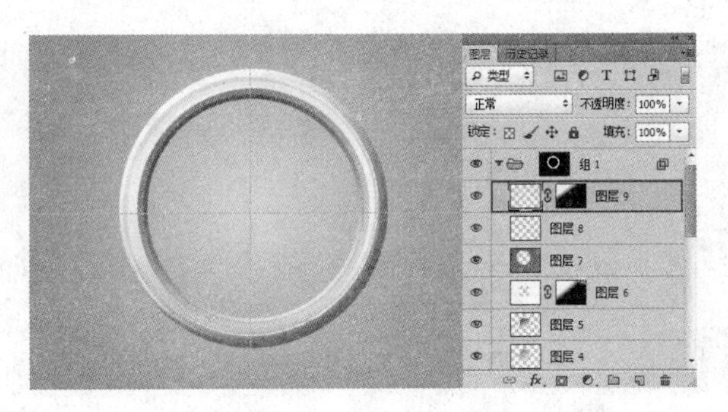

图 4.5.21 增强镜框表面左上角的高光效果

3. 创建放大镜的镜面部分

21 在背景图层上新建一个组，命名为“组 2”。在组里新建一个“图层 10”，用椭圆选框工具拉出图 33 所示的正圆选区填充暗蓝色“RGB：#789ab9”，如图 4.5.22 所示。

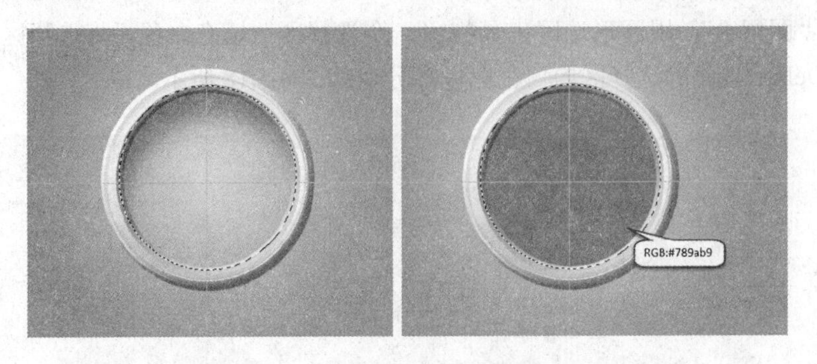

图 4.5.22 设置镜面左上角的阴影的颜色

22 然后用椭圆选框工具拉出一个的正圆选区，选择菜单选择→修改→羽化命令，将羽化值设置为 20 像素，按 Delete 键删除暗蓝色部分图像，如图 4.5.23 所示。

23 新建“图 11”，用圆形选区工具建立一个圆形选区，填充白色，将选择区向下移动删除部分白色图像，按 Alt 键+单击“图层 11”预览图，做出如图所示的选区，如图 4.5.24 所示。

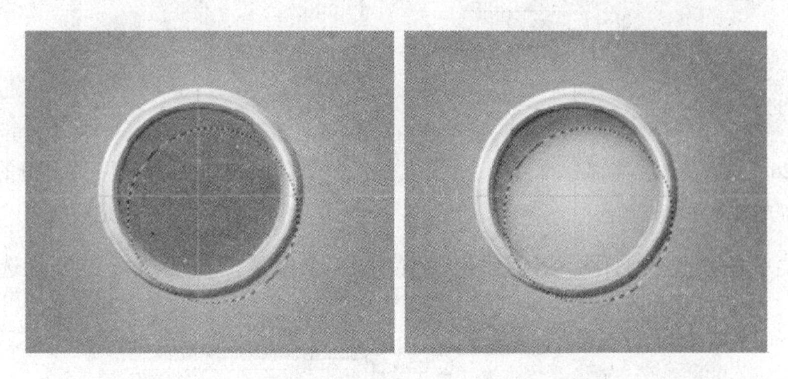

图 4.5.23 设置镜面左上角的阴影的形状

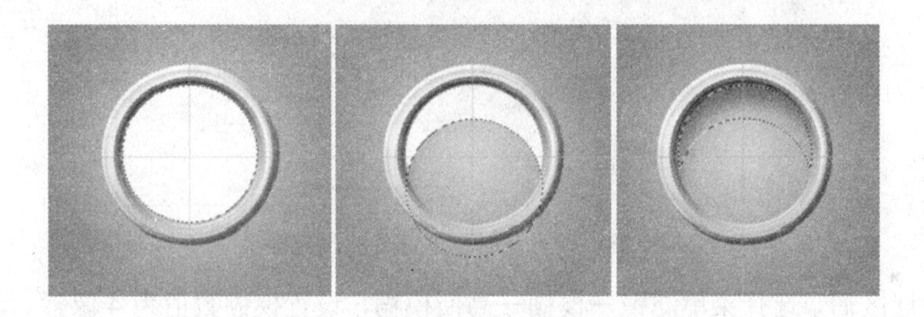

图 4.5.24 制作镜面上半部分的高光形状

24 选择渐变工具，设置颜色“RGB：#f4f1ff”和“RGB：# e9f8ff”，从上到下拉出一个线性渐变的颜色填充，如图 4.5.25 所示。

25 取消选区后，选择“图层 11”，添加图层蒙版，在图层蒙版状态下选择渐变工具，从上到下拉出从白色到黑色的渐变效果，将镜面上部的高光部分做成半透明状态，效果如图 4.5.26 所示。

26 新建“图层 12”，使用椭圆选框工具拉出一个正圆选区，作出上述步骤 24 的线性渐变色，将选区往上偏移一部分，如图 4.5.27 所示。

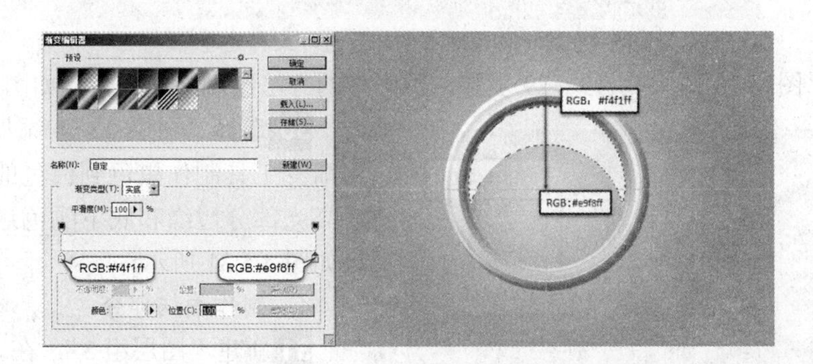

图 4.5.25 设置镜面上半部分的高光的颜色

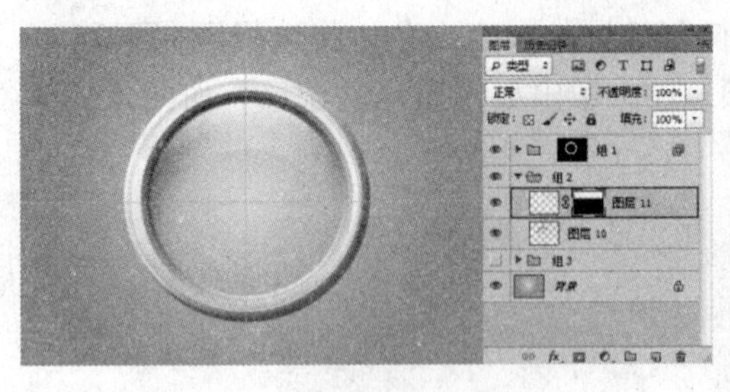

图 4.5.26　设置镜面上半部分的高光效果并填充颜色

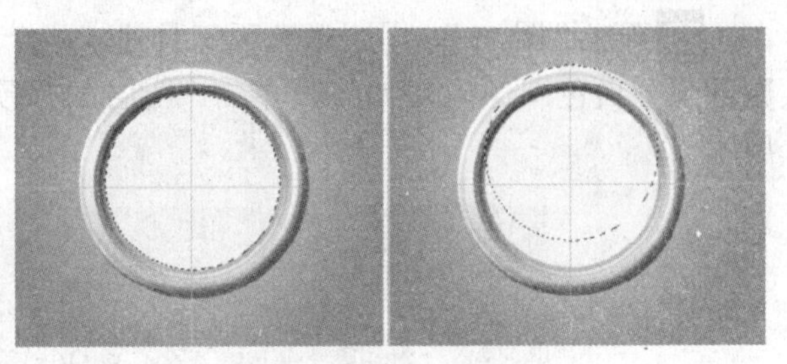

图 4.5.27　设置镜面下半部分的高光效果并填充颜色

27 选择菜单→修改→羽化，将羽化值设置为 15 个像素，按 Delete 键删除选区图像，如图 4.5.28 所示。

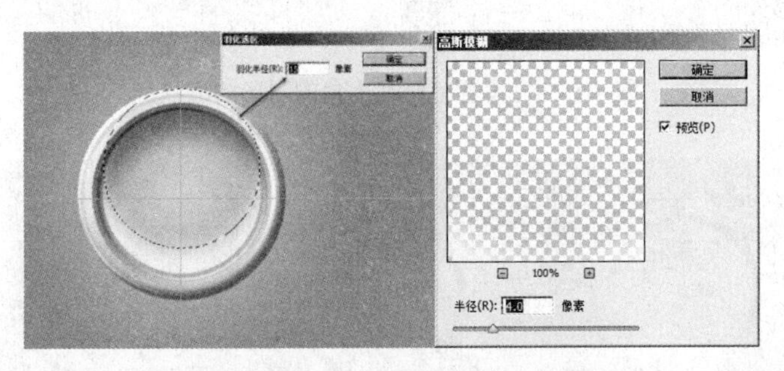

图 4.5.28　设置镜面下半部分的反光效果

28 取消选区后，选择菜单滤镜→模糊→高斯模糊，设置模糊数值为 4 像素，调整一下镜面大小，如图 4.5.29 所示。

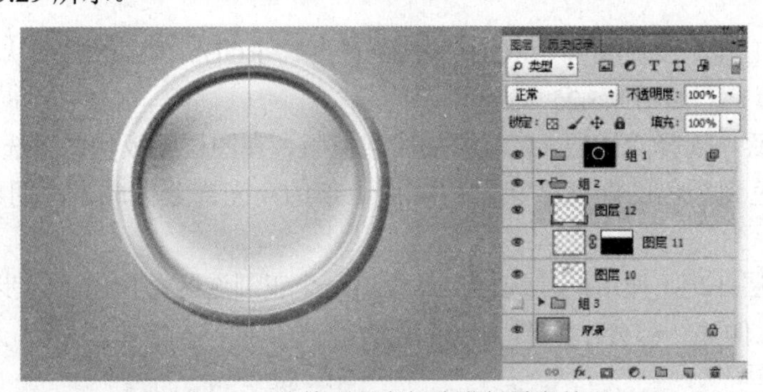

图 4.5.29　将镜面下半部分进行柔和处理

29 新建"图层 13"，参考 19～29 步骤，用同样的方法绘制高光部分，如图 4.5.30 所示。

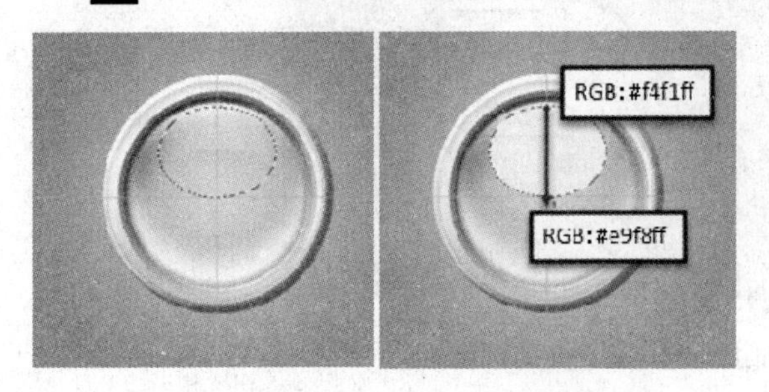

图 4.5.30　设置镜面中高光的亮面部分形状

30 选择"图层 13"，添加图层蒙版，用渐变工具制作黑色到白色的线性渐变，将高光部分边缘和底下颜色进行融合，效果如图 4.5.31 所示。

4. 制作手柄部分

31 新建"图层组 3"，在"图层组 3"内新建"图层 14"，用矩形选框工具拉出一个矩形选区，选择渐变工具，"位置：0%，

RGB：#77b1c7”、“位置：10%，RGB：#dae1fb”、“位置：20%，RGB：#eeeeee”、“位置：30%，RGB：#bac8e2”、“位置：40%，RGB：# e6e8f7”、“位置：50%，RGB：#f9f9f9”、“位置：60%，RGB：#dee0f5”、“位置：70%，RGB：#80acc7”、“位置：90%，RGB：#eeeefa”、“位置：100%，RGB：# c9dbf3”，按住 Shift 键由左至右拉出如图 4.5.32 所示的线性渐变。

图 4.5.31 通过图层蒙版将镜面中的高光的亮面部分与其他颜色融合

32 选择“图层 14”，在图层面板上建曲线调整图层，设置如图 4.5.33 所示，把手柄顶端金属部分整体压暗一点，选择工具箱中圆角矩形工具，设置半径为 60 像素，拉出一个路径后，在路径面板转换成选区，在图层蒙版状态下将图层填充黑色，按组合键 Ctrl+Alt+G 创建剪切蒙版，在选区中用白色画笔把底部需要加深的部分擦出来，如图 4.5.33 所示。

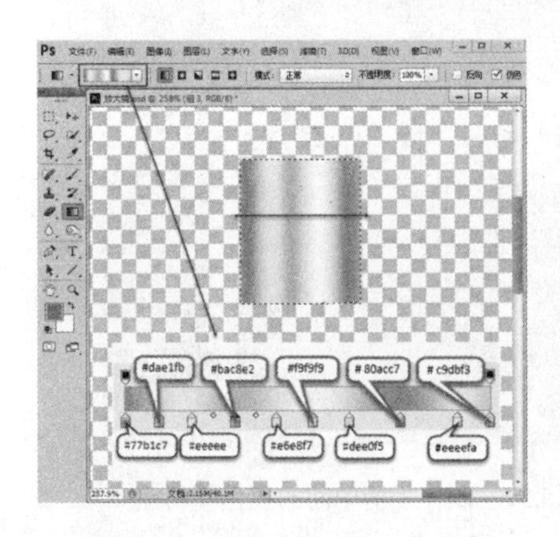

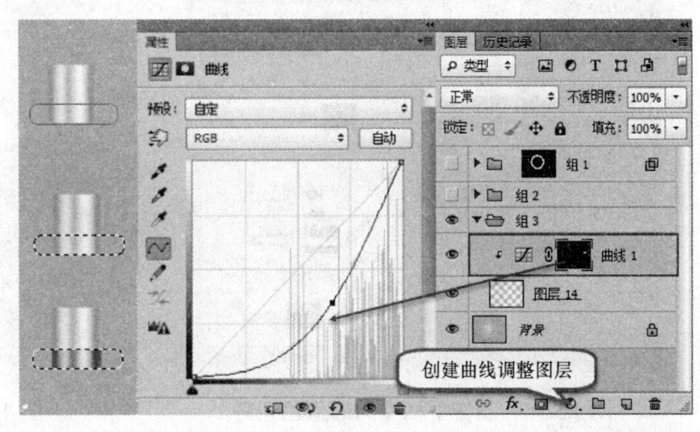

图 4.5.32 制作手柄顶端的金属部分

图 4.5.33 制作手柄顶端的金属的颜色区别

33 新建“图层 15”，用钢笔勾出如图 4.5.34 所示的选区，选择渐变工具，设置颜色，“位置：0%，RGB：#84d4ef”、“位置：20%，RGB：#2ba1eb”、“位置：40%，RGB：#5ccafd”、“位置：70%，RGB：#95d3ff”、“位置：100%，RGB：#3c92cf”，从左至右拉出线性渐变效果，如图 4.5.34 所示。

34 新建“图层 16”，用钢笔工具制作选区，给图形的右边加高光部分，给图层添加图层蒙版，用渐变工具拉出黑色—白色—黑色的线性渐变，将白色高光部分颜色融入手柄颜色中，如图 4.5.35 所示。

图 4.5.34　制作手柄中间的蓝色塑料部分的颜色

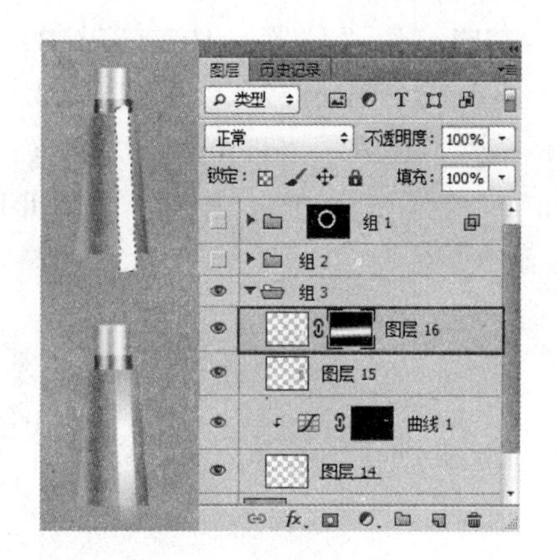

图 4.5.35　制作手柄中间的蓝色塑料高光部分的颜色

35 新建“图层 17”，用同样的方法制作手柄的左边高光部分，按 Alt 单击图层 15，调出手柄的选择区，选择菜单→反向，选择图层 16 和图层 17，将手柄以外的图像删除。选择图层 15，选择工具箱中的加深工具，将手柄的两端加深，过程如图 4.5.36 所示。

36 新建“图层 18”，选择工具箱中的圆角矩形工具，设置半径为 20 像素，拉出一个路径，在路径面板转换成选区，参照步骤 17 的渐变工具颜色设置，然后用加深工具对两端进行颜色加深，用同上的方法制作出手柄上端的金属部分，如图 4.5.37 所示。

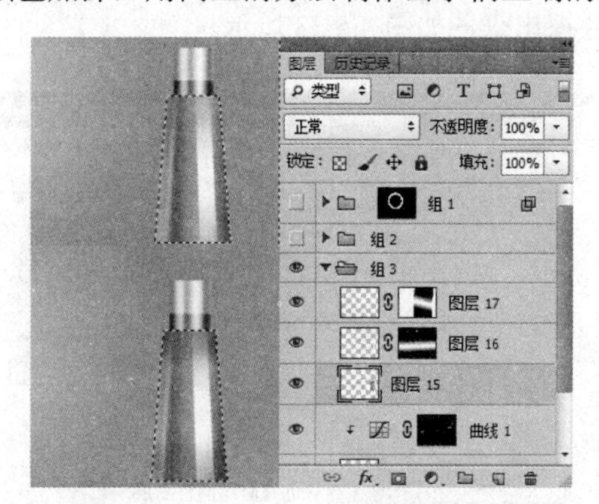

图 4.5.36　制作手柄中间的蓝色塑料左边的高光部分

图 4.5.37　制作手柄中间的蓝色塑料上端的金属部分

37 新建“图层 19”，在工具箱中使用圆角矩形工具，设置半径为 60 像素，在手柄下端拉出一个路径，在路径面板转换成选区，选择矩形选区工具，设置属性栏中选区相减功能，将两个选区进行选区相减，得到一个新的选区，如图 4.5.38 所示。

38 参照步骤 30 的渐变颜色，使用工具箱中的画笔工具，颜色选择深蓝色“RGB：#6ca3b8”，对底端金属部分进行颜色加深，效果如图 4.5.39 所示。

39 新建“图层 20”，在工具箱中选择直线工具，设置粗细为 2 像素，前景色设置为白色，拉出一条直线，双击“图层 20”，调出图层样式，勾选“斜面和浮雕”样式，设置效果如图 4.5.40 所示。

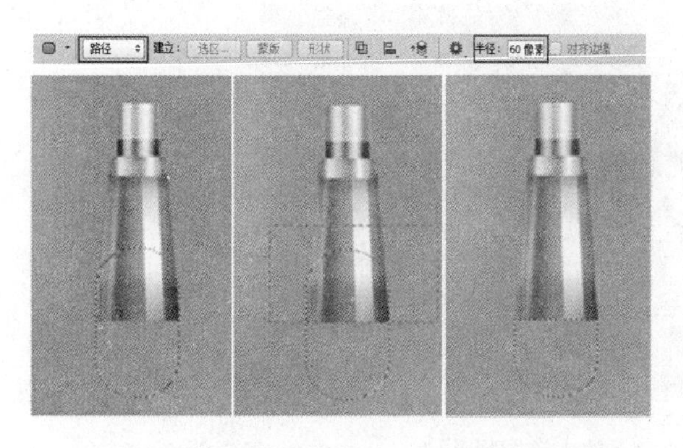

图 4.5.38 制作手柄底部的金属材质的形状

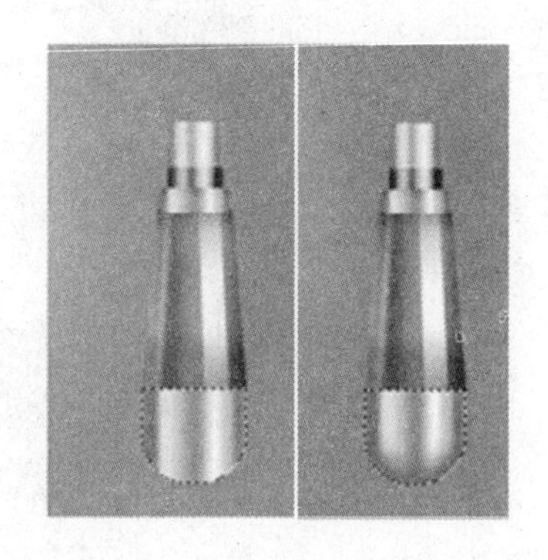

图 4.5.39 制作手柄尾部的金属部分

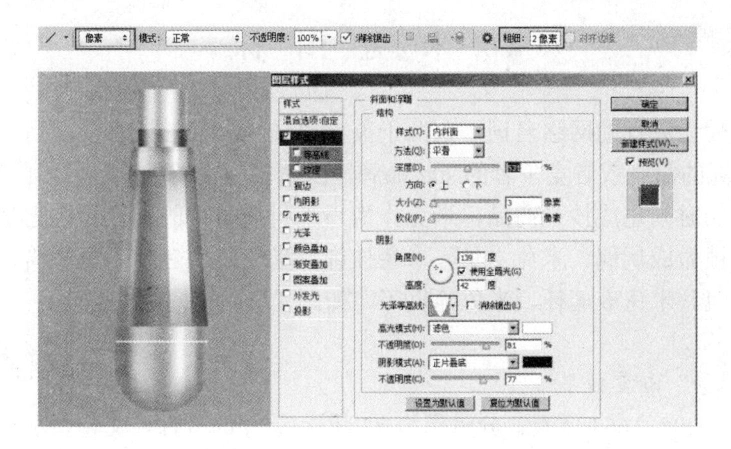

图 4.5.40 制作手柄尾部的金属上面的纹路形状

40 添加图层样式后的效果如图 4.5.41 所示。

图 4.5.41 通过图层样式对手柄尾部金属上部的纹路添加凹凸质感

41 选择图层面板中的组 3，按 Ctrl+T 调出自由变换工具，调节一下手柄的角度，最后效果如图 4.5.42 所示。

图 4.5.42 放大镜图标

4.6 米 兔 图 标

米兔是时下较为流行的网络名词，来源于英文“me too”的谐音，是指“我也是”的意思。即模仿人气高的品牌或者竞争者的star品牌，以销售为目的的产品，因此也称类似商品、类似制品，严重的时候也成抄袭商品。米兔作为小米科技公司的吉祥物，它是一只带着雷锋帽的卡通兔子，被做成玩偶、米兔文具、米兔挂饰、米兔零钱包、米兔笔筒、米兔抱枕、米兔靠垫、米兔背包、米兔玻璃杯、米兔笔袋等，如图 4.6.1 所示。

制作步骤

1. 创建“背景”渐变效果

01 新建一个 1007×1663 像素，分辨率为 72 像素/英寸的文件，文件命名为“小米公仔”。双击“背景”图层，转换成普通图层，修改名称为“背景”，填充颜色“RGB: #cdd0d8”，如图 4.6.2 所示。

图 4.6.1 米兔形象

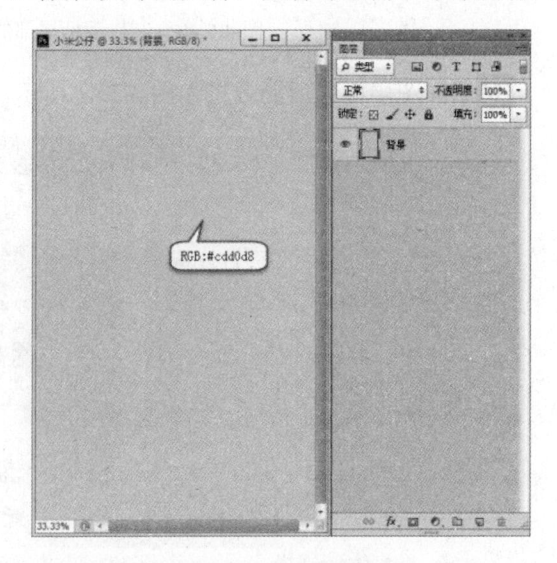

图 4.6.2 新建背景图层

02 双击“背景”图层，调出图层样式面板，勾选“渐变叠加”选项，设置渐变颜色从“RGB: #9d1200”到“RGB: #ff7607”的径向渐变效果，如图 4.6.3 所示。

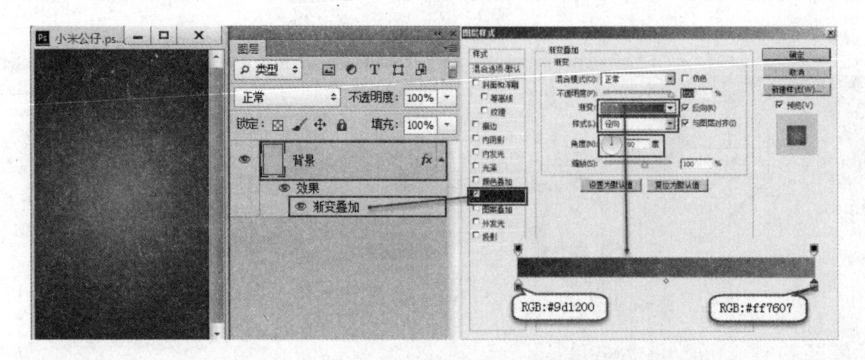

图 4.6.3 创建背景图层的径向渐变颜色

03 新建“白色光晕”图层，选择“渐变工具”，设置渐变编辑器中“前景色到透明色渐变”，设置渐变的位置及颜色分别为“位置：22%，RGB：#ffffff”、“位置：100%，RGB：#ffffff”，如图 4.6.4 所示。

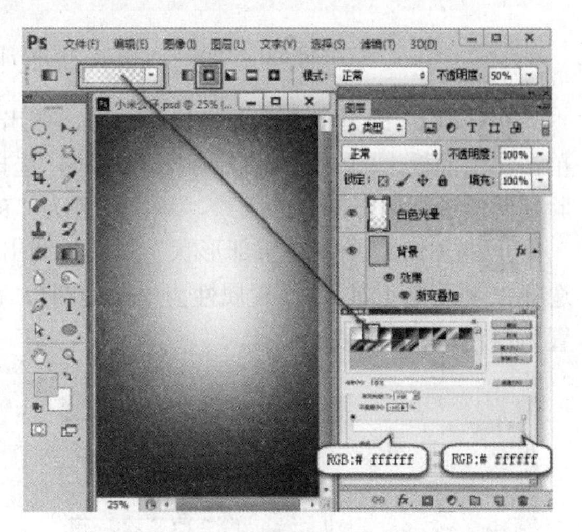

图 4.6.4 创建画面中心的白色光晕效果

2. 创建“头部”图层组

04 新建图层组，修改名称为“头部”，在“头部”图层组下方新建一个“头部形状”图层选择工具箱中的“钢笔工具”，属性栏工具模式设置“形状”，颜色设置为黑色，保持钢笔工具不变，结合 Ctrl 键和 Alt 键，Ctrl 键：显现和移动锚点；Alt 键：通过调节大锚点和小锚点改变曲线段的形状，绘制头部的图形形状，如图 4.6.5 所示。

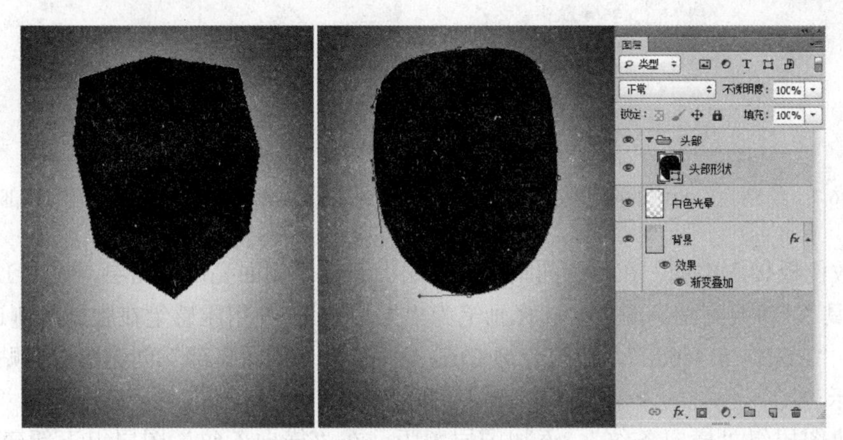

图 4.6.5 创建头部的图形形状

05 双击“头部形状”图层，调出图层样式面板，勾选“渐变叠加”选项，设置渐变颜色从“RGB：# f6e9db”到“RGB：# cfbdaa”的径向渐变效果，如图 4.6.6 所示。

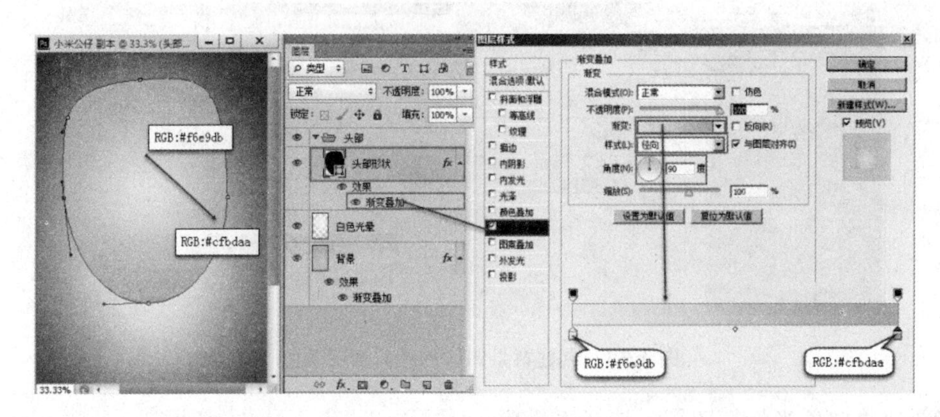

图 4.6.6　增强头部图形中的亮部效果从而凸显头部的立体效果

06 按 Ctrl 键单击“头部形状”图层，调出头部轮廓的选择区，新建“侧面暗部”图层，单击图层面板上的“添加图层蒙版”按钮，选择“画笔工具”，设置属性为“柔边圆”，在脸部两侧进行阴影部分的喷绘，颜色设置为“RGB：#ae9b7f”，如图 4.6.7 所示。

07 按 Ctrl 键单击“头部形状”图层，调出头部轮廓的选择区，新建“正面亮部”图层，选择“画笔工具”，设置属性为“柔边圆”，在脸部中央位置进行阴影部分的喷绘，颜色设置为白色，如图 4.6.8 所示。

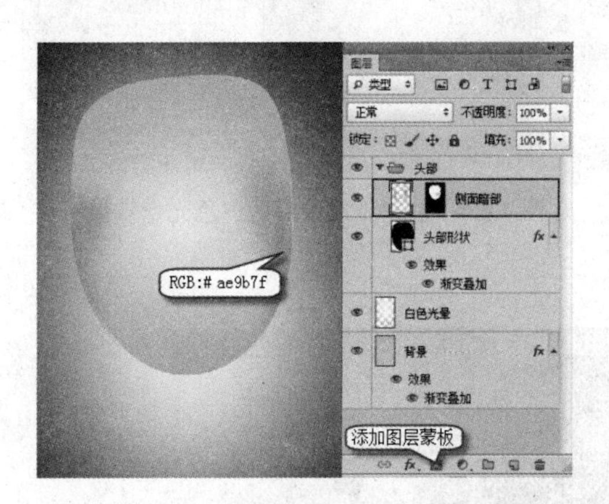

图 4.6.7　绘制脸部两侧的阴影效果

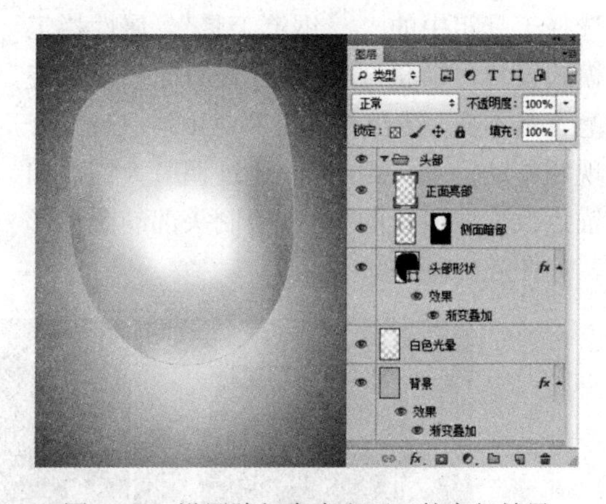

图 4.6.8　设置脸部中央和下巴的亮部效果

08 将数位板接入电脑，在“侧面暗部”图层上新建“侧面亮部”图层，使用工具箱中的“画笔工具”，切换到画笔面板，选择画笔为“柔边圆”，使用压感笔在脸部两侧进行绘制，颜色设置为“RGB：#f4e6d8”，按组合键 Ctrl+Alt+G 为“侧面亮部”创建图层剪贴蒙版，如图 4.6.9 所示。

09 新建图层组“横向条纹”，添加图层蒙版，在“横向条纹”图层组下新建“黄色渐变”图层，使用工具箱中的“钢笔工具”，将颜色设置为白色，属性选择“形状”，制作形状路径后双击“黄色渐变”图层，勾选“描边”、“内发光”、“渐变叠加”选项，其中“渐变叠加”设置渐变的位置及颜色分别为“位置：0%，RGB：#e3d4c3”、“位置：6%，RGB：#cab9a3”、“位置：35%，RGB：#dcb891”、“位置：52%，RGB：#fad716”、“位置：65%，

RGB：#dcb891”、“位置：90%，RGB：# baa88f”“位置：100%，RGB：# d9c9b7”，设置如图 4.6.10 所示。

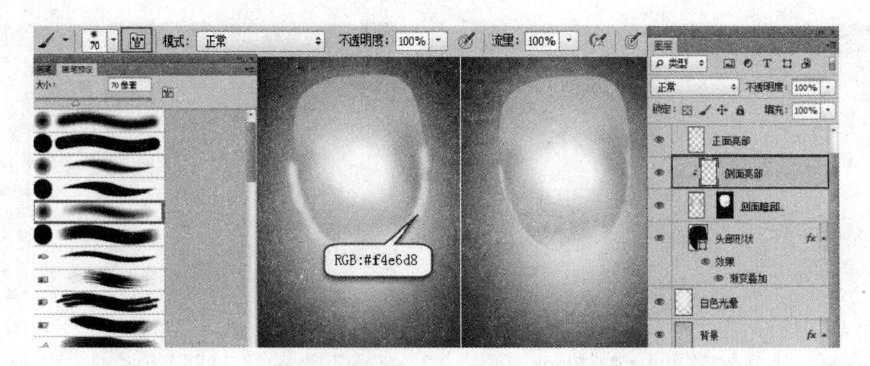

图 4.6.9　设置脸部两侧的反光区域

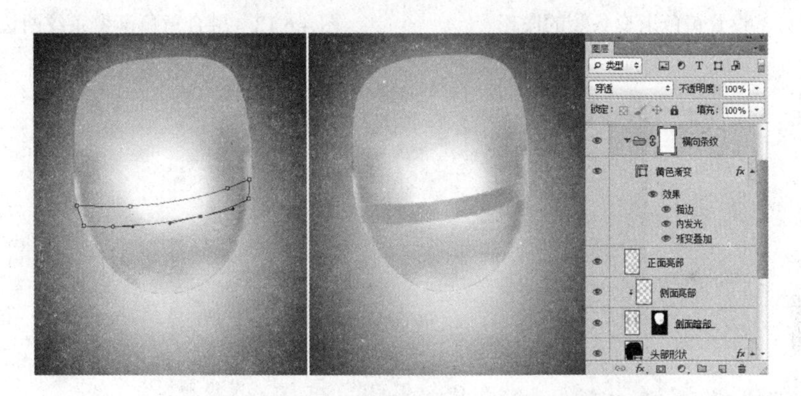

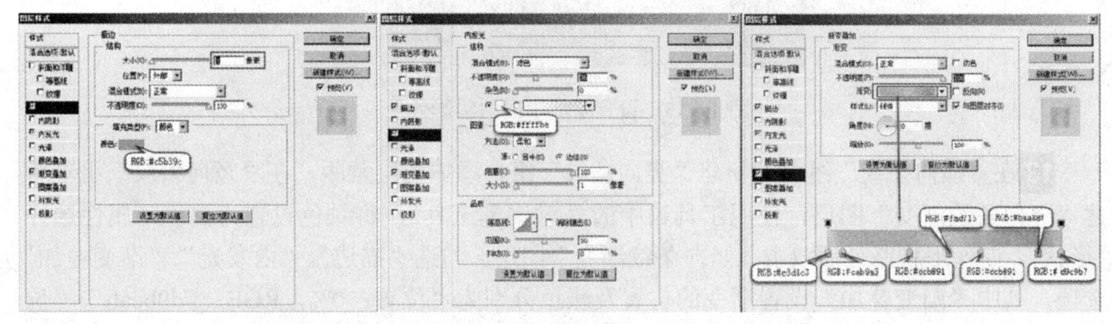

图 4.6.10　设置脸部中间的横向条纹的渐变颜色

10 在“黄色渐变”图层下新建“黑色阴影”图层，按 Ctrl 键单击“黄色渐变”图层缩览图，调出条纹选区，填充黑色，使用“移动工具”将黑色阴影向下移动一点，如图 4.6.11 所示。

11 选择“横向条纹”图层组中的蒙版状态，使用工具箱中的“画笔工具”，选择画笔为“柔边圆”，将前景色设置为黑色，对条纹两边进行黑色颜色的喷涂，将条纹两边与底图融合，如图 4.6.12 所示。

12 在“黄色渐变”图层上方新建“圆形阴影”图层。使用工具箱中的“画笔工具”，选择画笔为“柔边圆”，将前景色设置为黑色，不透明度设置为 50%，在条纹中间进行黑色颜色的喷涂，如图 4.6.13 所示。

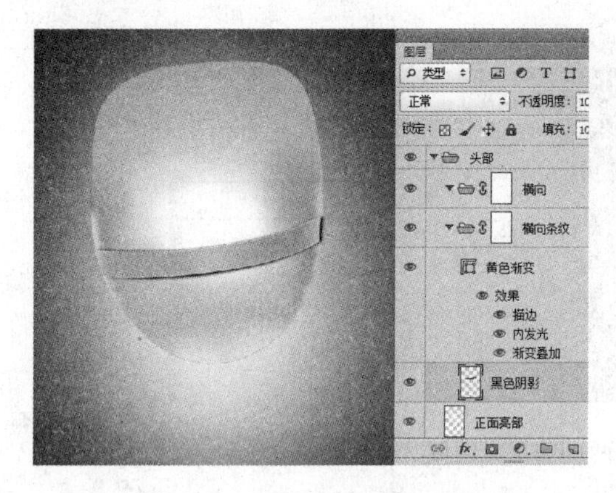

图 4.6.11　设置黄色渐变条纹的阴影

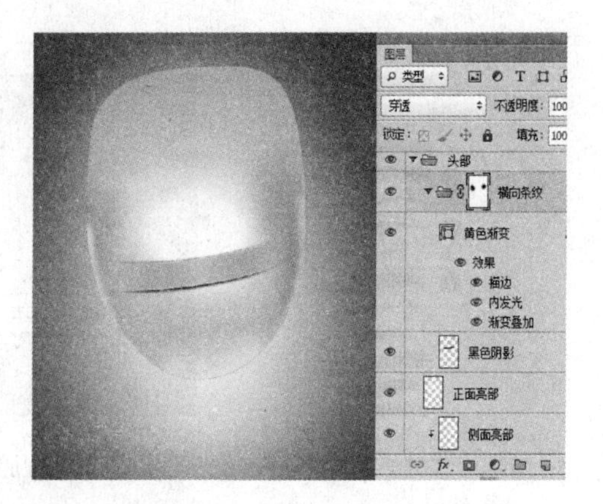

图 4.6.12　融合黄色渐变条纹两边与底图

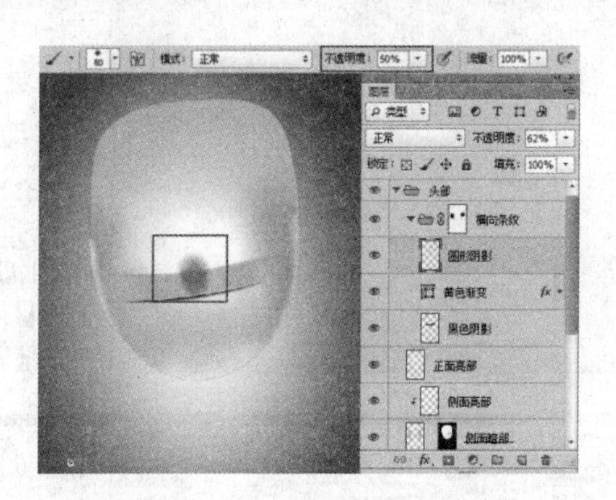

图 4.6.13　设置脸部中间的阴影效果

13 在“横向条纹”组上方新建“竖向条纹”组，添加图层蒙版，在“竖向条纹”组里新建“竖向条纹渐变”图层，使用工具箱中的“钢笔工具”，将颜色设置为白色，属性选择“形状”，制作形状路径后双击“竖向条纹渐变”图层，勾选“描边”、“内发光”、“渐变叠加”选项，其中“渐变叠加”设置渐变的位置及颜色分别为“位置：0%，RGB：#d0beab”、“位置：39%，RGB：# dcb891”、“位置：50%，RGB：#fab469”、“位置：63%，RGB：# dcb891”、“位置：100%，RGB：# f0e3d4”，设置如图 4.6.9 所示，效果如图 4.6.14 所示。

14 选择“竖向条纹”图层组中的蒙版状态，使用工具箱中的“画笔工具”，选择画笔为“柔边圆”，将前景色设置为黑色，对条纹两边进行黑色颜色的喷涂，将条纹两边与底图融合，如图 4.6.15 所示。

15 在“头部”图层组下方新建“帽尾”图层组，在“帽尾”图层组里面新建“左边帽尾”图层，再新建“帽尾形状”图层，使用工具箱中的“钢笔工具”，将颜色设置为“RGB：#7c6443”，属性选择“形状”，制作左边帽尾的形状路径，效果如图 4.6.16 所示。

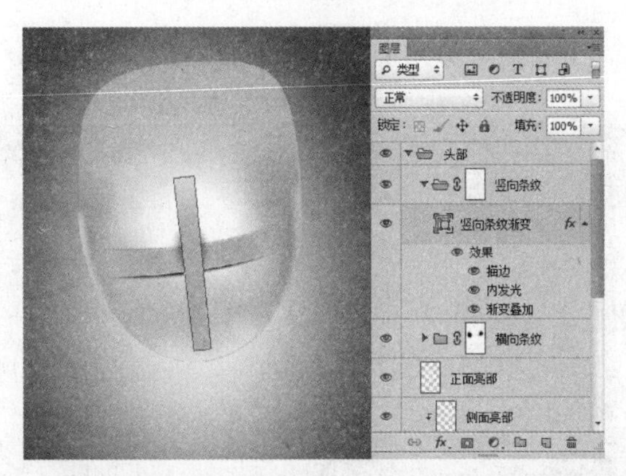

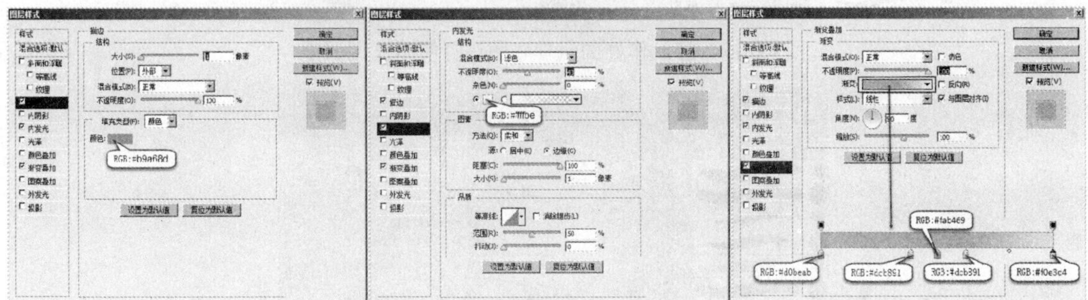

图 4.6.14　设置初步肌理效果

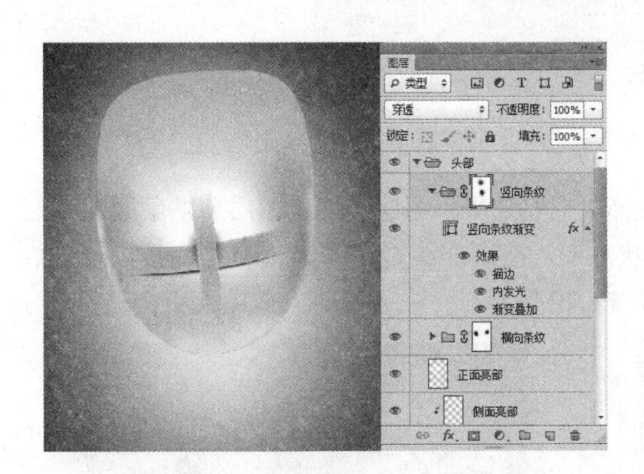

图 4.6.15　通过图层蒙版将竖向条纹两边与底图进行融合

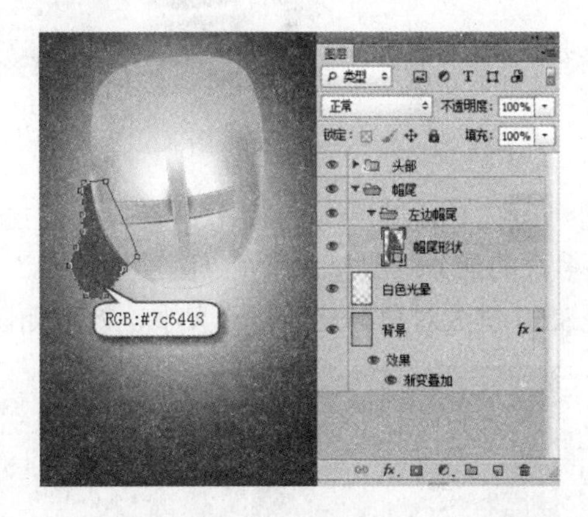

图 4.6.16　用钢笔工具制作左边帽尾的图形形状和颜色

16 将数位板接入电脑，在“帽尾形状”图层上新建“帽尾阴影”图层，使用工具箱中的“画笔工具”，切换到画笔面板，选择画笔为“硬边圆”，颜色设置为“RGB：#66461a”，按组合键 Ctrl+Alt+G 为“帽尾阴影”创建图层剪贴蒙版，效果如图 4.6.17 所示。

17 新建“帽尾纹理”图层，使用工具箱中的“画笔工具”，切换到画笔面板，选择画笔为“柔边圆”，不透明度设置为 50%，颜色设置为“RGB：#c29764”，如图 4.6.18 所示。

18 选择菜单文件→打开，打开“毛发”图片，使用“移动工具”将“毛发”文件中的毛发图片拖入“小米公仔”文件中，将新建图层改为“毛发效果”图层。按组合键 Ctrl+T

调出自由变换工具，结合 Shift 键成对角缩放旋转到合适大小和位置，如图 4.6.19 所示。

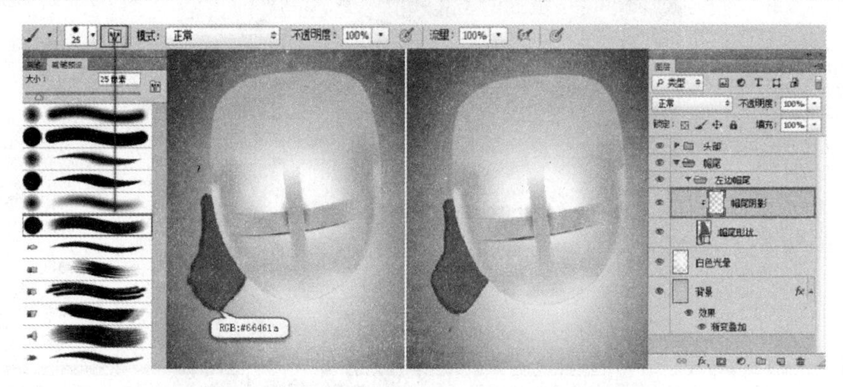

图 4.6.17 将制作好的肌理底图进行明暗色调调整

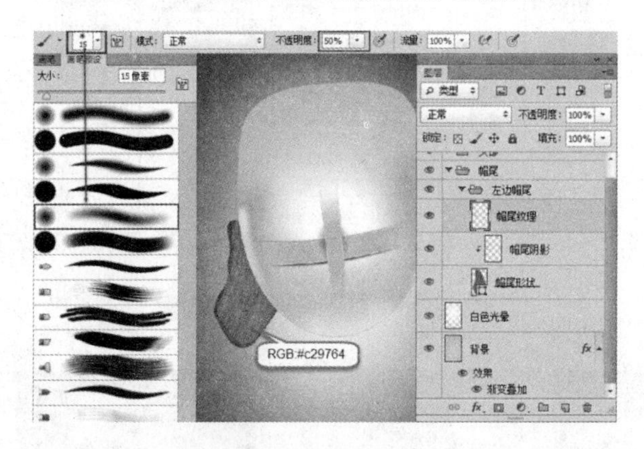

图 4.6.18 用压感笔手绘帽子的肌理效果

19 按 Ctrl 键单击“帽尾形状”图层，选择“毛发效果”图层，创建图层剪贴蒙版，将毛发多余的部分隐藏起来。在“图层缩览图”状态下，按组合键 Ctrl+T 调出自由变换工具，结合 Shift 键成对角缩放到合适大小，效果如图 4.6.20 所示。

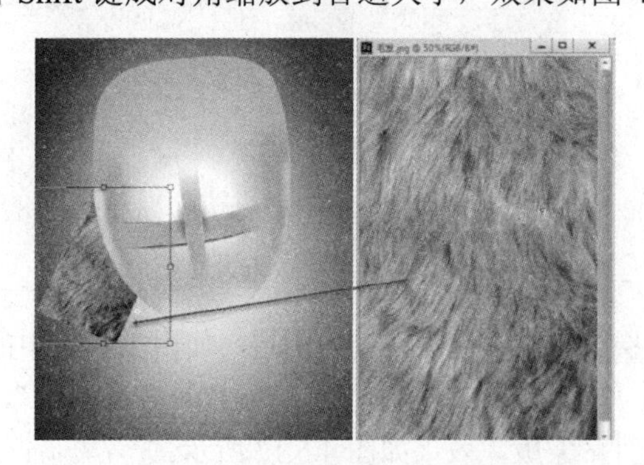

图 4.6.19 将制作好的肌理图片贴合帽尾形状部分

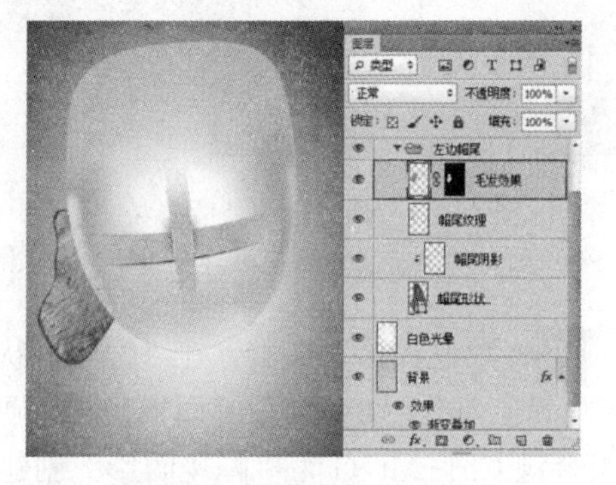

图 4.6.20 设置图层混合模式将肌理效果进行融合

20 新建“内侧阴影”图层，选择“画笔工具”，切换到画笔面板，选择画笔为“柔边圆”，不透明度设置为 100%，进行阴影部分的绘制。颜色设置为“RGB：#432c0c”，按组合键 Ctrl+Alt+G 为“内侧阴影”创建图层剪贴蒙版，效果如图 4.6.21 所示。

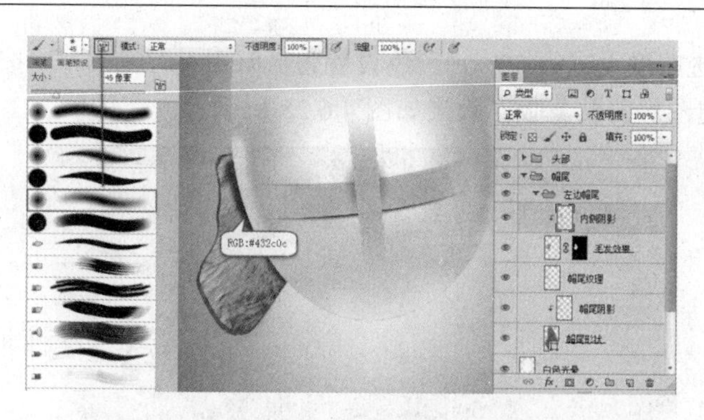

图 4.6.21　设置脸部左边酒窝形状和颜色

21 选择“左边帽尾”图层组，将“左边帽尾”图层组拖动到图层面板下方“创建新图层”按钮，复制“左边帽尾副本”图层组，将名称改为“右边帽尾”图层组，按组合键 Ctrl+T 调出自由变换工具，单击右键，旋转缩放到合适大小，效果如图 4.6.22 所示。

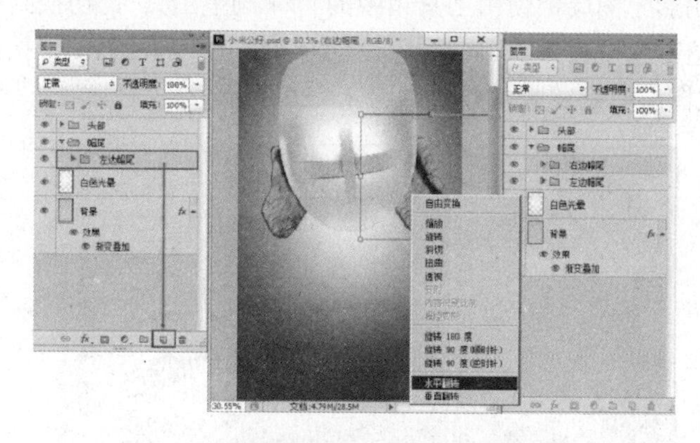

图 4.6.22　设置脸部右边酒窝形状和颜色

22 调整好右边帽尾的大小和位置后，效果如图 4.6.23 所示。

23 在“头部”图层组上方新建“帽子”图层组，在“帽子”图层组里面新建“帽子形状”图层，使用工具箱中的“钢笔工具”，将颜色设置为“RGB：#7c6443”，属性选择“形状”，制作头顶帽子的形状路径，效果如图 4.6.24 所示。

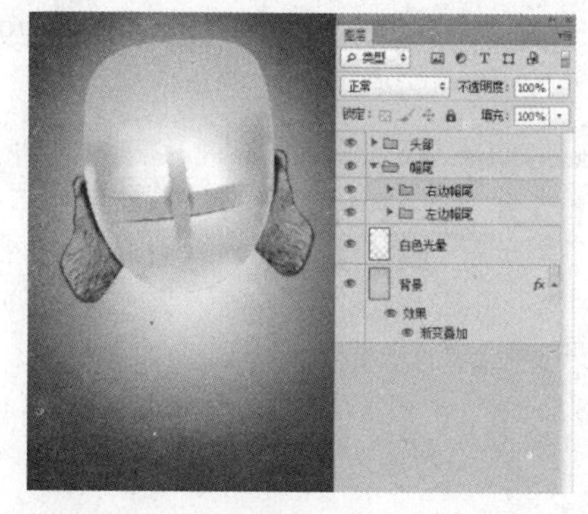

图 4.6.23　设置身体左上角的高光部分

图 4.6.24　设置头顶帽子的形状和颜色

24 新建“帽子阴影”图层，使用工具箱中的“画笔工具”，切换到画笔面板，选择画笔为“柔边圆”，不透明度设置为 50%，颜色设置为“RGB：#792d07”，按组合键 Ctrl+Alt+G 为“帽子阴影”创建图层剪贴蒙版，效果如图 4.6.25 所示。

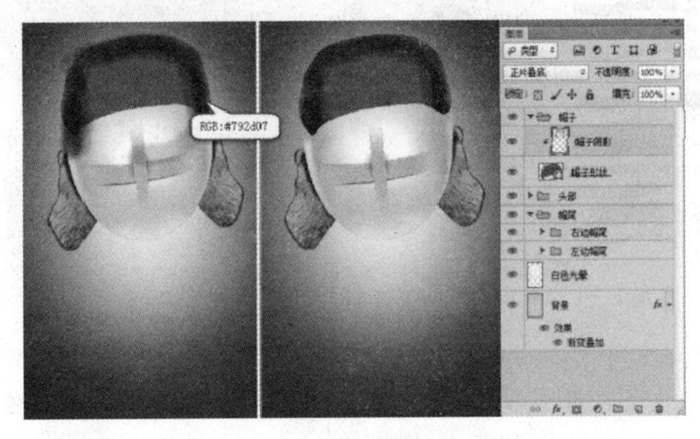

图 4.6.25　通过压感笔设置帽顶的阴影部分

25 新建“加重阴影”图层，使用工具箱中的“画笔工具”，切换到画笔面板，选择画笔为“柔边圆”，不透明度设置为 50%，颜色设置为“RGB：#4e271d”，按组合键 Ctrl+Alt+G 为“帽子阴影”创建图层剪贴蒙版，效果如图 4.6.26 所示。

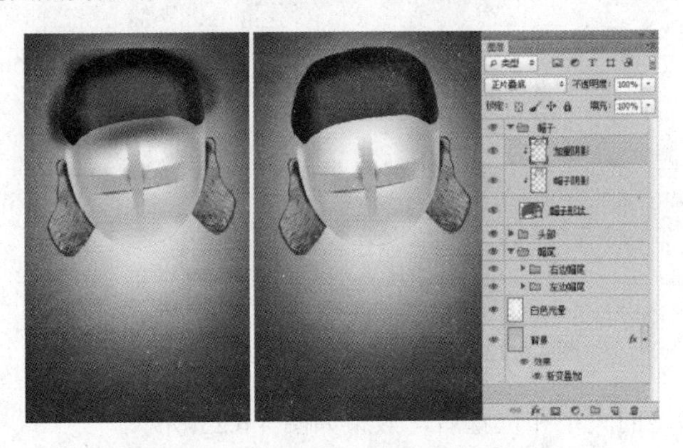

图 4.6.26　加重帽子两边的阴影部分

26 新建“阴影过渡”图层，使用工具箱中的“画笔工具”，切换到画笔面板，选择画笔为“柔边圆”，不透明度设置为 50%，颜色设置为“RGB：#b77653”，对帽子中间位置进行绘制，双击“阴影过渡”图层，勾选“颜色叠加”选项，颜色设置为“RGB：#322e29”，设置如图 4.6.27 所示。

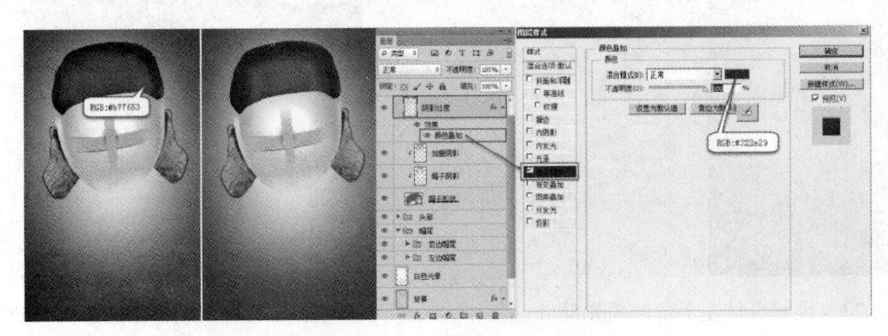

图 4.6.27　绘制帽子中间亮面和暗面的过渡部分

27 新建“高光”图层，使用工具箱中的“画笔工具”，切换到画笔面板，选择画笔为“柔边圆”，不透明度设置为 50%，颜色设置为白色，对帽子中间位置进行绘制，效果如图 4.6.28 所示。

28 双击“帽子形状”图层，调出图层样式面板，勾选“投影”选项，颜色设置为“RGB：#573423”，将图层命名为“形状 1”，效果如图 4.6.29 所示。

29 新建图层组“帽檐”，里面新建图层“帽檐形状”，选择“钢笔工具”，属性设置为“形状”，制作一个帽檐形状的图形，颜色设置为“RGB：#803a08”，效果如图 4.6.30 所示。

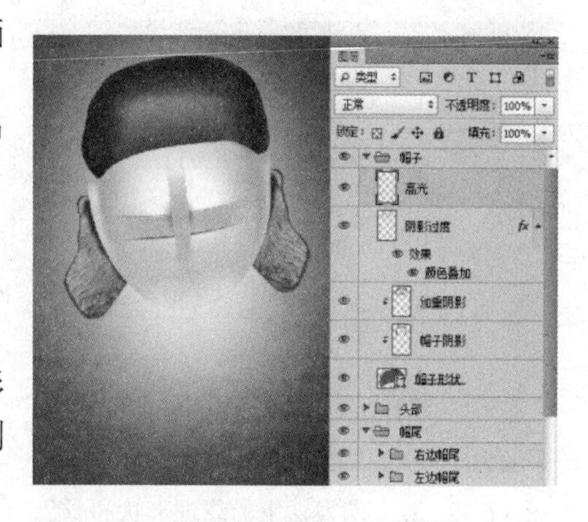

图 4.6.28　绘制头发的阴影部分颜色和形状

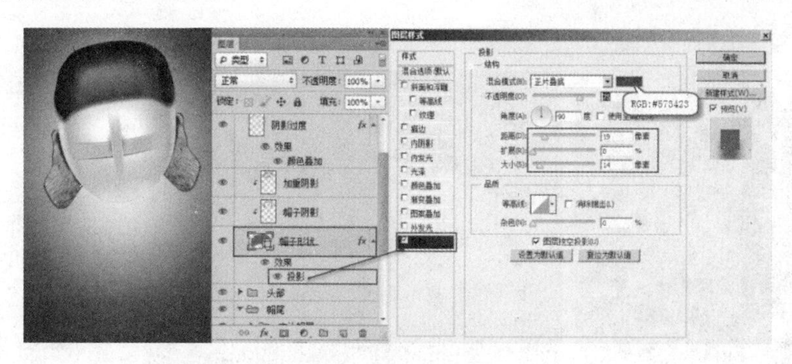

图 4.6.29　设置帽子的阴影

30 在“帽檐形状”下方新建图层“帽檐阴影”，使用工具箱中的“画笔工具”，切换到画笔面板，选择画笔为“柔边圆”，不透明度设置为 100%，颜色设置为“RGB：#563e2e”，绘制出帽檐的阴影效果，效果如图 4.6.31 所示。

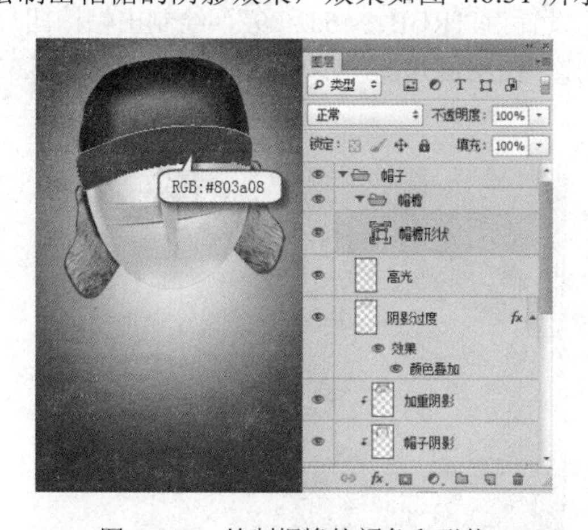

图 4.6.30　绘制帽檐的颜色和形状

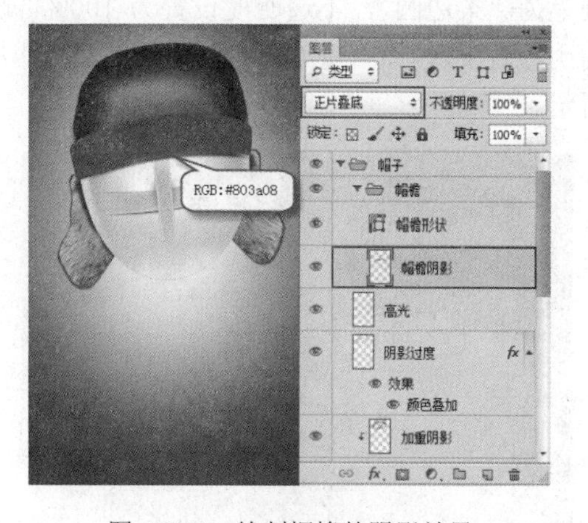

图 4.6.31　绘制帽檐的阴影效果

31 新建图层“帽檐上面阴影”，使用工具箱中的“画笔工具”，切换到画笔面板，选择画笔为“柔边圆”，不透明度设置为 100%，颜色设置为“RGB：#6c2e07”，绘制出帽檐的阴影效果，效果如图 4.6.32 所示。

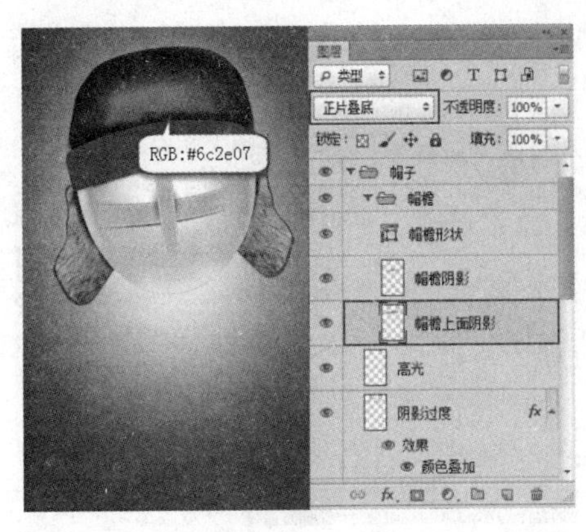

图 4.6.32 绘制头发边上的纹理形状和颜色

32 选择菜单文件→打开，打开“豹纹”图片，使用“移动工具”将“豹纹”文件中的毛发图片拖入“小米公仔”文件中，将新建图层改为“豹纹效果”图层。按组合键 Ctrl+T 调出自由变换工具，结合 Shift 键成对角缩放旋转到合适大小和位置，按 Alt 键结合“移动工具”拖动豹纹图片，复制“豹纹效果”图层为“豹纹效果副本”图层，效果如图 4.6.33 所示。

33 按组合键 Ctrl+Alt+G 为“豹纹效果”和“豹纹效果副本”创建图层剪贴蒙版，将帽檐形状以外的豹纹图片通过图层剪贴蒙版隐藏起来，效果如图 4.6.34 所示。

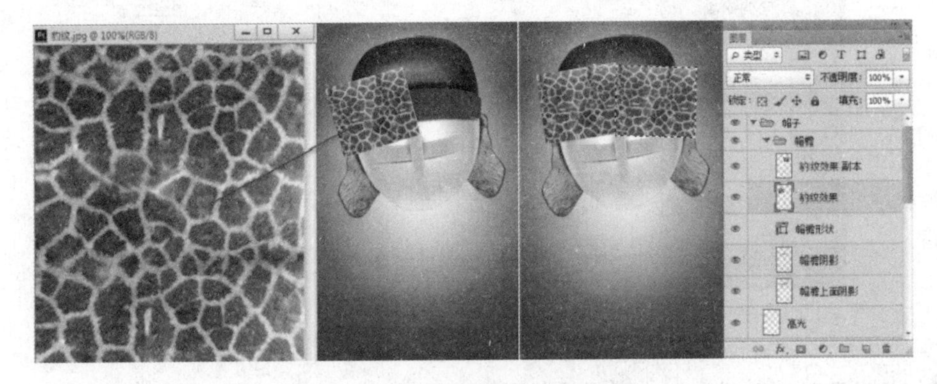

图 4.6.33 设置帽檐上面的豹纹效果

34 新建图层“帽檐四周阴影”，使用工具箱中的“画笔工具”，切换到画笔面板，选择画笔为“柔边圆”，不透明度设置为 100%，颜色设置为“RGB：#6d2f09”，绘制出帽檐四周的阴影效果，按组合键 Ctrl+Alt+G 为“帽檐四周阴影”图层创建图层剪贴蒙版，效果如图 4.6.35 所示。

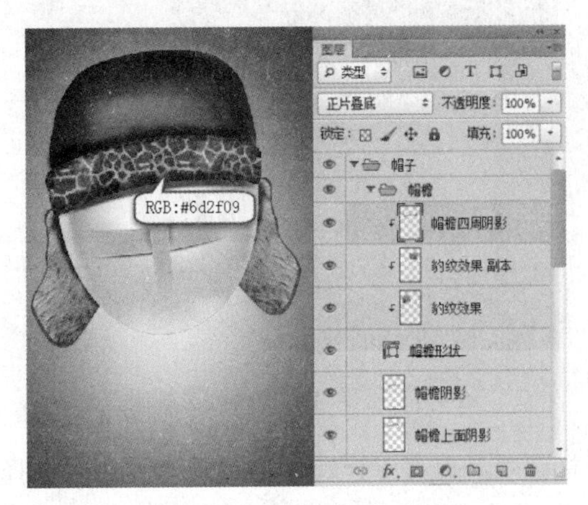

图 4.6.34 隐藏帽檐形状以外的豹纹图片通过图层剪贴蒙版

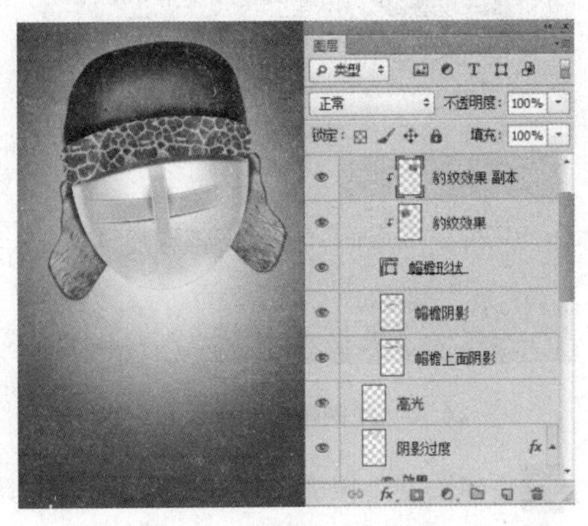

图 4.6.35 绘制帽檐四周的阴影部分

35 新建图层“帽子高光”，使用工具箱中的“画笔工具”，切换到画笔面板，选择画笔为“柔边圆”，不透明度设置为50%，颜色设置为白色，绘制出帽檐中间的高光效果，按组合键Ctrl+Alt+G为“帽子高光”图层创建图层剪贴蒙版，效果如图4.6.36所示。

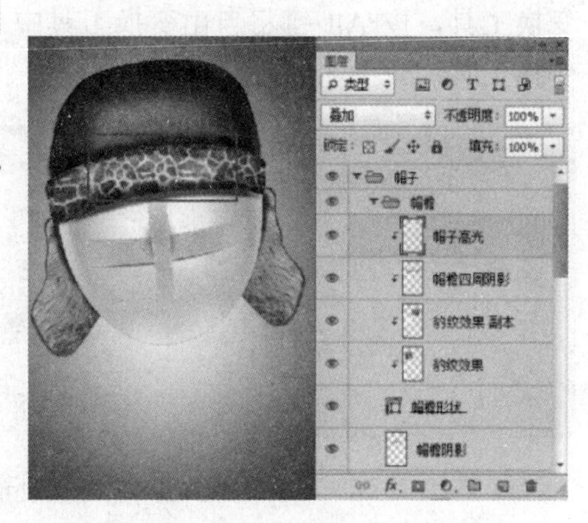

图4.6.36 绘制头巾的颜色和阴影部分

36 新建图层组“五角星”，在“五角星”图层组下新建“星形”图层，选择“多边形工具”，属性设置为“星形”，边数为“5”，颜色都设置为“RGB：#895103”，效果如图4.6.37所示。

37 双击“星形”图层，调出图层样式面板，勾选“描边”选项，大小设置为“2像素”颜色设置为“RGB：#691900”，勾选“渐变叠加”选项，设置渐变的位置及颜色分别为“位置：0%，RGB：#ffa5ab”、“位置：50%，RGB：#ff1e1e”、“位置：100%，RGB：#b72401”，效果如图4.6.38所示。

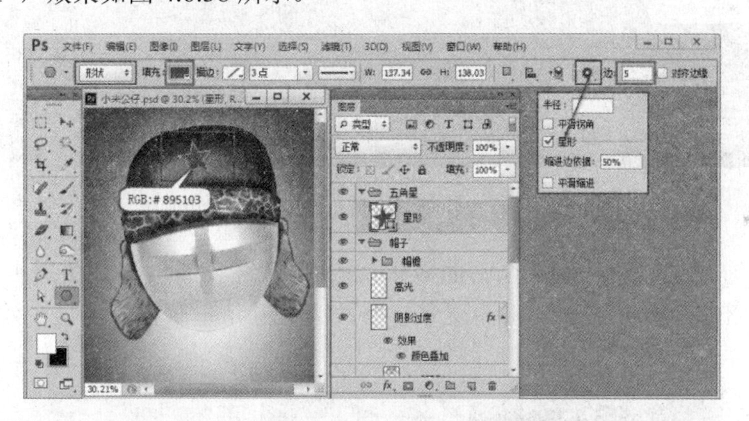

图4.6.37 绘制帽子中间的五角星的形状和颜色

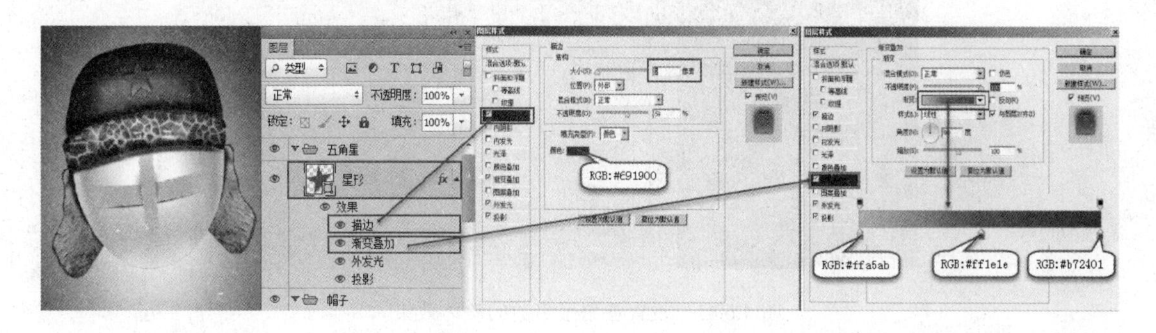

图4.6.38 设置五角星的描边和色彩渐变效果

38 双击“星形”图层，调出图层样式面板，勾选“外发光”选项，颜色设置为“RGB：#5a0006”，勾选“投影”选项，颜色设置为“RGB：#000000”，效果如图4.6.39所示。

39 新建“图层1”，使用“多边形套索工具”，在五角星的形状基础上制作一个三角形选区，将前景色设置为“RGB：#961c03”，按组合键Alt+Delete填充前景色，将图层1拉到图层面板上的“创建新图层按钮”上，复制一个“图层1副本”，按组合键Ctrl+T调出自由变换工具，按 Alt 键将自由变换工具中心控制点拉到右下角，旋转到合适的位置，双击自由变换工具，效果如图 4.6.40 所示。

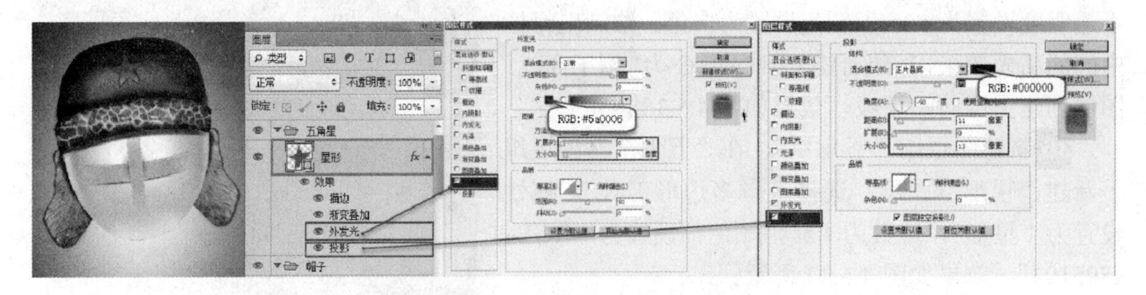

图 4.6.39 设置五角星的外发光和阴影效果

图 4.6.40 设置和复制五角星暗面的形状和颜色

40 用同样的方法制作后面 3 个暗面效果，按 Shift 键将图层 1 到图层 1 副本 4 全部选中，按组合键 Ctrl+E 合并图层，将图层名字修改为“五角星暗面”图层，效果如图 4.6.41 所示。

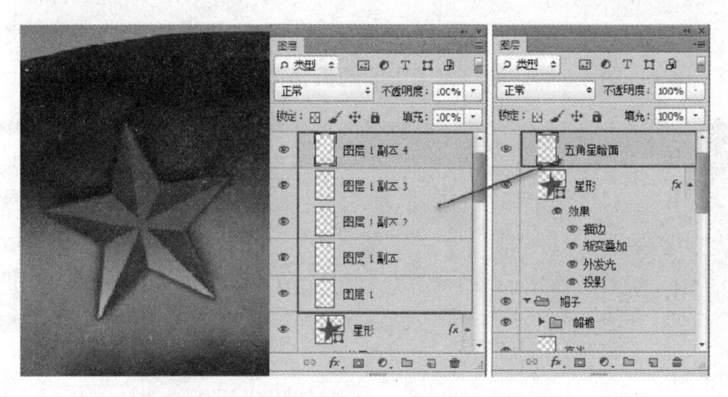

图 4.6.41 设置五角星暗面的整体效果

41 双击“五角星暗面”图层，调出图层样式面板，勾选“渐变叠加”选项，设置渐变的位置及颜色分别为“位置：0%，RGB：#8a1900”、“位置：100%，RGB：#671300”，效果如图 4.6.42 所示。

42 在“帽子”图层组下方新建“左边帽毛”图层组，在“左边帽毛”图层组里面新建“左边形状”图层，选择“钢笔工具”，属性设置为“形状”，制作一个帽子耳朵形状的图形，颜色设置为“RGB：# 7c6443”，效果如图 4.6.43 所示。

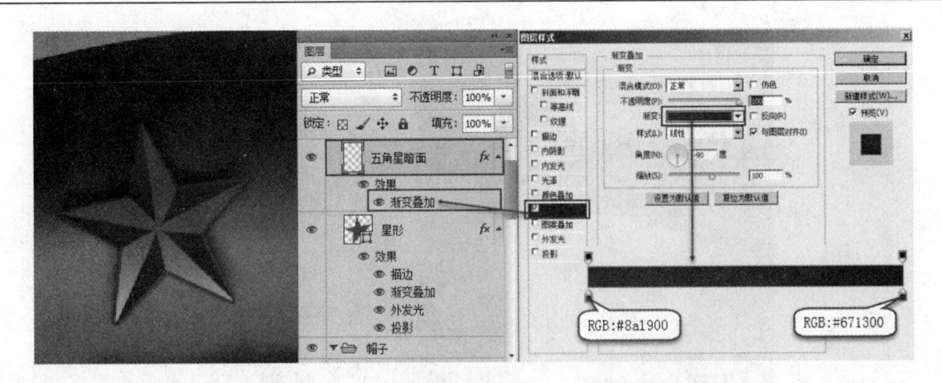

图 4.6.42　加深五角星暗面的整体效果

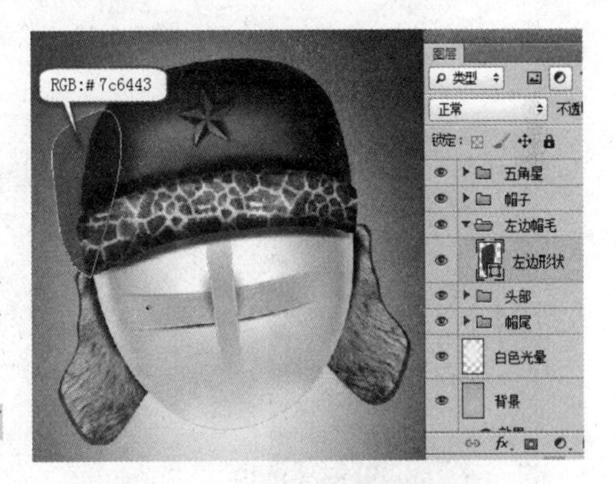

图 4.6.43　制作左边帽子耳朵的形状

43 选择菜单文件→打开，打开“毛发”图片，使用“移动工具”将“毛发”文件中的毛发图片拖入“小米公仔”文件中，将新建图层改为“左边毛发”图层。按组合键 Ctrl+T 调出自由变换工具，结合 Shift 键成对角缩放旋转到合适大小和位置，按组合键 Ctrl+Alt+G 为“左边毛发”图层创建图层剪贴蒙版，效果如图 4.6.44 所示。

44 新建图层“左边暗面”，使用工具箱中的“画笔工具”，切换到画笔面板，选择画笔为“柔边圆”，不透明度设置为100%，颜色设置为“RGB: #633418”，绘制出左边帽子耳朵的暗面效果，按组合键 Ctrl+ Alt+G 为“左边暗面”图层创建图层剪贴蒙版，效果如图 4.6.45 所示。

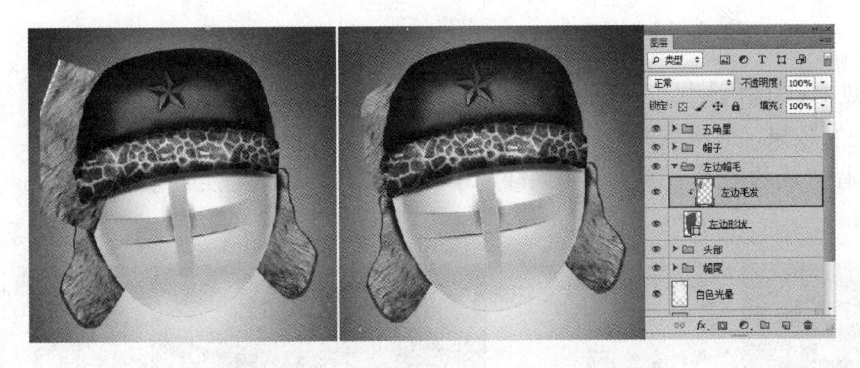

图 4.6.44　添加左边帽子耳朵的毛发效果

45 新建“周边毛发”图层，选择工具箱中的“画笔工具”，设置笔触为“dune grass”笔触，设置前景色颜色为“RGB：#eecb6d”，设置背景色颜色为“RGB：#ae7a20”，隐藏“左边毛发”图层预览，效果如图 4.6.46 所示。

46 选择“周边毛发”图层，选择工具箱中的“画笔工具”，设置笔触为“dune grass”笔触，设置前景色颜色为“RGB：#dcbc73”，设置背景色颜色为“RGB：#bd8c3a”，隐藏“左边毛发”图层预览，效果如图 4.6.47 所示。

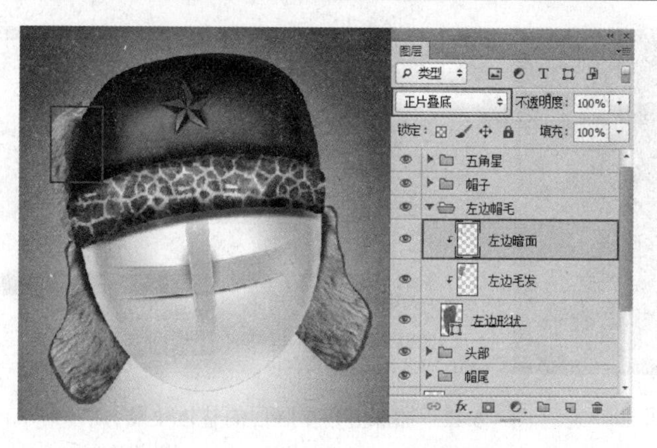

图 4.6.45　绘制左边帽子耳朵的阴影颜色

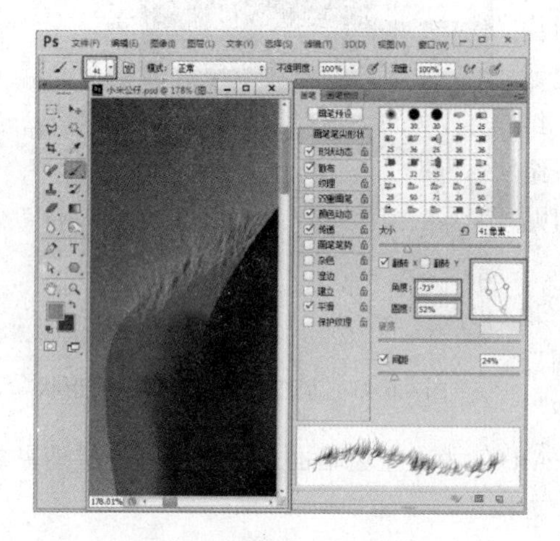

图 4.6.46　添加帽子上面的毛发

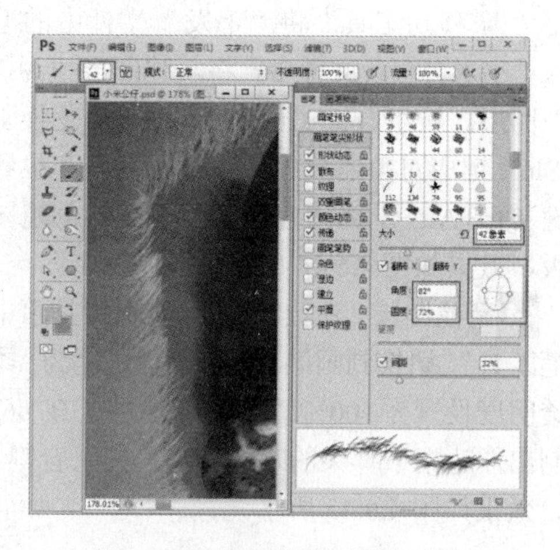

图 4.6.47　添加帽子下面的毛发

47 通过同样的手法制作“右边帽毛”图层组，在“周边毛发”图层上用“画笔工具”绘制周边毛发效果，效果如图 4.6.48 所示。

48 选择“周边毛发”图层，用同样的手法将帽尾两边的毛发效果绘制出来，效果如图 4.6.49 所示。

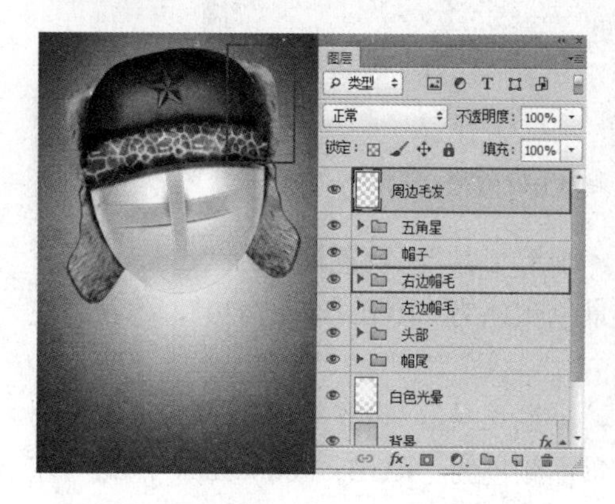

图 4.6.48　绘制毛发效果

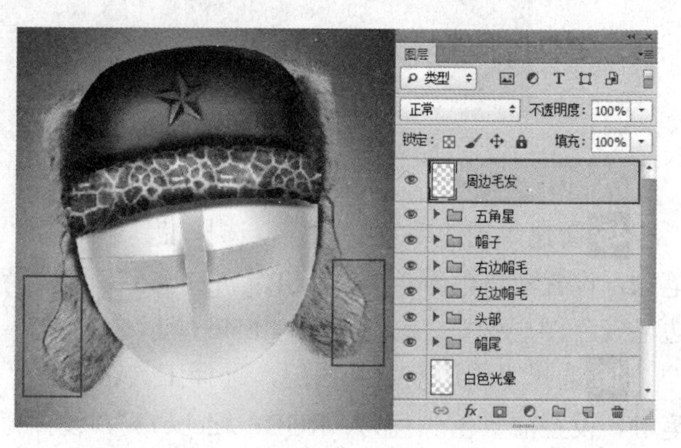

图 4.6.49　绘制完善帽子全部的毛发效果

49 新建图层“帽尾暗面”，使用工具箱中的“画笔工具”，切换到画笔面板，选择画笔为“柔边圆”，不透明度设置为100%，颜色设置为“RGB：#946a55”，绘制出两边帽子的暗面效果，效果如图4.6.50所示。

50 在“帽尾”图层组下方新建图层组“上身”，里面新建图层“身体”，选择“钢笔工具”，属性设置为“形状”，制作一个上身身体部分的图形，颜色设置为“RGB：#ffbd1e”，设置如图4.6.51所示。

图4.6.50 绘制两边帽尾的暗面阴影效果

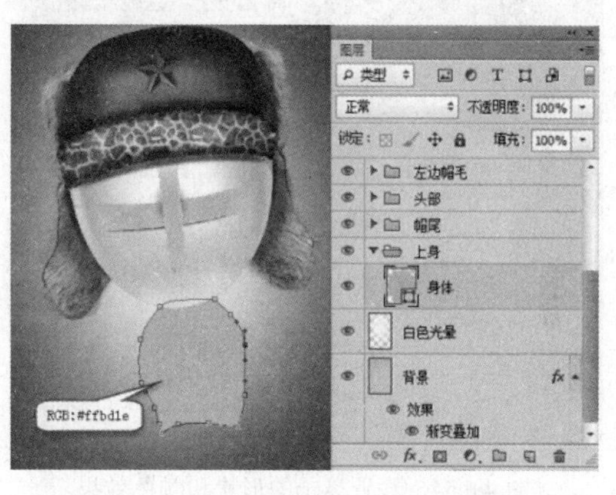

图4.6.51 设置上身的图像形状和颜色

51 新建图层“脖子”，使用工具箱中的“画笔工具”，切换到画笔面板，选择画笔为“柔边圆”，不透明度设置为100%，颜色设置为“RGB：#25221d”、“RGB：#ccb59f”，绘制出脖子的暗面效果，按组合键Ctrl+Alt+G为“脖子”图层创建图层剪贴蒙版，效果如图4.6.52所示。

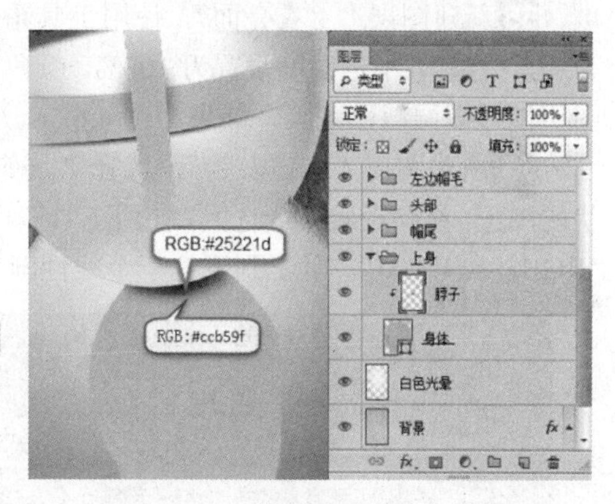

图4.6.52 绘制脖子的阴影效果

52 新建图层“手臂暗面”，使用工具箱中的“画笔工具”，切换到画笔面板，选择画笔为“柔边圆”，不透明度设置为100%，颜色设置为“RGB：#d49514”，绘制出手臂的暗面效果，按组合键Ctrl+Alt+G为“手臂暗面”图层创建图层剪贴蒙版，效果如图4.6.53所示。

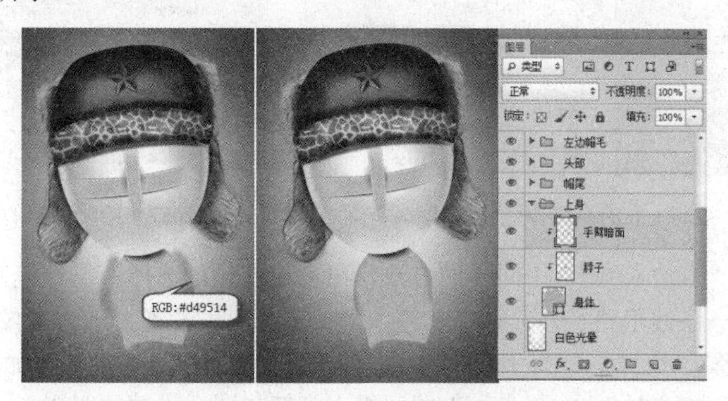

图4.6.53 设置两只手臂四周的阴影效果

53 新建图层“身侧阴影”，用同样的方法绘制身体两侧的阴影部分，按组合键 Ctrl+Alt+G 为“身侧阴影”图层创建图层剪贴蒙版，效果如图 4.6.54 所示。

54 新建图层“上衣阴影”，使用工具箱中的“画笔工具”，切换到画笔面板，选择画笔为“柔边圆”，不透明度设置为 50%，颜色设置为“RGB：#edac19”，按组合键 Ctrl+Alt+G 为“上衣阴影”图层创建图层剪贴蒙版，效果如图 4.6.55 所示。

图 4.6.54　设置鼻子的形状和颜色效果

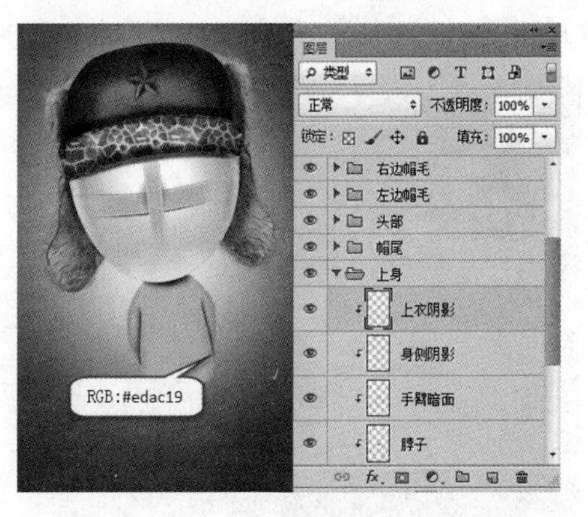

图 4.6.55　绘制上衣的阴影和颜色效果

55 新建图层“上衣亮面”，使用工具箱中的“画笔工具”，切换到画笔面板，选择画笔为“柔边圆”，不透明度设置为 100%，颜色设置为白色，按组合键 Ctrl+Alt+G 为“上衣亮面”图层创建图层剪贴蒙版，效果如图 4.6.56 所示。

56 新建图层“左边衣领”，选择“钢笔工具”，属性设置为“路径”，制作一个衣领形状的图形，将路径转换成选区，使用工具箱中的“渐变工具”，颜色设置为“RGB：#f9b81e”、“RGB：#d4990d”，从上到下拉一个线性渐变，效果如图 4.6.57 所示。

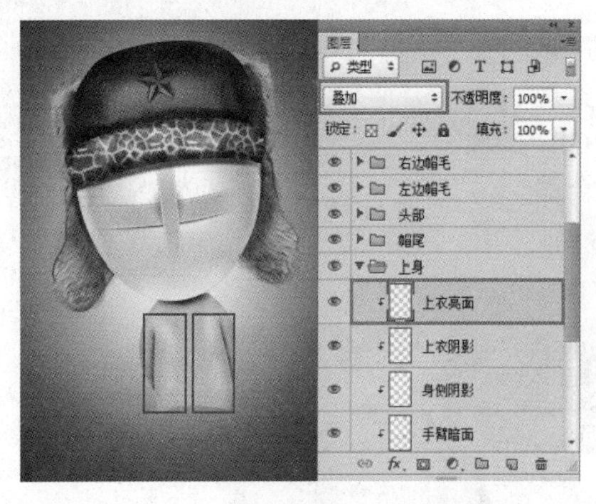

图 4.6.56　绘制上衣的高光颜色和形状

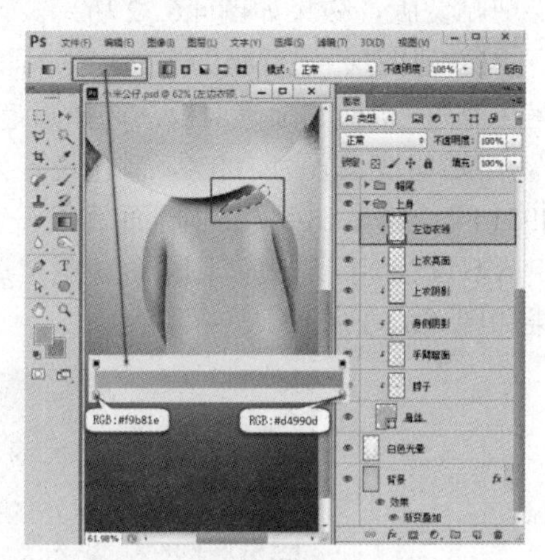

图 4.6.57　绘制嘴巴的颜色和形状

57 新建图层“右边衣领”，用同样的方法作出右边衣领，选择“钢笔工具”，属性设置为“路径”，制作一条线形路径，选择工具箱中的铅笔工具，设置大小为 3 像素，单击路径面板中的“描边路径”，选择工具为“铅笔”，描绘一条白色的中心线，效果如图 4.6.58 所示。

58 新建图层组“盘扣”，在“盘扣”图层组内部新建图层“衣领阴影”，使用工具箱中的

“画笔工具”，切换到画笔面板，选择画笔为“柔边圆”，不透明度设置为 50%，颜色设置为“RGB：#7e5a0d”，效果如图 4.6.59 所示。

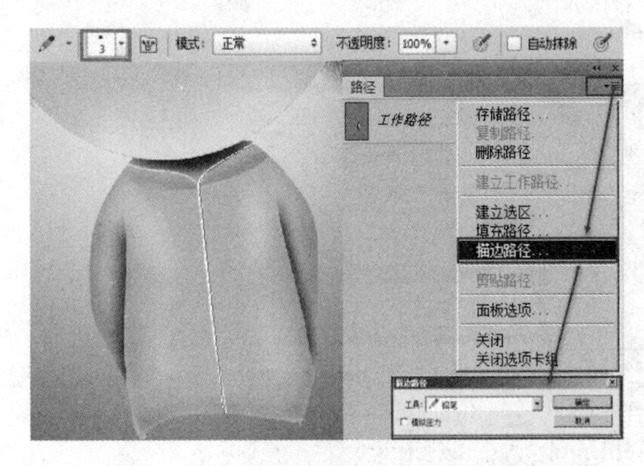

图 4.6.58　绘制嘴巴内部的阴影效果

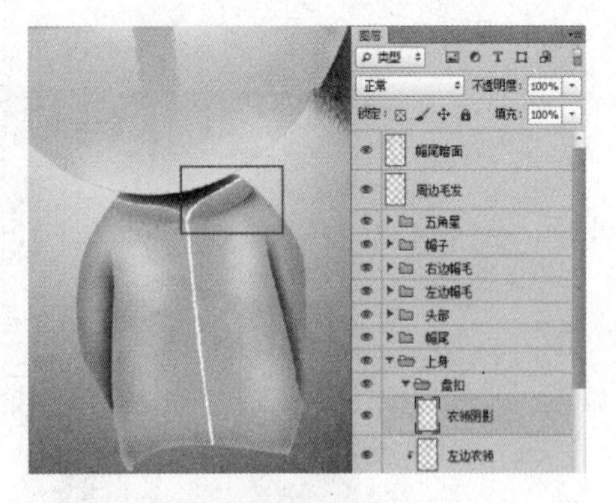

图 4.6.59　绘制衣领下方的效果阴影效果

59 新建图层“衣服高光”，使用工具箱中的“画笔工具”，切换到画笔面板，选择画笔为“柔边圆”，不透明度设置为 50%，颜色设置为白色，效果如 4.6.60 所示。

60 在图层组“盘扣”下方新建图层组“1”，在图层组“1”内新建“右边布条”图层，选择“钢笔工具”，属性设置为“形状”，颜色设置为“RGB：#9e6103”，制作形状图形，效果如图 4.6.61 所示。

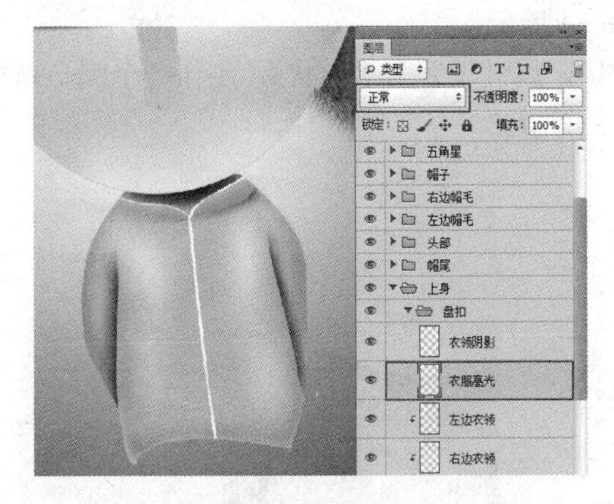

图 4.6.60　增强衣服中间的高光效果

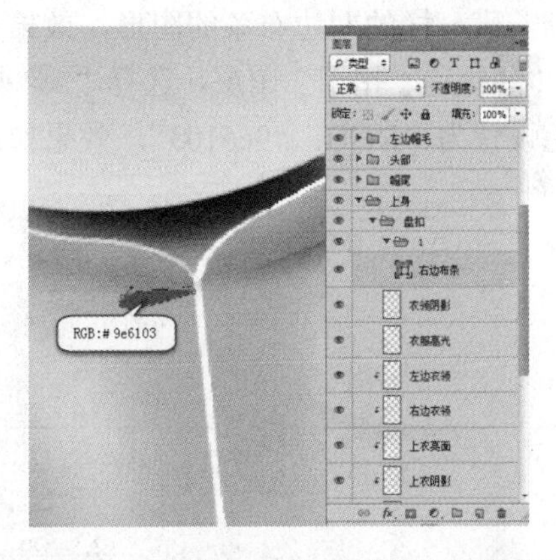

图 4.6.61　绘制右边布条的形状和颜色

61 双击“右边布条”图层，调出图层样式面板，勾选“描边”选项，大小设置 1 像素，设置颜色为“RGB：#825204”，勾选“内阴影”选项，设置如图 4.6.62 所示。

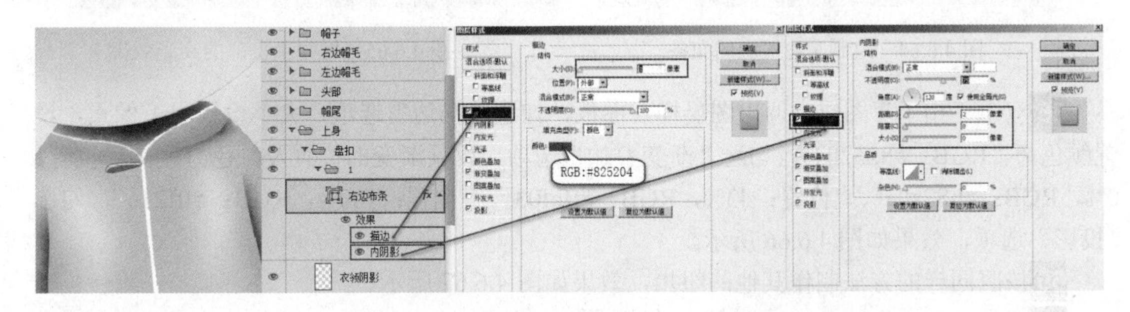

图 4.6.62　绘制右边布条的描边阴影效果

62 勾选“渐变叠加”选项，设置渐变的位置及颜色分别为“位置：0%，RGB：#b87a0a”、“位置：43%，RGB：#ffaf03”、“位置：100%，RGB：#fff21e”，勾选“投影”选项，设置如图 4.6.63 所示。

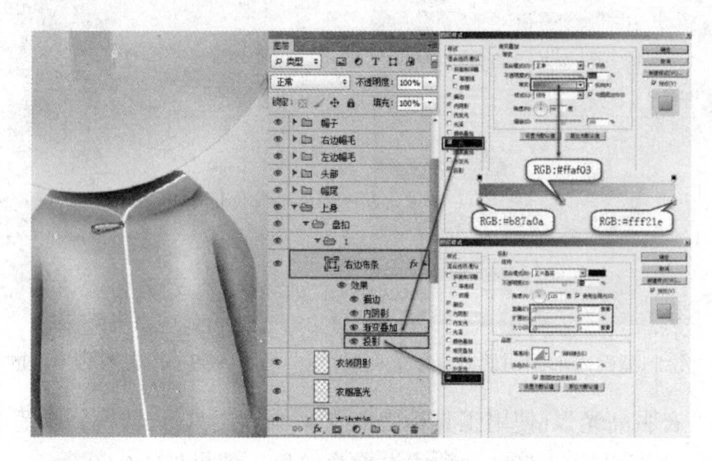

图 4.6.63　绘制右边布条的渐变色彩

63 将“右边布条”图层拉到“创建新图层”按钮中，复制一个新的图层，修改名称为“左边布条”，按组合键 Ctrl+T 调出自由变换工具进行水平翻转，旋转移动到合适的位置，得到一个一模一样的左边布条的图形，效果如图 4.6.64 所示。

64 新建“扣子”图层，选择“椭圆工具”，属性设置为“形状”，制作一个圆形路径，颜色设置为“RGB：#9e6103”，效果如图 4.6.65 所示。

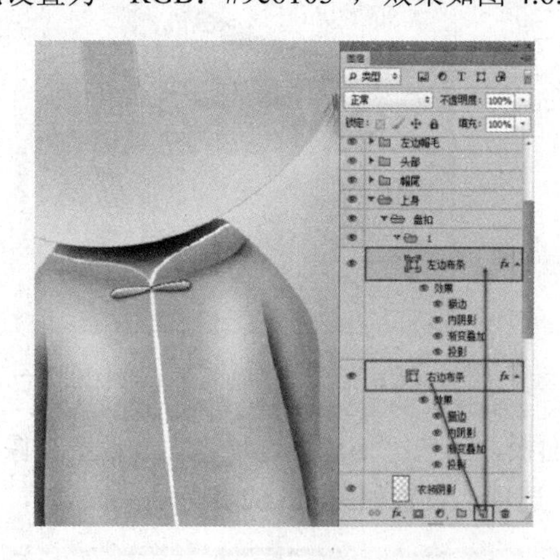

图 4.6.64　绘制左边对应的布条

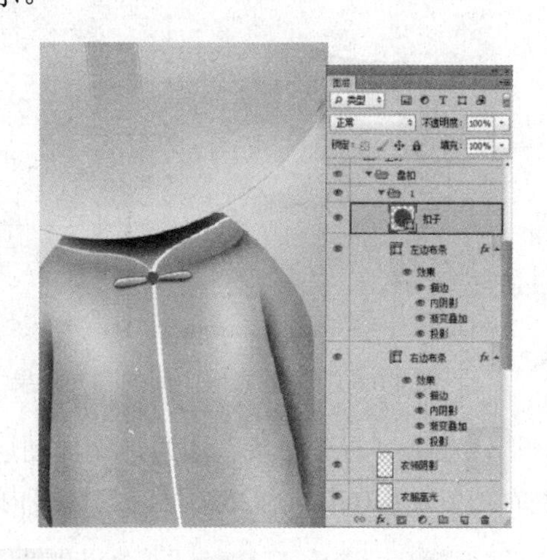

图 4.6.65　增强手上部的高光效果

65 双击“扣子”图层，调出图层样式面板，勾选“描边”选项，大小设置为 1 像素，设置颜色为“RGB：#825204”，勾选“渐变叠加”选项，设置渐变的位置及颜色分别为“位置：0%，RGB：#b87a0a”、“位置：43%，RGB：#ffaf03”、“位置：100%，RGB：#fff21e”，勾选“投影”选项，效果如图 4.6.66 所示。

66 按照同样的方法制作其他的纽扣，效果如图 4.6.67 所示。

67 新建“上衣衣纹阴影”图层，选择“钢笔工具”，属性设置为“路径”，颜色设置为

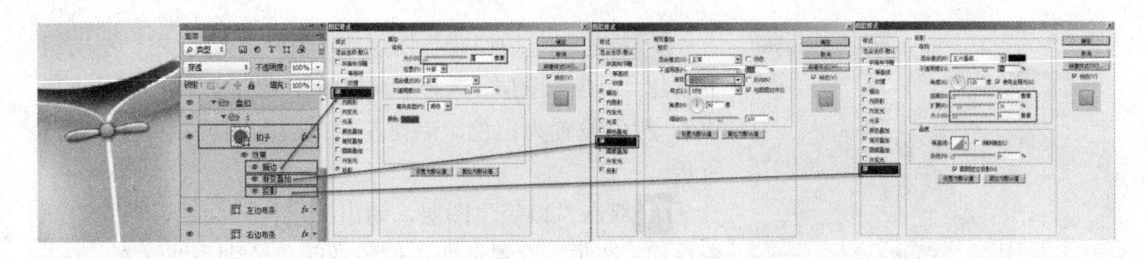

图 4.6.66 设置扣子的描边色彩渐变阴影等效果

“RGB：#cf9112”，制作衣纹形状路径后转换成选区，选择“画笔工具”，切换到画笔面板，选择画笔为“柔边圆”，不透明度设置为50%，颜色设置为“RGB：#cf9112”，绘制衣纹的暗面效果，按组合键 Ctrl+Alt+G 为“上衣衣纹阴影”图层创建图层剪贴蒙版，效果如图 4.6.68 所示。

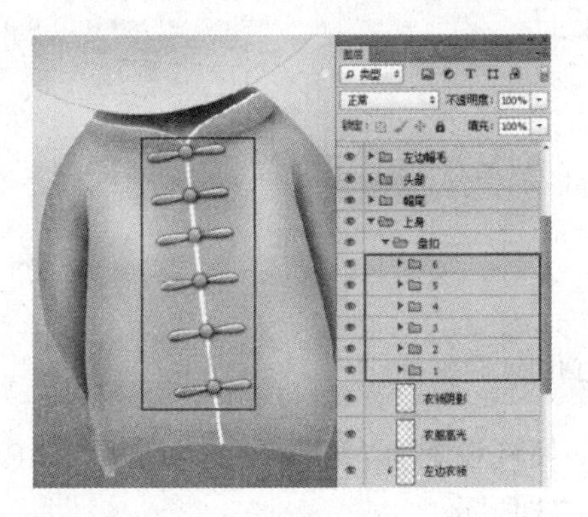

图 4.6.67 通过复制图层制作其他的纽扣

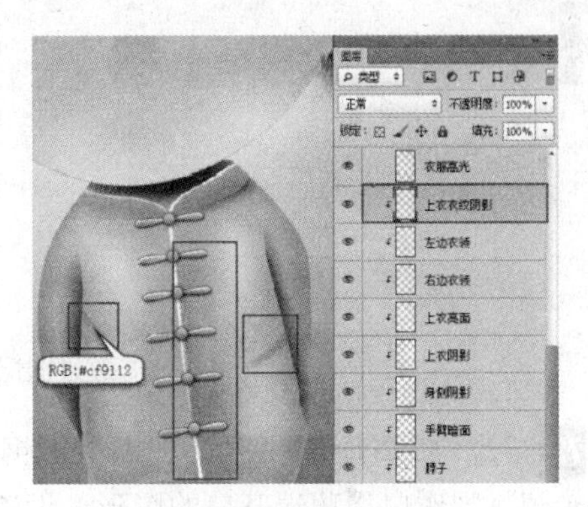

图 4.6.68 制作上衣衣纹暗面效果

68 新建“上衣衣纹亮面”图层，选择“画笔工具”，切换到画笔面板，选择画笔为“柔边圆”，不透明度设置为 80%，颜色设置为白色，绘制衣纹亮面图形，按组合键 Ctrl+Alt+G 为“上衣衣纹亮面”图层创建图层剪贴蒙版，效果如图 4.6.69 所示。

69 新建“左边腋窝”图层，选择“画笔工具”，切换到画笔面板，选择画笔为“硬边圆”，不透明度设置为 100%，颜色设置为“RGB：#9a690f”，绘制腋窝的衣纹效果，复制图层修改名称得到“右边腋窝”图层，按组合键 Ctrl+T 调出自由变换工具进行旋转移动到合适的位置，得到一个一模一样的右边腋窝衣纹的图形，效果如图 4.6.70 所示。

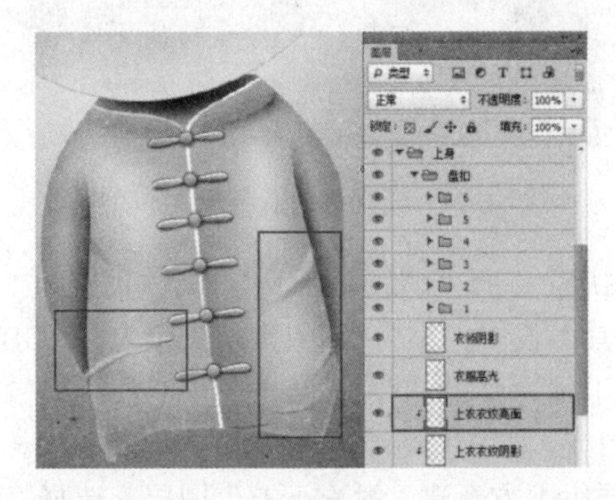

图 4.6.69 绘制衣纹的亮面整体效果

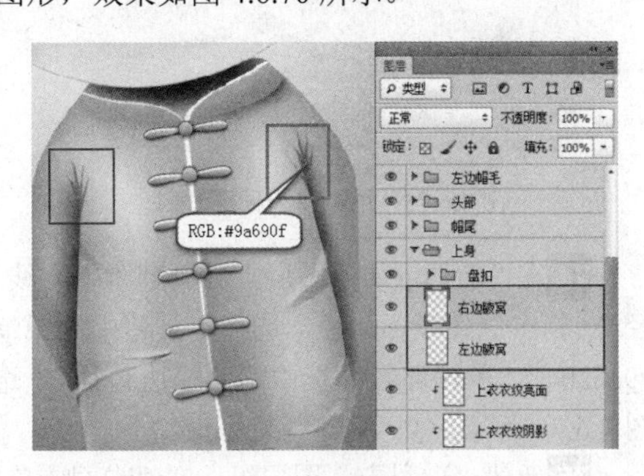

图 4.6.70 绘制腋窝衣纹

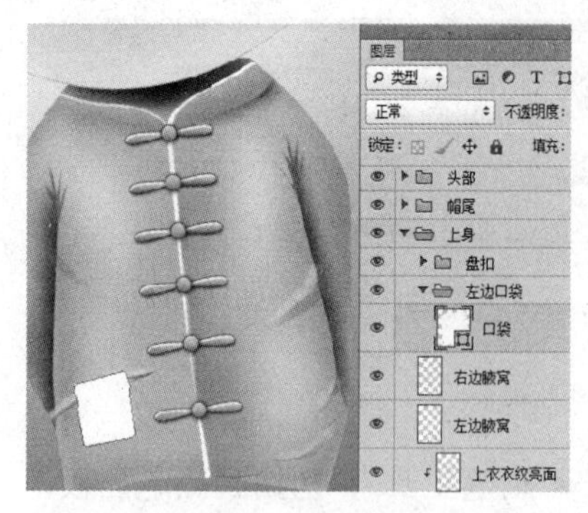
图 4.6.71 绘制口袋的形状和颜色

70 新建“左边口袋”图层组，在“左边口袋”图层组下新建“口袋”图层，选择“钢笔工具”，属性设置为“形状”，颜色设置为白色，制作左边口袋的图形，如图 4.6.71 所示。

71 双击“口袋”图层，调出图层样式面板，勾选“渐变叠加”选项，设置渐变的位置及颜色分别为“位置：0%，RGB：#d0c3ab”、“位置：32%，RGB：#e1dfd6”、“位置：100%，RGB：#f1efe8”，勾选“投影”选项，设置如图 4.6.72 所示。

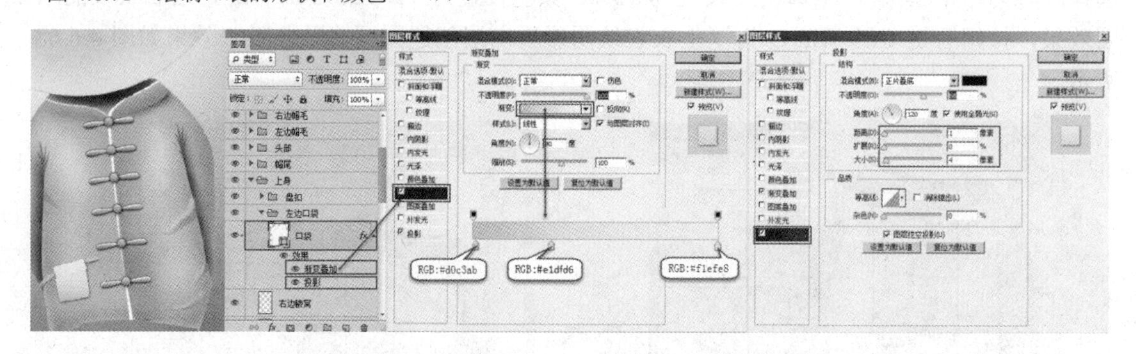

图 4.6.72 通过图层样式设置口袋的阴影和颜色

72 新建“口袋顶端”图层，选择“钢笔工具”，属性设置为“形状”，颜色设置为“RGB：#cdbc9c”，制作口袋顶端开口的图形，设置如图 4.6.73 所示。

73 复制“左边口袋”图层组，按组合键 Ctrl+T 调出自由变换工具进行旋转移动到合适的位置，得到一个一模一样的右边口袋的图层组，设置如图 4.6.74 所示。

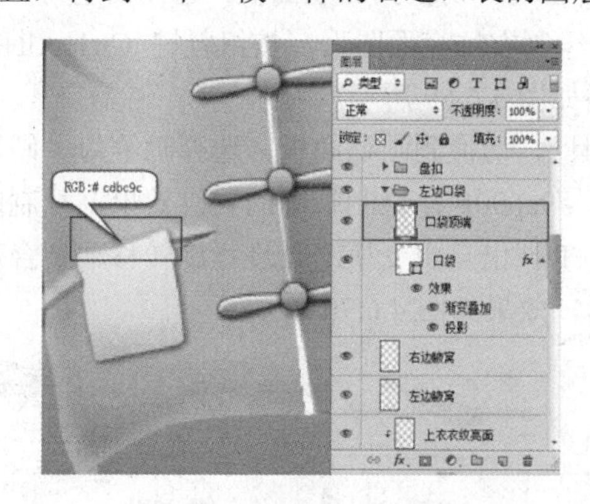

图 4.6.73 绘制口袋顶端开口

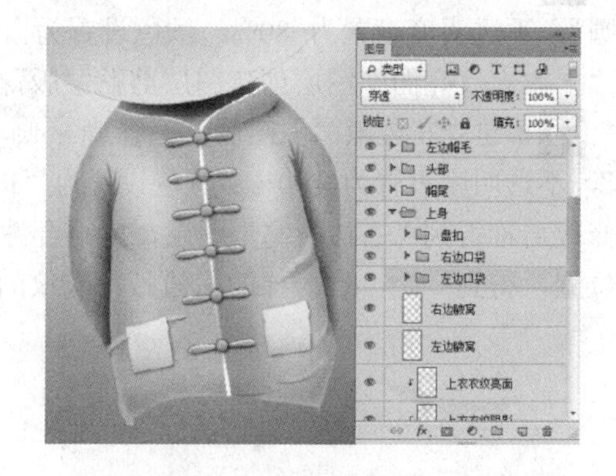
图 4.6.74 绘制口袋顶端开口的阴影

74 在“右边衣领”图层上方新建“中心线”图层，选择“钢笔工具”，属性设置为“路径”，制作一条线形路径，选择工具箱中的铅笔工具，设置大小为 3 像素，颜色为“RGB：#9e6204”，单击路径面板中的“描边路径”，选择工具为“铅笔”，描绘一条中心线，设置如图 4.6.75 所示。

75 新建“白衬衣”图层组，在“白衬衣”图层组下方新建“衬衣下方”图层，选择“

钢笔工具”，属性设置为“形状”，颜色设置为白色，制作一条衬衣下方的图形，设置如图 4.6.76 所示。

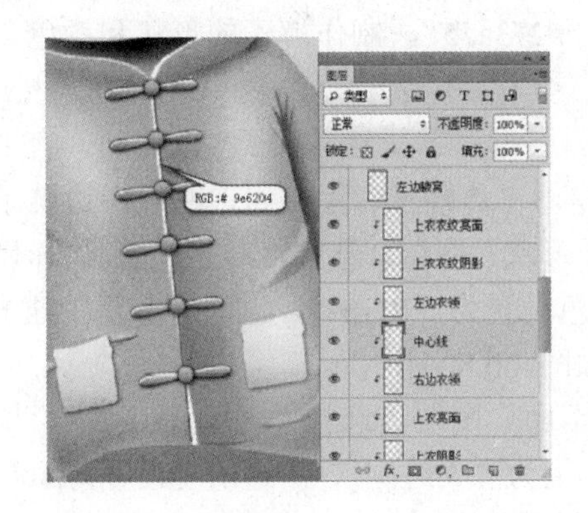

图 4.6.75　绘制褐色线条将衣服分成两边

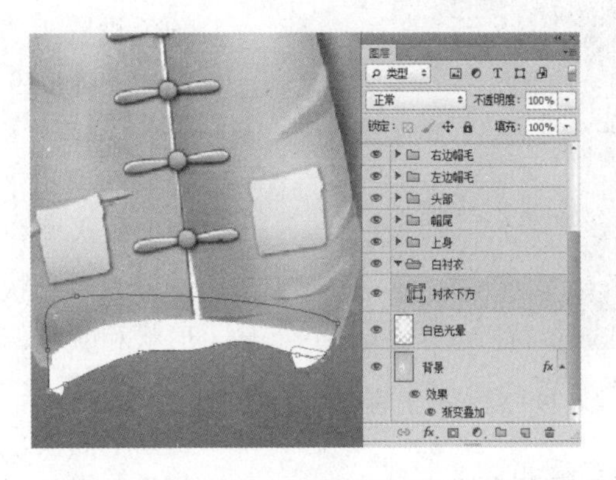

图 4.6.76　绘制衬衣底端的图形形状及颜色

76 新建“衬衣阴影”图层，选择“画笔工具”，切换到画笔面板，选择画笔为“柔边圆”，不透明度设置为 100%，颜色设置为“RGB：#dfdcd1”，绘制衬衣的暗面效果，选择套索工具，选出衬衫的亮面选择区，按 Delete 键删除图像，按组合键 Ctrl+Alt+G 为“衬衣阴影”图层创建图层剪贴蒙版，设置如图 4.6.77 所示。

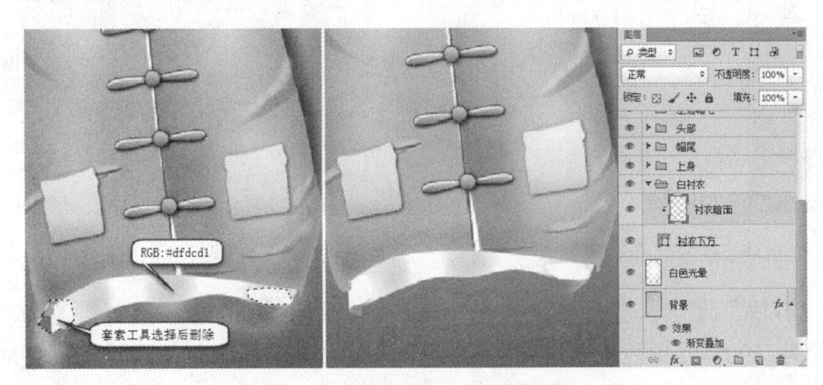

图 4.6.77　绘制衬衣底端的暗面形状及颜色

77 用同样的方法绘制衬衣暗面的颜色区域，选择“钢笔工具”，属性设置为“形状”，颜色设置为白色，制作一条衬衣下方边缘的图形，设置如图 4.6.78 所示。

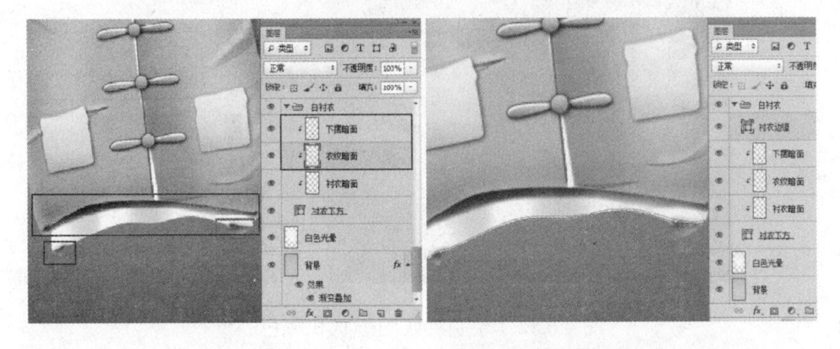

图 4.6.78　绘制衬衣底端的暗面形状及颜色

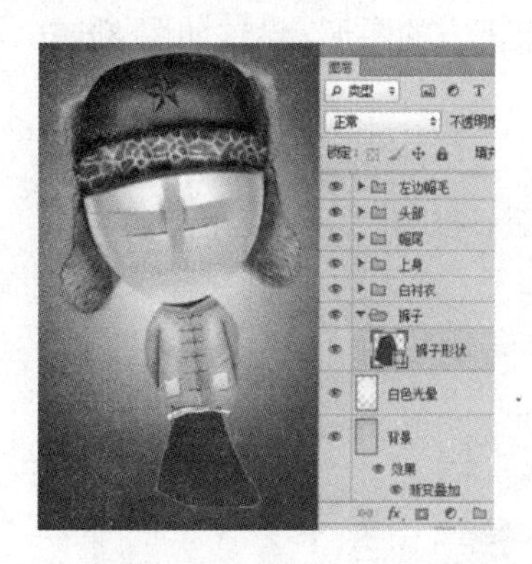

图 4.6.79　绘制裤子的形状及颜色

78 新建“裤子”图层组，在“裤子”图层组下方新建“裤子形状”图层，选择“钢笔工具”，属性设置为“形状”，颜色设置为“RGB：#273a75”，制作裤子的形状和颜色，设置如图 4.6.79 所示。

79 在“裤子”图层组上方新建“鞋子”图层组，在“鞋子”图层组下方新建“左边鞋子”图层组，在“左边鞋子”图层组内新建“鞋子形状”图层，选择“钢笔工具”，属性设置为“形状”，颜色设置为“RGB：#4c4c4c”，制作鞋子的形状和颜色，设置如图 4.6.80 所示。

80 新建“鞋子暗面”图层，选择“画笔工具”，切换到画笔面板，选择画笔为“柔边圆”，不透明度设置为 100%，颜色设置为“RGB：#161616”，制作鞋子的形状和颜色，按组合键 Ctrl+Alt+G 为“鞋子暗面”图层创建图层剪贴蒙版，设置如图 4.6.81 所示。

图 4.6.80　绘制鞋子的形状及颜色

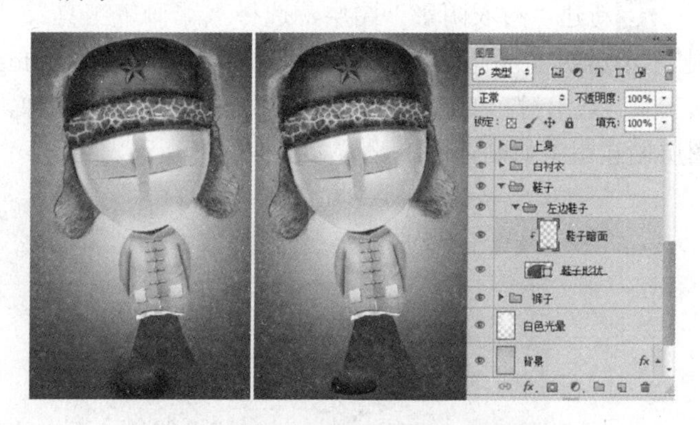

图 4.6.81　绘制鞋子的暗面颜色

81 新建“鞋底”图层，选择“画笔工具”，切换到画笔面板，选择画笔为“柔边圆”，不透明度设置为 100%，颜色设置为白色，制作鞋底的形状和颜色，添加图层蒙版，将前景色设置为黑色，在蒙版状态下按组合键 Ctrl+Delete 填充前景色，用“画笔工具”对鞋底部分描绘，颜色设置为白色，将鞋底以外的部分隐藏起来，设置如图 4.6.82 所示。

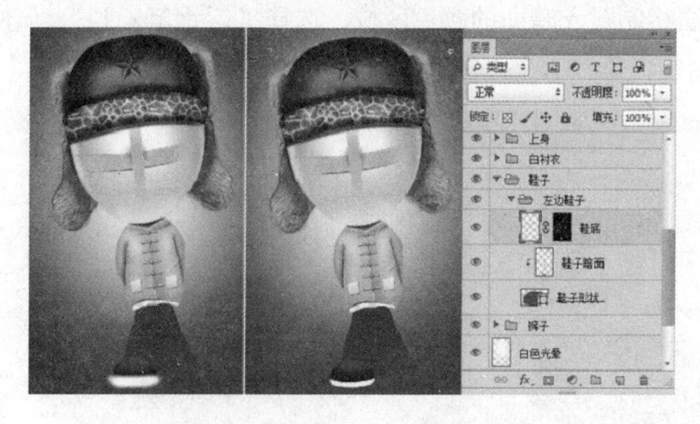

图 4.6.82　绘制鞋底的形状和颜色

82 新建“鞋底暗面”，选择“画笔工具”，切换到画笔面板，选择画笔为“柔边圆”，不透明度设置为100%，颜色设置为“RGB：#4e4b4a”，按组合键Ctrl+Alt+G为“鞋底暗面”图层创建图层剪贴蒙版，设置如图4.6.83所示。

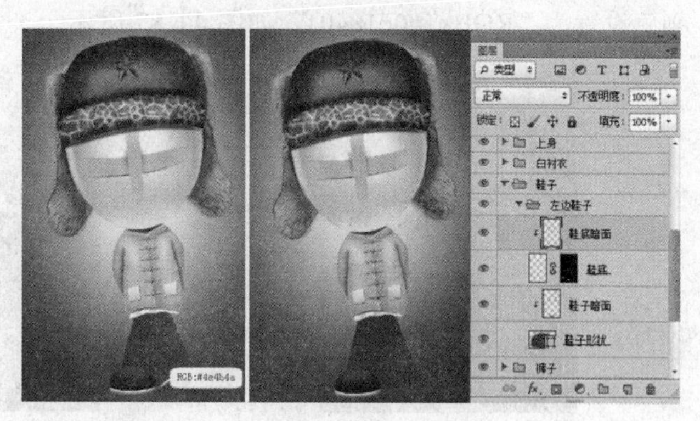

图4.6.83　绘制鞋底阴影的形状和颜色

83 新建“鞋子高光”图层，使用“椭圆选框工具”制作一个椭圆形的选区，选择“渐变工具”，设置颜色从“RGB：#a8a8a8”到“RGB：#6b6b6b”，从上到下拉出一条线性渐变，添加图层蒙版，用黑色将鞋子高光与底图进行融合，设置如图4.6.84所示。

84 复制“鞋子高光”图层，得到“鞋子高光副本”图层，选择图层蒙版状态，将黑色区域调整成如图4.6.85所示。

图4.6.84　绘制鞋子高光的形状和颜色

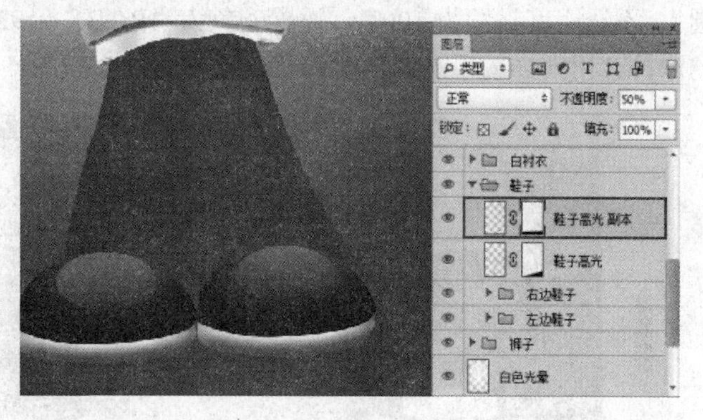

图4.6.85　复制鞋子高光得到另外一个一样的鞋子亮面部分

85 返回“裤子形状”图层，新建“裤子暗面”图层，选择“画笔工具”，切换到画笔面板，选择画笔为“柔边圆”，不透明度设置为50%，设置颜色为“RGB：#37160e”，按组合键Ctrl+Alt+G为“裤子暗面”图层创建图层剪贴蒙版，如图4.6.86所示。

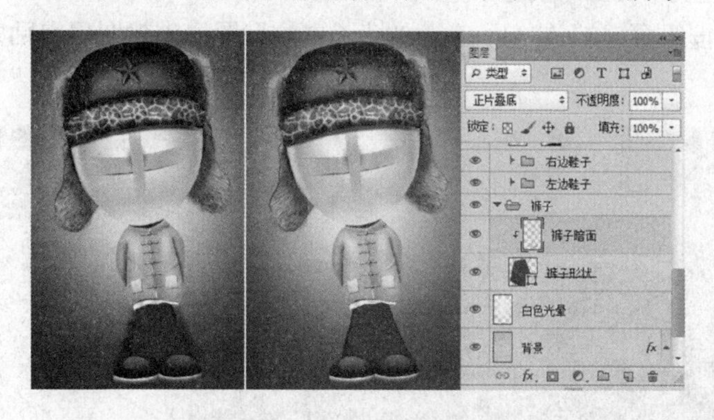

图4.6.86　为“裤子暗面”图层创建图层剪贴蒙版

86 新建“裤子亮面”图层，选择“画笔工具”，切换到画笔面板，选择画笔为“柔边圆”，不透明度设置为50%，设置颜色为白色，对裤子中间进行高光部分的涂抹，按组合键

Ctrl+Alt+G 为“裤子亮面”图层创建图层剪贴蒙版，用同样的方法制作“衬衣阴影”图层，颜色设置为“RGB：#0d1840”，如图 4.6.87 所示。

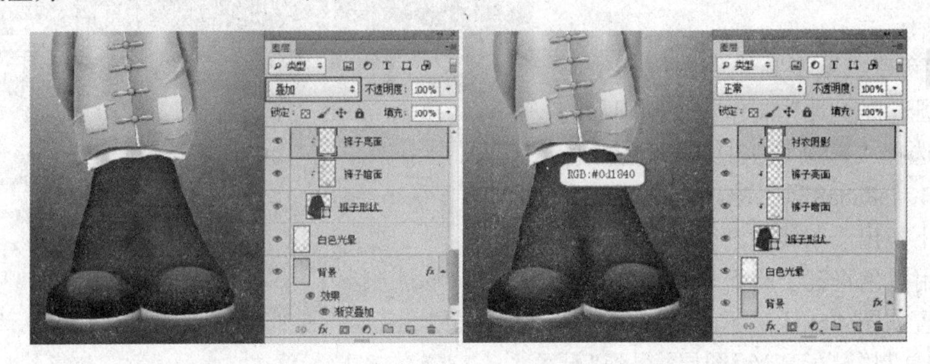

图 4.6.87　制作裤子的高光部分和衬衣底端的阴影效果

87 新建“中间暗面”图层，选择“画笔工具”，切换到画笔面板，选择画笔为“柔边圆”，不透明度设置为 100%，设置颜色为“RGB：#192a60”，对两只鞋子中间进行暗面部分的涂抹，用同样的手法制作“裤子白光”图层，如图 4.6.88 所示。

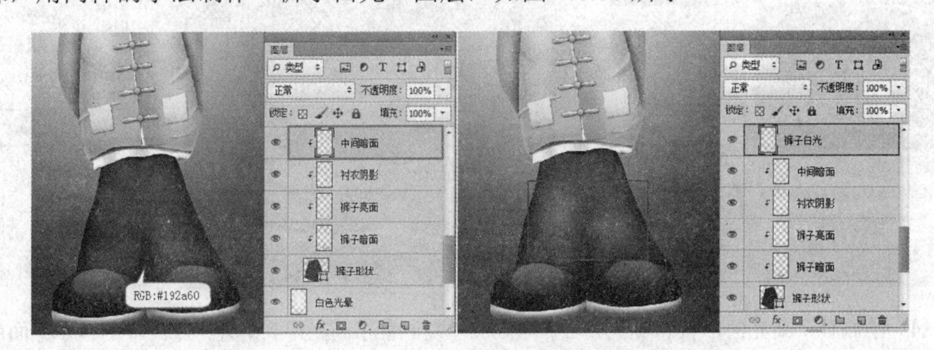

图 4.6.88　制作两只鞋子中间的暗面及裤子中间的高光部分

88 新建“裤子衣纹”图层，选择“画笔工具”，切换到画笔面板，选择画笔为“柔边圆”，不透明度设置为 100%，设置颜色为“RGB：#314d99”和“RGB：#2e4078”，制作裤子的衣纹效果，按组合键 Ctrl+Alt+G 为“裤子衣纹”图层创建图层剪贴蒙版，如图 4.6.89 所示。

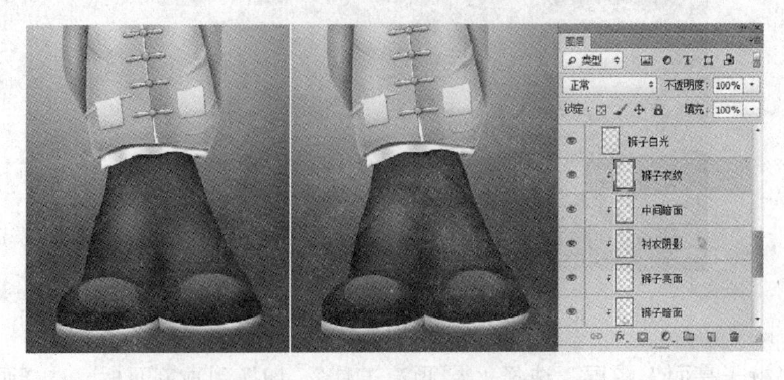

图 4.6.89　制作裤子的衣纹颜色和形状

89 新建“辫子顶端”图层和“辫子底端”图层，选择“钢笔工具”，属性设置为“形状”，颜色设置为“RGB：#2d2d2d”，制作辫子的形状，如图 4.6.90 所示。

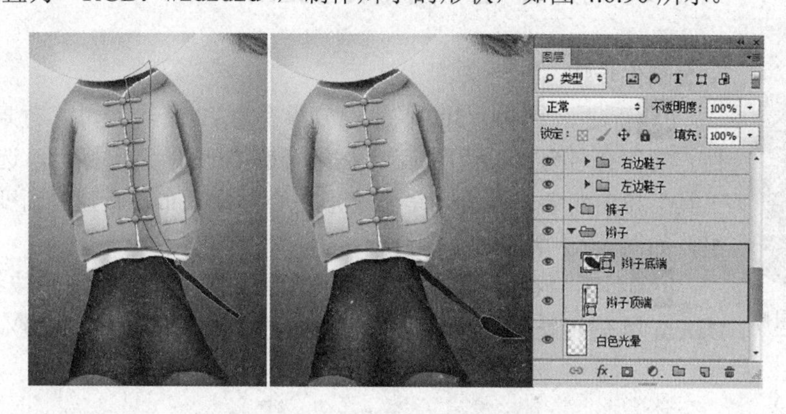

图 4.6.90　制作辫子的形状和颜色

90 新建“底端线条”图层和“顶端线条”图层，选择“钢笔工具”，属性设置为“形状”，颜色设置为“RGB：#9e9e9e”，制作辫子的中间的纹理线条，如图 4.6.91 所示。

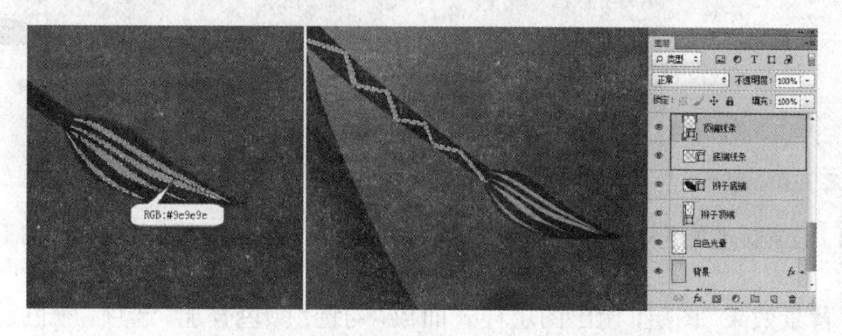

图 4.6.91　制作辫子中间头发的形状和颜色

91 在“白色光晕”图层上方新建“脚底阴影”图层，“椭圆选框工具”制作一个椭圆形的选区，选择菜单→修改→羽化，设置羽化值 40 像素，填充黑色，如图 4.6.92 所示。

92 最后完成效如图 4.6.93 所示。

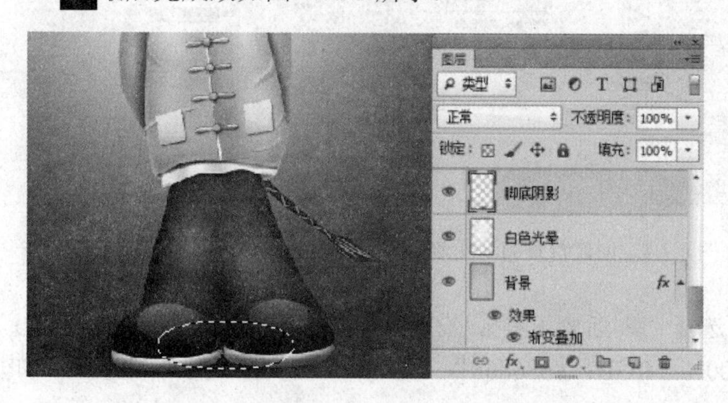

图 4.6.92　制作脚中间的阴影形状和颜色

图 4.6.93　最后完成整体效果

4.7 接听电话图标（见图 4.7.1）

图 4.7.1 电话图标

↘制作步骤

01 新建一个 400×300 像素，分辨率为 72 像素/英寸，背景为白色的文件，文件命名为“电话图标”。按组合键 Ctrl+R 调出标尺，选择“移动工具”拉出两条辅助线，呈十字形中心对称分布，新建“渐变背景”图层组，如图 4.7.2 所示。

02 新建“背景效果”图层，将前景色设置为黑色，按组合键 Alt+Delete 填充前景色，将图层面板上面的不透明度设置为 20%，如图 4.7.3 所示。

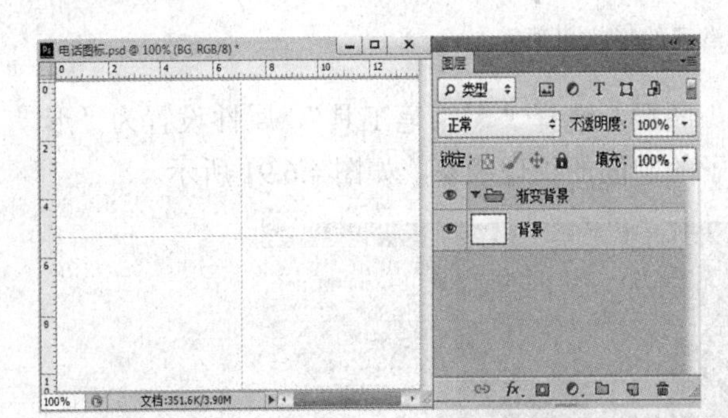

图 4.7.2 设置新建文件大小及分辨率

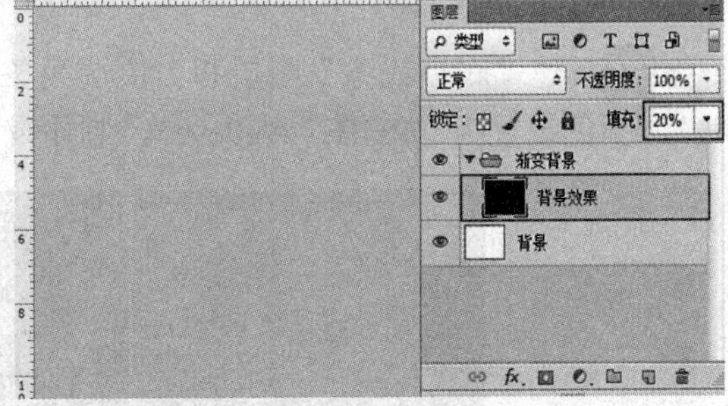

图 4.7.3 创建背景图层 20%的不透明效果

03 双击“背景效果”图层，调出图层样式面板，勾选“颜色叠加”选项，颜色设置为“RGB：#9fff65”，不透明度为 20%。勾选“渐变叠加”选项，设置渐变颜色从黑色到白色的径向渐变效果，如图 4.7.4 所示。

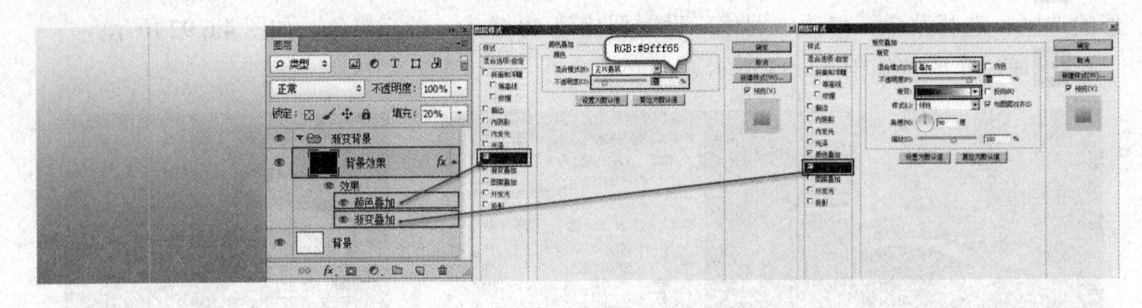

图 4.7.4 创建背景的渐变效果

04 新建“加深背景”图层，选择“渐变工具”，设置渐变的位置及颜色分别为“位置：9%，RGB：#fefefe”、“位置：100%：RGB：#686868”，从上到下拉一条线性渐变效果，如图 4.7.5 所示。

05 将“头部形状”图层混合模式改为“叠加”，不透明度为 32%，将渐变色彩与底色进行融合，如图 4.7.6 所示。

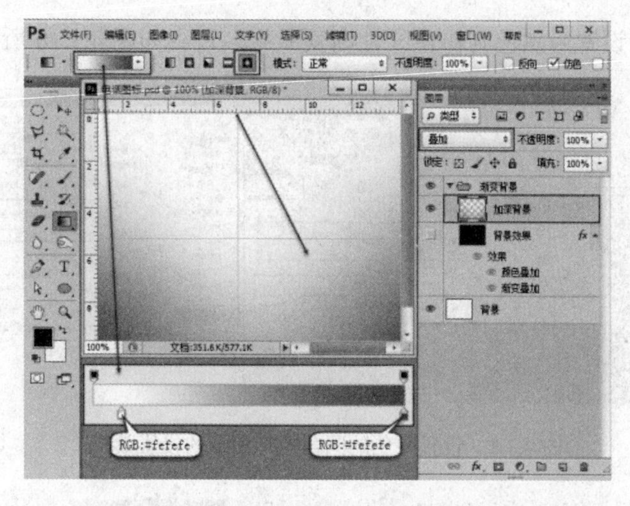

图 4.7.6　设置背景颜色的色彩渐变

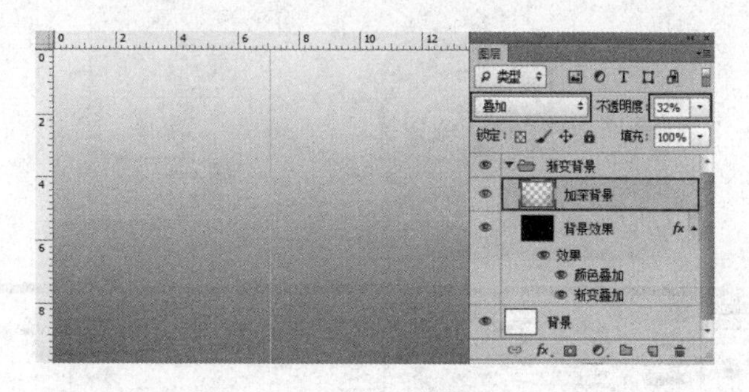

图 4.7.6　设置图层上的混合模式和不透明度

06 新建“绿色底图”图层组，在“绿色底图”图层组内部新建“绿色图形”图层，选择“圆角矩形工具”，属性栏颜色设置为“RGB：#396d27”，半径为“30 像素”，制作一个绿色的圆角矩形图形，如图 4.7.7 所示。

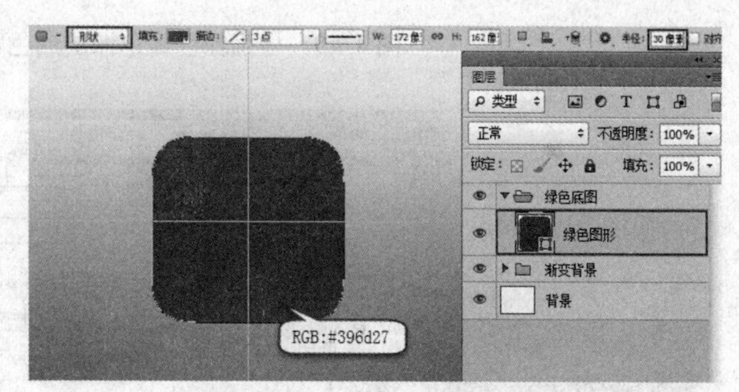

图 4.7.7　绘制绿色的圆角矩形图形做电话图标的底图

07 双击“绿色图形”图层，调出图层样式面板，勾选“投影”选项，颜色设置为“RGB：#57e349”，将绿色图形图层面板填充设置为 0%，如图 4.7.8 所示。

08 复制“绿色图形”图层为“绿色底色”图层，调出图层样式面板，双击“绿色底色”图层，勾选“描边”选项，颜色设置为“RGB：#429028”，勾选“内阴影”选项，颜色设置为“RGB：#000000”，勾选“渐变叠加”选项，颜色设置为黑色到白色线性渐变效果，勾选“投影”选项，颜色设置为“RGB：#000000”，如图 4.7.9 所示。

09 复制“绿色底色”图层为“绿色亮面”图层，使用“移动工具”将绿色图形向上移动一点，双击“绿色亮面”图层，调出图层样式面板，勾选“斜面与浮雕”选项，勾选“渐变叠加”选项，颜色设置为黑色到白色线性渐变效果，设置如图 4.7.10 所示。

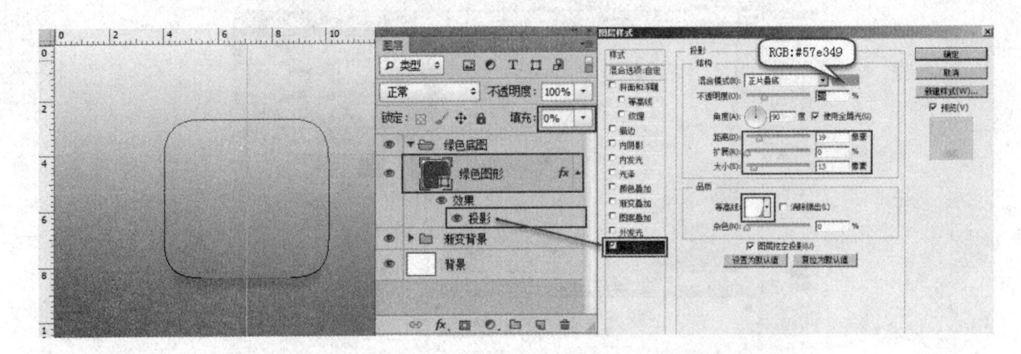

图 4.7.8　设置绿色的圆角矩形图形的投影效果

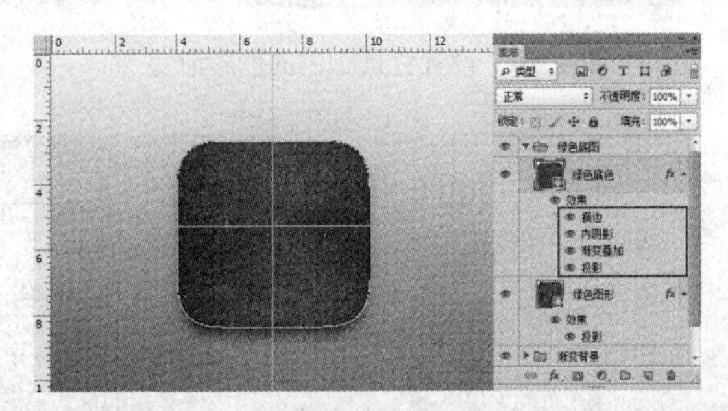

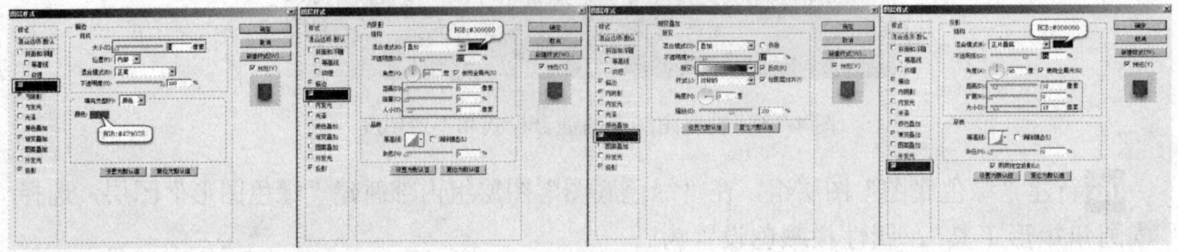

图 4.7.9　增强绿色底色图层的色彩渐变图层样式效果

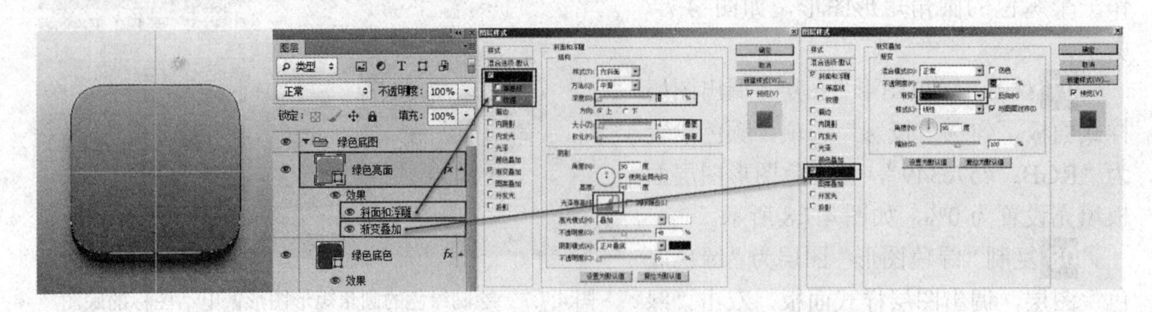

图 4.7.10　通过设置图层样式效果设置绿色底图的亮面效果

10 复制“绿色亮面”图层为“绿色渐变”图层，双击“绿色亮面”图层，调出图层样式面板，勾选“内阴影”选项，勾选“内发光”选项，颜色设置为“RGB：#519e38”，勾选“颜色叠加”选项，颜色设置为“RGB：#e4ff00”，勾选“渐变叠加”选项，颜色设置为黑色到白色的线性渐变效果，如图 4.7.11 所示。

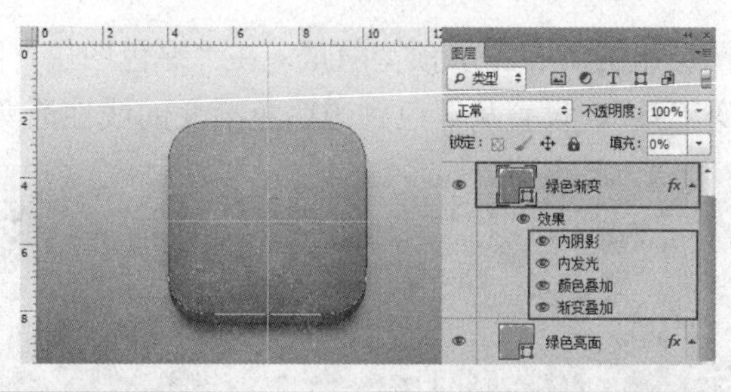

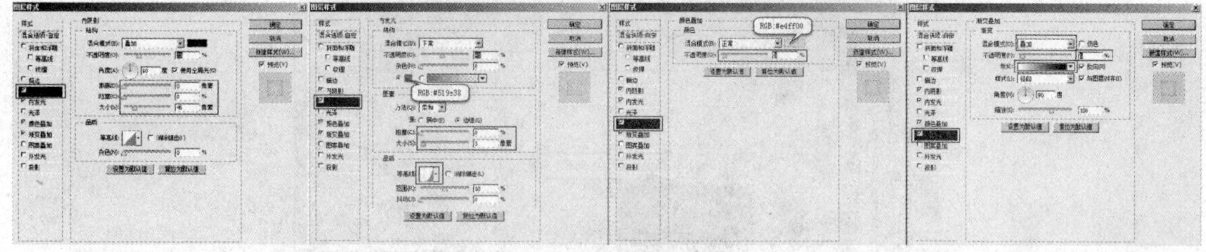

图 4.7.11　设置绿色底图颜色从中心向两边柔和过渡的效果

11 通过复制的方法得到“底部亮线”图层，双击“底部亮线”图层，调出图层样式面板，勾选“斜面与浮雕”选项，颜色设置为“RGB：#d6e939”，如图 4.7.12 所示。

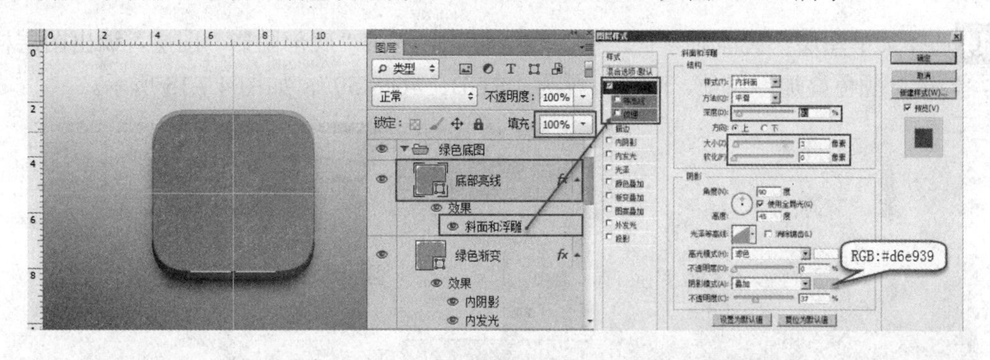

图 4.7.12　设置绿色底图从深绿色到浅绿色的渐变效果

12 将“底部亮线”图层填充设置为 0%，新建“绿色遮罩”图层。添加图层蒙版，使用工具箱中的“画笔工具”，选择画笔为“柔边圆”，将前景色设置为黑色，在绿色线条两边进行黑色颜色的涂抹，将“绿色遮罩”图层面板上的不透明度设置为 20%，混合模式为“叠加”，如图 4.7.13 所示。

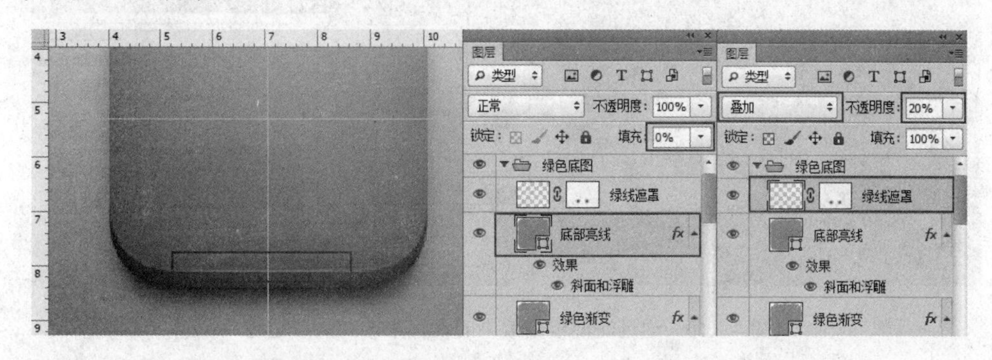

图 4.7.13　设置底部边框中的亮线效果

13 把“绿色底图”图层组的所有图层预览隐藏，在“绿色图层”图层下方新建“底部阴影”图层，选择“渐变工具”，设置从黑色到透明色渐变的线性渐变，如图 4.7.14 所示。

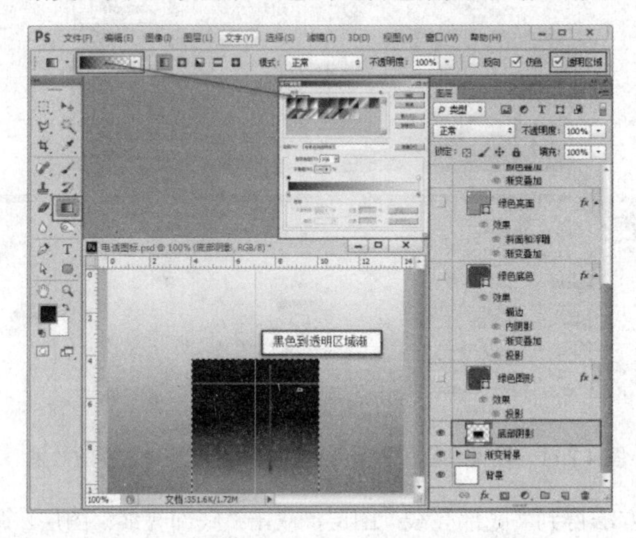

图 4.7.14　设置最底层的阴影形状和渐变颜色

14 选择菜单图层→智能对象→转换为智能对象，双击“底部阴影”图层，调出图层样式面板，勾选“颜色叠加”选项，颜色设置为“RGB：#6e8f59”，如图 4.7.15 所示。

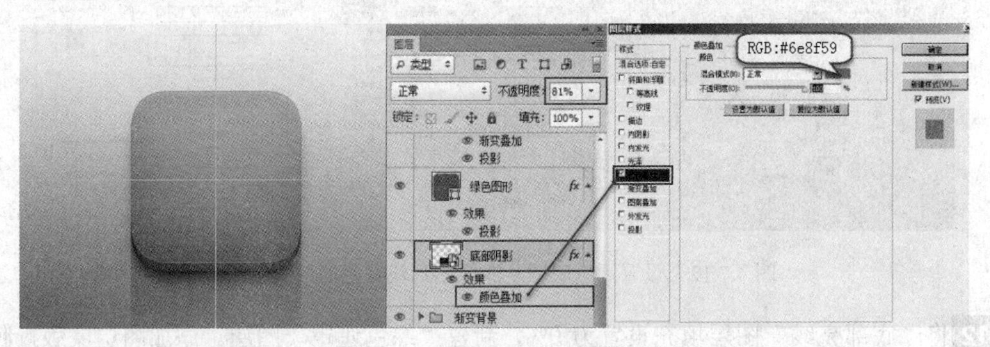

图 4.7.15　通过图层蒙版颜色叠加效果将阴影色彩变成绿色

15 选择滤镜→模糊→高斯模糊，设置模糊半径为 2.5 像素，效果如图 4.7.16 所示。

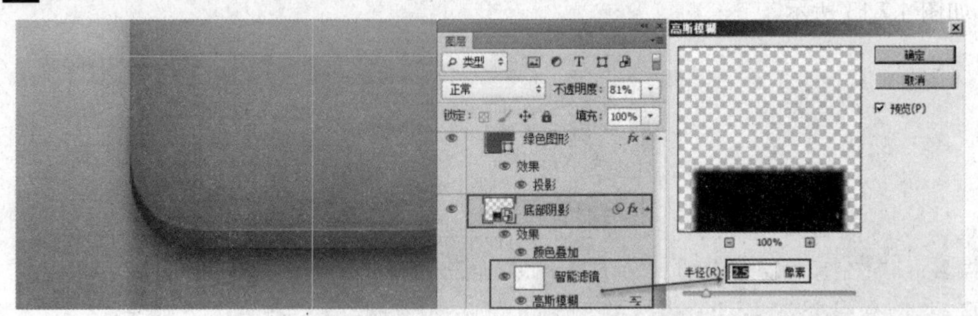

图 4.7.16　通过滤镜模糊效果的设置来柔和阴影边缘

16 选择“移动工具”将“底部阴影”图层向上移动到合适的位置，效果如图 4.7.17

所示。

图 4.7.17　对阴影位置进行调整移动到合适的位置

17 新建“电话”图层组，在“电话”图层组下方新建“电话图形”图层，使用工具箱中的“钢笔工具”，将颜色设置为“RGB：#e2f1d9”，属性选择“路径”，制作出电话的图形路径，再转化成选区，选择菜单图层→智能对象→转换为智能对象，如图 4.7.18 所示。

18 取消选区后，双击“电话图形”图层，调出图层样式面板，勾选“内阴影”选项，颜色设置为“RGB：#225511”，勾选“颜色叠加”选项，颜色设置为“RGB：#89d660”，不透明度设置为 20%，勾选“渐变叠加”选项，渐变颜色设置从黑色到白色的线性渐变，勾选“投影”选项，距离为“8 像素”，如图 4.7.19 所示。

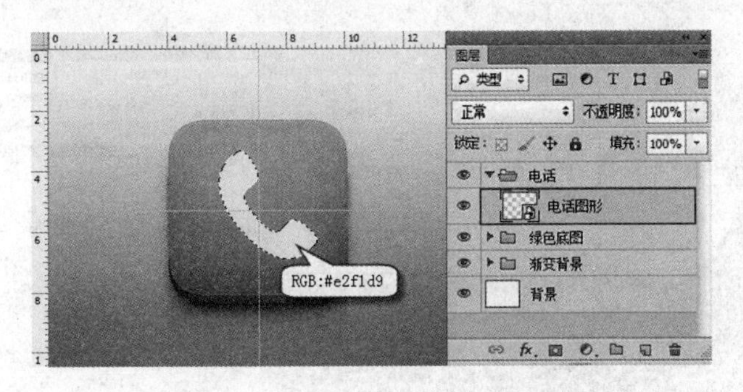

图 4.7.18　绘制电话的图形形状及颜色

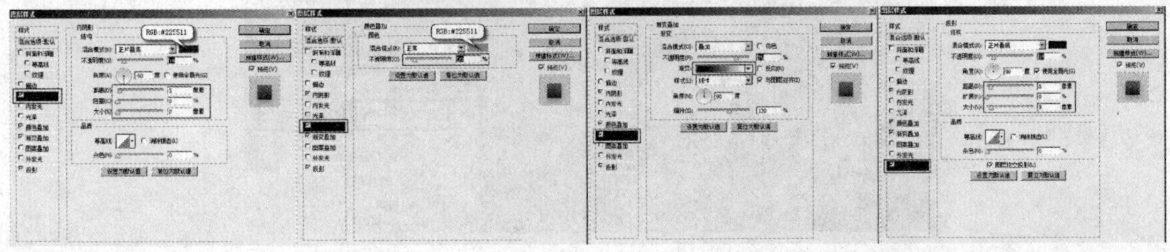

图 4.7.19　通过图层样式设置电话图标的厚度立体效果

19 按 Ctrl 键单击“电话图形”图层，调出电话图形的选择区，填充颜色“RGB：#e2f1d9”，在“电话图形”图层下方新建“电话阴影”图层，双击“电话阴影”图层，调出图层样式面板，勾选“投影”选项，颜色设置为“RGB：#429f24”，效果如图 4.7.20 所示。

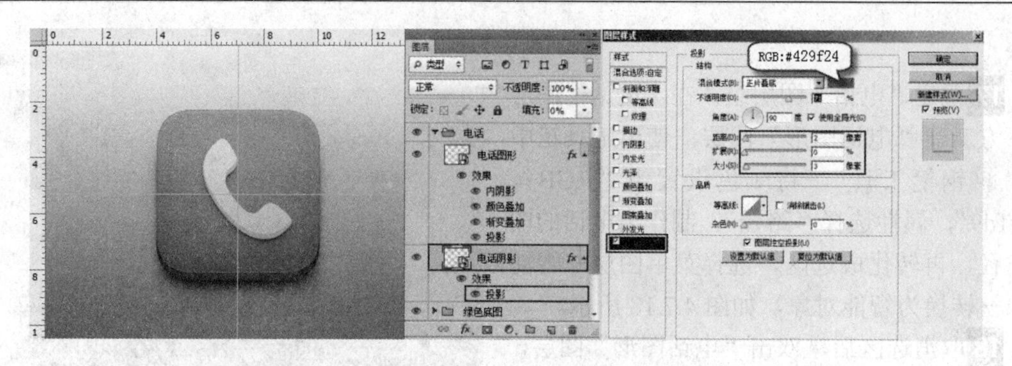

图 4.7.20 设置电话图标的阴影效果

20 保持电话图形的选择区，新建“加深阴影”图层，填充黑色，双击“加深阴影”图层，调出图层样式面板，勾选“颜色叠加”选项，颜色设置为“RGB：#315e22”，效果如图 4.7.21 所示。

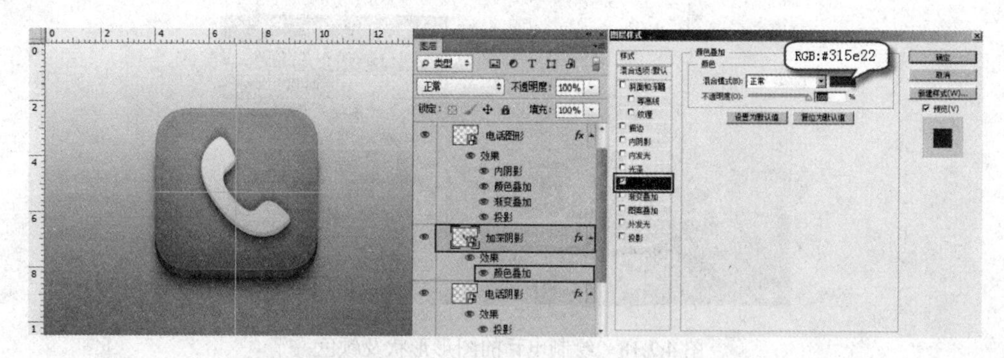

图 4.7.21 加深电话图标的阴影效果以增强立体感

21 给“加深阴影”图层添加图层蒙版，使用工具箱中的“画笔工具”，选择画笔为“柔边圆”，将前景色设置为黑色，在电话图形上方进行涂抹，将阴影以外的地方隐藏起来，效果如图 4.7.22 所示。

图 4.7.22 通过设置图层蒙版隐藏阴影以外的范围

22 按照步骤 19 的方法调出电话图形的选区，在“电话图形”图层上方新建“立体效果”图层，填充颜色“RGB：#e2f1d9”，双击“立体效果”图层，调出图层样式面板，勾选“内阴影”选项，效果如图 4.7.23 所示。

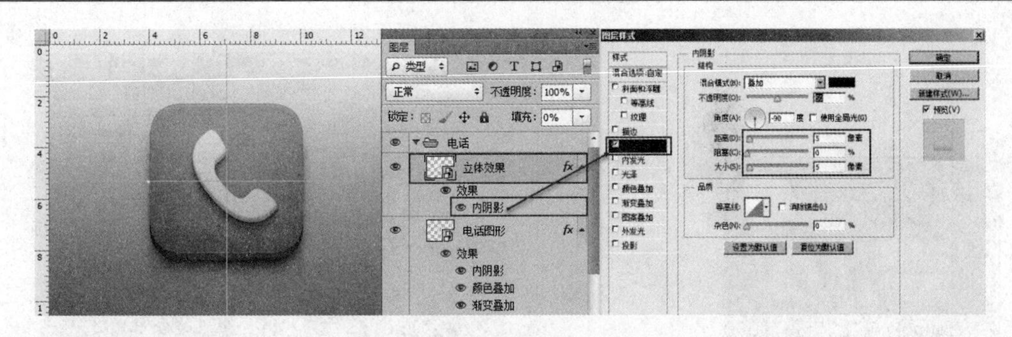

图 4.7.23 增强电话图标侧面的立体效果

23 单击图层面板上的“创建新的填充或调整图层”按钮，选择“亮度对比度”，将对比度设置为 35，将自动新建的图层修改名称为“整体提亮”，效果如图 4.7.24 所示。

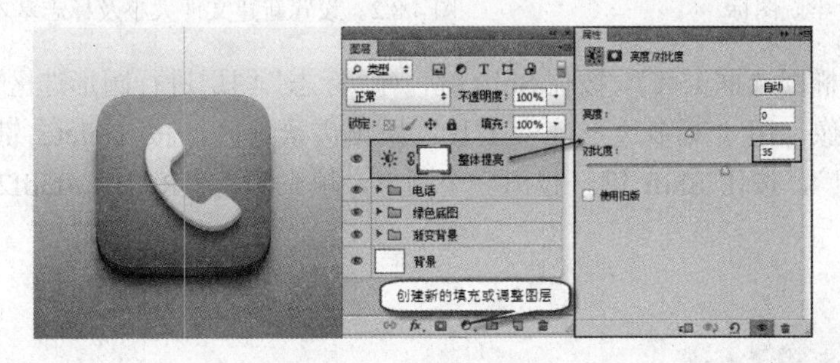

图 4.7.24 将画面颜色进行整体的提亮

24 最后整体效果如图 4.7.25 所示。

图 4.7.25 电话图表最后完成效果

4.8 学 院 图 标（见图 4.8.1）

➘制作步骤

01 新建一个 500×500 像素，分辨率为 72 像素/英寸，RGB 模式，背景为白色的图像文件，文件命名为“湖南工院标志”。选择“矩形选框工具”，按住 Shift 键，拉一个 10×10 像素的正方形选区。新建一个“标志”图层，将选区颜色填充为“RGB：#f5df26”。按组合键 Ctrl+R 调出标尺，使用“移动工具”拖出多根辅助线，设置如图 4.8.2 所示。

图 4.8.1　学院图标

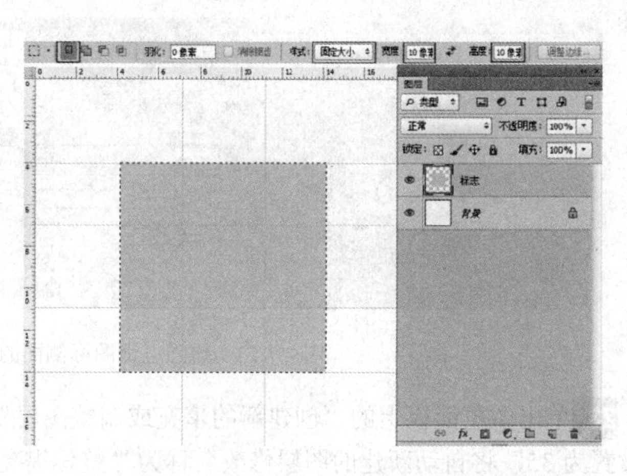

图 4.8.2　设置新建文件大小及标志基本形状

02 选择“椭圆选框工具”，按住 Shift 键，对“标志”图层进行圆形选区制作，按 Delete 键删除选区内图像，用“多边形套索工具”做锯齿状选区，按 Delete 键删除，再选择“椭圆选框工具”，按住 Shift 键，拉出一个圆形，填充颜色“RGB：#f5df26”，如图 4.8.3 所示。

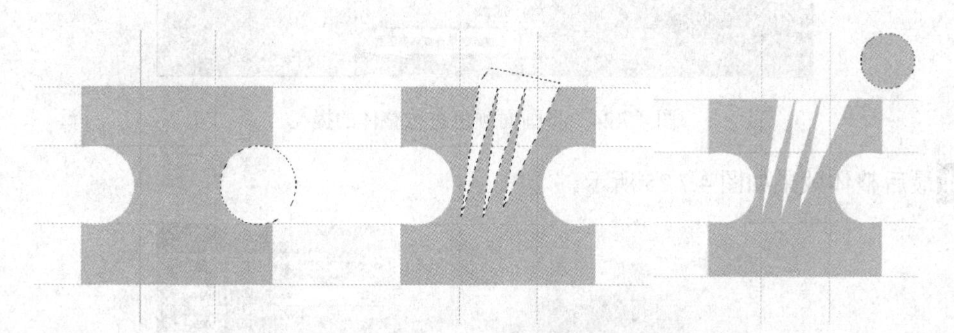

图 4.8.3　使用多种选区制作工具制作标志的图形

03 新建一个 110×110 像素，分辨率为 72 像素/英寸，RGB 模式，背景为透明的图像文件，文件命名为“湖南工院标志图标”。新建“标志底图”图层，选择“圆角矩形工具”，半径设置为 20 像素，制作一个圆角矩形，颜色设置为“RGB：#33ccff”，双击“标志底图”图层，调出图层样式面板，勾选“斜面与浮雕”选项，勾选“描边”选项，如图 4.8.4 所示。

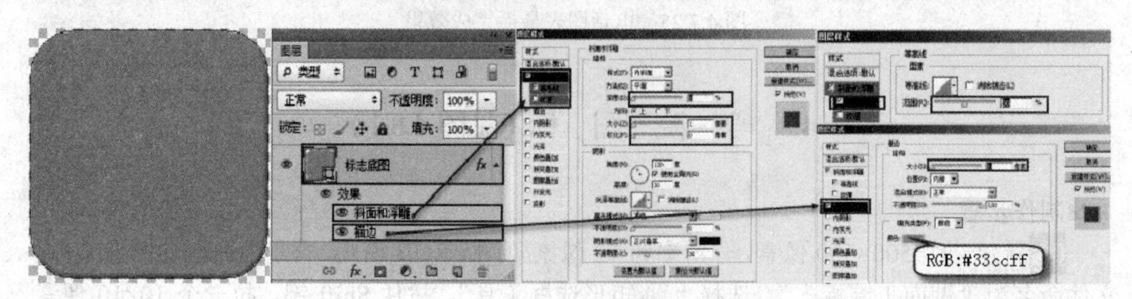

图 4.8.4　设置标志底图的浮雕立体效果

04 双击“标志底图”图层，调出图层样式面板，勾选“内阴影”选项，勾选“渐变叠加”

选项，设置颜色渐变为“从黑色到白色渐变效果”，勾选“投影”选项，如图 4.8.5 所示。

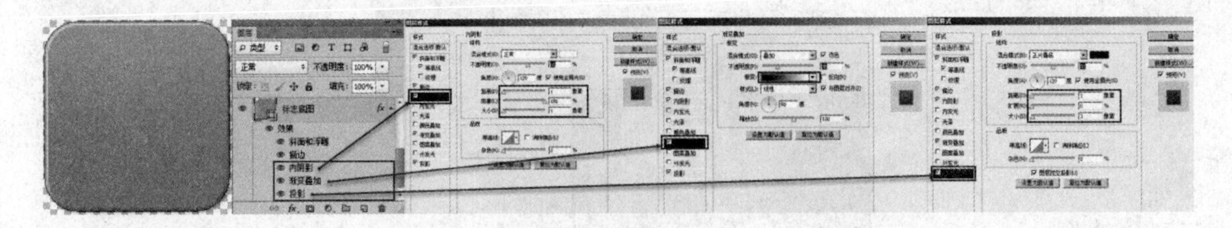

图 4.8.5　设置标志底图的光感立体效果

05 使用“移动工具”，将“湖南工院标志”文件中做好的标志拖到“湖南工院标志图标”文件中来，将图层名称修改为“标志”，按 Ctrl 键单击“标志”图层缩览图，调出选区，填充白色，按组合键 Ctrl+T 调出自由变换工具，调整到适合大小，如图 4.8.6 所示。

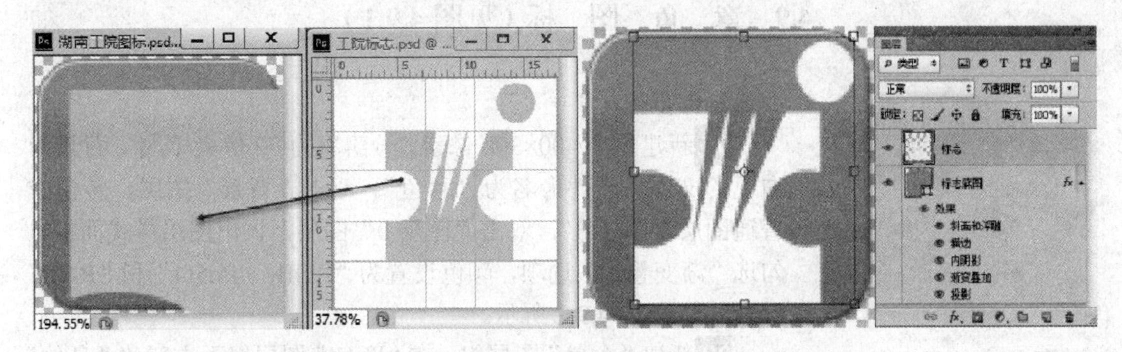

图 4.8.6　将制作好的标志拖到新文件中并调整到合适的大小

06 双击“标志”图层，调出图层样式面板，勾选“内阴影”选项，勾选“渐变叠加”选项，设置颜色渐变为“从黑色到白色渐变效果”，勾选“投影”选项，如图 4.8.7 所示。

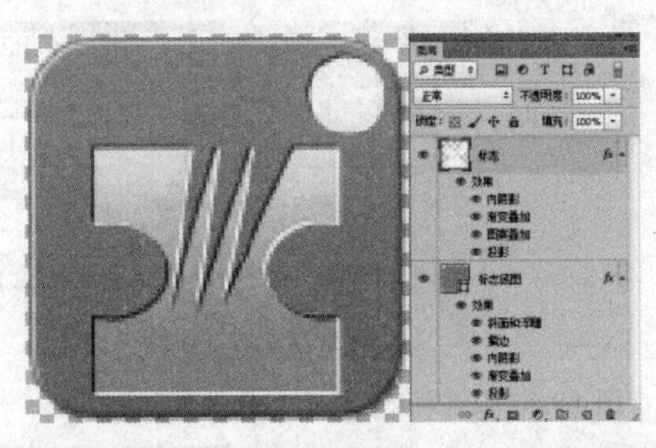

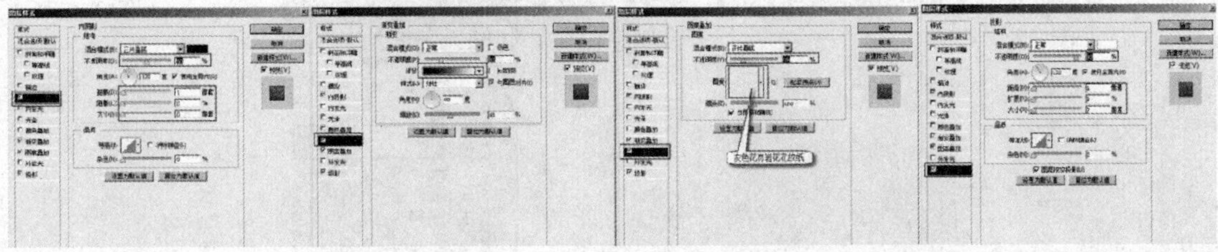

图 4.8.7　通过图层样式设置标志的浮雕及光感效果

07 最后整体效果如图 4.8.8 所示。

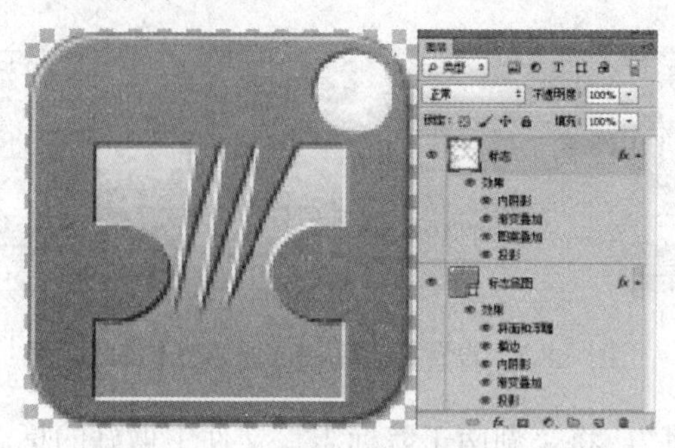

图 4.8.8 学院标志图标的整体效果

4.9 章 鱼 图 标（见图 4.9.1）

图 4.9.1 章鱼图标

↘制作步骤

01 新建一个 400×300 像素，分辨率为 72 像素/英寸，背景为白色的文件，文件命名为“章鱼”。双击“背景”图层，转换成普通图层“图层 0”，双击“图层 0”图层，调出图层样式面板，勾选“渐变叠加”选项，颜色设置为“RGB：#ffe5f4”和“RGB：#fff8fc”，如图 4.9.2 所示。

02 新建“章鱼”图层组，在“章鱼”图层组下方新建“身体”图层。选择“移动工具”拉出一条中心辅助线，选择“圆角工具”，设置工具模式为“形状”，颜色设置为“RGB：#ffe3f3”，拉出一个圆形图形，设置如图 4.9.3 所示。

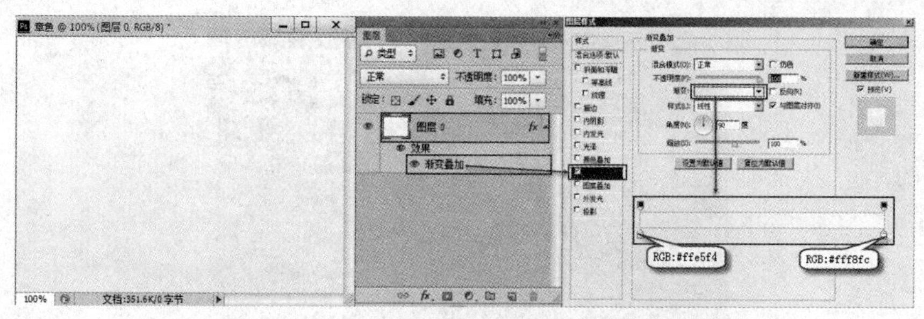

图 4.9.2 设置新建文件大小及背景渐变色彩

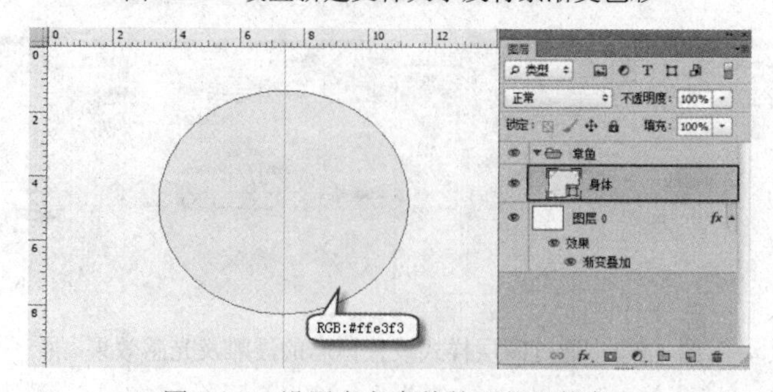

图 4.9.3 设置章鱼身体的形状和颜色

03 复制“身体”图层，修改得到“身体暗面”图层，将颜色改为“RGB：#8e5475”，添加图层蒙版，选择“画笔工具”，设置属性为“柔边圆”，颜色设置为黑色，在蒙版状态下进行大面积的喷绘，如图 4.9.4 所示。

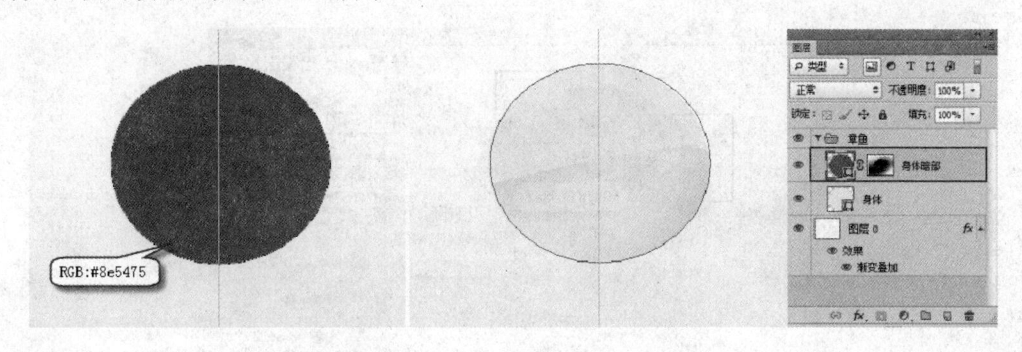

图 4.9.4　创建身体部分的阴影效果

04 新建“头巾”图层，使用工具箱中的“钢笔工具”，属性选择“形状”，将颜色设置为“RGB：#ea68b4”，制作头巾的形状路径后，双击“头巾”图层，调出图层样式面板，勾选“斜面和浮雕”，颜色设置为“RGB：#ed80c0”，勾选“投影”选项，颜色设置为“RGB：#9c1564”，如图 4.9.5 所示。

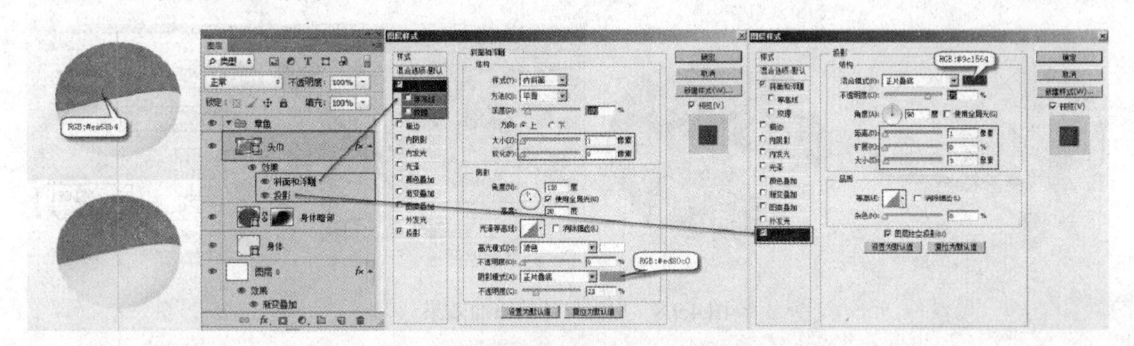

图 4.9.5　通过图层样式设置帽子的浮雕效果和阴影

05 复制“头巾”图层得到“头巾厚度”图层，选择“移动工具”将复制后的头巾向上移动一点，双击“头巾厚度”图层，调出图层样式面板，勾选“内阴影”选项，颜色设置为“RGB：#951661”，勾选“外发光”选项，颜色设置为“RGB：#ffc2e7”，勾选“投影”选项，颜色设置为“RGB：#d260a4”，添加图层蒙版，选择“画笔工具”，设置属性为“柔边圆”，在蒙版状态下进行大面积的喷绘，颜色设置为黑色，图层面板上填充设置为 0，如图 4.9.6 所示。

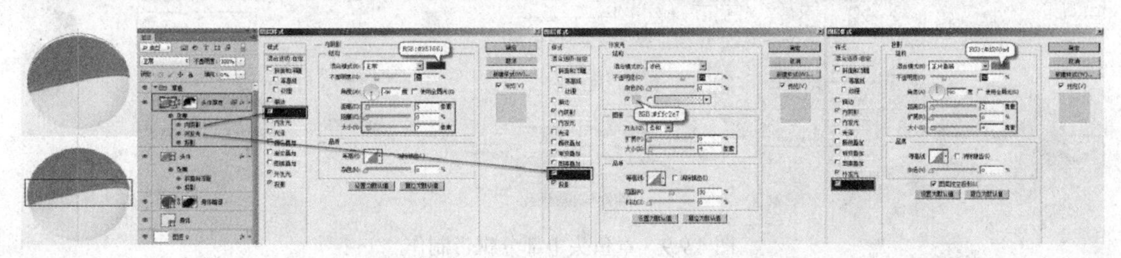

图 4.9.6　通过图层样式和图层蒙版工具设置帽子的边缘厚度

06 新建“头巾上的斑点”图层，选择“圆角工具”，设置工具模式为“形状”，颜色设置为“RGB：#f7d3e7”，在帽子上拉出大小不一的圆形，选择菜单图层→智能对象→转换成智能对象，如图 4.9.7 所示。

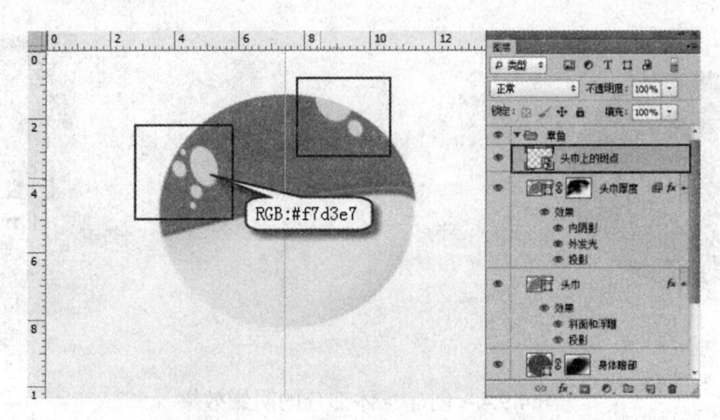

图 4.9.7　设置帽子上面的圆形斑点

07 复制“身体”图层得到“身体明暗”图层，选择“椭圆工具”，设置工具模式为“形状”，颜色设置为“RGB：#ffe3f3”，双击“身体明暗“图层，调出图层样式面板，勾选“斜面和浮雕”选项，颜色设置为“RGB：#951661”，图层面板上填充设置为 0，如图 4.9.8 所示。

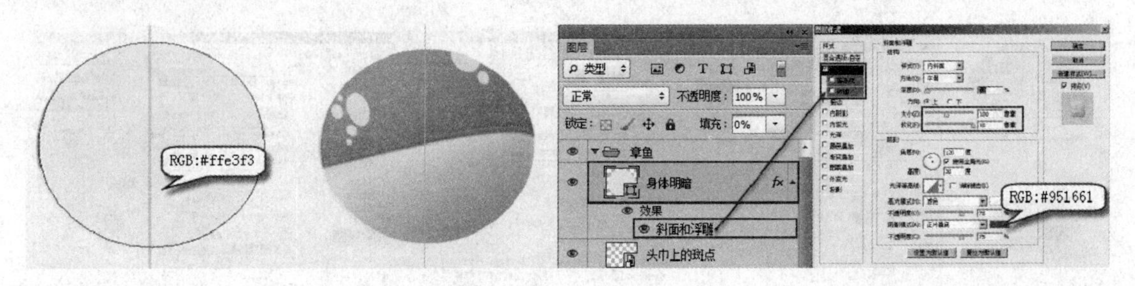

图 4.9.8　加强身体的暗面效果

08 在“图层 0”上新建“头巾飘带”图层组，新建“飘带上”图层，使用工具箱中的“钢笔工具”，属性选择“形状”，将颜色设置为“RGB：#e361ac”，双击“身体明暗”图层，调出图层样式面板，勾选“斜面和浮雕”选项，颜色设置为“RGB：#ed80c0”，勾选“投影”选项，颜色设置为“RGB：#9c1564”，制作上面部分飘带，如图 4.9.9 所示。

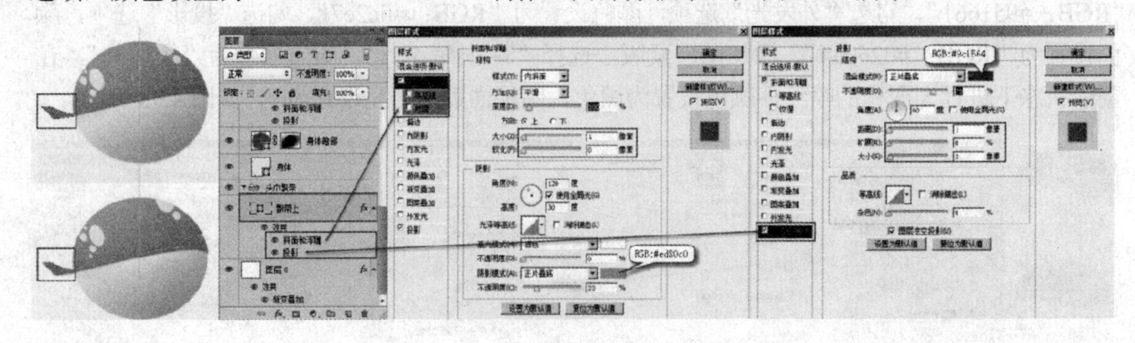

图 4.9.9　章鱼头巾部分飘带制作

09 新建“飘带上暗面”图层，使用工具箱中的“钢笔工具”，属性选择“形状”，将颜色设置为“RGB：#a4296f”，制作飘带暗面的图形形状，双击“飘带上暗面”图层，调出图层样式面板，勾选“内阴影”选项，勾选“投影”选项，设置如图 4.9.10 所示。

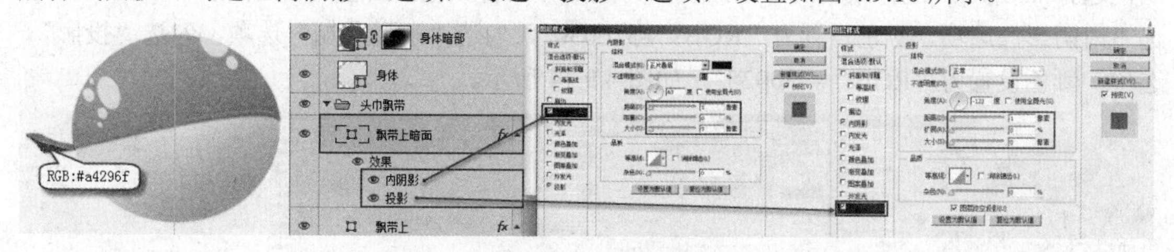

图 4.9.10 设置飘带暗面的颜色和投影效果

10 用同样的手法制作“飘带下”图层，添加图层蒙版，制作飘带下的阴影和亮面，如图 4.9.11 所示。

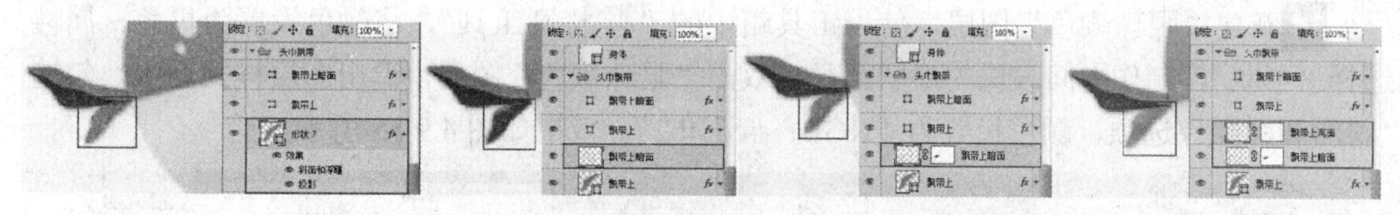

图 4.9.11 通过图层蒙版将飘带中的暗面亮面颜色与底图进行融合

11 用同样的手法将上半部分飘带的阴影和亮面结合图层样式和图层蒙版制作出来，如图 4.9.12 所示。

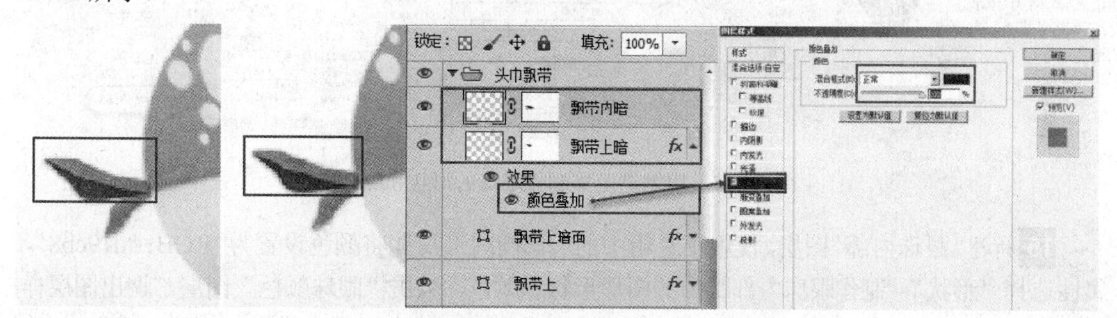

图 4.9.12 设置上半部分飘带的暗面和亮面效果

12 在“章鱼”图层组内新建“左眼”图层，使用工具箱中的“钢笔工具”，将颜色设置为黑色，属性选择“形状”，制作眼睛的形状路径后，添加图层蒙版，使用工具箱中的“画笔工具”，选择画笔为“硬边圆”，将前景色设置为黑色，在蒙版状态下对眼帘以外的部分进行黑色颜色的喷涂，效果如图 4.9.13 所示。

图 4.9.13 通过图层蒙版制作睫毛的形状

13 新建“眼睛颜色”图层，使用工具箱中的“钢笔工具”，将颜色设置为“RGB: #ffdff1”，属性选择“形状”，制作眼睛的形状路径后，双击“眼睛颜色”图层，调出图层样式面板，勾选“内阴影”选项，颜色设置为“RGB：#510030”，勾选“渐变叠加”选项，勾选“投影”选项，颜色设置为“RGB：#430025”，如图 4.9.14 所示。

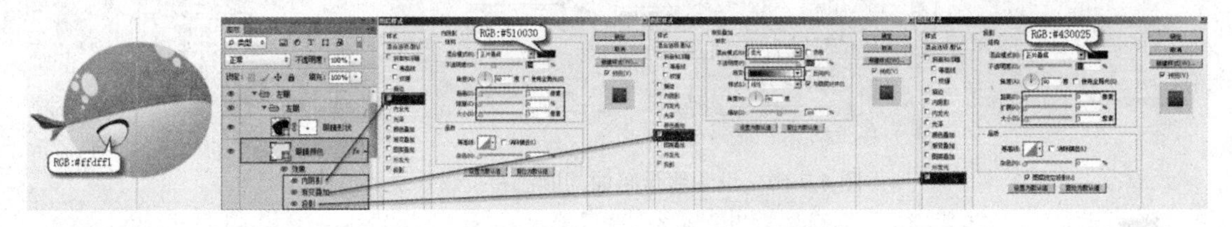

图 4.9.14　设置眼睛的形状颜色和投影效果

14 新建“眼珠颜色”图层，使用工具箱中的“椭圆工具”，将颜色设置为黑色，属性选择“形状”，制作中间眼珠的形状路径，双击“眼珠颜色”图层，调出图层样式面板，勾选“斜面和浮雕”选项，颜色设置为“RGB：#cd8fb2”，效果如图 4.9.15 所示。

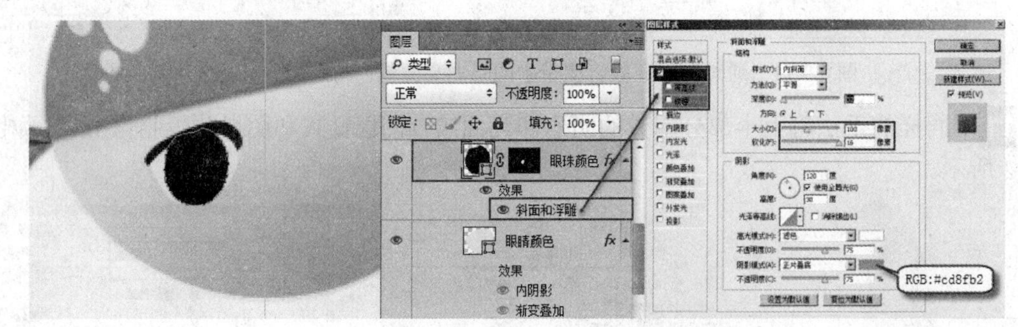

图 4.9.15　用钢笔工具制作眼珠的形状和颜色

15 新建“眼珠内部”图层，使用工具箱中的“椭圆工具”，将颜色设置为“RGB: #d19cb8”，属性选择“形状”，制作眼珠内部眼白的图形形状和颜色，双击“眼珠颜色”图层，调出图层样式面板，勾选“斜面和浮雕”选项，勾选“内阴影”选项，颜色设置为“RGB：#c3e8f6”，勾选“内发光”选项，颜色设置为“RGB：#92bacb”，勾选“渐变叠加”选项，设置如图 4.9.16 所示。

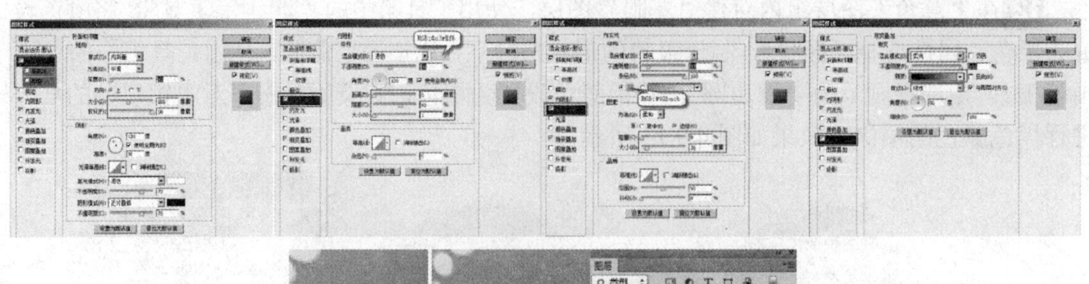

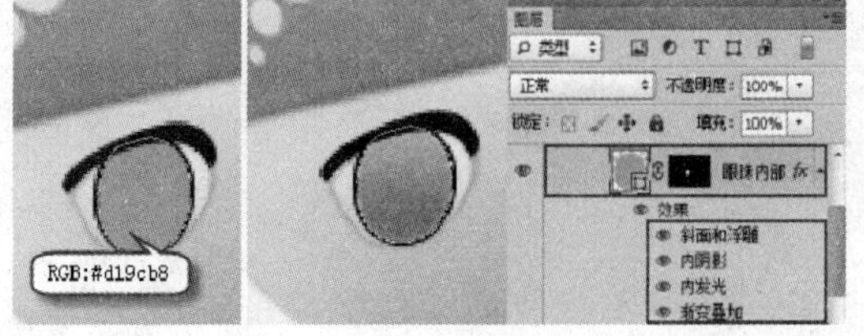

图 4.9.16　设置眼白部分的渐变颜色效果和内阴影等效果

16 新建“瞳孔”图层，使用工具箱中的“椭圆工具”，将颜色设置为“RGB：#25101c”，属性选择“形状”，制作眼珠内部的图形形状和颜色，双击“眼珠颜色”图层，调出图层样式面板，勾选“内阴影”选项，勾选“内发光”选项，颜色设置为“RGB：#c994b0”，勾选“投影”选项，颜色设置为“RGB：#e6c4d7”，如图 4.9.17 所示。

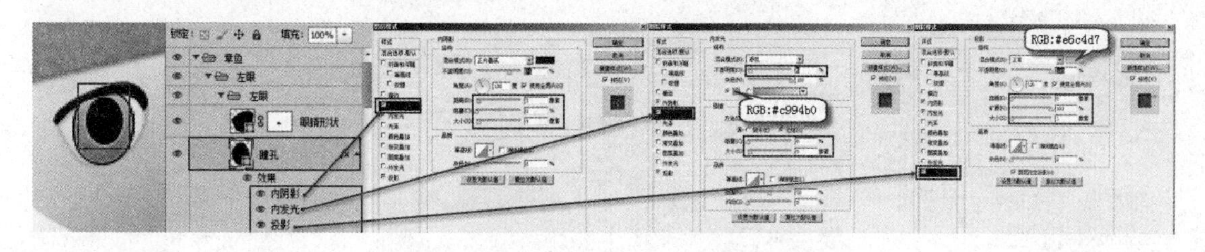

图 4.9.17　制作瞳孔的颜色和阴影效果

17 新建“瞳孔高光 1”图层，使用工具箱中的“椭圆工具”，将颜色设置为白色，制作眼珠左上方圆形形状的高光区域，选择菜单图层→智能对象→转化成智能对象，再选择菜单滤镜→模糊→高斯模糊，模糊值设置为“0.5 像素”，用同样的手法制作下方的高光，如图 4.9.18 所示。

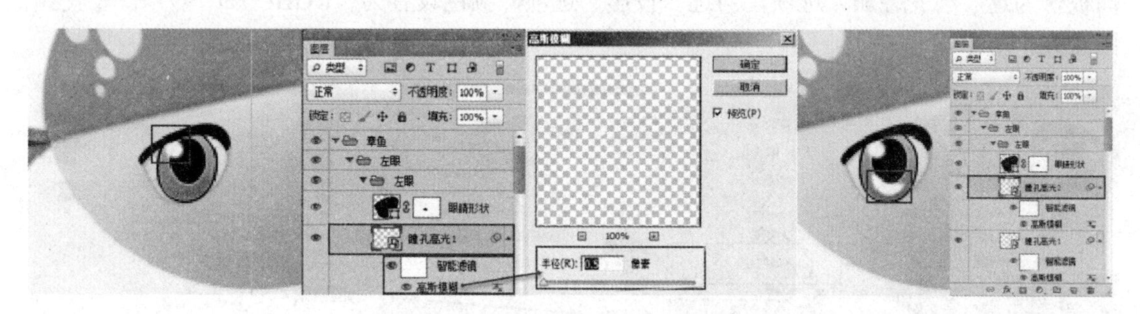

图 4.9.18　制作瞳孔高光的颜色和模糊效果

18 复制“左眼”图层组，用“移动工具”移动到辅助线右边对应的位置，按组合键 Ctrl+T 调出“自由变换工具”，单击鼠标右键，选择“水平翻转”，得到对称的右眼，修改图层组名称为“右眼”图层组，如图 4.9.19 所示。

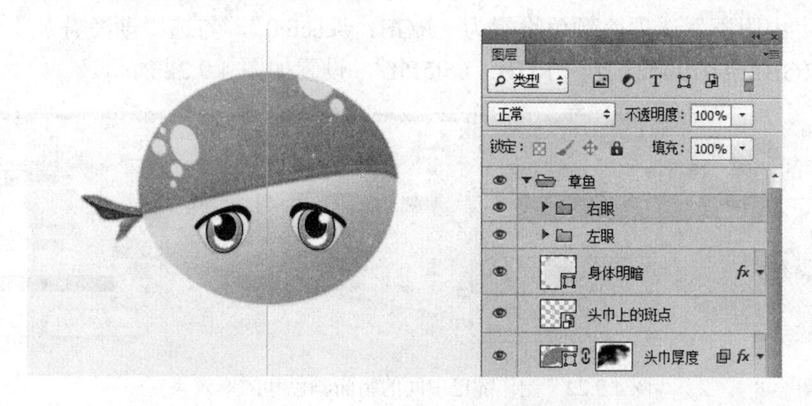

图 4.9.19　制作对称的右眼图层组

19 新建“嘴巴”图层组，在“嘴巴”图层组内新建“嘴巴形状”图层，使用工具箱中的

“椭圆工具”，将颜色设置为“RGB：#fce6f3”，绘制一个椭圆形，双击“嘴巴形状”图层，调出图层样式面板，勾选“斜面和浮雕”选项，颜色设置为“RGB：#cd8fb2”，勾选“内阴影”选项，颜色设置为“RGB：#d89abe”勾选“投影”选项，颜色设置为“RGB：#e0c5d4”，设置如图 4.9.20 所示。

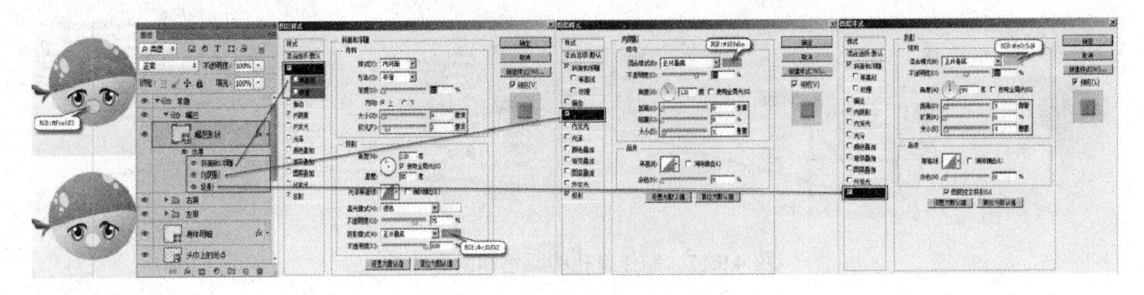

图 4.9.20　制作嘴巴的形状和颜色

20 在“嘴巴形状”图层下方新建“嘴巴阴影”图层，使用工具箱中的“椭圆工具”，将颜色设置为“RGB：#e5b0cd”，绘制一个椭圆形，双击“嘴巴阴影”图层，调出图层样式面板，勾选“渐变叠加”选项，勾选“投影”选项，颜色设置为“RGB：#ad7997”，设置如图 4.9.21 所示。

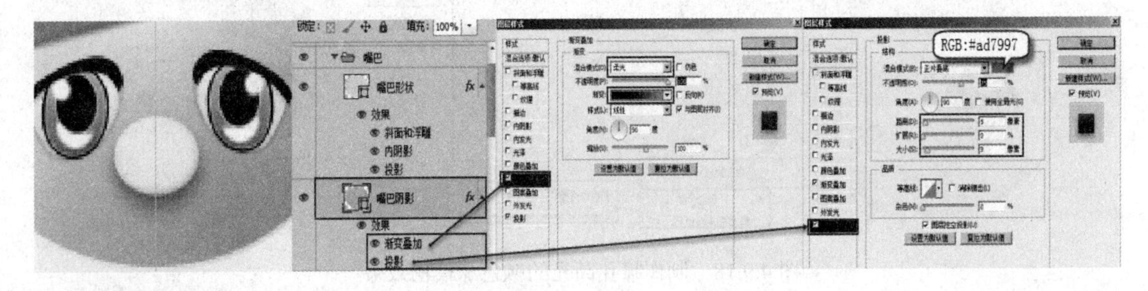

图 4.9.21　制作嘴巴的阴影颜色

21 在“嘴巴形状”图层上方新建“嘴巴暗面”图层，使用工具箱中的“椭圆工具”，将颜色设置为“RGB：#e3b5ce”，绘制一个椭圆形，双击“嘴巴暗面”图层，调出图层样式面板，勾选“内阴影”选项，颜色设置为“RGB：#eecfe0”，勾选“渐变叠加”选项，颜色设置为从“RGB：# 070002”到“RGB：#5f5f5f”，设置如图 4.9.22 所示。

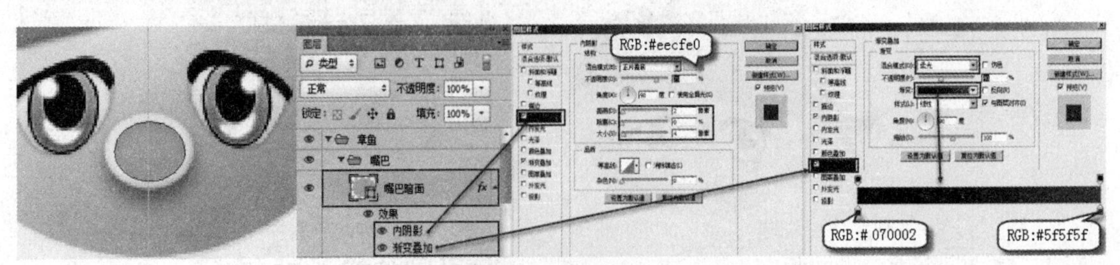

图 4.9.22　制作嘴巴中间的暗面颜色和阴影效果

22 新建“左边第一条腿”图层组，里面新建“左腿形状”图层，使用工具箱中的“钢笔工具”，将颜色设置为“RGB：#f0c6de”，属性选择“形状”，绘制一个腿部的图形，双击

“左腿形状”图层，调出图层样式面板，勾选“斜面和浮雕”选项，颜色设置为“RGB: #cd8fb2”，设置如图 4.9.23 所示。

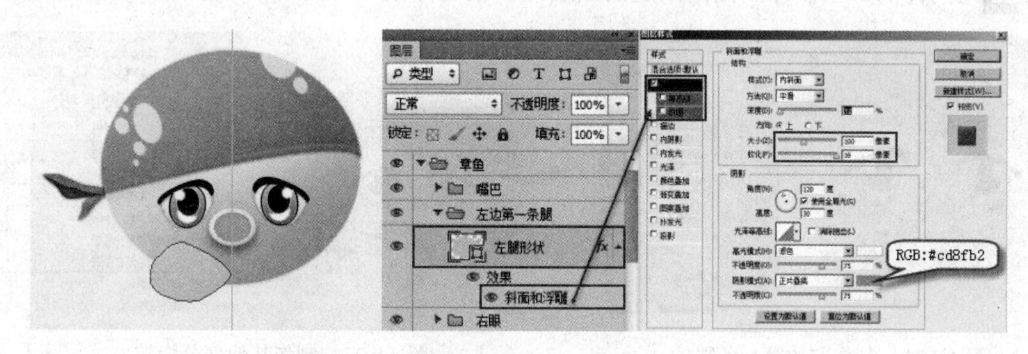

图 4.9.23　制作左边第一条腿的形状和颜色

23 复制“左腿形状”图层为“左腿暗面”图层，将颜色设置改为“RGB：#b5357f”，添加图层蒙版，使用工具箱中的“画笔工具”，选择画笔为“柔边圆”，将前景色设置为黑色，在蒙版状态下对腿部四周进行黑色颜色的喷涂，设置如图 4.9.24 所示。

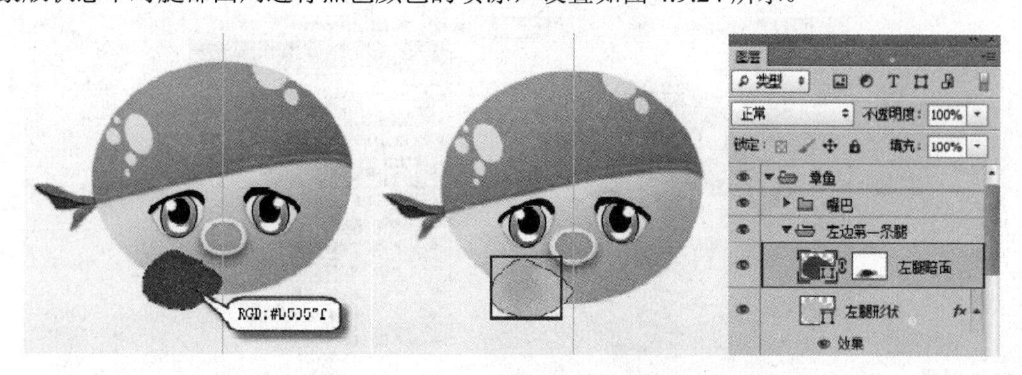

图 4.9.24　制作左腿上方的阴影效果

24 新建“腿根部阴影”图层，使用工具箱中的“画笔工具”，选择画笔为“硬边圆”，将颜色设置为“RGB：#975e7c”，对腿根部四周进行颜色的绘制，双击“腿根部阴影”图层，调出图层样式面板，勾选“内阴影”选项，颜色设置为“RGB：#dab3cb”，勾选“颜色叠加”选项，颜色设置为“RGB：#9b6381”，勾选“投影”选项，最后添加图层蒙版，填充黑色，使用“画笔工具”，选择画笔为“柔边圆”，将颜色设置为“RGB：#999999”，对腿根部进行涂抹，设置如图 4.9.25 所示。

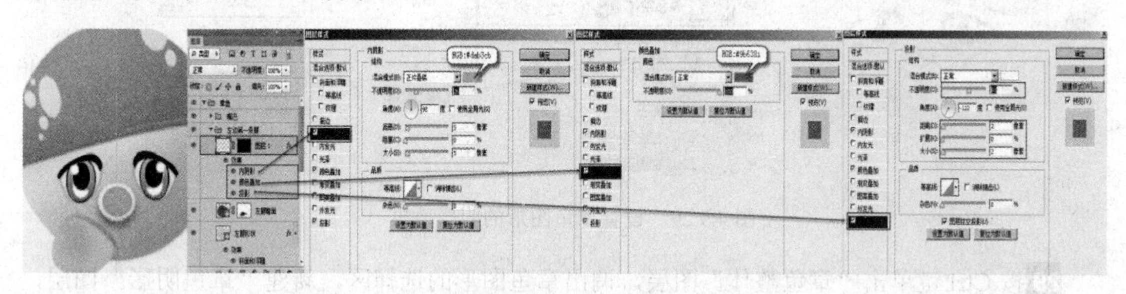

图 4.9.25　制作腿根部的阴影效果

25 用同样的方法制作“右边第一条腿”图层组，设置如图 4.9.26 所示。

26 用同样的方法制作后面两条腿的图层组，设置如图 4.9.27 所示。

图 4.9.26　制作右边第一条腿的形状和阴影效果　　图 4.9.27　制作其他部分腿的形状和阴影效果

27 按组合键 Ctrl+Shift+Alt+E 图章盖印一个新的“章鱼整体”图层，选择“魔棒工具”在背景上点选制作选择区，按 Delete 删除背景，如图 4.9.28 所示。

图 4.9.28　将制作好的章鱼图形作为一个图层存储下来

28 双击“章鱼整体”图层，调出图层样式面板，勾选“投影”选项，颜色设置为“RGB：# ab849b”，如图 4.9.29 所示。

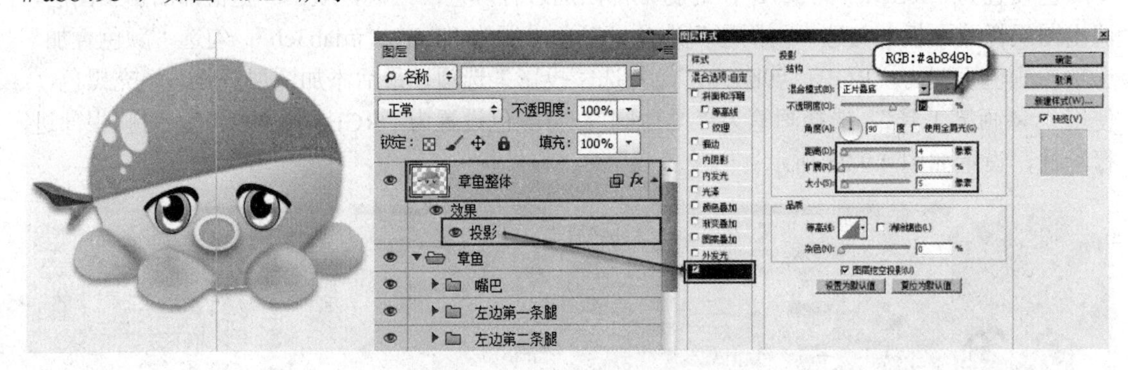

图 4.9.29　设置章鱼图形的阴影效果

29 按 Ctrl 键单击“章鱼整体”图层，调出章鱼图形的选择区，新建“章鱼阴影”图层，填充颜色设置为“RGB：#935477”，选择菜单滤镜→模糊→高斯模糊，模糊值设置为 12 像素，对图像进行模糊，如图 4.9.30 所示。

图 4.9.30　扩大章鱼图形的阴影效果

30 复制“章鱼整体”图层得到“章鱼整体副本”图层，选择菜单图层→智能对象→转换成智能对象，选择菜单滤镜→锐化→USM 锐化，半径设置为 4.1 像素，对图像进行锐化，如图 4.9.31 所示。

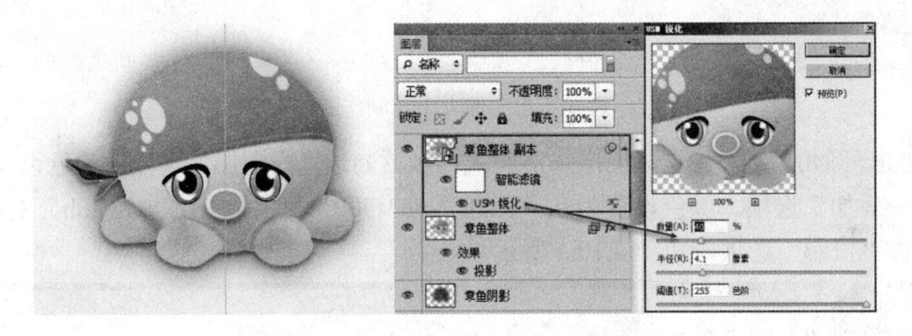

图 4.9.31　章鱼图形进行锐化让图像更清晰

31 最后整体效果如图 4.9.32 所示。

图 4.9.32　章鱼图形最后整体效果

4.10　保卫萝卜游戏图标

《保卫萝卜》是一款由开发商“凯罗天下”开发的超萌塔防小游戏。游戏中有 14 种防御塔和 48 个挑战性十足的关卡，还有 3 套精美的主题包，从天际到丛林，再到沙漠，“保卫萝卜”游戏图标如图 4.10.1 所示。

图 4.10.1　保卫萝卜游戏图标

➘制作步骤

01 新建一个 300×300 像素，分辨率为 72 像素/英寸，背景为透明的文件，文件命名为“胡萝卜图标”。新建“底图”图层组，在“底图”图层组下方新建“圆角矩形”图层，选择“圆角矩形工具”，属性栏颜色设置为白色，工具模式为“形状”，半径为“50 像素”，制作一个圆角矩形图形，如图 4.10.2 所示。

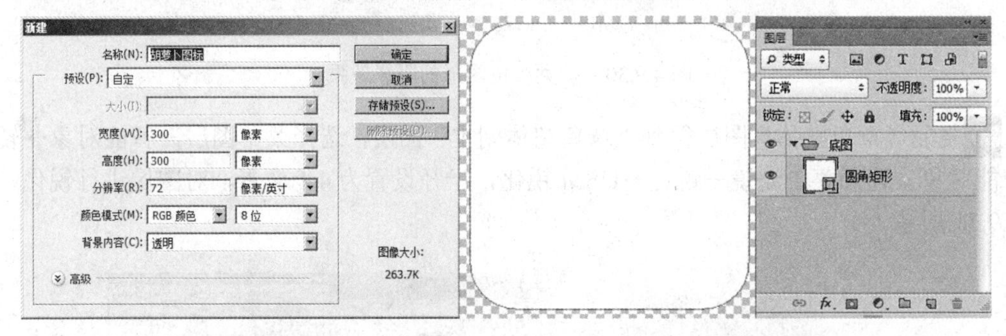

图 4.10.2　设置新建文件大小及制作圆角矩形底图

02 双击“圆角矩形”图层，调出图层样式面板，勾选“内阴影”选项，颜色设置为白色，勾选“渐变叠加”选项，颜色设置为从“RGB：#63f500”到“RGB：#1b6a0b”对称的线性渐变，勾选“投影”选项，如图 4.10.3 所示。

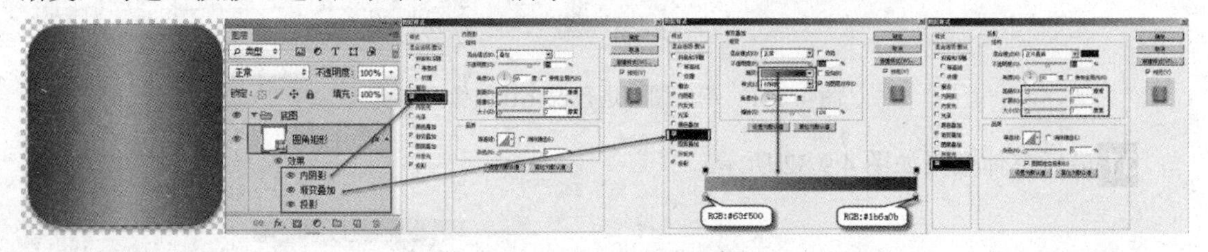

图 4.10.3　制作圆角矩形的颜色和投影效果

03 新建“椭圆”图层，选择“椭圆工具”，设置属性栏颜色设置为白色，在绿色圆角矩形中间拉出一个正圆形图形，双击“椭圆”图层，调出图层样式面板，勾选“渐变叠加”选项，设置渐变编辑器为“前景色到背景色渐变”，设置渐变的位置及颜色分别为“位置：0%，RGB：#fbffea”、“位置：14%，RGB：#6dd15f”、“位置：100%，RGB：#378d04”，勾选“投影”选项，设置如图 4.10.4 所示。

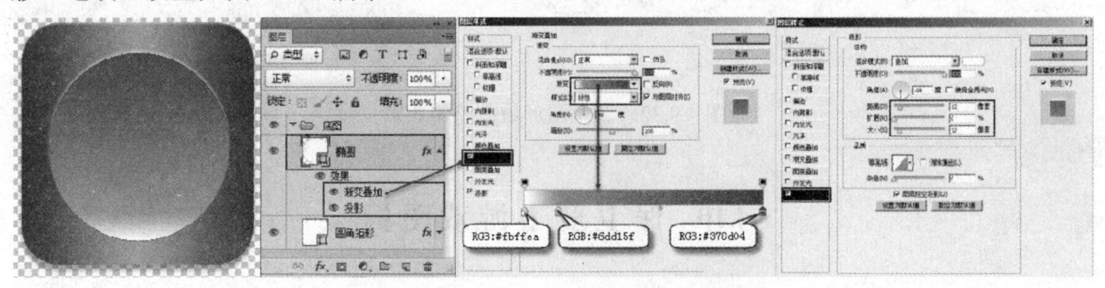

图 4.10.4　制作椭圆图形的颜色和投影效果

04复制“椭圆”图层得到“椭圆副本”图层，将颜色设置修改为“RGB：#012401”，效果如图4.10.5所示。

图4.10.5 设置中间的圆形图形显示底图的立体效果

05新建“花纹1”图层，选择工具箱中的“钢笔工具”，属性栏工具模式设置“形状”，颜色设置为“RGB：#065500”，保持钢笔工具不变，结合Ctrl键和Alt键（Ctrl键：显现和移动锚点；Alt键：通过调节大锚点和小锚点改变曲线段的形状），绘制花纹的图形形状，复制花纹得到一个一样的图形，按组合键Ctrl+T调出自由变换工具，旋转移动到合适位置，效果如图4.10.6所示。

图4.10.6 通过钢笔工具绘制花纹的形状和颜色

06双击“花纹1”图层，调出图层样式面板，勾选“内发光”选项，设置渐变编辑器中“黑色到透明色渐变”，勾选“投影”选项，效果如图4.10.7所示。

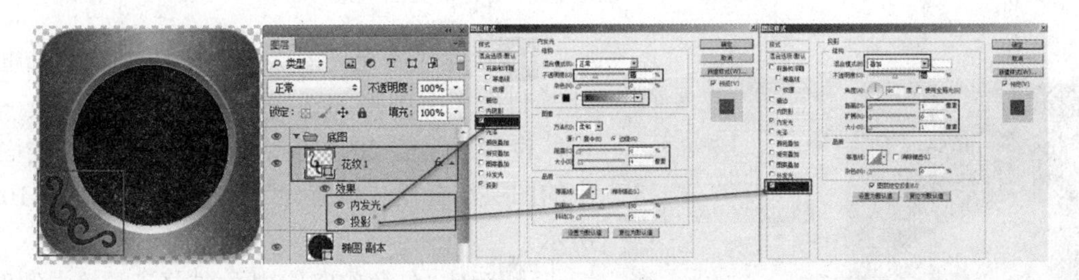

图4.10.7 通过图层样式选项设置花纹的内发光和投影效果

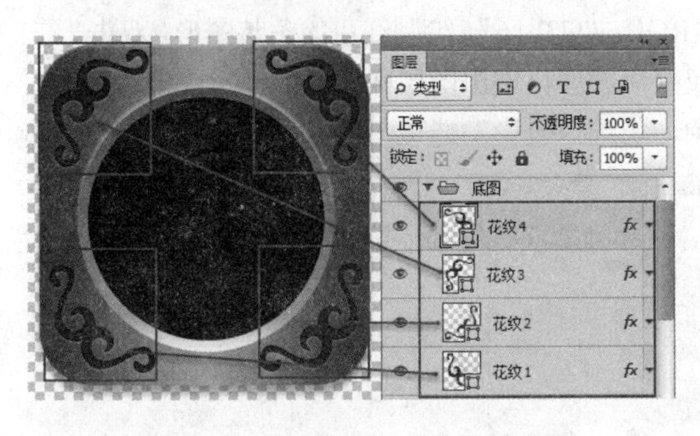

图4.10.8 制作其他部分的花纹效果

07选择“移动工具”，按Alt键复制“花纹1”，按组合键Ctrl+T调出自由变换工具，旋转移动到合适位置，按同样的方法制作其他对角的花纹，效果如图4.10.8所示。

08新建“萝卜”图层组，在“萝卜”图层组下方新建“形状”图层，选择工具箱中的“钢笔工具”，属性栏工具模式设置“形状”，颜色设置为“RGB：#e73d03”，绘制半边胡萝卜的图形，双击“形状”图层，调出图层样式面板，勾选“内阴影”选项，颜色设置为“RGB：#ffdb49”，效果如图 4.10.9 所示。

图 4.10.9　制作胡萝卜的形状和颜色

09 新建“亮面”图层，选择“椭圆选框工具”制作一个圆形的选区，选择菜单→修改→羽化，设置羽化值 20 像素，填充白色，按 Ctrl 键单击“形状”图层缩览图，调出萝卜选择区，选择菜单选择→反向，按 Delete 键删除选区以外的图像，双击“亮面”图层，调出图层样式面板，勾选“渐变叠加”选项，颜色设置为“RGB：# fb8426”、“RGB：#ffc962”，效果如图 4.10.10 所示。

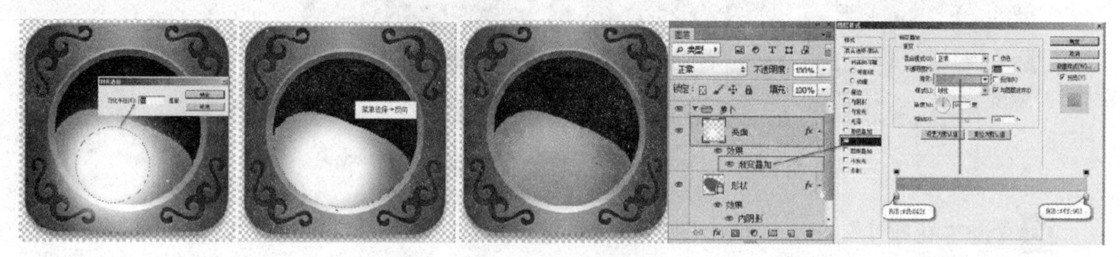

图 4.10.10　制作胡萝卜身体的亮面效果

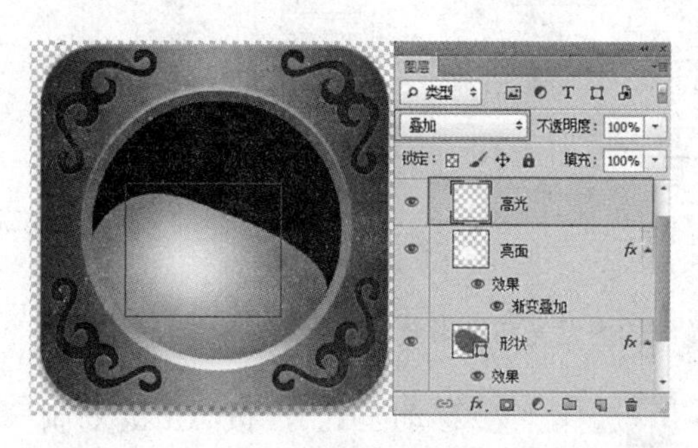

图 4.10.11　增强胡萝卜身体的亮面效果

10 新建“高光”图层，选择“椭圆选框工具”制作一个圆形的选区，选择菜单→修改→羽化，设置羽化值 20 像素，填充白色，将图层面板中的图层混合模式设置为“叠加”，效果如图 4.10.11 所示。

11 新建“红色纹路”图层，选择工具箱中的“钢笔工具”，属性栏工具模式设置“形状”，颜色设置为“RGB: #f73b16”，绘制红色的条装图形，双击“红色纹路”图层，调出图层样式面板，勾选“内阴影”选项，勾选“投影”选项，效果如图 4.10.12 所示。

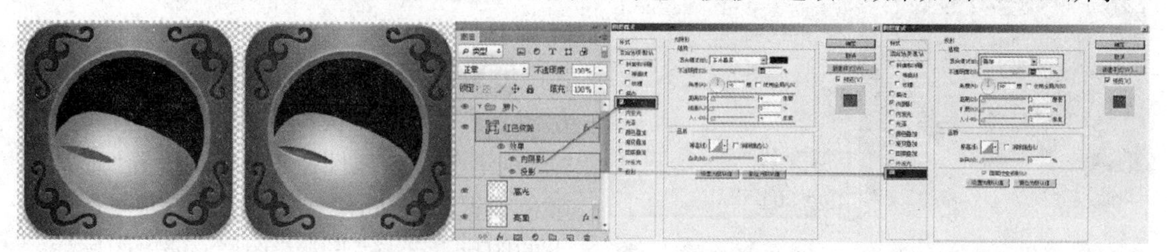

图 4.10.12　绘制胡萝卜身体上的条纹形状和颜色

12选择“移动工具”，按Alt键复制“红色纹路”得到一个一样的图形，自动新建“红色纹路副本”图层，将图形移动到“红色纹路”图形下方，保持钢笔工具不变，结合Ctrl键和Alt键，对红色纹路图形路径进行调节，效果如图4.10.13所示。

图4.10.13 复制胡萝卜身体上的条纹形状和颜色

13复制“形状”图层，得到“形状副本”图层，双击“形状副本”图层，调出图层样式面板，勾选“内阴影”选项，设置如图4.10.14所示。

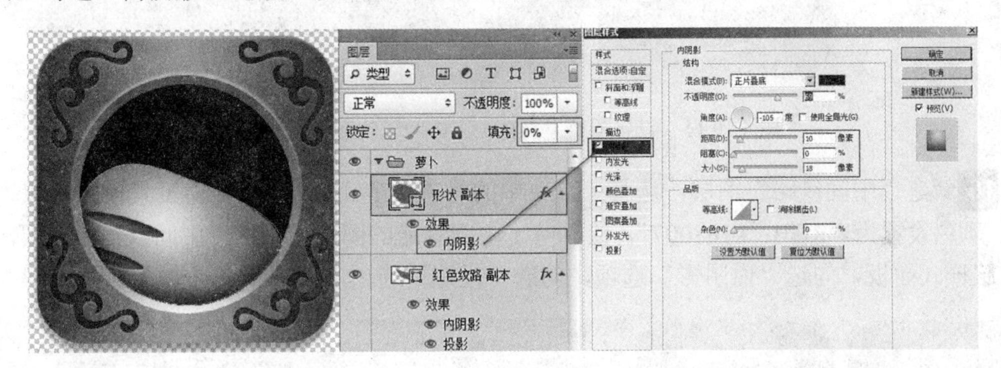

图4.10.14 设置胡萝卜身体下方的阴影效果

14新建“高光1”图层，选择“椭圆选框工具”制作一个圆形的选区，选择菜单→修改→羽化，设置羽化值10像素，填充白色，用同样的方法制作“高光1”图层，将图层面板中的不透明度设置为64%，设置如图4.10.15所示。

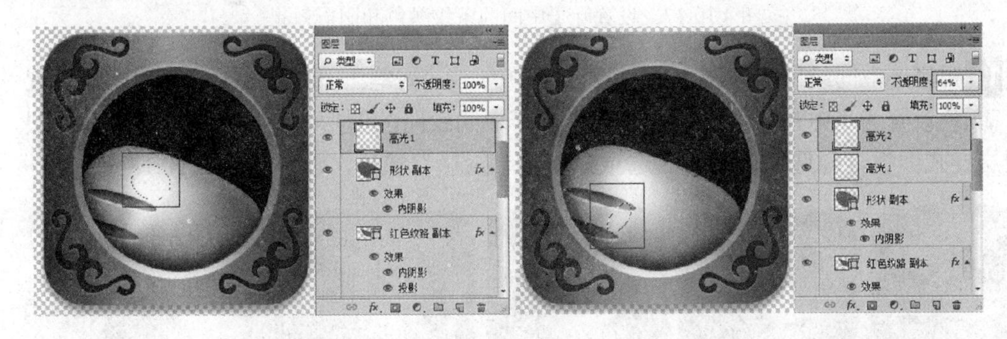

图4.10.15 设置胡萝卜身体上方的高光效果

15新建“叶子”图层组，在“叶子”图层组下方新建“中间叶子”图层，选择工具箱中的“钢笔工具”，属性栏工具模式设置“形状”，颜色设置为“RGB：#474747”，绘制叶子的图形，双击“中间叶子”图层，调出图层样式面板，勾选“描边”选项，颜色设置为“RGB：

#134601”，勾选“内阴影”选项，颜色设置为“RGB：#92ff32”，勾选“渐变叠加”选项，颜色设置为“RGB：#14a004”和“RGB：#dafa57”，勾选“投影”选项，颜色设置为“RGB：#134700”，设置如图 4.10.16 所示。

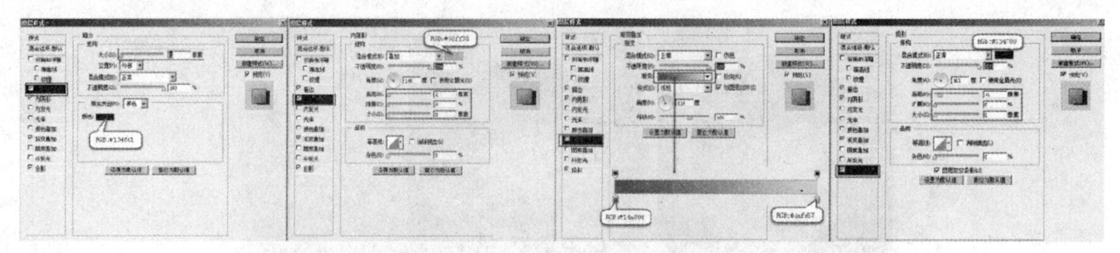

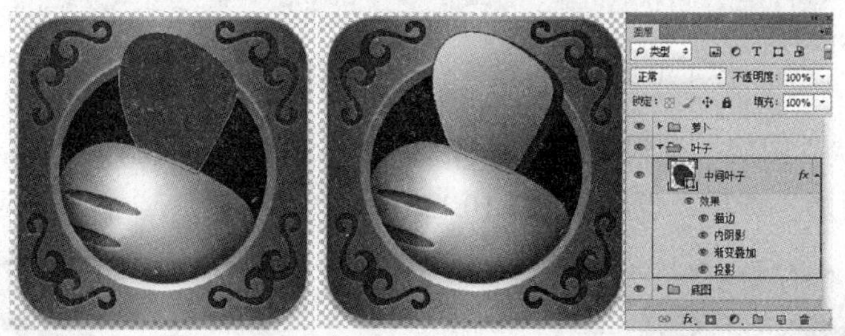

图 4.10.16 设置胡萝卜身体上方的叶子的形状和颜色

16 新建“中间纹路”图层，选择工具箱中的“钢笔工具”，属性栏工具模式设置“形状”，颜色设置为“RGB：#188007”，绘制叶子中间纹路的图形，双击“中间纹路”图层，调出图层样式面板，勾选“内阴影”选项，勾选“投影”选项，设置如图 4.10.17 所示。

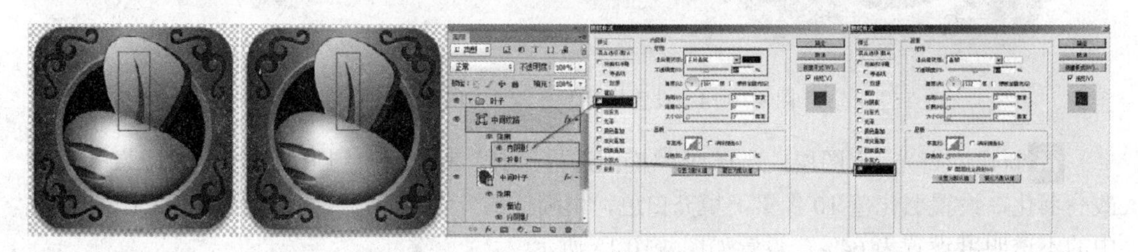

图 4.10.17 设置叶子中间的条纹颜色和阴影效果

17 新建“中间纹路”图层，选择工具箱中的“钢笔工具”，属性栏工具模式设置“形状”，颜色设置为“RGB：#188007”，绘制叶子中间纹路的图形，双击“中间纹路”图层，调出图层样式面板，勾选“内阴影”选项，勾选“投影”选项，设置如图 4.10.18 所示。

图 4.10.18 设置其他叶子形状及中间纹路颜色阴影效果

18 复制“萝卜”图层组中的“形状”图层，得到“萝卜阴影”图层，双击“萝卜阴影”

图层，调出图层样式面板，勾选“投影”选项，设置如图 4.10.19 所示。

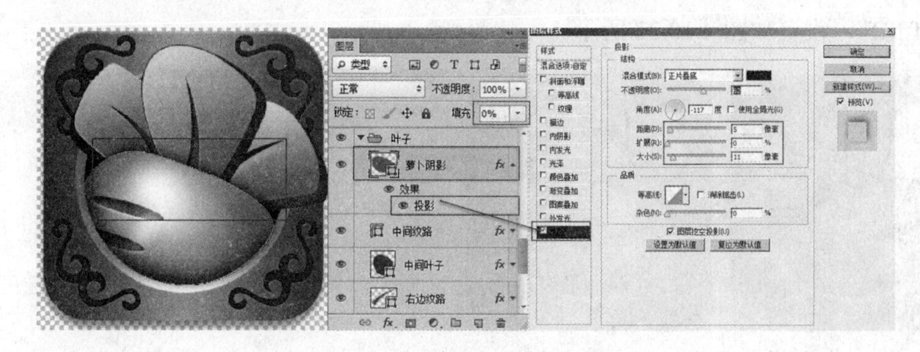

图 4.10.19 设置胡萝卜上方的阴影效果

19新建“中间叶子阴影”图层，选择“椭圆选框工具”制作一个椭圆形的选区，选择菜单→修改→羽化，设置羽化值 5 像素，选择“渐变工具”，设置前景色为黑色，设置渐变效果“从前景色到透明色渐变”，在选区中从里到外拉一个径向渐变效果，按组合键 Ctrl+T 调出自由变换工具，旋转移动到合适位置，设置如图 4.10.20 所示。

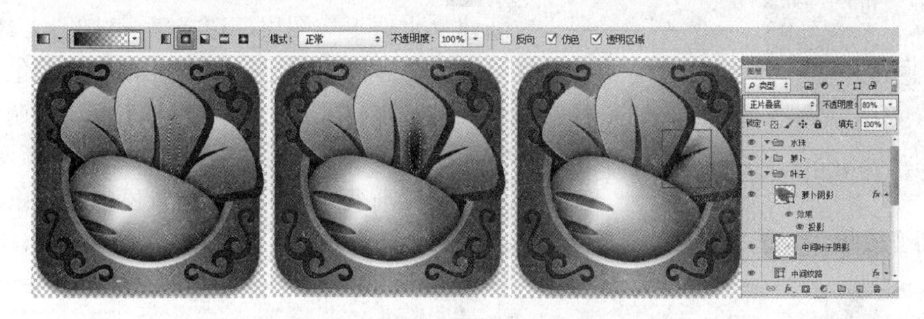

图 4.10.20 设置中间叶子的阴影效果

20复制“叶子”图层组中的“中间叶子”图层，得到“中间叶子副本”图层，双击“中间叶子副本”图层，调出图层样式面板，勾选“投影”选项，颜色设置为“RGB：#0c4700”，如图 4.10.21 所示。

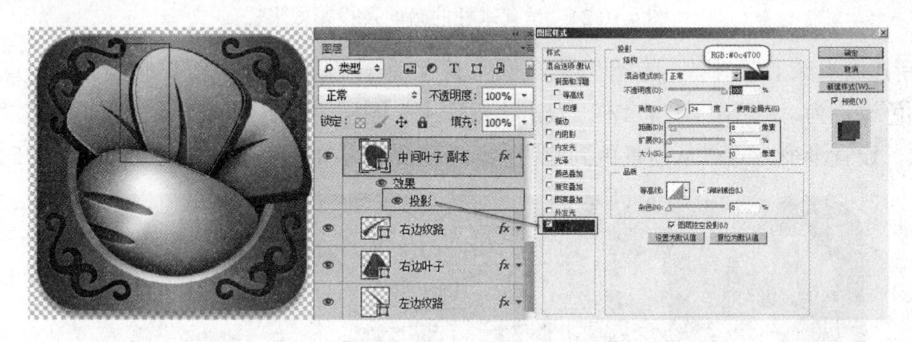

图 4.10.21 增加中间叶子的厚度

21新建“左边叶子高光”图层，按 Ctrl 键单击“左边叶子”图层缩览图，调出左边叶子选择区，选择菜单→修改→羽化，设置羽化值 2 像素，填充白色，按组合键 Ctrl+T 调出自由变换工具，缩小移动到合适位置，双击“左边叶子高光”图层，调出图层样式面板，勾选“渐变叠加”选项，设置渐变的位置及颜色分别为“位置：39%，RGB：#ffffff”、“位置：100%，RGB：#ffffff”，设置如图 4.10.22 所示。

图 4.10.22　设置左边叶子的高光效果

图 4.10.23　设置中间叶子上方的高光效果

22 新建“中间叶子高光”图层和“顶部高光”图层，使用同样的方法，制作中间叶子的高光部分，效果如图 4.10.23 所示。

23 新建“水珠”图层组，在“水珠”图层组下方新建“水珠下”图层，选择“椭圆工具”，属性设置为“形状”，制作一个圆形路径，颜色设置为“RGB：#474747”，双击“水珠下”图层，调出图层样式面板，勾选“内阴影”选项，勾选“渐变叠加”选项，设置渐变方式为“从前景色到透明色渐变”的线性渐变效果，勾选“投影”选项，效果如图 4.10.24 所示。

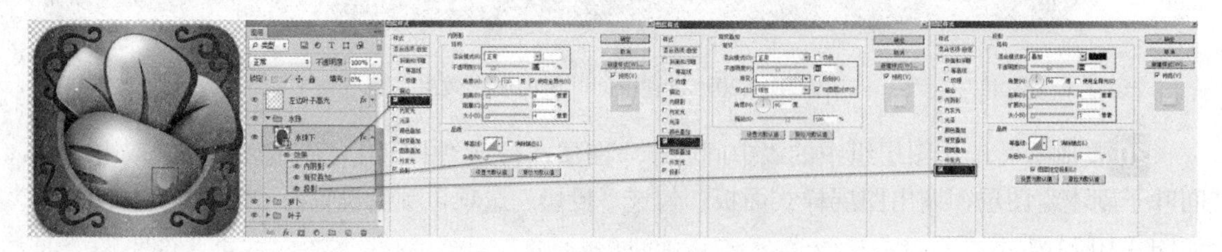

图 4.10.24　设置水柱的暗面及投影效果

24 新建“水珠上”图层，选择“椭圆工具”，属性设置为“形状”，制作一个小点的圆形路径，颜色设置为“RGB：#474747”，双击“水珠上”图层，调出图层样式面板，勾选“渐变叠加”选项，设置渐变方式“从前景色到透明色渐变”的线性渐变效果，效果如图 4.10.25 所示。

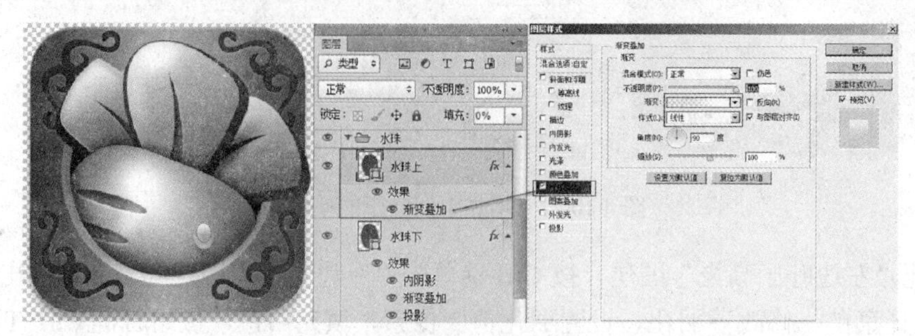

图 4.10.25　通过图层样式设置水柱高光的渐变效果

25 按 Shift 键选择“水珠上”图层和“水珠下”图层，复制两个图层得到一个新的水珠图形，按组合键 Ctrl+T 调出自由变换工具，缩小移动到合适位置，效果如图 4.10.26 所示。

26 使用同样的方法制作其他水珠效果，通过复制图层、添加图层样式阴影选项等方式添加叶子的阴影部分，最后整体效果如图 4.10.27 所示。

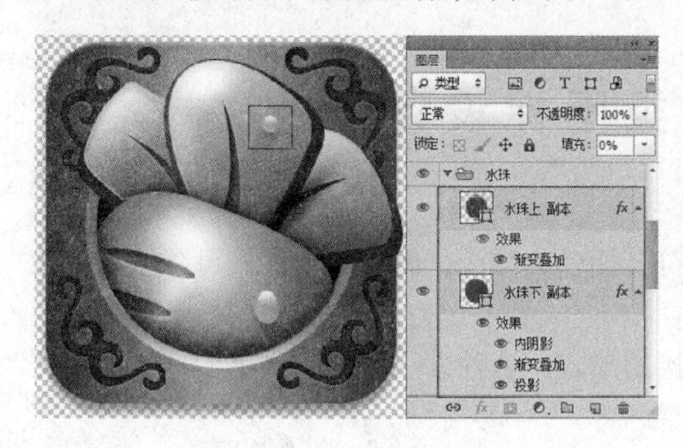

图 4.10.26 复制水珠效果

图 4.10.27 胡萝卜图标最后的整体效果

第5章　文字类图标设计

文字类图标是用中文、外文或数字及常用符号加以装饰变化而成的。大概可总结以下几种方法制作文字类图标。

（1）连接法：结合字体特征，将笔画相连接的形式，这种方法加强了文字图标的整体统一性。

（2）简化法：根据字体特点，合理地简化字体部分的笔画，这种方法使图标给人更多的想象空间，但有时会影响识别性。

（3）象征法：将字体的笔画进行象征性演变的方法，使图标更加形象。

（4）演变法：结合字体特征，改变字体笔画的表现特征，以取得新的视觉效果。

（5）印章法：采用中国传统印章为底纹或元素的方法，使图标传承悠久的历史文化。

（6）书法法：把中国书法融入标志设计中的一种方法。这种方法突出了民族性，同时给人一种很强的文化气息。

5.1　Google LOGO图标

美国斯坦福大学的博士生拉里·佩奇和谢尔盖·布林在1998年创立了Google搜索引擎公司，Google通过自己的公共站点www.google.com提供服务，公司还为信息内容供应商提供联合品牌的网络搜索解决方案。取名时取的其实是数学名词“古戈尔”——googol，它代表10的100次方，即数字1后跟100个零，常指巨大的数字的谐音。这显然是一个野心勃勃的创业梦想，用创始人佩奇的话说：“我们的任务就是要对世界上的信息编组”。Google LOGO图标如图5.1.1所示。

➘制作步骤

01 在Photoshop CS6中按组合键Ctrl+N新建一个文档，在弹出的“新建”对话框中，输入名称为“Google”，大小为220像素×80像素，背景内容为“透明”，单击“确定”按钮，如图5.1.2所示。

图5.1.1　谷歌LOGO图标

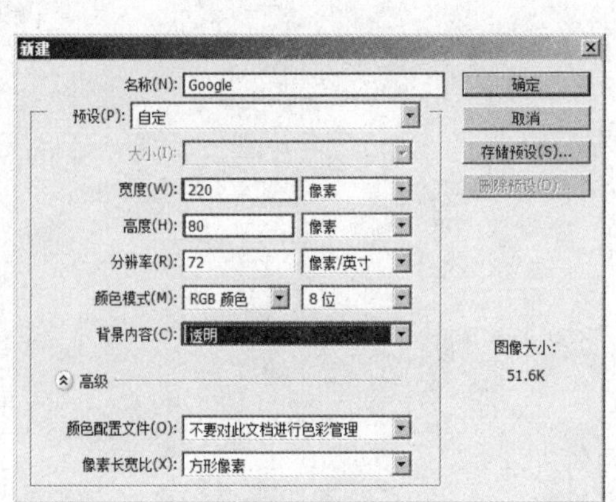

图5.1.2　新建文档

02在工具箱中单击“T横排文字工具”，在文字工具栏，设置字体为“Book Antiqua”，文字大小为60点，在画布中输入文字“Google”，如图5.1.3所示。

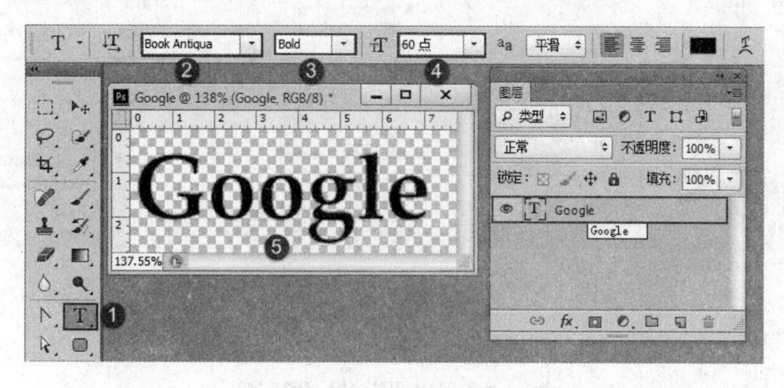

图5.1.3 创建“Google”文本

03按相同的方法输入文字“TM”，字号为11点，放置在Google文字的右上方，颜色为黑色，它的含义是商标，如图5.1.4所示。

04在图层面板选择“Google”图层，在工具箱单击“矩形选框工具”框选“G”，按组合键Ctrl+C复制，再按组合键Shift+Ctrl+N新建一个图层，然后按组合键Shift+Ctrl+V原位粘贴到新图层，按组合键Shift+F5设置填充颜色为蓝色（RGB：#1851ce），如图5.1.5所示。

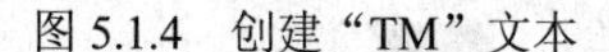
图5.1.4 创建“TM”文本

图5.1.5 将字母“G”单独复制到新图层并填充颜色

05按相同的方法将Google的每个字母分别复制到不同的图层，其中第1个“O”的颜色是红色RGB：#c61800，第2个“O”的颜色是黄色RGB：#efba00，“g”的颜色是蓝色RGB：#1851ce，“l”的颜色是绿色RGB：#1ba823，“e”的颜色是红色RGB：#c61800，最后按Shift键选择以上7个文字图层，按组合键Ctrl+E合并图层，将合并后的图层命名为“彩色谷歌”，同时将“Google”文字隐藏，如图5.1.6所示。

图5.1.6 将“Google”字母每个字母分层复制并填充不同颜色

06双击“彩色谷歌”图层，打开“图层样式”对话框，分别设置“斜面和浮雕”、“投影”的混合效果，具体设置参数如图5.1.7所示。

07按组合键Ctrl+S将文件保存为“Google.psd”，再按组合键Shift+Ctrl+S将文件保存为“Google.jpg”。

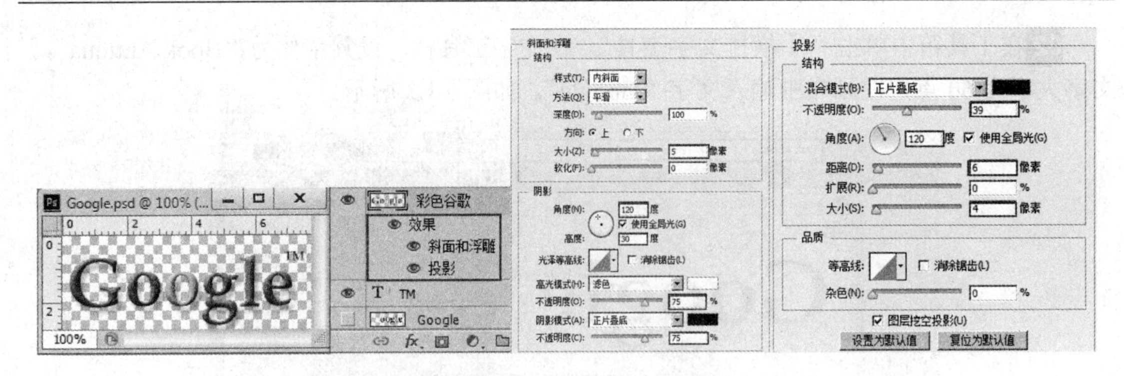

图 5.1.7　设置 Google 文字的混合效果

5.2　IE 浏览器图标

微软的 IE 浏览器是所有浏览器的鼻祖，是最早出来的。IE 浏览器的图标就是 e，这个 e，是 Internet explorer 中 explorer 的开头字母，Internet explorer 的意思为因特网探索工具，翻译的非常形象，e 代表探索者。标志为一个有倾斜包围环的天蓝色小写 e，如图 5.2.1 所示。

制作步骤

01 新建一个 110×110 像素，分辨率为 72 像素/英寸，背景为透明的文件，文件命名为“IE 浏览器图标”。使用工具箱中的“T 文本工具”，输入黑色英文字母“e”，得到“e”图层，按组合键 Ctrl+T 调出自由变换工具，缩放到合适的大小，如图 5.2.2 所示。

图 5.2.1　IE 浏览器图标

图 5.2.2　设置新建文件大小及输入文字

02 双击“e”图层，调出图层样式面板，勾选“斜面和浮雕”选项，颜色设置为“RGB：#1f85c9”、“RGB：#0e6785”。勾选“渐变叠加”选项，设置渐变颜色为从“RGB：#1b6bae”到“RGB：#00a2ff”的线性渐变效果，如图 5.2.3 所示。

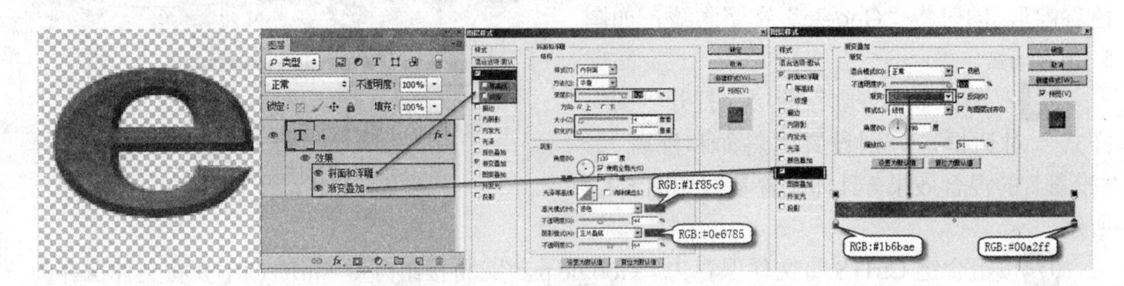

图 5.2.3　创建文字的立体效果和渐变颜色

03 新建“亮面下”图层，按Ctrl键单击“e”图层缩览图，调出字母E的选择区，填充白色，将图层不透明度改成“15%”，选择“◯椭圆选框工具”，拉出一个圆形选区，选择菜单→变换选区，调出选区的控制框，对选区形状进行缩放，确定后按Delete键删除多余的白色部分，如图5.2.4所示。

图5.2.4 设置文字下方的亮面效果

04 新建“亮面上”图层，按照同样的方法制作上半部分的高光，如图5.2.5所示。

05 新建“蓝色光”图层，使用工具箱中的“画笔工具”，选择画笔为“柔边圆”，将前景色设置为“RGB：#0dd1fa”，对图5.2.6中红色区域喷涂，按Ctrl键单击“e”图层缩览图，调出字母E的选择区，添加图层蒙版，将字母以外的蓝色隐藏起来，如图5.2.6所示。

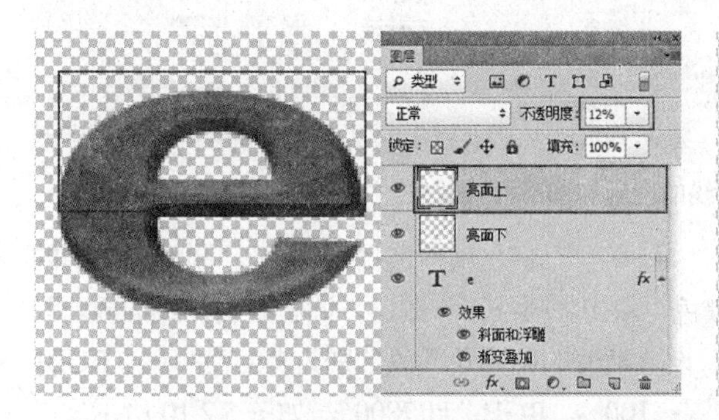

图5.2.5 设置文字上方的亮面效果

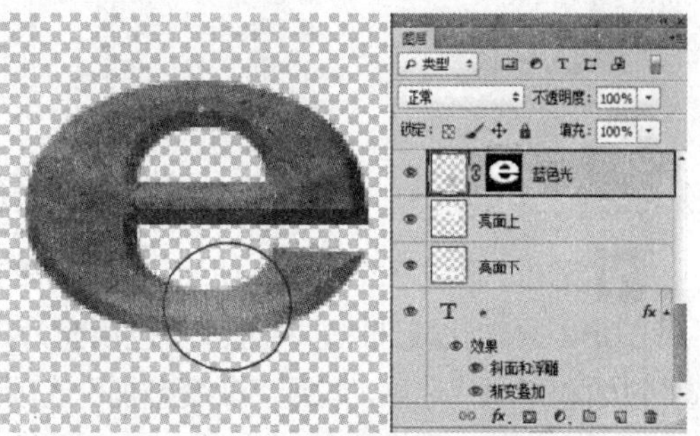

图5.2.6 增强蓝色效果 通过图层蒙版将字母以外的蓝色隐藏起来

06 新建“挖空”图层，使用工具箱中的“钢笔工具”，将颜色设置为白色，属性选择“路径”，制作出电话的图形路径，再转化成选区，双击“挖空”图层，调出图层样式面板，勾选“渐变叠加”选项，设置渐变的位置及颜色分别为“位置：0%，RGB：#054b86”、“位置：52%，RGB：#054b86”、“位置：100%，RGB：#074f8c”，如图5.2.7所示。

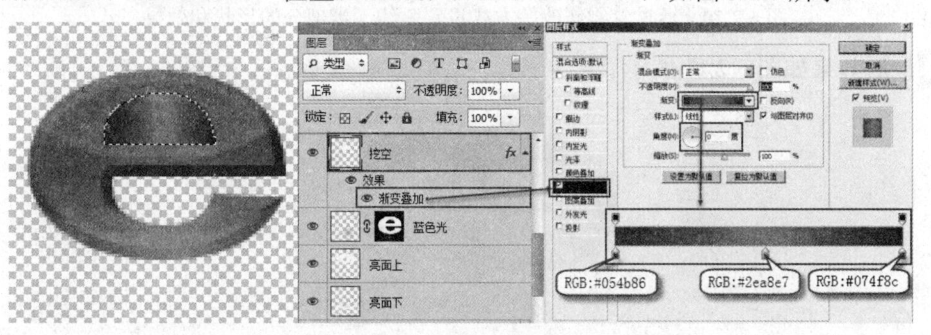

图5.2.7 设置文字上方镂空部分的立体色彩效果

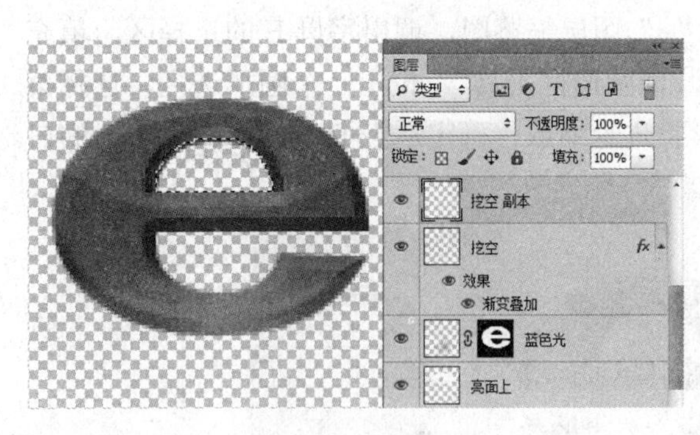

图 5.2.8　通过删除图像增强文字上方镂空部分的立体效果

07 复制“挖空”图层为“挖空副本”图层，按组合键 Ctrl+T 调出自由变换工具，缩小到合适的位置，清除图层样式效果后，分别在“挖空”图层和“挖空副本”图层按 Delete 键删除选择区内的图像，如图 5.2.8 所示。

08 新建“弧线上”图层，使用工具箱中的“钢笔工具”，属性选择“路径”，制作出中间的弧形图形，再转化成选区，将选区颜色填充为黑色，双击“弧线上”图层，调出图层样式面板，勾选“斜面和浮雕”选项，勾选“渐变叠加”选项，设置渐变的位置及颜色分别为“位置：0%，RGB：#ff7800”、“位置：48%，RGB：#37362c”、“位置：100%，RGB：#ff7800”，设置如图 5.2.9 所示。

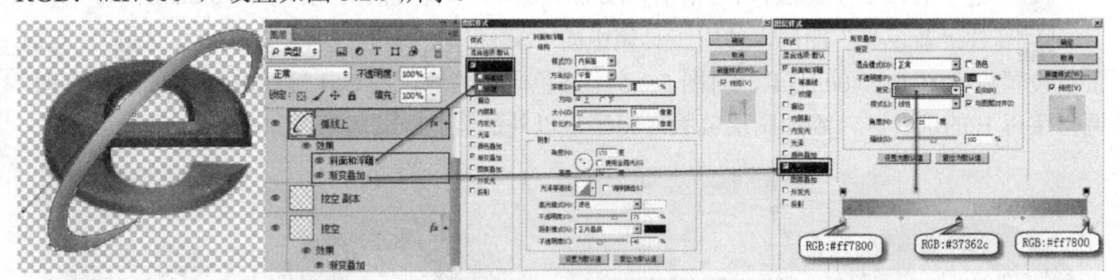

图 5.2.9　设置中间弧线的图形和图层样式效果

09 新建“弧线下”图层，使用工具箱中的“钢笔工具”，属性选择“路径”，制作出中间的弧形图形，再转化成选区，将选区颜色填充为黑色，双击“弧线下”图层，调出图层样式面板，勾选“斜面和浮雕”选项，勾选“渐变叠加”选项，设置渐变的位置及颜色分别为“位置：0%，RGB：#ff7800”、“位置：48%，RGB：#37362c”、“位置：100%，RGB：#ff7800”，如图 5.2.10 所示。

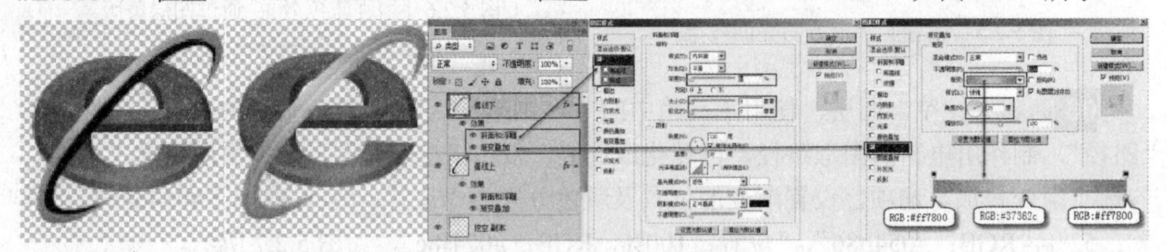

图 5.2.10　通过复制修改等方式设置弧线下半部分的形状和效果

10 最后效果如图 5.2.11 所示。

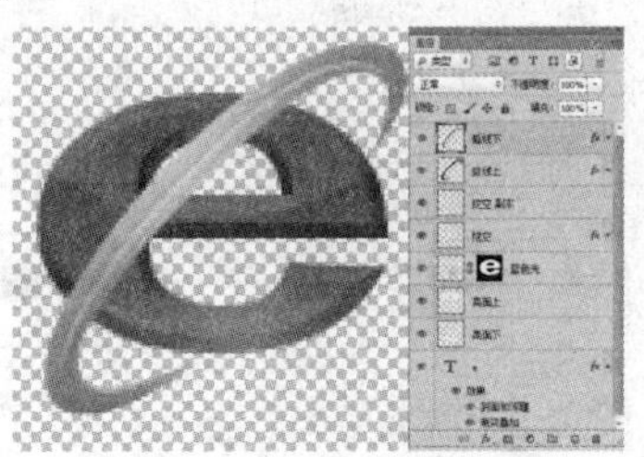

图 5.2.11　浏览器整体效果

5.3 “X”图标

➘制作步骤

图 5.3.1 “X”图标

01 新建一个 110×110 像素，分辨率为 72 像素/英寸，背景为透明的文件，文件命名为“信息系图标”。新建“标志底图”图层，选择“圆角矩形工具”，设置属性栏颜色设置为“RGB：#979797”，工具模式为“形状”，半径为“30 像素”，制作一个灰色的圆角矩形图形，如图 5.3.2 所示。

02 双击“标志底图”图层，调出图层样式面板，勾选“斜面和浮雕”选项，颜色设置为“RGB：#a7dcf2”，勾选“描边”选项，颜色设置为“RGB：#a7dcf2”，勾选“内阴影”选项，颜色设置为“RGB：#004458”，勾选“渐变叠加”选项，设置渐变颜色从“RGB：#1aa0c9”到“RGB：#33cbfb”的线性渐变效果，如图 5.3.3 所示。

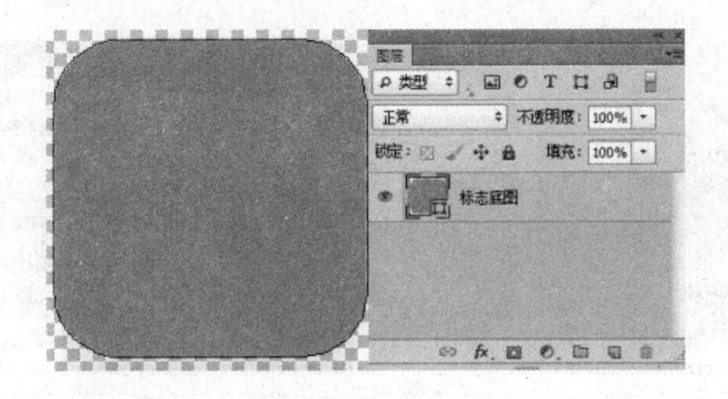

图 5.3.2 设置新建文件大小及制作圆角矩形底图

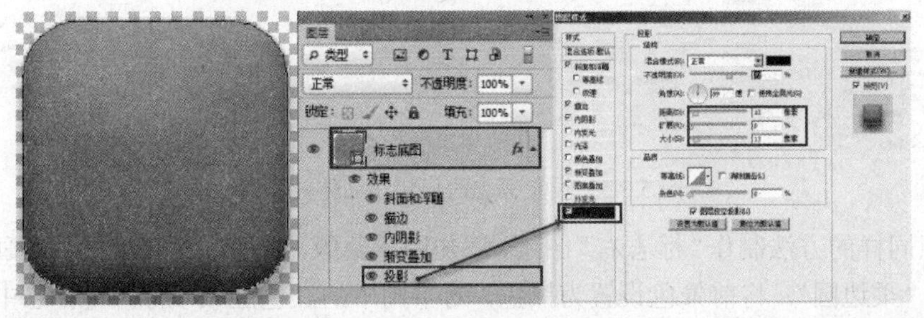

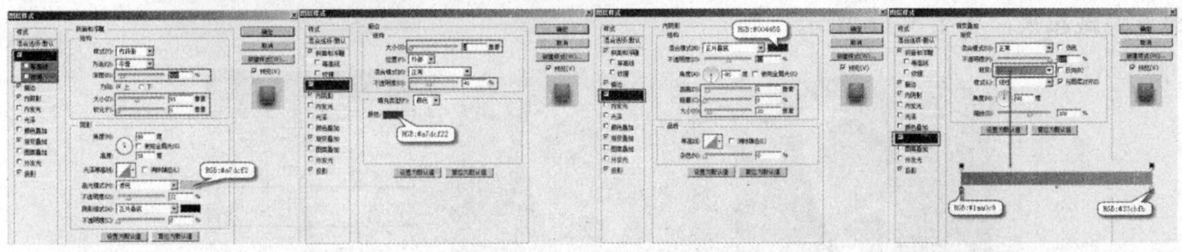

图 5.3.3 通过图层样式设置圆角矩形的浮雕和阴影效果等

03 新建“标志亮面”图层，按 Ctrl 键单击“标志底图”图层缩览图，调出圆角矩形的选择区，选择菜单→变换选区，调出选区的控制框，按组合键 Shift+Alt 对选区由中心成对角缩小，确定后填充白色，选择“椭圆选框工具”将选区向下移动一点，按 Delete 键删除选区内白色图像部分，选择菜单滤镜→模糊→高斯模糊，模糊数值设置为 4 像素，如图 5.3.4 所示。

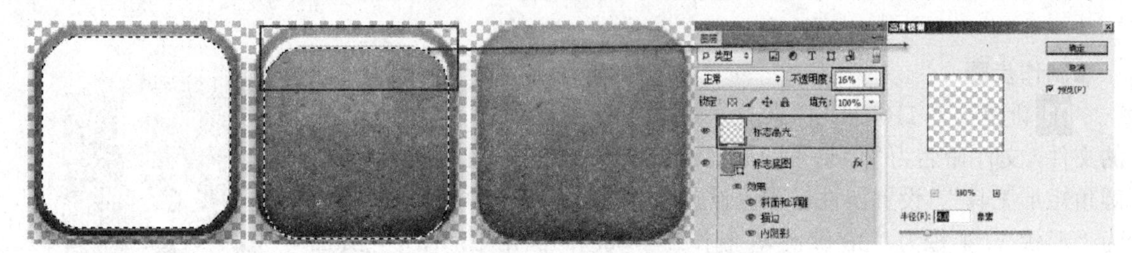

图 5.3.4 设置圆角矩形上方的高光效果

04 新建“标志左”图层，使用工具箱中的“钢笔工具”，属性选择“路径”，制作出标志的左边图形路径，在路径面板中转化成选区，填充颜色设置为“RGB：#935477”，双击“标志底图”图层，调出图层样式面板，勾选“斜面和浮雕”选项，颜色设置为“RGB：#0e5671”，勾选“内阴影”选项，勾选“颜色叠加”选项，颜色设置为“RGB：#e9eef2”，勾选“投影”选项，如图 5.3.5 所示。

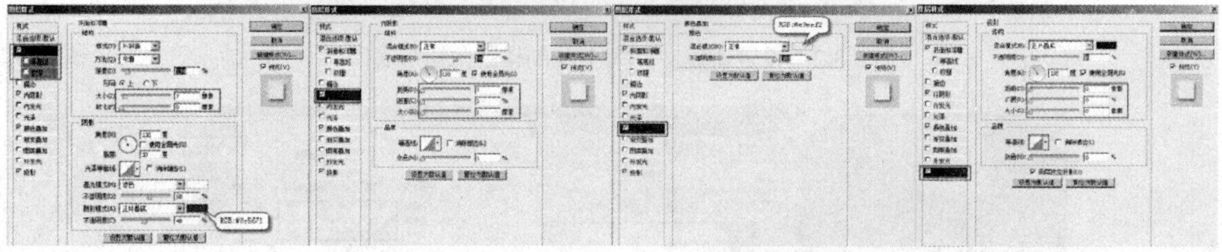

图 5.3.5 设置标志的形状和立体效果

05 按照同样的方法制作“标志右”图层，添加图层蒙版，使用工具箱中的“画笔工具”，选择画笔为“柔边圆”，将前景色设置为黑色，对下图中的红色区域喷涂，将标志中间相交的地方隐藏起来，如图 5.3.6 所示。

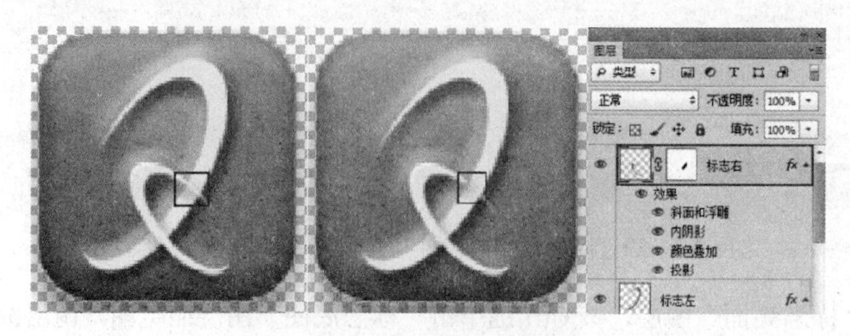

图 5.3.6 完成标志的整体效果

06 最后的整体效果如图 5.3.7 所示。

图 5.3.7 “X”图标的整体效果

5.4 淘 宝 图 标

淘宝网，顾名思义——没有淘不到的宝贝，没有卖不出的宝贝。淘宝网由阿里巴巴集团在 2003 年 5 月 10 日投资创立。淘宝网基于诚信为本的原则，从零做起，在短短的两年时间内，迅速成为国内网络购物市场的第一名，占据了中国网络购物 70%左右的市场份额，创造了互联网企业发展的奇迹。淘宝网倡导诚信、活泼、高效的网络交易文化。在为淘宝会员打造更安全高效的网络交易平台的同时，淘宝网也全心营造和倡导互帮互助、轻松活泼的家庭式氛围。每位在淘宝网进行交易的人，不但交易更迅速高效，而且在交易的同时，交到更多朋友。淘宝 APP 图标如图 5.4.1 所示。

图 5.4.1 淘宝图标

↘制作步骤

01 新建一个 110×110 像素，分辨率为 72 像素/英寸，背景为透明的文件，文件命名为“淘宝图标”。新建“淘宝底图”图层，选择“圆角矩形工具”，设置属性栏颜色为“RGB：#ff7e00”，工具模式为“形状”，半径为“20 像素”，制作一个圆角矩形图形，如图 5.4.2 所示。

图 5.4.2 设置新建文件大小及制作圆角矩形底图

02 双击“淘宝底图”图层，调出图层样式面板，勾选“描边”选项，颜色设置为“RGB：#bfa796”，勾选“内阴影”选项，勾选“渐变叠加”选项，设置渐变颜色为从“RGB：#ffa800”

到“RGB：#fe7201”的线性渐变效果，勾选“投影”选项，如图 5.4.3 所示。

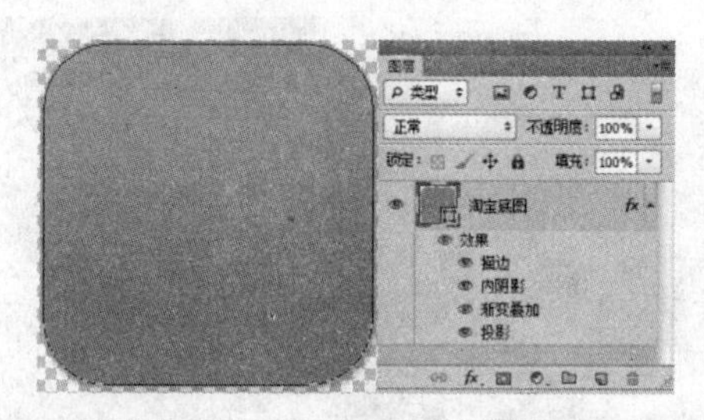

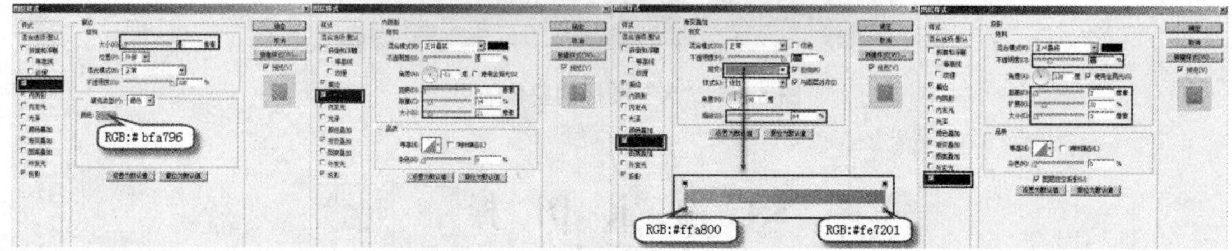

图 5.4.3　通过图层样式设置圆角矩形的渐变色彩和阴影效果等

03 新建“淘宝文字”图层，使用工具箱中的“钢笔工具”，属性选择“路径”，制作出“淘”字，在路径面板中转化成选区，填充颜色设置为白色，如图 5.4.4 所示。

图 5.4.4　通过钢笔工具设置文字的图形

04 双击“淘宝文字”图层，调出图层样式面板，勾选“描边”选项，颜色设置为“RGB：#d09827”，勾选“投影”选项，如图 5.4.5 所示。

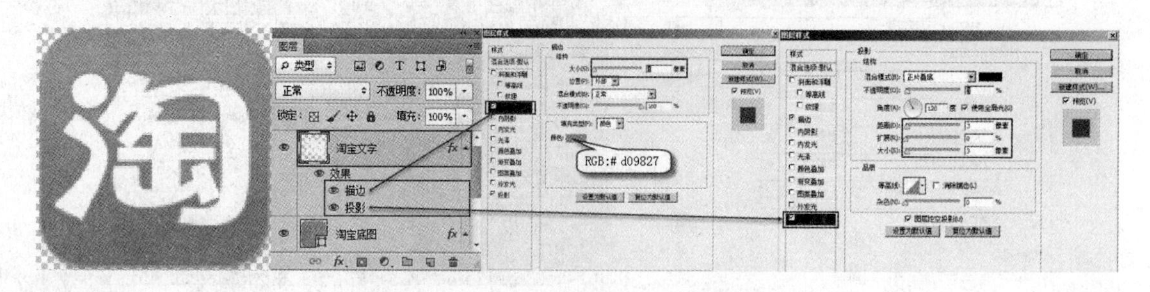

图 5.4.5　设置文字的描边和投影效果

05 最后，淘宝图标效果如图 5.4.6 所示。

图 5.4.6 完成标志的整体效果

5.5 PPTV 图 标

PPTV 网络电视，别名 PPLive，是由上海聚力传媒技术有限公司开发运营的在线视频软件，它是全球华人领先的、规模最大、拥有巨大影响力的视频媒体，全面聚合和精编影视、体育、娱乐、资讯等各种热点视频内容，并以视频直播和专业制作为特色，基于互联网视频云平台 PPCLOUD 通过包括 PC 网页端和客户端，手机和 PAD 移动终端，以及与牌照方合作的互联网电视和机顶盒等多终端向用户提供新鲜、及时、高清和互动的网络电视媒体服务。PPTV 图标如图 5.5.1 所示。

图 5.5.1 PPTV 图标

制作步骤

01 新建一个 110×110 像素，分辨率为 72 像素/英寸，背景为透明的文件，文件命名为“pptv 播放器图标”。按组合键 Ctrl+R 调出标尺，然后用“移动工具”拉出两条辅助线，成十字形中心对称分布，新建“底图”图层，选择“圆角矩形工具”，设置属性栏颜色为白色，工具模式为“形状”，半径为“20 像素”，制作一个圆角矩形图形，如图 5.5.2 所示。

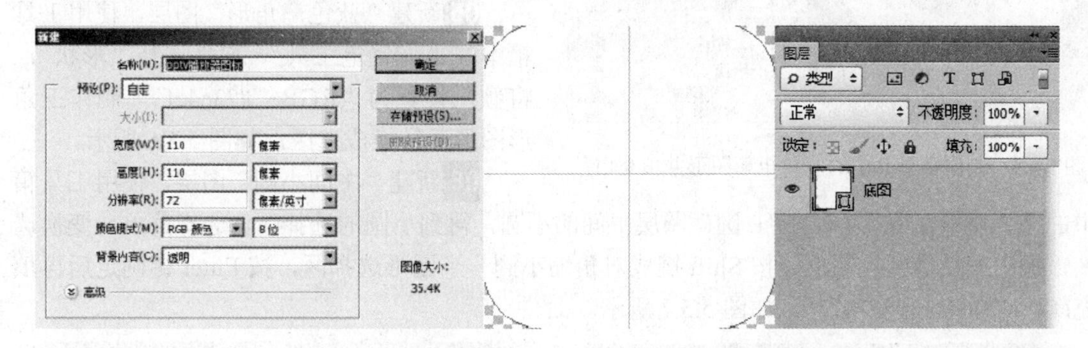

图 5.5.2 设置新建文件大小及制作圆角矩形底图

02 双击“底图”图层，调出图层样式面板，勾选“渐变叠加”选项，设置渐变的位置及颜色分别为“位置：9%，RGB：#0093dd”、“位置：52%：RGB：#76c5f0”、“位置：100%：RGB：#0093dd”，如图 5.5.3 所示。

03 新建“P 圆”图层，使用工具箱中的“椭圆选框工具”，按组合键 Shift+Alt 从辅助线中心点向外对角拉一个正圆形选区，填充白色，选择菜单→变换选区，调出变换选区控制框，按 Shift 键成对角缩小到一个圆形选择区，按 Enter 键确定后再按 Delete 键删除中间白色图形部分，制作一个中空的圆形，用“移动工具”将图形上移，如图 5.5.4 所示。

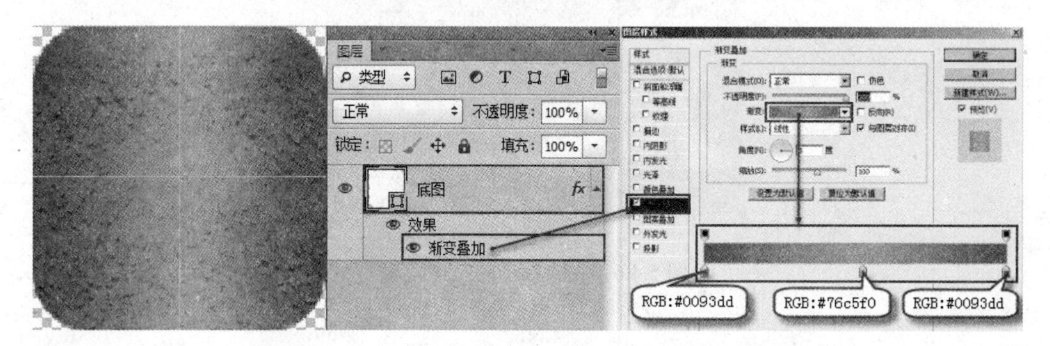

图 5.5.3　通过图层样式设置圆角矩形的渐变色彩效果

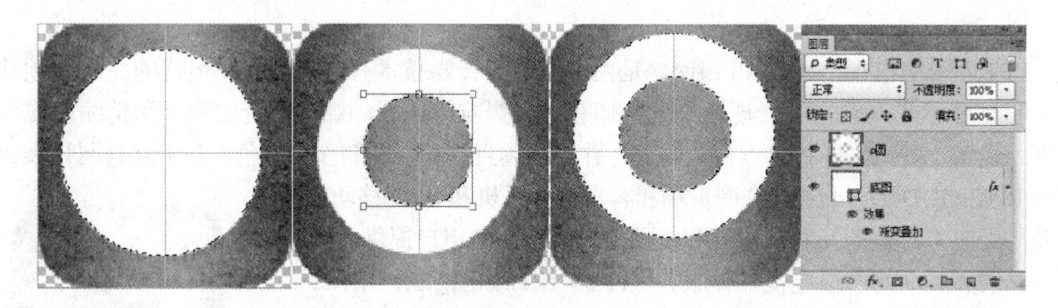

图 5.5.4　制作字母 P 中的圆环效果并填充白色

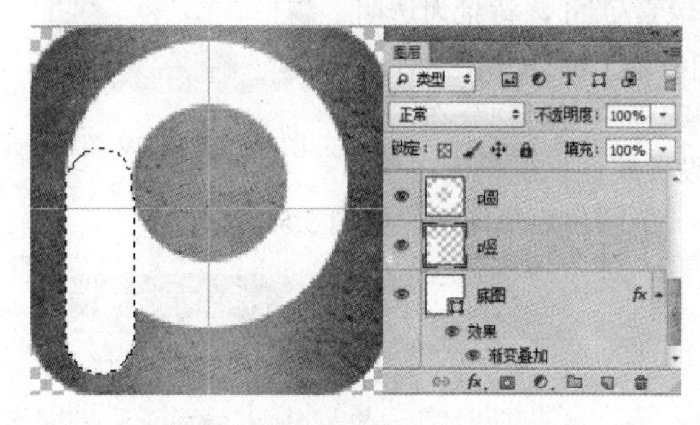

图 5.5.5　制作字母 P 中的圆角矩形图形并填充白色

04 新建“P 竖”图层，选择“圆角矩形工具”，半径设置为 30 像素，拉出一个圆角矩形图形，转换成选区，填充白色，如图 5.5.5 所示。

05 新建“蓝色三角形”图层，使用工具箱中的“钢笔工具”，属性选择“形状”，将颜色设置为“RGB：#73c4ef”，制作三角形图形后转换成选区，如图 5.5.6 所示。

06 新建“中间小圆”图层，使用工具箱中的“魔棒工具”，单击“P 圆”图层中间的小圆，得到小圆的选择区，选择菜单→变换选区，调出变换选区控制框，按 Shift 键成对角缩小到一个圆形选择区，按 Enter 键确定后再填充颜色“RGB：#e67817”，如图 5.5.7 所示。

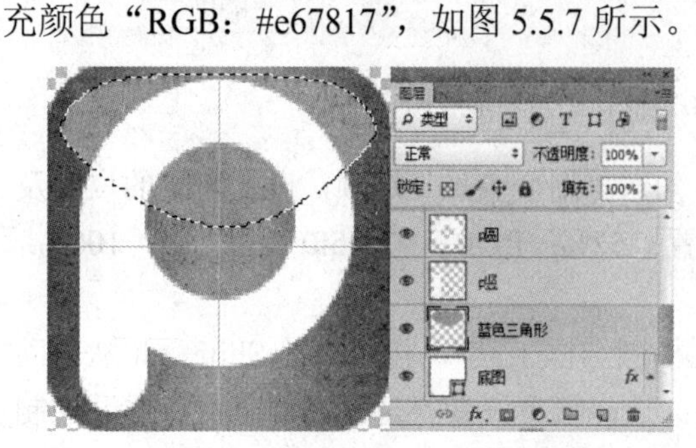

图 5.5.6　制作淡蓝色的三角形底图

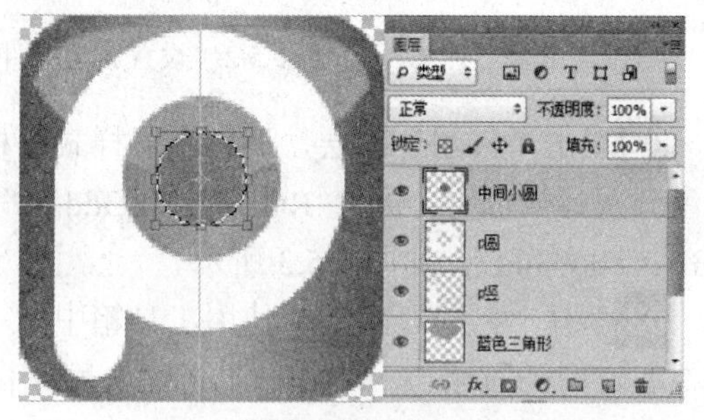

图 5.5.7　制作中间橙色的小圆图形

07新建“小圆反光上”图层，使用工具箱中的“钢笔工具”，属性选择“形状”，将制作好的图形转换成选区，填充白色，将图层调板中的不透明度设为 70%，添加图层蒙版，选择“渐变工具”，在蒙版状态下，拉出从黑色到白色的渐变效果，将反光效果隐藏到底图中，如图 5.5.8 所示。

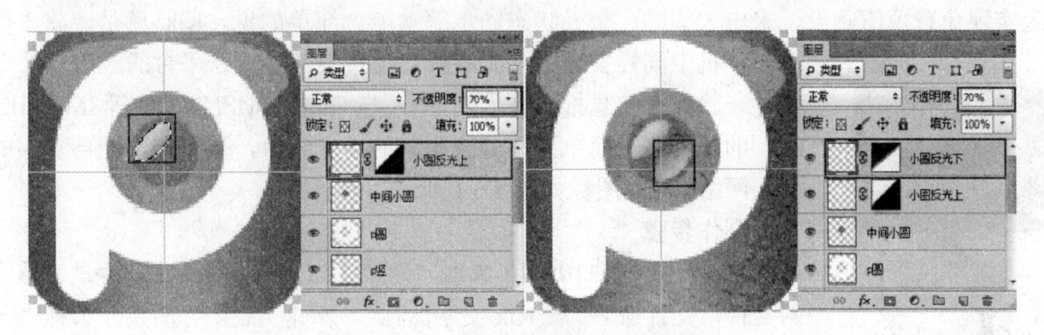

图 5.5.8　制作中间小圆图形的高光效果

08新建“圆形大反光上”图层，使用工具箱中的“钢笔工具”，属性选择“形状”，将制作好的图形转换成选区，填充白色，将图层调板中的不透明度设为 50%，用同样的方法制作“圆形大反光下”，效果如图 5.5.9 所示。

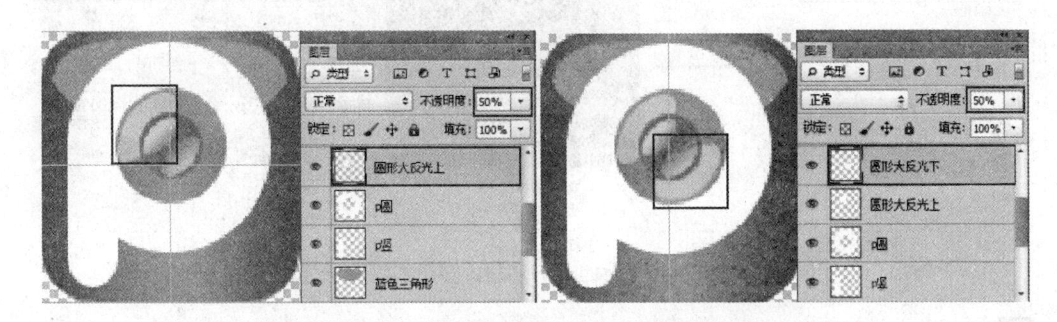

图 5.5.9　制作中间小圆底下的蓝色高光效果

09 pptv 图标的最后效果如图 5.5.10 所示。

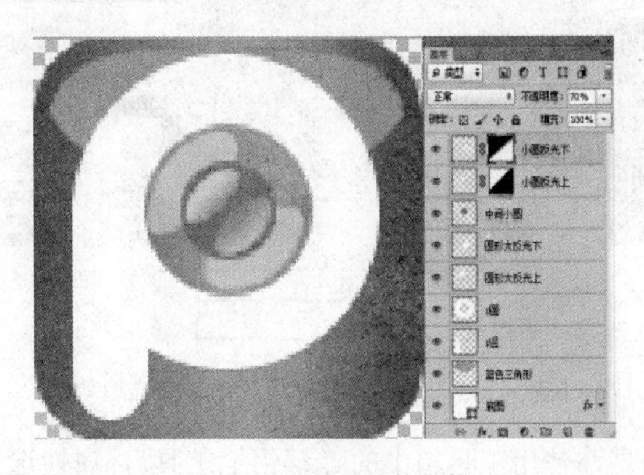

图 5.5.10　最后整体效果

5.6 Kik 图 标

Kik 即手机通讯录的社交软件，可基于本地通讯录直接建立与联系人的连接，并在此基础上实现免费短信聊天、来电大头贴、个人状态同步等功能。简单的说，Kik 就是一款“可以与手机中同样安装了 Kik 的好友免费发消息的跨平台的应用软件”，它是一款具有信息推送技术的 IM，与 Gtalk、MSN、QQ 等 IM 相比，Kik 的优势在于简单到不能再简单的用户体验，真实到不能再真实的好友网络。Kik 图标如图 5.6.1 所示。

图 5.6.1 Kik 图标

↘制作步骤

01 新建一个 110×110 像素，分辨率为 72 像素/英寸，背景为透明的文件，文件命名为“Kik 文字图标”。新建“底图”图层，选择“自定义形状工具”，设置属性栏颜色为黑色，工具模式为“形状”，形状选择“会话 10”，制作一个圆角矩形图标图形，如图 5.6.2 所示。

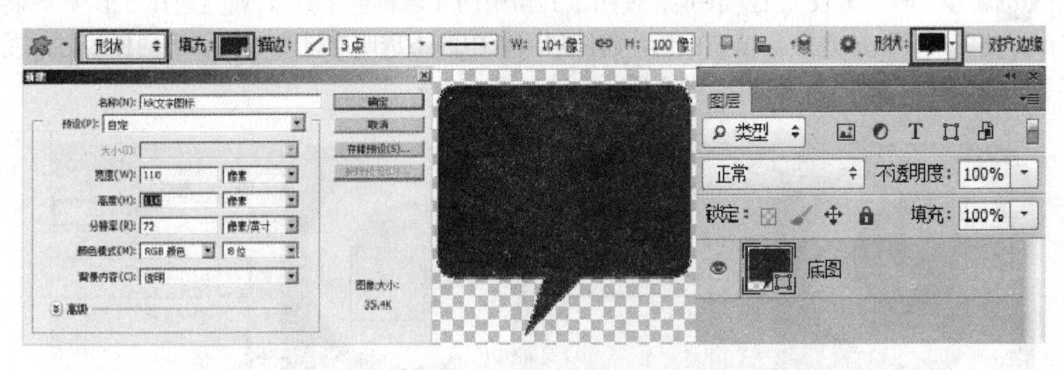

图 5.6.2 设置新建文件大小及制作圆角矩形图标底图

02 双击“底图”图层，调出图层样式面板，勾选“描边”选项，设置颜色为“RGB：#e3e3e3”，效果如图 5.6.3 所示。

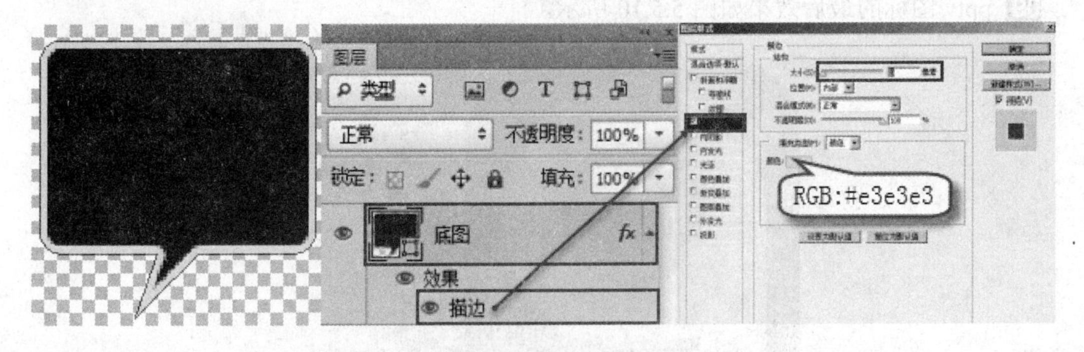

图 5.6.3 通过图层样式设置圆角矩形的描边效果

03 新建“文字”图层，使用工具箱中的“钢笔工具”，属性选择“路径”，效果如图 5.6.4 所示。

04 将制作好的图形转换成选区，选择“渐变工具”，设置颜色从“RGB：#6ad206”到

“RGB：#3cc10f” 的线性渐变，效果如图 5.6.5 所示。

图 5.6.4　使用钢笔工具制作文字图形

图 5.6.5　设置文字的色彩渐变效果

05 用同样的方法制作圆形选区里的渐变颜色填充，设置颜色从“RGB: #29a6ef”到“RGB: #1a85cb” 的线性渐变，最后效果如图 5.6.6 所示。

06 最后效果如图 5.6.7 所示。

图 5.6.6　设置圆形选区内的色彩渐变效果

图 5.6.7　Kik 图标最后整体效果

5.7 草莓字“G”图标（见图 5.7.1）

➘制作步骤

01 新建一个 400×400 像素的文件，用“圆角矩形工具”绘制一个长和宽均为 300 像素的圆角矩形框架，“半径”值为 62 像素的外框框架，并重命名该图层为“底框”，“填充”颜色为#f8cece，效果如图 5.7.2 所示。

图 5.7.1 草莓字“G”图标

图 5.7.2 绘制“底框”

02 双击“底框”图层，打开“图层样式”对话框，勾选“斜面和浮雕”、“描边”，设置“底框”的立体效果，设置参数和效果如图 5.7.3 所示。

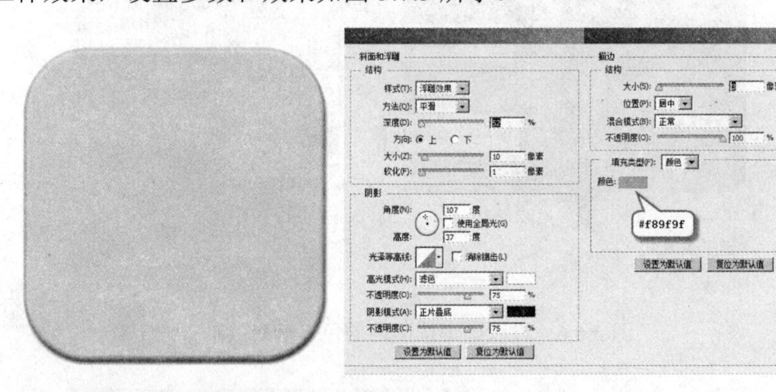

图 5.7.3 设置“底框”的立体效果

图 5.7.4 输入字体“G”

03 用字体“Janda Manatee”，设置字体颜色：#f12f2f，字体大小：150 点，输入文字并重命名为“G”，效果如图 5.7.4 所示。

04 复制一层“G”图层，得到“G”副本图层，将副本图层的“填充”改为 0%。双击原始图层“G”图层，打开“图层样式”对话框，对“斜面和浮雕”、“等高线”、“描边”、“内阴影”和“投影”进行设置。设置参数和效果如图 5.7.5～图 5.7.7 所示。

05 然后双击“G 副本”图层，打开“图层样式”对话框，对“斜面和浮雕”、“纹理”进行设置。“纹理”的设置，先要打开素材“纹理 1.jpg”素材文件，选择“编辑”→“定义图案”，再回到草莓字体文件，就可以在“图层样式”→“纹理”→“图案”中看到开始定义的“纹理 1”图案了。设置参数和效果图如图 5.7.8 所示。

图 5.7.5 复制并设置字体图层副本

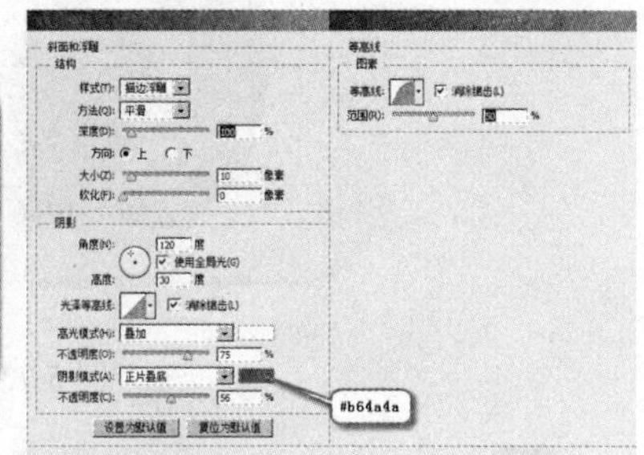

图 5.7.6 设置“斜面和浮雕”效果

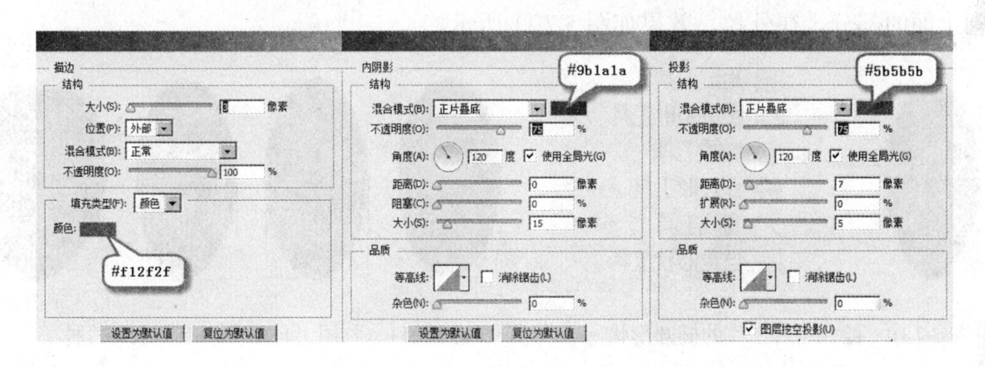

图 5.7.7 设置“描边”、“内阴影”和“投影”效果

06 选择移动工具，选择“G”字体图层，按键盘上右键两下，下键两下。然后复制“G 副本”图层，得到“G 副本 2”图层，右击清除图层样式，重新设置图层样式。设置参数和效果如图 5.7.9 所示。

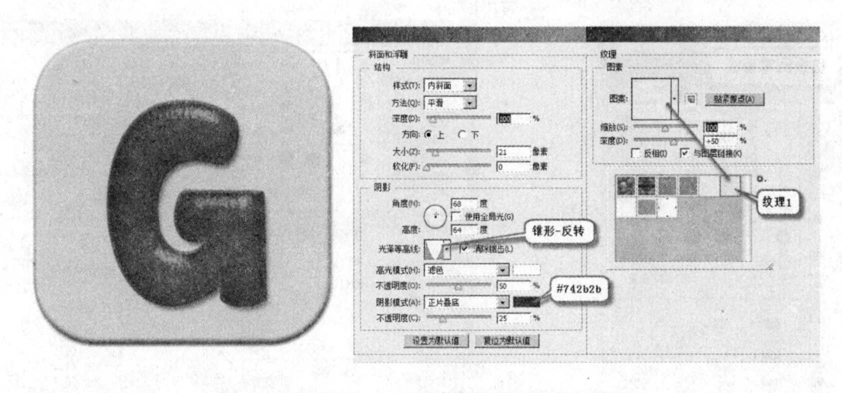

图 5.7.8 设置“G 副本”图层样式效果

07 接下来我们绘制“种子”。首先新建一个 100×100 像素大小的文档，放大到适当的大小，选择“椭圆工具”，设置宽度为 45 像素，高度为 85 像素，前景色为黑色，拉个椭圆，效果如图 5.7.10 所示。

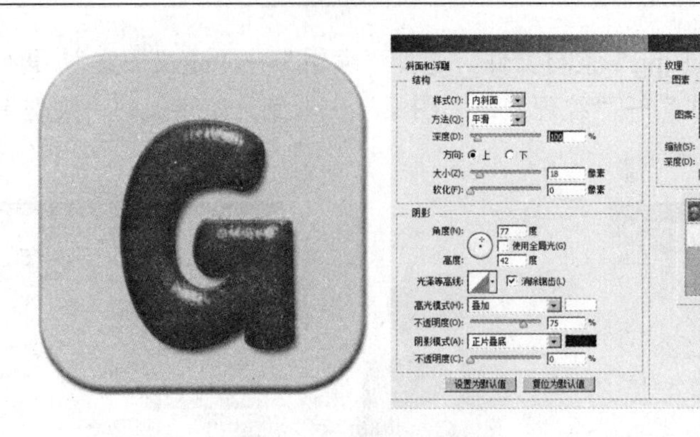

图 5.7.9　设置“G 副本 2”图层样式效果

08 然后选择“直接选择工具”，单击椭圆的下端，选择“编辑”→“自由变换点”，按住 Alt 和 Shift 键，向右拉。因为按住 Alt 键，所以拉一边的同时另一边也在拉。同样的方法处理椭圆上面的部分，往外拉，效果如图 5.7.11 所示。

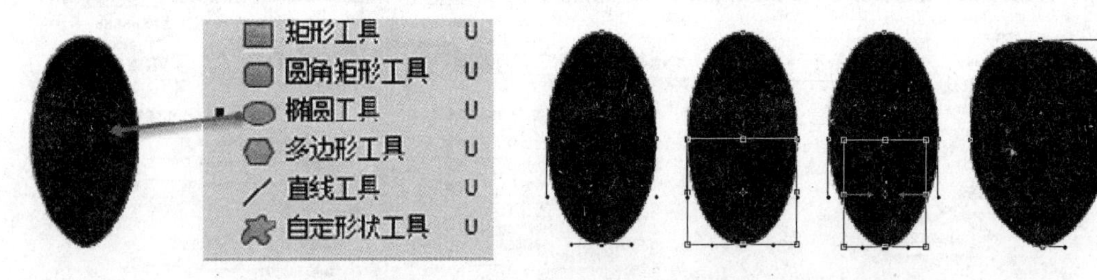

图 5.7.10　绘制“种子”的椭圆形状　　图 5.7.11　利用“自由变换点”绘制“种子”

09 “种子”画好后，接下来选择“编辑”→“定义画笔预设”，画笔名称命名为“种子”，回到“草莓字”文档，选择“画笔工具”，找到开始定义好的“种子”画笔，单击“切换画笔面板”按钮，打开画笔设置面板，设置“种子”画笔参数。设置参数及效果如图 5.7.12 和图 5.7.13 所示。

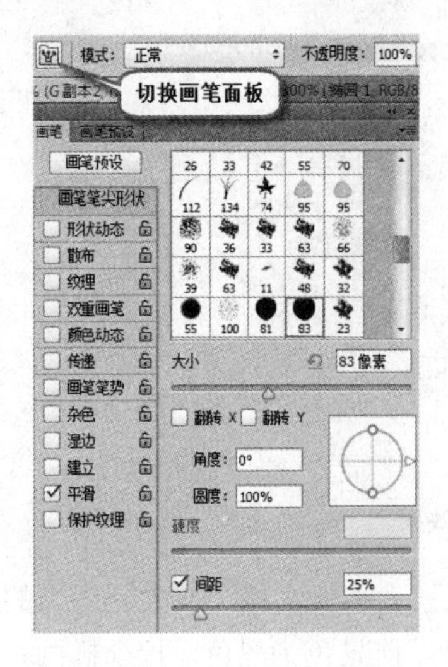

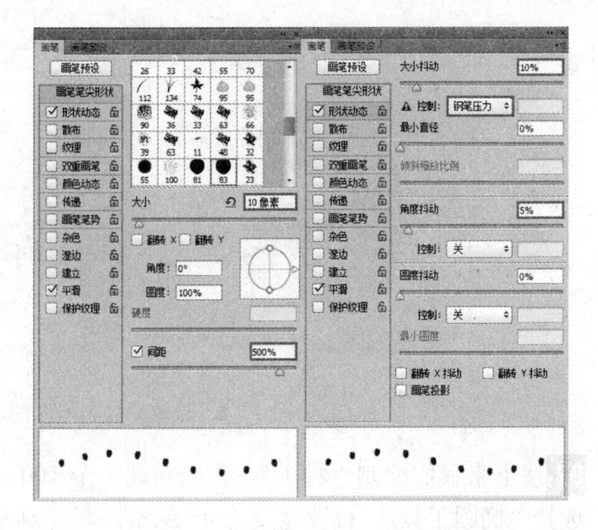

图 5.7.12　定义画笔预设　　图 5.7.13　设置“种子”画笔参数

10 将“前景色”设置为#d9a907，新建图层命名为“种子”，在字体上随意画出“草莓种子”。然后复制“种子”图层命名为“种子副本”，我们将原来的“种子”图层的“填充”改为0%，效果如图5.7.14所示。

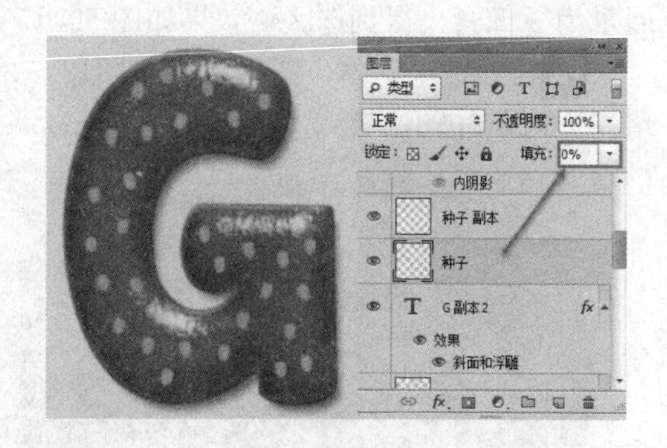

图5.7.14　画出“草莓种子”并复制图层

11 接下来双击“种子”图层，打开“图层样式”对话框，对该图层的“斜面和浮雕”、“等高线”和“纹理”进行设置。“纹理”的设置和前面一样，打开“纹理2.jpg”素材文件，选择“编辑”→“定义图案”，再回到草莓字体文件，就可以在“图层样式”→“纹理”→“图案”中看到开始定义的“纹理 2”图案了。设置参数和效果图如图5.7.15所示。

12 再来双击“种子副本”图层，打开“图层样式”对话框，对该图层的“斜面和浮雕”、“等高线”和“投影”进行设置。设置参数和效果图如图5.7.16所示。

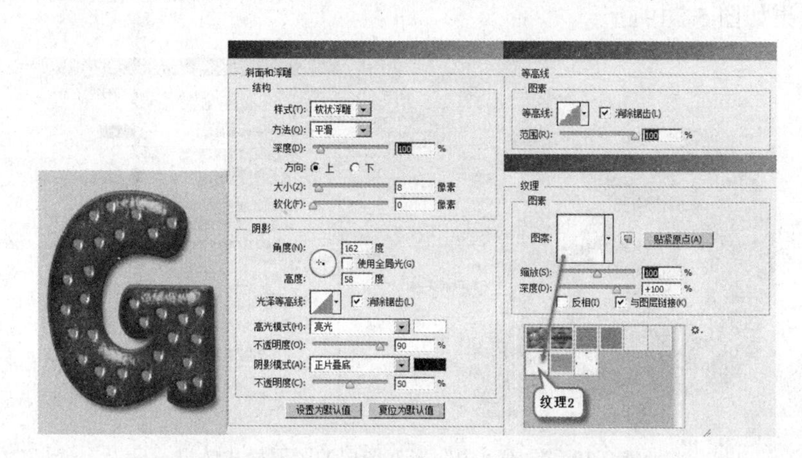

图5.7.15　设置“种子”图层样式

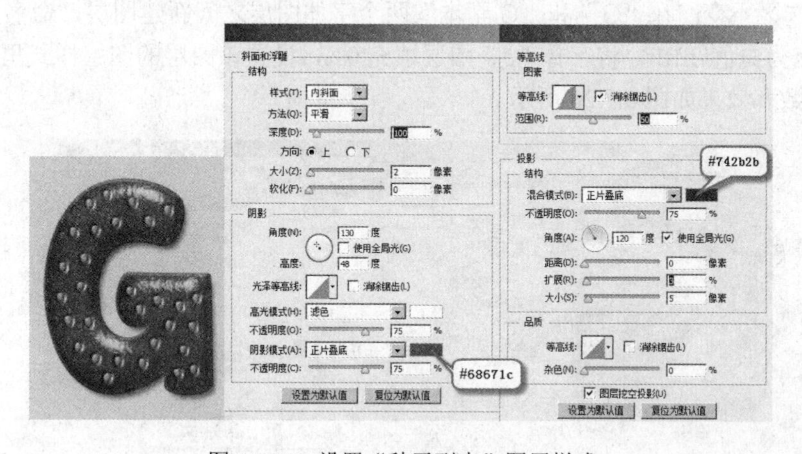

图5.7.16　设置“种子副本”图层样式

13 按住Ctrl键单击“G”字体图层，得到字体选区，“选择”→“修改”→“扩展”，扩展量为 3 像素，得到选区，效果如图 5.7.17 所示。

14 在“种子副本”图层上新建图层，命名为“内阴影”，上一步的选区保持不变，编辑填充为白色#ffffff，效果如图 5.7.18 所示。

图 5.7.17　扩展“G”字体选区

图 5.7.18　创建和填充“内阴影”图层

15 将“内阴影”图层“填充”改为 0%，设置该图层的图层样式里的“内阴影”效果。设置参数和效果如图 5.7.19 所示。

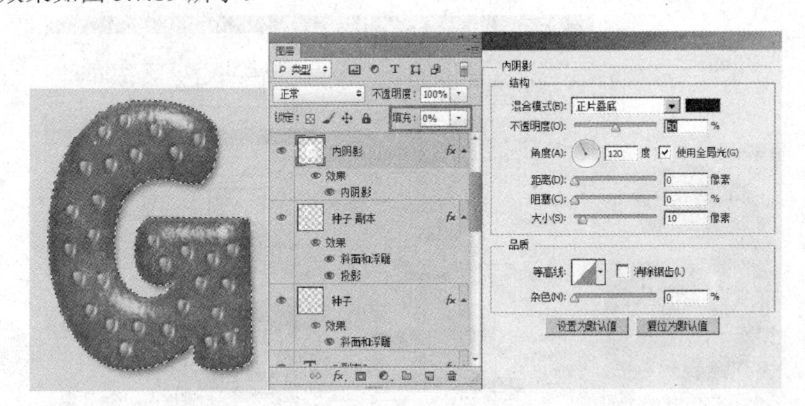

图 5.7.19　设置“内阴影”图层的图层样式效果

16 保持选区不变，在“G”和“G 副本”两个字体图层之间新建图层，命名为“渐变”，同样编辑填充为白色#ffffff。将字体“5”图层填充 0%，设置该图层的图层样式里的“渐变叠加”。设置参数和效果如图 5.7.20 所示。

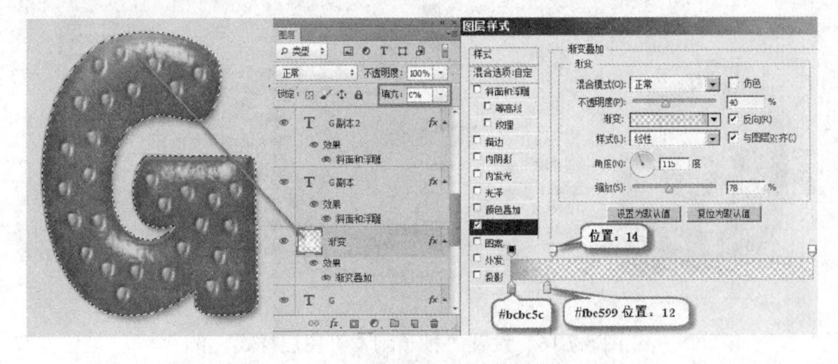

图 5.7.20　设置“渐变”图层的图层样式效果

17 打开“草莓叶子.gif”素材，选择“磁性套索工具”，将草莓部分勾出，再删除，得到叶子部分，稍微修饰一下，效果如图 5.7.21 所示。

18 将抠好的“草莓叶子”放在“内阴影”图层上方，命名为“叶子”。按组合键 Ctrl+T 自由变换位置和大小，效果如图 5.7.22 所示。

图 5.7.21 抠出“草莓叶子”

图 5.7.22 自由变换调整“草莓叶子”

19 选择图层面板下的“创建新的填充或调整图层”按钮，对“草莓叶子”进行“色相/饱和度”的调整。设置参数和效果如图 5.7.23、图 5.7.24 所示。

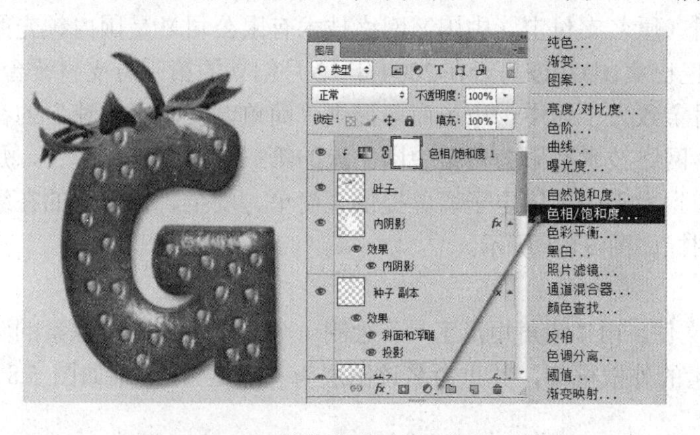

图 5.7.23 调整草莓叶子的色相/饱和度

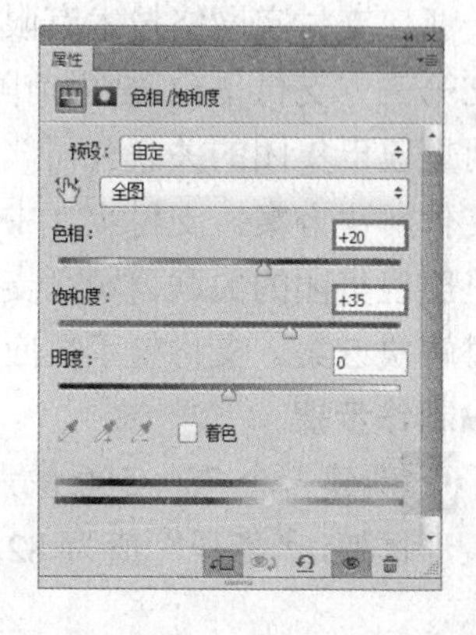

图 5.7.24 调整“色相/饱和度”

20 双击“叶子”图层，打开“图层样式”对话框，对“草莓叶子”的“投影”进行设置。设置参数和效果如图 5.7.25 所示。

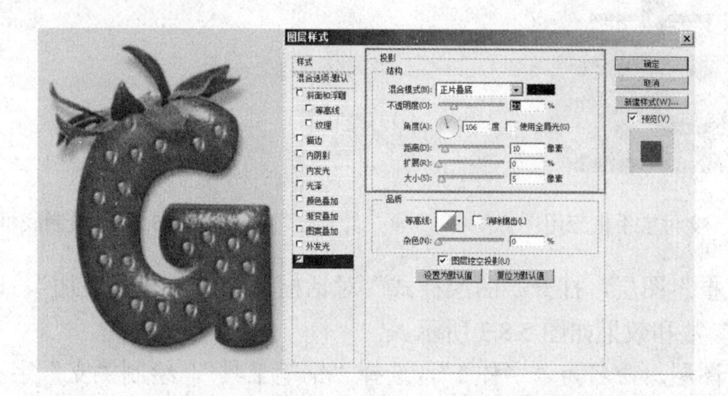

图 5.7.25 设置“叶子”的“投影”效果

21 打开“圆点.gif”素材文件，选择“编辑”→“定义图案”。回到“草莓字”文档，在背景图层上新建“圆点”图层，编辑填充上一步定义的图案。将“图层模式”改为“正片叠底”，“不透明度”：35%，效果如图 5.7.26 所示。

图 5.7.26 添加“圆点”底纹图案

5.8 支付宝手机应用图标

浙江支付宝网络技术有限公司（原名支付宝（中国）网络技术有限公司）是国内领先的独立第三方支付平台，是由前阿里巴巴集团CEO马云在2004年12月创立的第三方支付平台，是阿里巴巴集团的关联公司。支付宝致力于为中国电子商务提供“简单、安全、快速”的在线支付解决方案。支付宝（中国）网络技术有限公司是中国主流的第三方网上支付平台，是阿里巴巴集团的关联公司。支付宝致力于为中国电子商务提供“简单、安全、快速”的在线支付解决方案。支付宝手机应用图标如图 5.8.1 所示。

➘制作步骤

01 新建一个 700×500 像素的文件，用“圆角矩形工具”绘制一个长和宽为 512 像素的圆角矩形框架，“半径”值为 82 像素的外框框架，并重命名该图层为“底框”，效果如图 5.8.2 所示。

图 5.8.1 支付宝手机应用图标

图 5.8.2 绘制底框

02 双击“底框”图层，打开“图层样式”对话框，勾选“渐变叠加”，设置“底框”的渐变效果。设置参数和效果如图 5.8.3 所示。

03 新建一个图层，命名为“字体 1”，选择“钢笔工具”，绘制“支”字主体部分，填充色为“#36465a”，效果如图 5.8.4 所示。

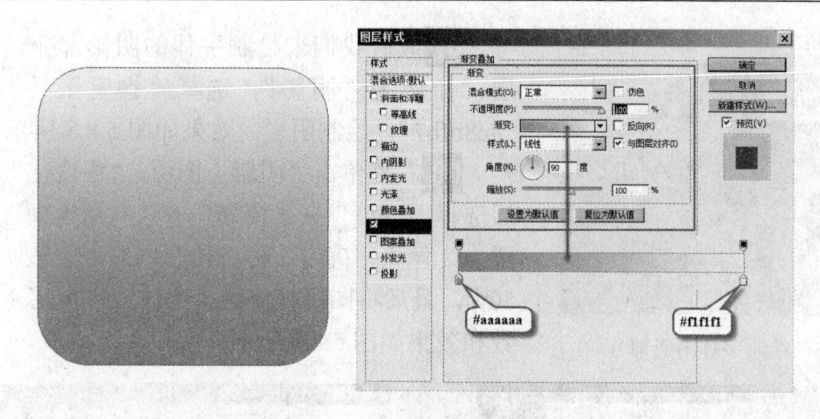

图 5.8.3　设置底框渐变效果

04 在“字体 1”图层上新建一个图层，命名为“字体 2”，选择“钢笔工具”，绘制“支”字的第二部分，填充色为“#f68900”，效果如图 5.8.5 所示。

05 在“字体 2”图层上再新建一个图层，命名为“字体 3”，选择“钢笔工具”，绘制“支”字的第三部分，填充色为“#ee7100”，效果如图 5.8.6 所示。

图 5.8.4　绘制字体 1

图 5.8.5　绘制字体 2

图 5.8.6　绘制字体 3

06 接下来我们设置“支”字体的图层样式效果。双击“字体 1”图层，打开“图层样式”对话框，勾选“内阴影”和“投影”，设置字体的立体效果。设置参数和效果如图 5.8.7 所示。

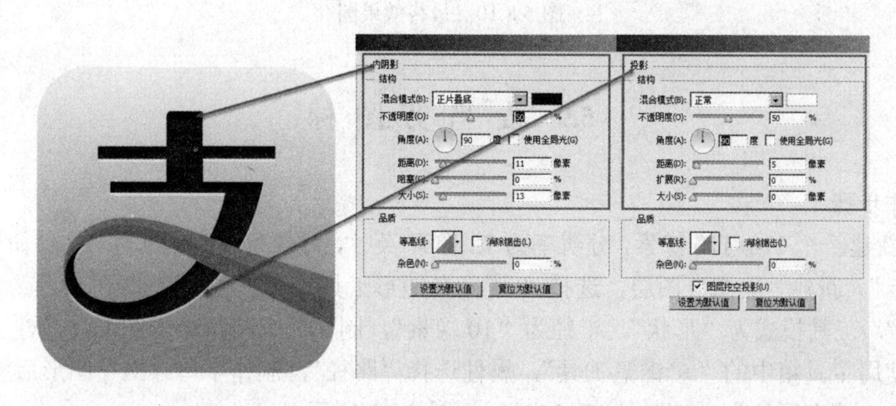

图 5.8.7　设置字体 1 的“内阴影”和“投影”效果

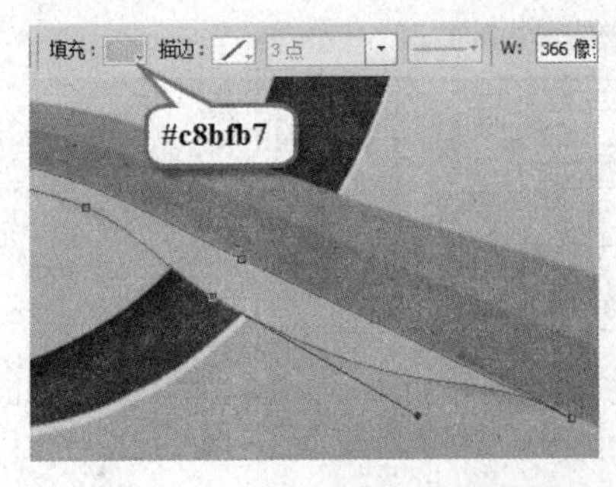

图 5.8.8 绘制字体阴影部分

07 最后我们来绘制字体的阴影部分。新建一个图层，命名为“阴影”，选择“钢笔工具”，填充色为“#c8bfb7”，绘制阴影，效果如图 5.8.8 所示。

08 右键单击“阴影”图层，“栅格化”该图层，然后选择“滤镜”→“模糊”→“高斯模糊”，“半径”设置为 3 像素，确定。再将该图层的“不透明度”设置为 50%，最后将图层拖曳到“字体 1”图层下方。设置参数和效果如图 5.8.9 所示。

图 5.8.9 设置“阴影”效果

09 “支付宝”手机应用图标的最终效果图和图层效果图如图 5.8.10 所示。

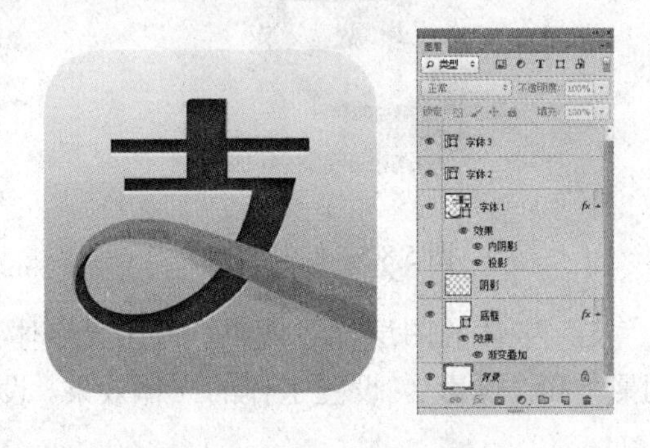

图 5.8.10 最终效果图

5.9 麦当劳图标

制作步骤

01 新建一个 110×110 像素，分辨率为 72 像素/英寸，背景为透明的文件，文件命名为“麦当劳图标”。新建“底图”图层，选择“圆角矩形工具”，设置属性栏颜色设置为“RGB：#c62e29”，工具模式为“形状”，半径为“10 像素”，制作一个圆角矩形图形，新建“字母”图层，使用工具箱中的“钢笔工具”，属性选择“路径”，制作字母“M”图形后将路径转换成选区，填充颜色为“RGB：#f2c900”，如图 5.9.2 所示。

02 新建“文字”图层，选择“T文本工具”，字体设置为“Franklin Gothic”，输入字母

“McDonald's”，自动新建“McDonald's”图层，在“McDonald's”图层下方新建“矩形色条”图层，使用工具箱中的“矩形选框工具”，拉出一个长方形选区，填充颜色设置为“RGB：#c62e29”，如图 5.9.3 所示。

图 5.9.1 麦当劳图标

图 5.9.2 设置新建文件大小及制作底图和文字图形

03 新建“商标底图”图层，使用工具箱中的“椭圆工具”，工具模式为“形状”，按 Shift 键拉一个正圆形图形，填充白色，复制“商标底图”图层得到“商标上方”图层，按组合键 Shift+Alt 从图形中心点向内对角拉一个小点的正圆形图形，填充颜色为“RGB：#c62e29”，选择“T文本工具”，字体设置为“Franklin Gothic”，输入字母“R”，设置如图 5.9.4 所示。

图 5.9.3 制作文字路径和颜色

04 最后效果如图 5.9.5 所示。

图 5.9.4 制作商标 R 的图层及图形过程

图 5.9.5 最后图标整体效果

5.10 大众汽车图标

大众汽车公司的德文 Volks Wagenwerk，意为大众使用的汽车，标志中的 VW 为全称中头一个字母。标志像是由三个用中指和食指作出的“V”组成，表示大众公司及其产品必胜－必胜－必胜。最早就是在希特勒的提议下，费迪南德·保时捷设计了甲壳虫那款经典的车型，那款车便是大众的起源。Volks 在德语里是和英语的 Folks 意思一样，都是“人民”的意

图 5.10.1　大众汽车图标

思；Wagen 对应英语的 Wagon，本意是四轮马车的意思，但是在 30 年代马匹早“退休”了，所以四轮汽车也可以称作 Wagon。因此 Volkswagen 这个词翻译过来就是“人民的车”，后来变成了“大众汽车”。大众汽车图标如图 5.10.1 所示。

制作步骤

01 新建一个 110×110 像素，分辨率为 72 像素/英寸，背景为透明的文件，文件命名为“上海大众图标”。新建“标志底图”图层，使用工具箱中的“椭圆选框工具”，按 Shift 键拉出一个正圆形，将颜色设置为“RGB：#012B62”，如图 5.10.2 所示。

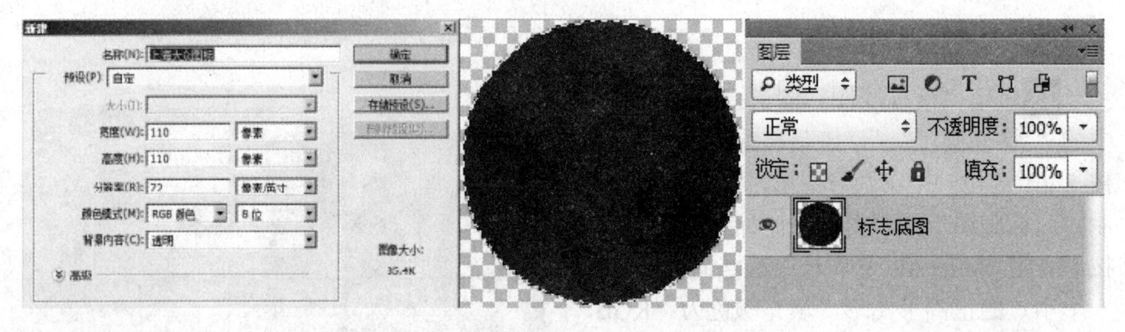

图 5.10.2　设置新建文件大小及标志底图色彩

02 选择“标志底图”图层，选择“渐变工具”，设置颜色从前景色到透明渐变，前景色设置为“RGB：#82b2e0”，设置如图 5.10.3 所示。

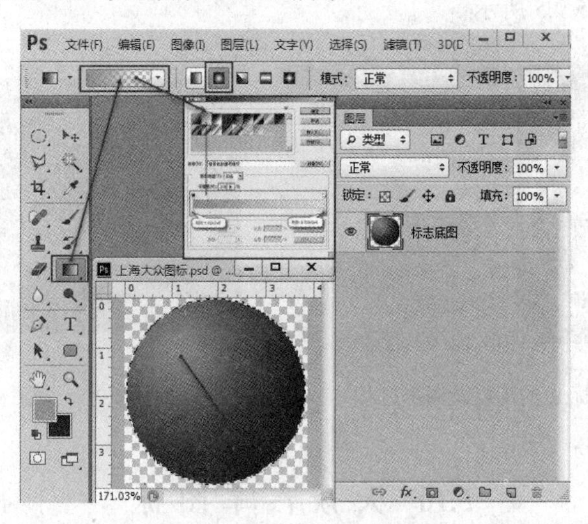

图 5.10.3　设置标志底图的渐变颜色

03 新建“白色圆环”图层，按 Ctrl 键单击“标志底图”图层，调出圆形底图的选择区，选择菜单→变换选区，调出变换选区控制框，按 Shift 键成对角缩小，选择菜单编辑→描边，设置宽度为“7 像素”，颜色为白色，位置：内部。对选择区进行描边处理，效果如图 5.10.4 所示。

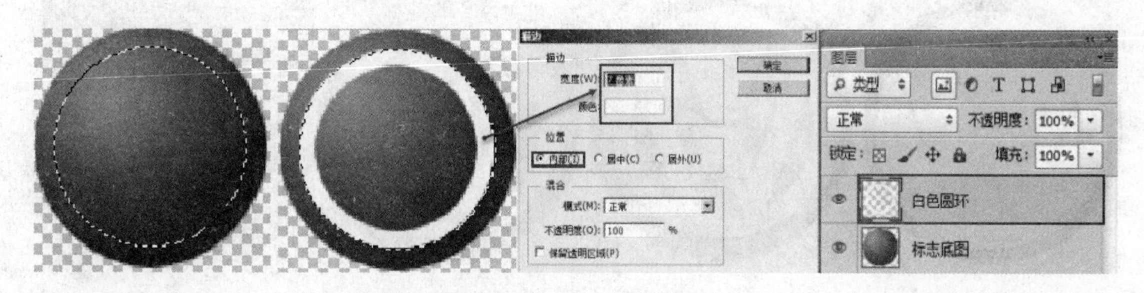

图 5.10.4 创建标志中白色圆环部分

04 新建“W 字形”图层，使用工具箱中的“钢笔工具”，属性选择“路径”，制作 W 字形的路径后，在路径面板中将路径转换成选区，填充白色，在“W 字形”图层上单击鼠标右键，选择向下合并，将“白色圆环”图层和“W 字形”图层合并成一个图层，修改名称为“大众标志”图层，如图 5.10.5 所示。

图 5.10.5 通过钢笔工具绘制大众标志图形并将图层进行合并

05 双击“大众标志”图层，调出图层样式面板，勾选“内阴影”选项，勾选“渐变叠加”选项，颜色设置为从前景色到透明色渐变，前景色设置为“RGB：#bcbcbc”，勾选“投影”选项，如图 5.10.6 所示。

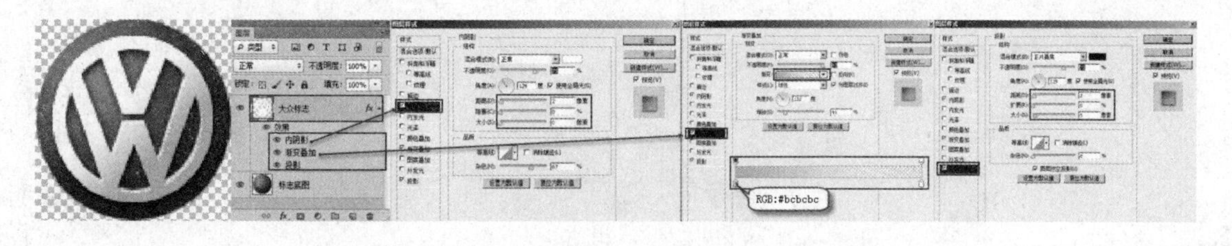

图 5.10.6 通过图层样式设置标志的立体效果

06 新建“左上高光”图层，按 Ctrl 键单击“标志底图”图层，调出圆形底图的选择区，选择菜单→变换选区，调出变换选区控制框，按 Shift 键成对角缩小，填充白色，选择“椭圆选框工具”向下移动选区，选择菜单→修改→羽化，羽化值设置为 2 像素，按 Delete 键删除图像，在图层调板中设置图层混合模式为“叠加”，不透明度为 20%，如图 5.10.7 所示。

07 复制“左上高光”图层得到“右下高光”图层，按组合键 Ctrl+T 调出自由变换工具，旋转移动到右下方位置，最后效果如图 5.10.8 所示。

图 5.10.7 设置标志底下的高光效果

图 5.10.8 大众标志图标整体效果

第 6 章 图文类图标设计

图文类图标是由图形、文字进行变化组合而形成的图标。这类图标形象生动，意思明确，容易被人接受。具体制作方法可归纳为以下几种：

（1）相互遮盖法：单独字符和图形相互遮盖，形成一个简单又有艺术感的标志。

（2）两者并列法：当图形和文字不能相互遮盖时，可采用两者并列法，如大图形、小文字，这种形式突出了图案的表现力；大文字、小图形，这种形式更强调了文字所表达的含义。

（3）两者穿插法：图形中有文字，文字中有图形。这种方法使文字和图形能很好地融合，使图标更加具有趣味性。

6.1 爱 心 图 标（见图 6.1.1）

图 6.1.1 爱心图标

制作步骤

01 新建一个长 110×110 像素，分辨率为 72 像素/英寸，RGB 模式，背景为透明的图像文件，文件命名为“爱心图标”。新建图层 1，双击鼠标改名为“爱心图形”图层。使用工具箱中的“钢笔工具”，属性选择“路径”，制作出爱心图形的路径，先设置三个锚点，效果如图 6.1.2 所示。

02 路径闭合后，锚点会消失，这时保持“钢笔工具”不变，按住 Ctrl 键换成“直接选择工具”，如图 6.1.3 所示。

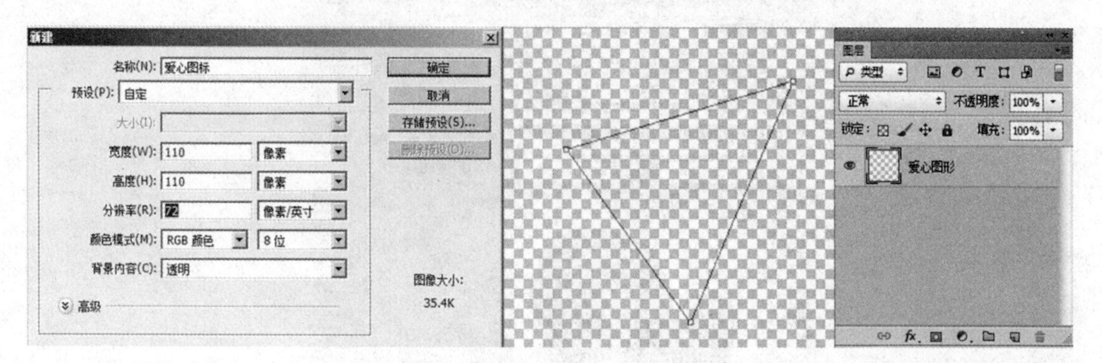

图 6.1.2 设置新建文件大小及分辨率

03 将鼠标放在中间光滑的曲线段上面时，属性栏设置了“自动添加/删除锚点”，鼠标自动变成“添加锚点”图标，添加一个锚点后，按住 Ctrl 键，工具转换成“直接选择工具”，向下移动锚点，如图 6.1.4 所示。

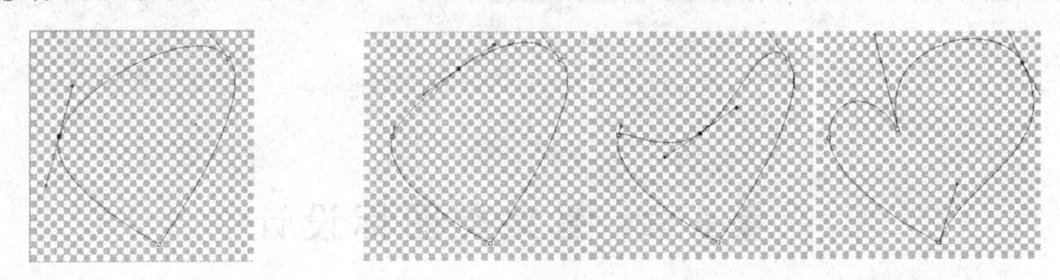

图 6.1.3 通过快捷键修改路径的形状 图 6.1.4 通过钢笔工具创建爱心图形的具体形状

04 选择路径调板，单击调板下方“将路径作为选区载入”按钮，将路径转换成选区，如图 6.1.5 所示。

05 设置前景色为“R：210 G：19 B：19”，按组合键 Alt+Delete 对选择区进行填充，如图 6.1.6 所示。

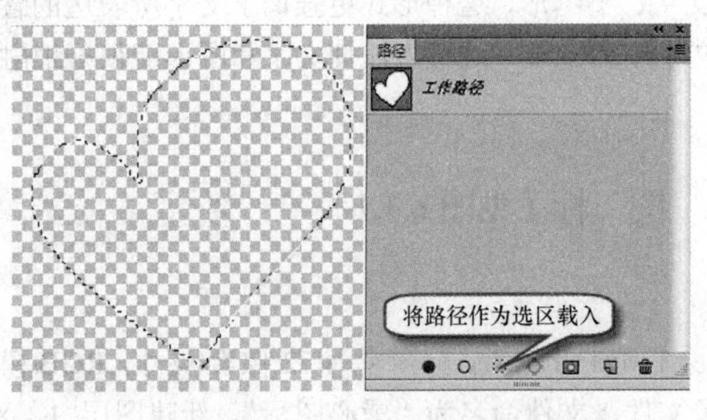

图 6.1.5 将制作好的图形路径转换成选区

图 6.1.6 设置爱心图形的颜色

06 使用工具箱中的“渐变工具”，设置渐变编辑器中“前景色到透明色渐变”，设置渐变的位置及颜色分别为“位置：0%，R：254 G：0 B：0”、“位置：53%，R：145 G：17 B：18”、“位置：100%，R：206 G：42 B：25”，如图 6.1.7 所示。

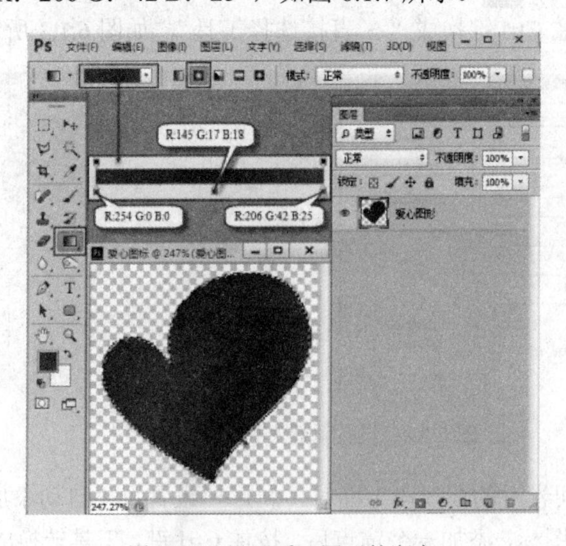

图 6.1.7 设置爱心图形的渐变

07双击“爱心图形”图层，调出图层样式面板，勾选“斜面与浮雕”选项，勾选“内阴影”选项，勾选“投影”选项，设置如图 6.1.8 所示。

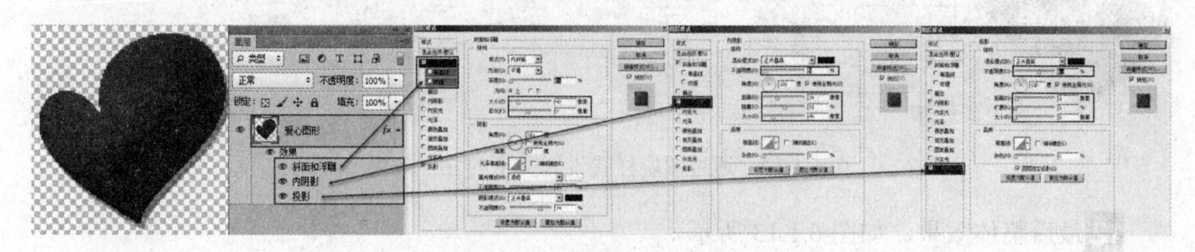

图 6.1.8 通过图层样式设置爱心图形的立体光感效果

08新建图层，命名“反光”图层，用“椭圆选框工具”，在心型图形的右边拉出一个圆形选择区，使用“油漆桶工具”，设置前景色为白色，设置油漆桶的属性栏不透明度为 60%，在所作圆形选区内填充白色，使用“套索工具”在下方做一个不规则的选择区，选择菜单→修改→羽化，设置羽化值为“6 像素”，按 Delete 键对白色圆形进行删除，如图 6.1.9 所示。

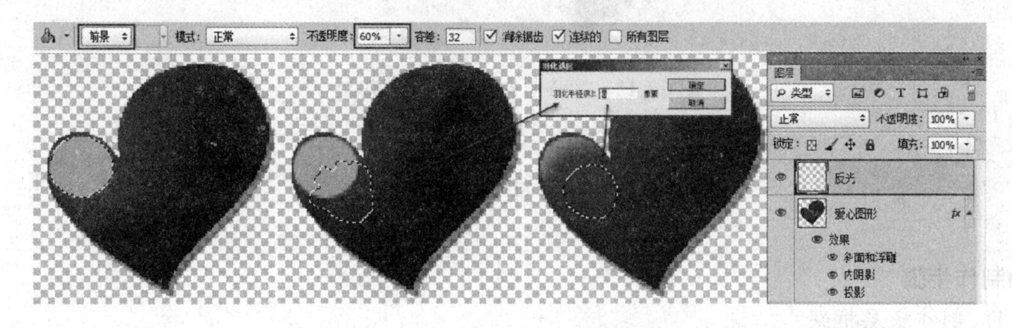

图 6.1.9 设置爱心图形的反光效果

09用同样的方法设置其他部分的反光效果，设置如图 6.1.10 所示。

10新建图层，命名为“高光”，使用工具箱中的“钢笔工具”，属性选择“路径”，制作出高光形状的路径，再转化成选区，填充白色，效果如图 6.1.11 所示。

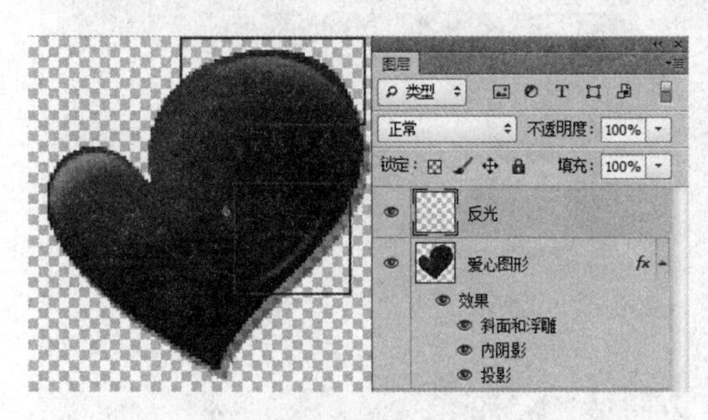

图 6.1.10 制作其他反光区域

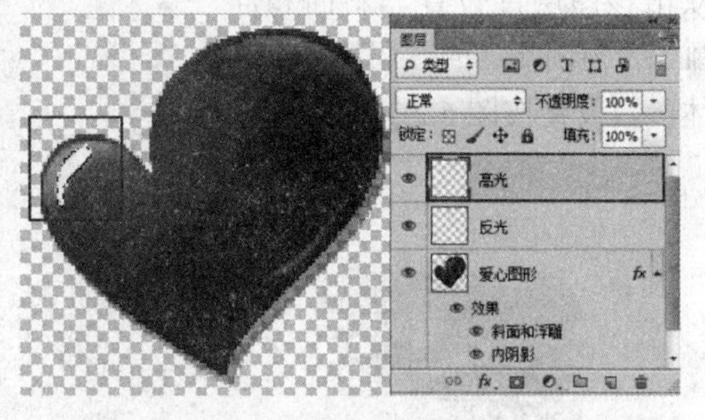

图 6.1.11 设置从中心向两边柔和过渡的效果

11选择工具箱中的“T 文本工具”，输入“Love”文字，自动新建“Love”图层，双击“Love”图层，调出图层样式面板，勾选“斜面与浮雕”选项，勾选“内阴影”选项，勾选“颜色叠加”选项，颜色设置为“R：233 G：238 B：242”，如图 6.1.12 所示。

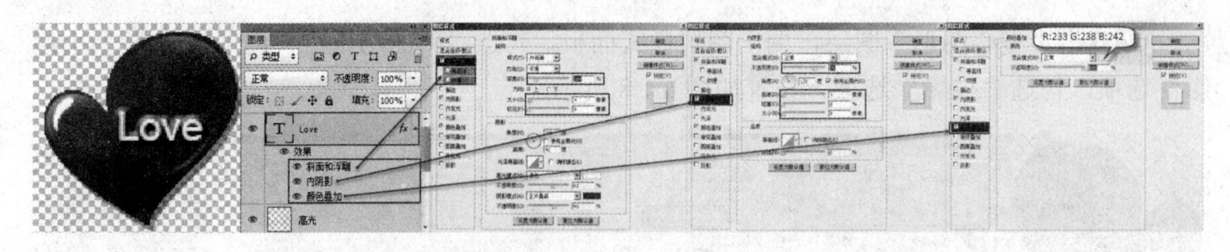

图 6.1.12　通过图层样式设置文字的立体效果

12 最后整体效果，如图 6.1.13 所示。

图 6.1.13　爱心图形最后的整体效果

6.2 优 果 图 标

↘制作步骤

1. 制作底层框架

01 打开背景文件，选择"素材"→"背景.jpg"，首先用"圆角矩形工具"绘制一个长和宽为 512 像素的圆角矩形框架，"半径"值为 92 像素的外框框架，效果如图 6.2.2 所示。

02 将新建好的"圆角矩形 1"图层重命名为"木纹矩形"，双击该图层，设置"斜面和浮雕"、"内阴影"的图层样式。具体参数设置按图 6.2.3 所示。

图 6.2.1 "优果"图标

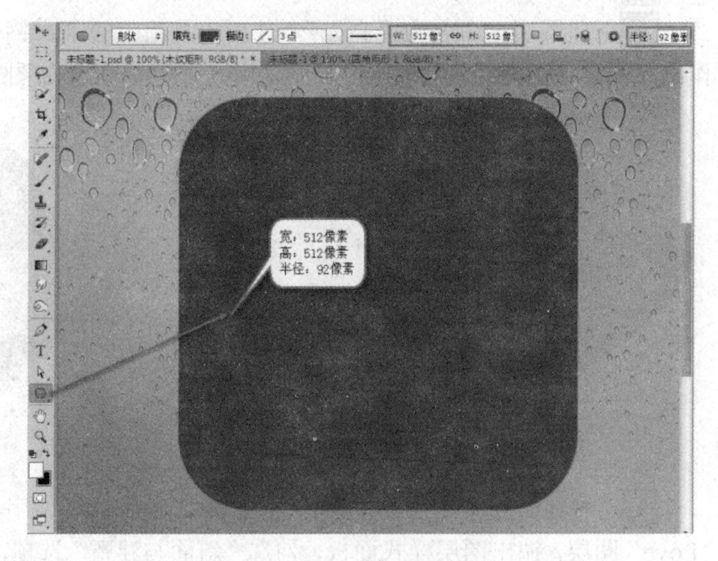

图 6.2.2　绘制外框框架

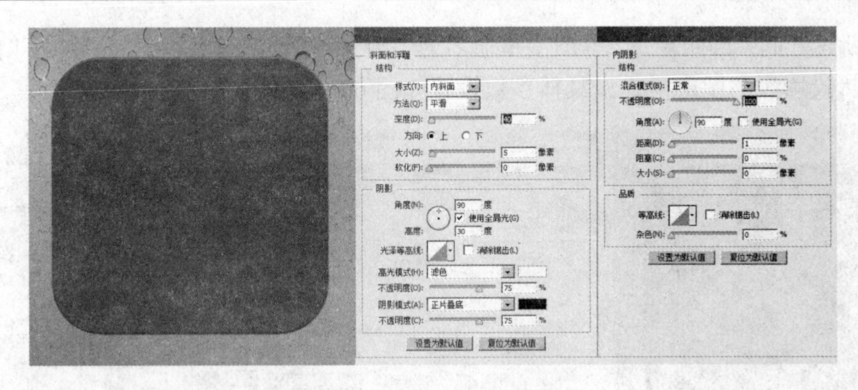

图 6.2.3 设置外框框架图层样式

03 现在载入木纹底纹。打开“素材”→“木纹素材.jpg”，选择“编辑”→“定义图案”，回到“木纹矩形”文件，双击“木纹矩形”图层，打开图层样式对话框，勾选“图案叠加”，在“图案”里选择“载入”的木纹素材。具体参数和效果如图 6.2.4 所示。

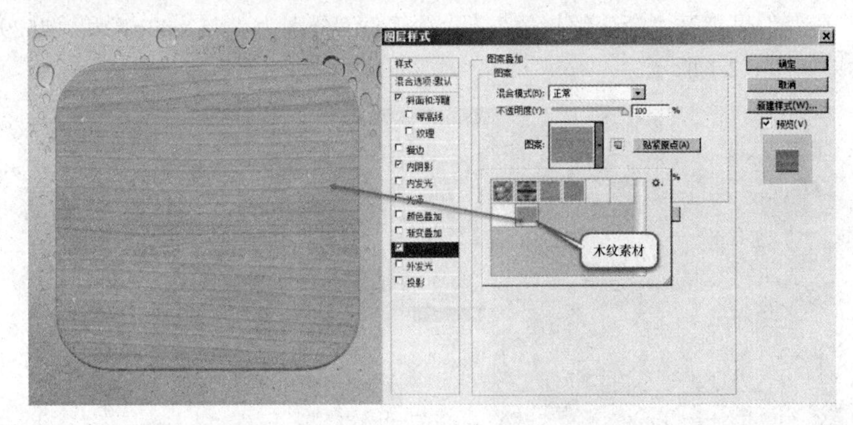

图 6.2.4 设置“图案叠加”木纹效果

04 下面再来绘制内框框架。选择“圆角矩形工具”，绘制一个长和宽为 452 像素的圆角矩形框架，“半径”值为 82 像素的内框框架，效果如图 6.2.5 所示。

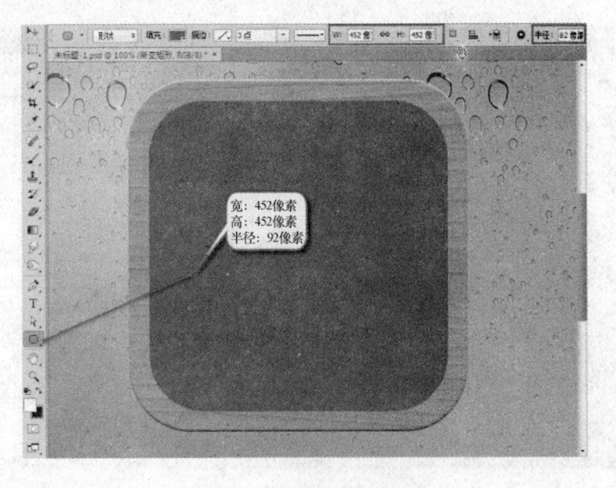

图 6.2.5 绘制内框框架

05 将新建好的“圆角矩形 2”图层重命名为“渐变矩形”，双击该图层，设置“内阴影”、“内发光”、“投影”的图层样式。具体参数设置如图 6.2.6 所示。

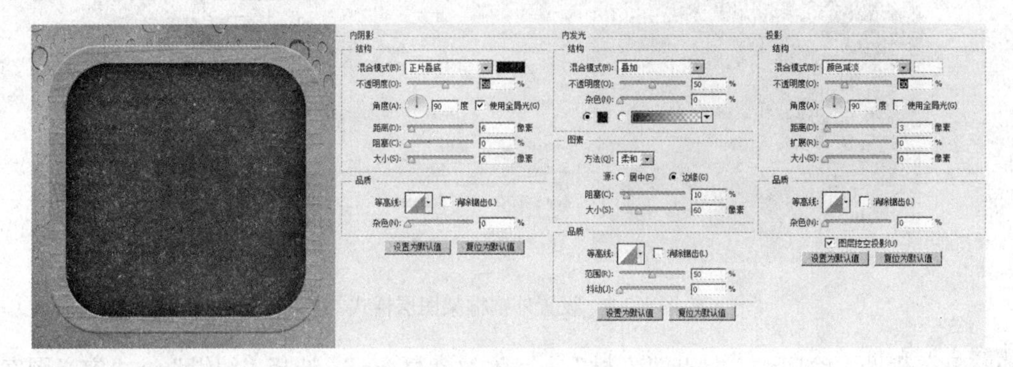

图 6.2.6　设置内框框架的图层样式

06 接下来设置内框框架的渐变效果。打开“渐变矩形”的图层样式对话框，勾选“渐变叠加”，在“渐变”里打开“渐变编辑器”，设置渐变色分别为“#52c43b”和“#5296f2”，具体参数和效果如图 6.2.7 所示。

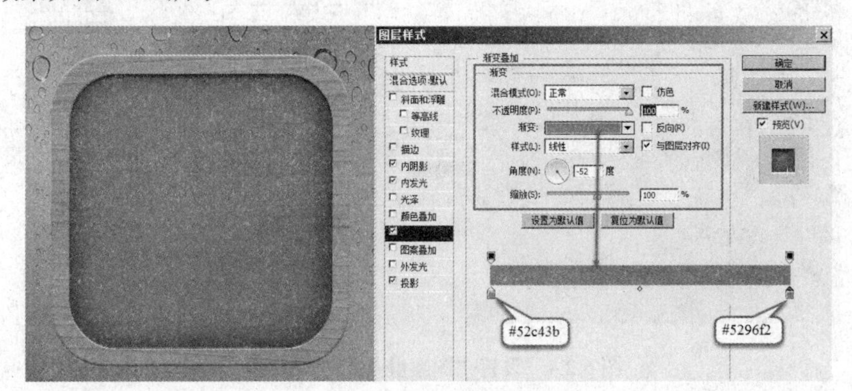

图 6.2.7　设置内框框架的渐变效果

07 至此，“优果”图标的内外框架就基本上设置好了，最后的图层效果如图 6.2.8 所示。

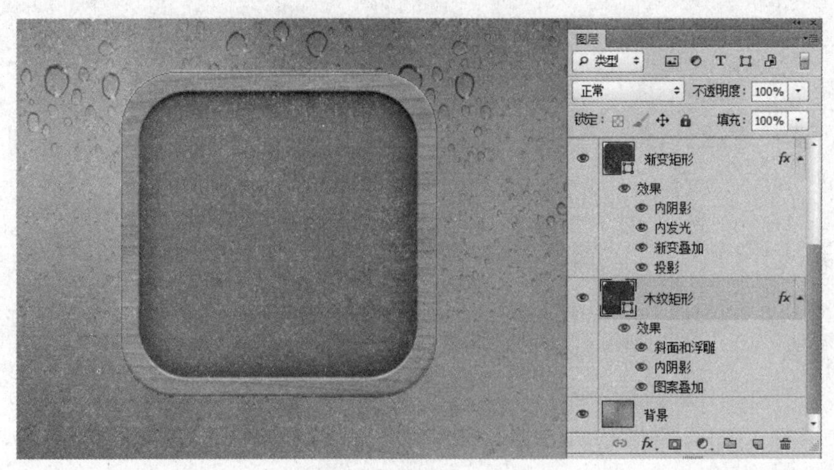

图 6.2.8　矩形框最终效果图

2. 绘制装饰蝴蝶结和文字

08 接下来绘制“蝴蝶结”部分，“蝴蝶结”一共分为三个部分，我们先来绘制第一部分。新建图层，命名为“蝴蝶结1”，用“钢笔工具”绘制矢量图形，选择工具模式为“形状”，填充色为红色#ff0000，效果如图6.2.9所示。

图6.2.9　绘制“蝴蝶结1”

09 接下来设置“蝴蝶结1”的阴影效果。双击“蝴蝶结1”图层，打开图层样式对话框，勾选“投影”，设置“投影”的效果，具体参数和效果如图6.2.10所示。

10 下面给“蝴蝶结1”绘制折叠阴影。选择“钢笔工具”，填充色选择85%的灰色，绘制出“蝴蝶结1”的三个折叠阴影，并分别重命名为“蝴蝶结1阴影1”、“蝴蝶结1阴影2”和“蝴蝶结1阴影3”，效果如图6.2.11所示。

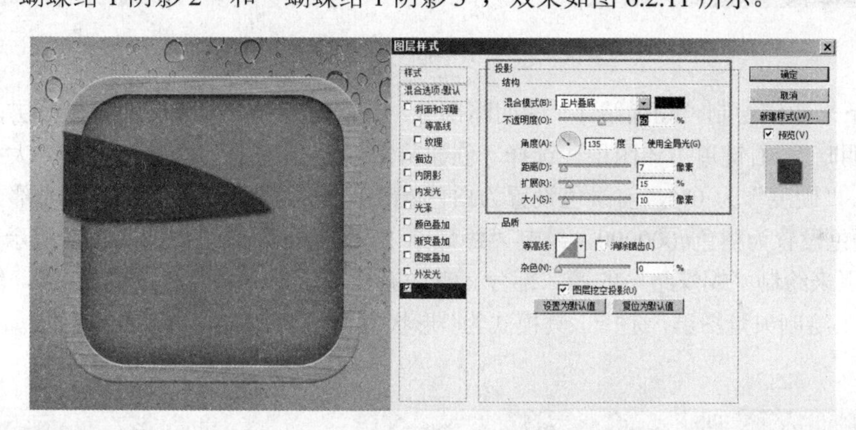

图6.2.10　设置“蝴蝶结1”的投影效果

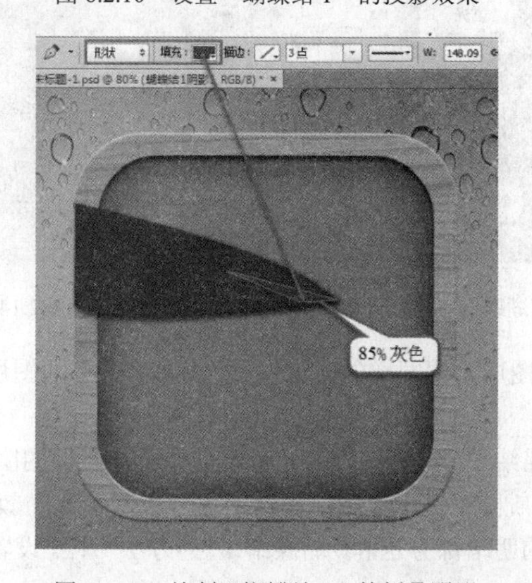

图6.2.11　绘制“蝴蝶结1”的折叠阴影

11 选中“蝴蝶结 1 阴影 1”图层，单击右键，选择“栅格化图层”，然后再执行“滤镜”→“模糊”→“高斯模糊”命令，在弹出的“高斯模糊”的对话框中，将“半径”修改为 2.5 像素，然后把图层不透明度设置为 55%。用同样的方法对“蝴蝶结 1 阴影 2”和“蝴蝶结 1 阴影 3”执行“高斯模糊”命令，设置图层不透明度为 55%。最终效果如图 6.2.12 所示。

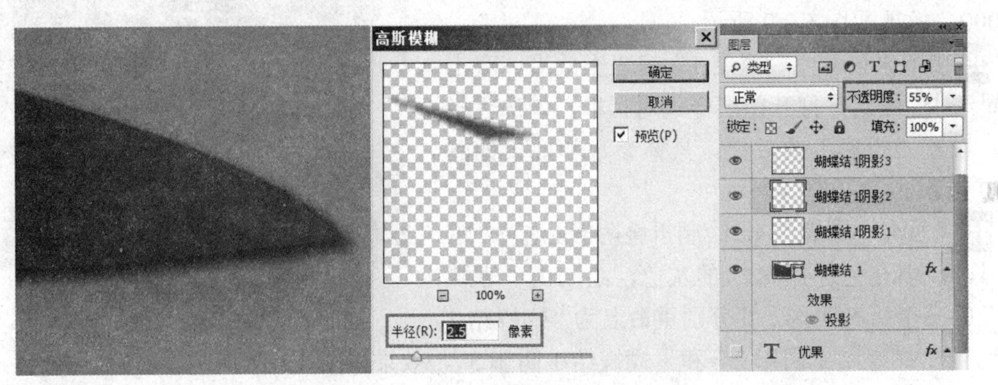

图 6.2.12　设置“蝴蝶结 1”的阴影效果

12 接下来我们绘制“蝴蝶结 1”的明暗部分。在“蝴蝶结 1”图层上新建一层，命名为“蝴蝶结 1 明暗”，右键单击该图层，选择“创建剪贴蒙版”，选择“画笔工具”，“大小”设置为 40 像素，“硬度”为 0%，前景色设置为白色#ffffff，绘制“蝴蝶结 1”的高光部分，然后再将画笔颜色设置为黑色#000000，绘制“蝴蝶结 1”的暗部，效果如图 6.2.13 所示。

13 接下来绘制“蝴蝶结”的第二部分。首先新建一层，命名为“蝴蝶结 2”，然后选择“钢笔工具”，绘制矢量图形，选择工具模式为“形状”，填充色为红色#ff0000，效果如图 6.2.14 所示。

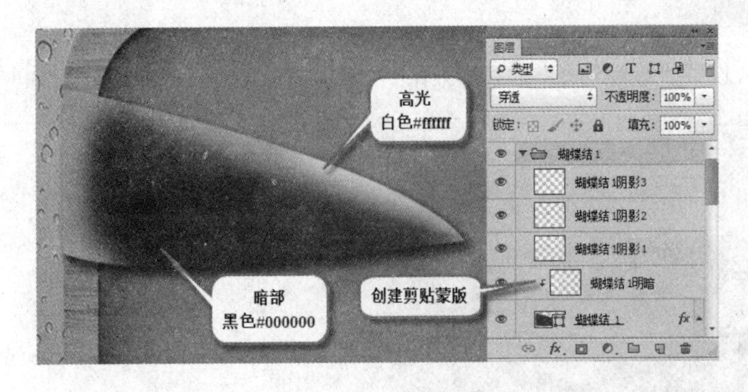

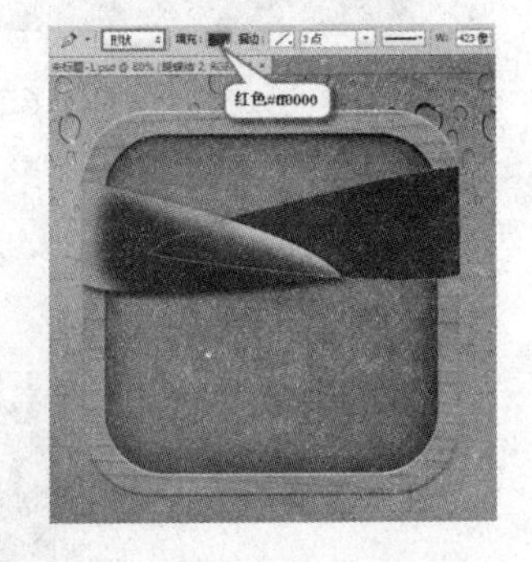

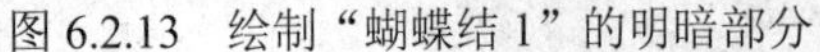

图 6.2.13　绘制“蝴蝶结 1”的明暗部分　　　图 6.2.14　绘制“蝴蝶结 2”

14 双击“蝴蝶结 2”图层，按同样的方法设置“蝴蝶结 2”的图层样式，效果如图 6.2.15 所示。

15 接下来按照“蝴蝶结 1”同样的方法，绘制“蝴蝶结 2”的阴影部分。用钢笔工具绘制形状→栅格化图层→高斯模糊→设置图层不透明度。设置参数和效果如图 6.2.16 所示。

16 绘制“蝴蝶结 2”的明暗部分也和“蝴蝶结 1”的方法一样。设置参数和效果如图 6.2.17 所示。

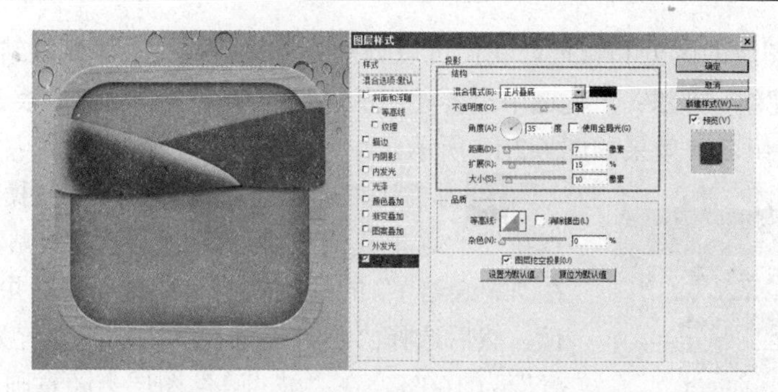

图 6.2.15 设置“蝴蝶结 2”的投影效果

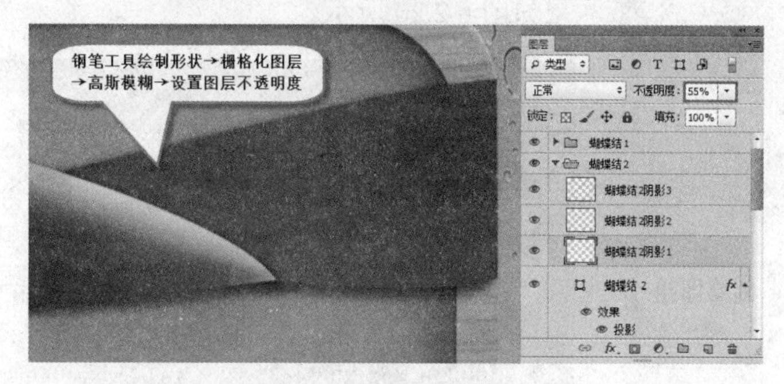

图 6.2.16 绘制并设置“蝴蝶结 2”的折叠阴影部分

17 接下来按照同样的方法将“蝴蝶结 3”绘制出来，并设置好它的图层样式“投影”、“折叠阴影”和明暗部分，最后效果如图 6.2.18 所示。

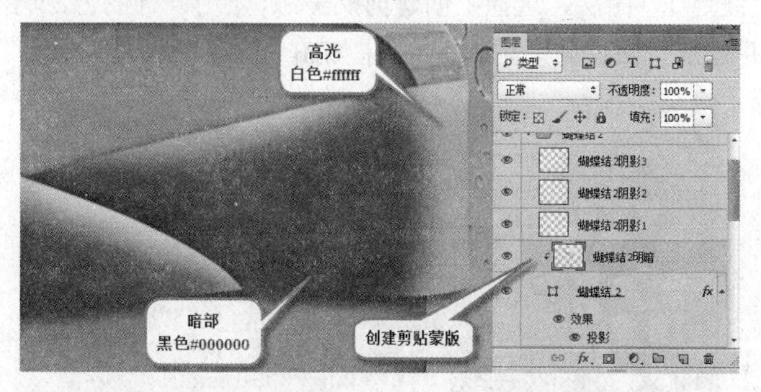

图 6.2.17 绘制“蝴蝶结 2”的明暗部分

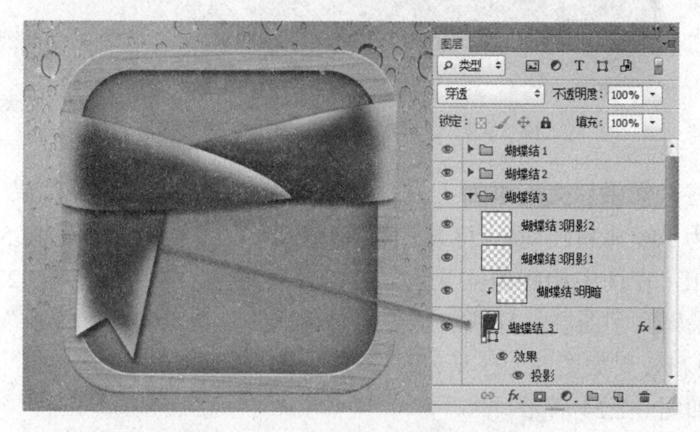

图 6.2.18 “蝴蝶结 3”最后效果图

18 为了便于图层的区分和管理，我们可以分别将“蝴蝶结 1”、“蝴蝶结 2”和“蝴蝶结 3”所属的各图层建组。方法：一起选中需要建组的各图层，拖曳到图层面板下的“创建新组”按钮内，并重命名组名，效果如图 6.2.19 所示。

19 为了让“蝴蝶结”更真实好看，我们来给它加上波点花纹。这里我们也可以使用“创建剪贴蒙版”的方法，在“蝴蝶结 1”的形状图层上新建一层，并重命名为“波点 1”。然后选择“画笔工具”，“大小”设置为 50 像素，“硬度”为 100%，在“波点 1”图层上随意画上波点花纹，效果如图 6.2.20 所示。

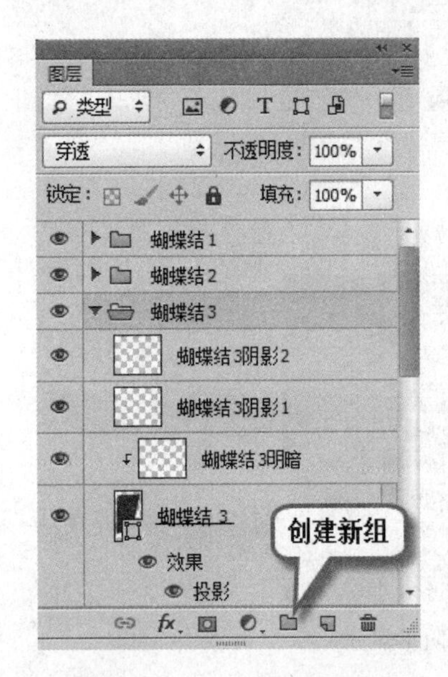

图 6.2.19　将各图层建组

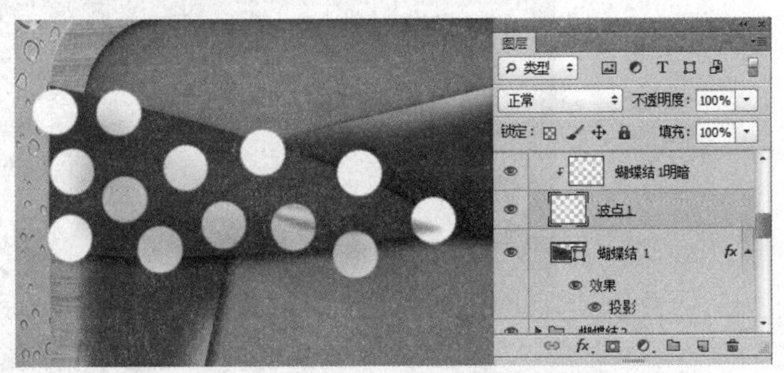

图 6.2.20　绘制“波点花纹”

20 右键单击“波点 1”图层，选择“创建剪贴蒙版”，用同样的方法将“波点 2”和“波点 3”绘制出来，并分别“创建剪贴蒙版”，效果如图 6.2.21 所示。

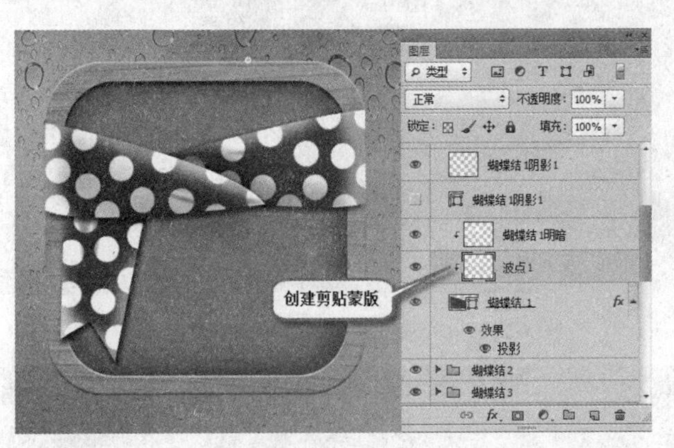

图 6.2.21　“波点花纹”最后效果图

21 最后我们将“优果”文字添加上去。新建一个图层，命名为“优果”。选择“文本工具”，将字体设置为“经典超圆简”（可设置为其他字体），“大小”设置为 95 点，设置文本颜色为“白色”#ffffff，在图中相应的位置写上“优果”两字，效果如图 6.2.22 所示。

22 双击“优果”文字图层，打开图层样式对话框，勾选“斜面和浮雕”效果，设置字体的样式。设置参数和效果如图 6.2.23 所示。

23 最终效果如图 6.2.24 所示。

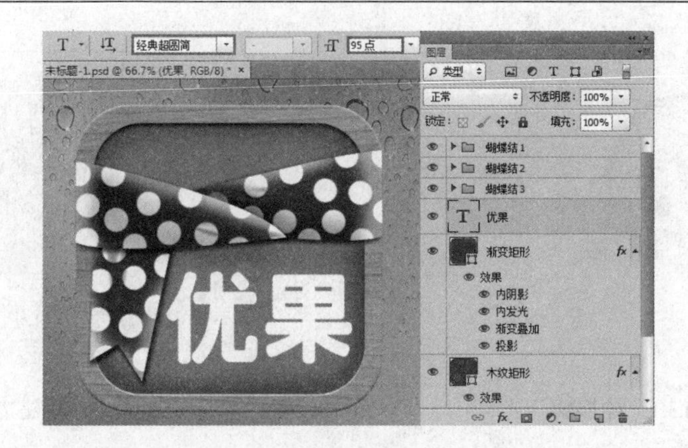

图 6.2.22　创建“优果”文字

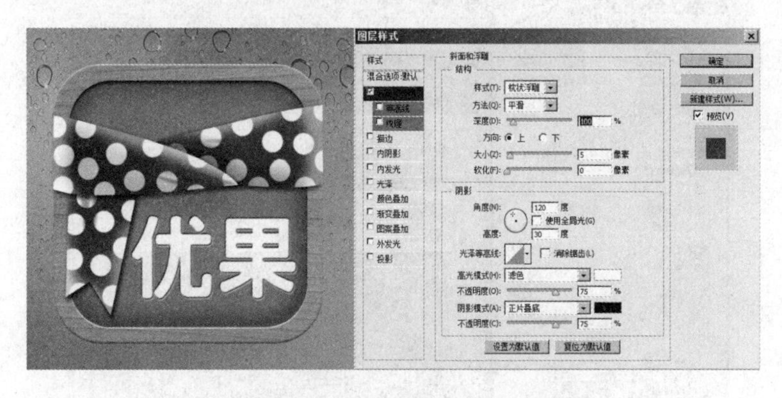

图 6.2.23　设置“优果”字体的浮雕效果

图 6.2.24　最终效果图

6.3 棒　棒　糖

↘制作步骤

01 新建一个 1200×1024 像素的文件，命名为“棒棒糖”，填充背景颜色为黄色 RGB：#dbc400，并按“R”键调出标尺，如图 6.3.2 所示。

02 打开“底图图案.jpg”的素材文件，单击菜单栏“编辑”→“定义图案”，在弹出“定义图案”对话框中，单击“确定”按钮，如图 6.3.3 所示。

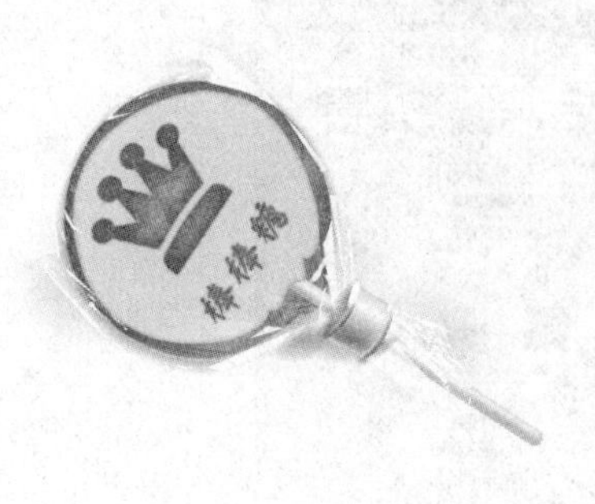

图 6.3.1　棒棒糖

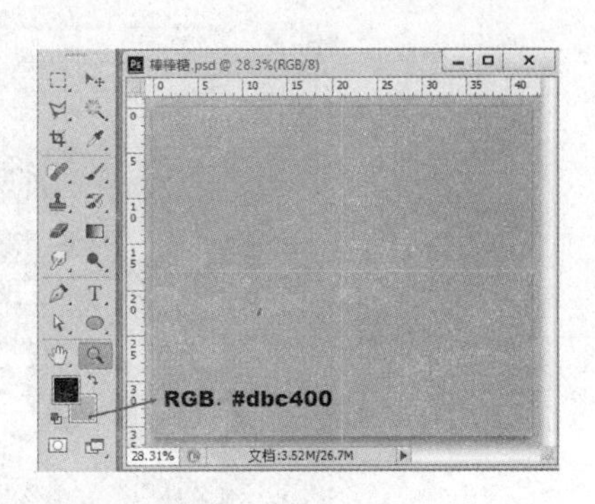

图 6.3.2　新建文档

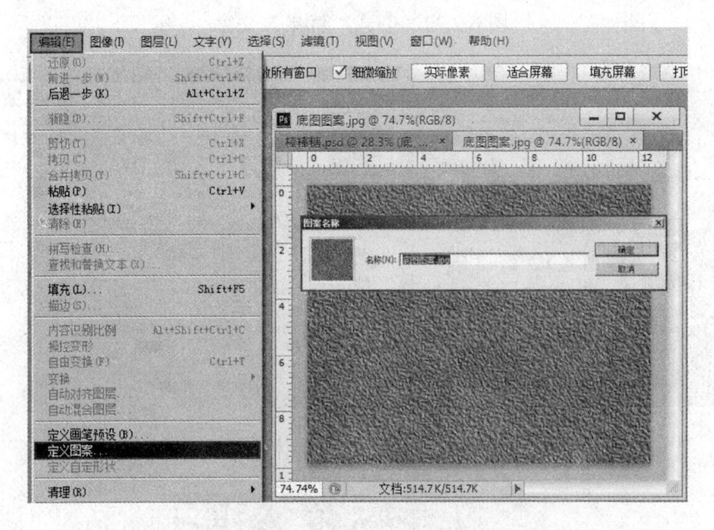

图 6.3.3　定义图案

03 返回“棒棒糖”文档，双击“背景”图层，在弹出的“图层样式”对话框中，勾选“图案叠加”选项，设置“混合模式”为“叠加”，选择“图案”为“底图图案”，如图 6.3.4 所示。

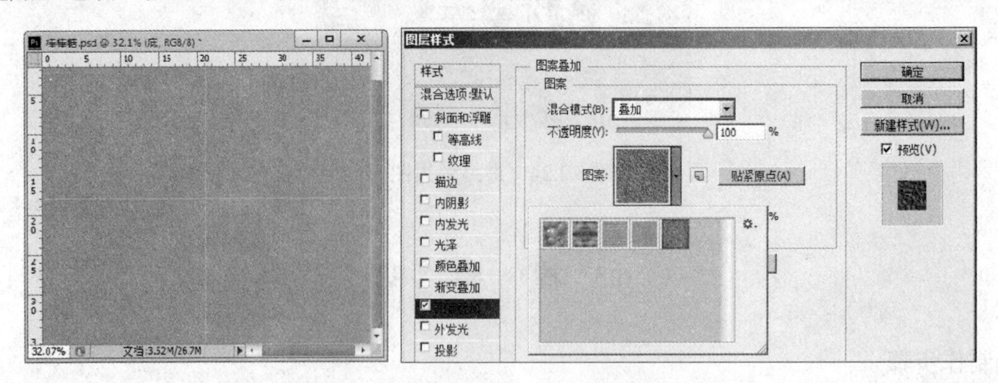

图 6.3.4　设置背景的“图案叠加”效果

04 在“图层”面板工具栏单击“创建新的填充或调整图层”，在下拉菜单中选择“曲线”，为“底”图层创建曲线图层，编辑点并修改曲线形状，使背景图层颜色变暗，如图 6.3.5 所示。

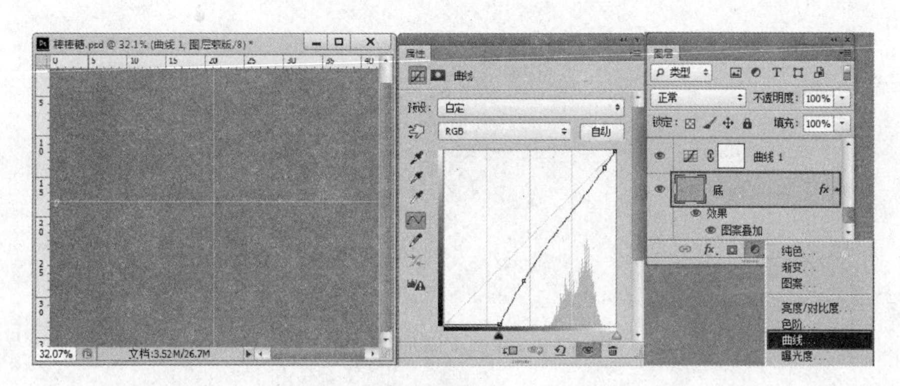

图 6.3.5 添加并设置“曲线”图层

05 在工具栏单击“画笔工具”，设置画笔大小为“300”，不透明度为“53%”，在背景图上相应位置单击鼠标左键，添加反光效果，如图 6.3.6 所示。

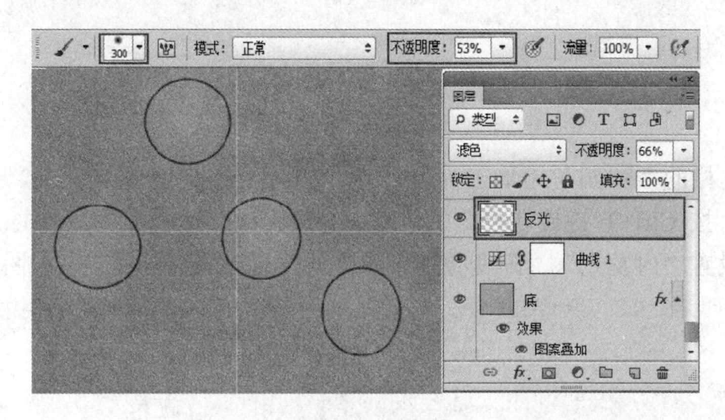

图 6.3.6 用画笔添加反光效果

06 在工具栏单击“椭圆工具”，在背景图上绘制一个直径为 20 厘米的圆，填充颜色为 RGB：# c4b400，并在图层面板设置“不透明度”为 88%，如图 6.3.7 所示。

07 在工具栏单击“添加锚点工具”在圆右下角位置添加 2 个锚点，再用“直接选择工具”调整添加的 2 个锚点的调节杆，绘制出半圆形的突起部分，如图 6.3.8 所示。

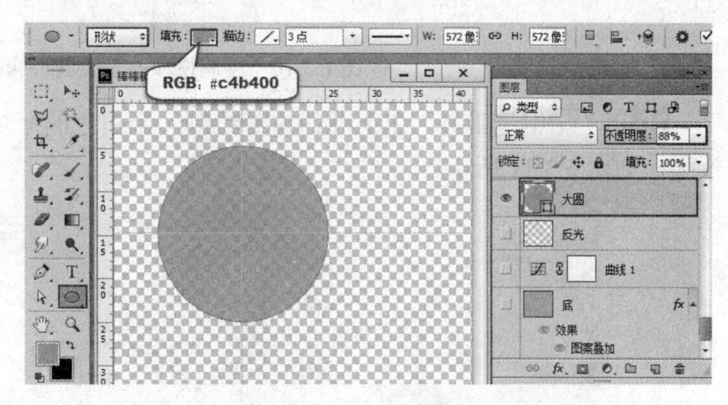

图 6.3.7 绘制大圆

08 双击“大圆”图层，弹出“图层样式”对话框，分别设置圆的“内发光”、“外发光”和“投影”混合效果，如图 6.3.9 所示。

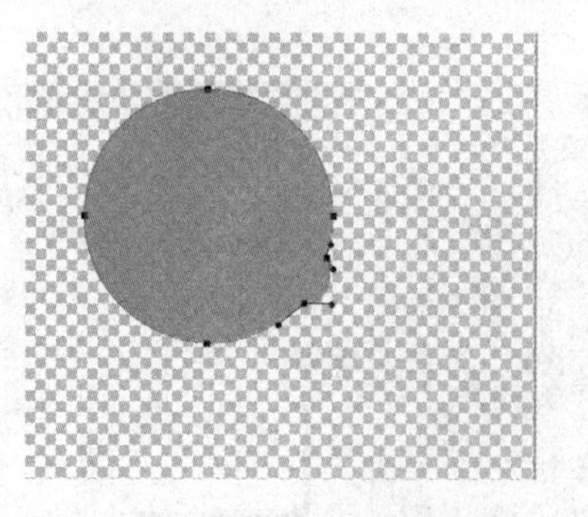

图 6.3.8 在圆上添加 2 个锚点

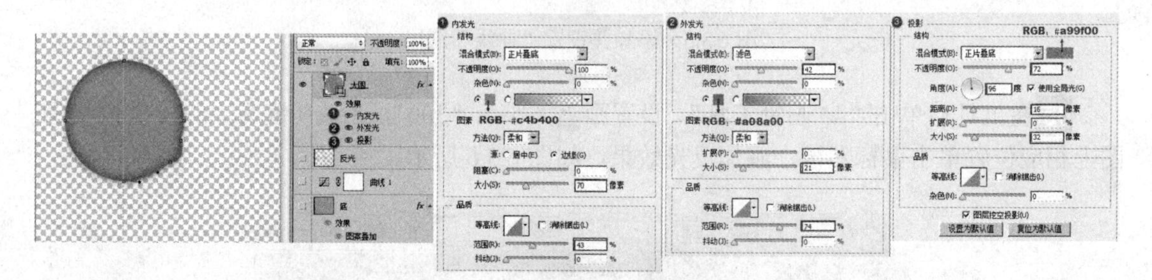

图 6.3.9 设置“大圆”的混合样式

09 单击工具栏的“圆角矩形工具”，设置圆角半径为“30 像素”，绘制一个白色的矩形作为“棒棒”，按 Ctrl+T 键旋转棒棒的角度，并放置到合适的位置，双击“棒棒”图层在“图层样式”中设置“内发光”、“渐变叠加”和“外发光”的混合模式，如图 6.3.10 所示。

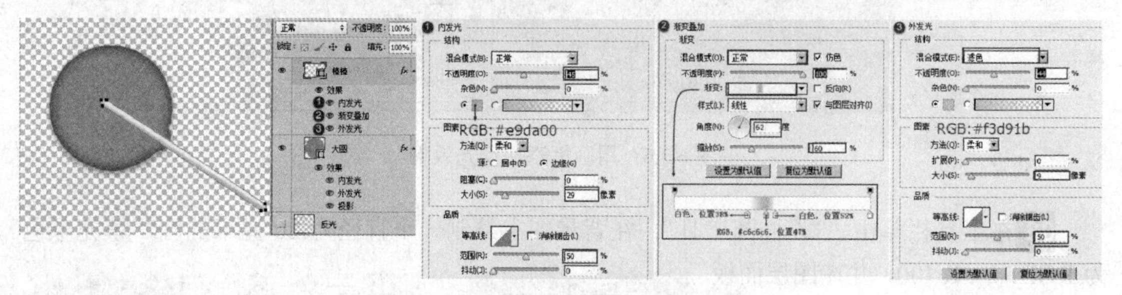

图 6.3.10 绘制棒棒并设置其混合效果

10 用“钢笔工具”在大圆的内部绘制一个白色的区域，并设置“白色区”的“内发光”效果，如图 6.3.11 所示。

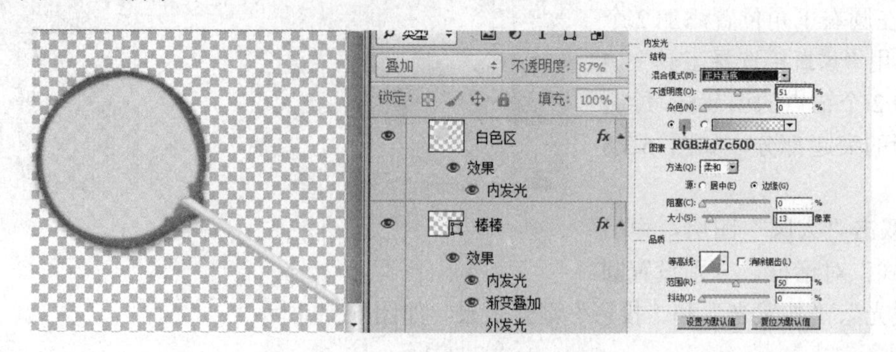

图 6.3.11 绘制棒棒糖的白色区域

11 单击“T横排文字工具”，在“文本工具”栏设置字体是“方正舒体”，字号大小为“100点”，输入文字“棒棒糖”，在“棒棒糖”图层单击鼠标右键，在弹出的菜单中选择“栅格化文字”，按组合键 Ctrl+T 调整文字的位置及角度，并设置文字的“内发光”和“外发光”混合效果，如图 6.3.12 所示。

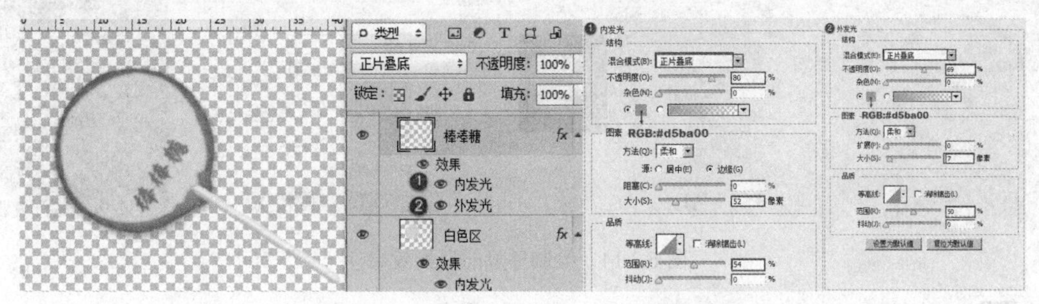

图 6.3.12　输入文字“棒棒糖”并设置混合效果

12 在工具栏单击“自定形状工具”，在其工具栏中，设置形状填充颜色为 RGB:# c4b400，在“形状”框单击下拉按钮，在“设置”图标追加“全部”形状，选择“皇冠”的形状，在棒棒糖的白色区域绘制皇冠的形状，并按组合键 Ctrl+T 调整皇冠的角度及位置，然后设置皇冠形状“内发光”和“外发光”效果，如图 6.3.13 所示。

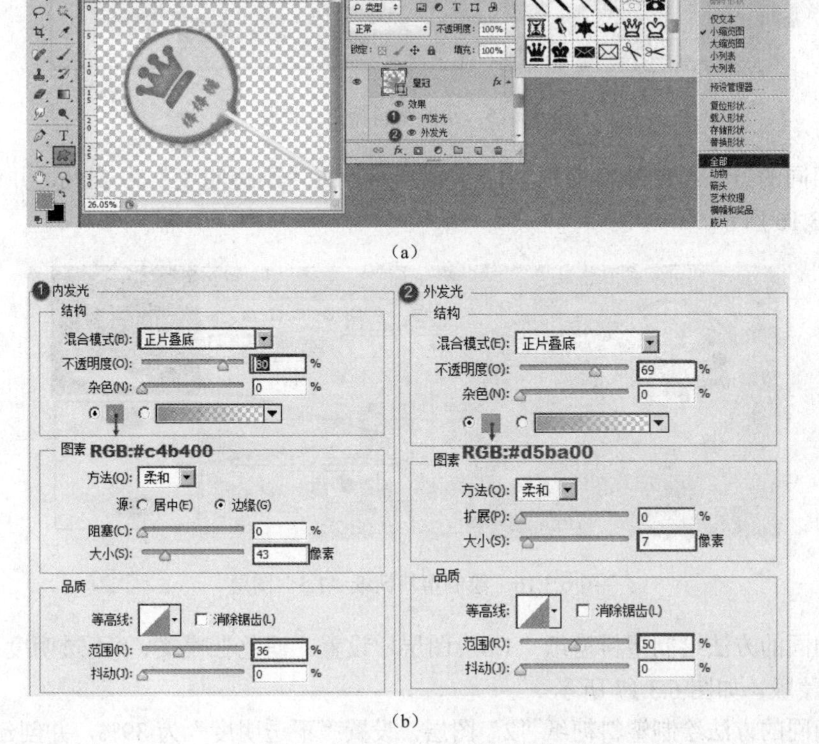

（a）

（b）

图 6.3.13　绘制皇冠并设置其混合效果

（a）绘制皇冠；（b）设置混合效果

13 新建“反光”和“颜料反光”图层，绘制其相应的图案，并设置“塑料反光”的图案叠加调用“树叶图案.jpg”文件，并按组合键 Ctrl+Alt+G 将“反光”和“塑料反光”图层转换为“皇冠”图层的剪切蒙版，如图 6.3.14 所示。

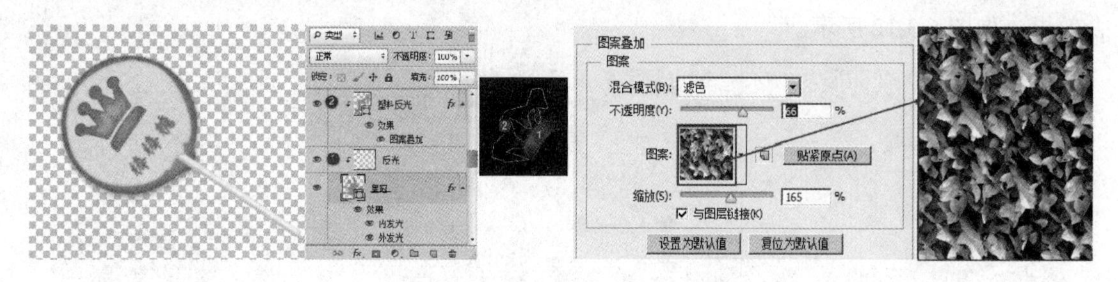

图 6.3.14　绘制皇冠的反光效果

14 新建“塑料”组，单击“钢笔工具”绘制糖纸的形状，单击“添加图层蒙版”为糖纸形状添加蒙版，再用“画笔工具”绘制黑色区域，使糖纸显示渐变效果，设置“不透明度”为 15%，如图 6.3.15 所示。

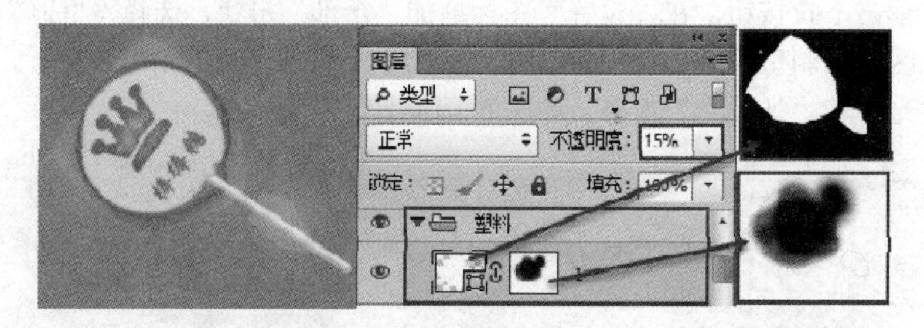

图 6.3.15　绘制塑料糖纸 1 图层

15 按相同的方法绘制塑料糖纸“1.5”图层，设置“不透明度”为 21%，并创建图形蒙版，如图 6.3.16 所示。

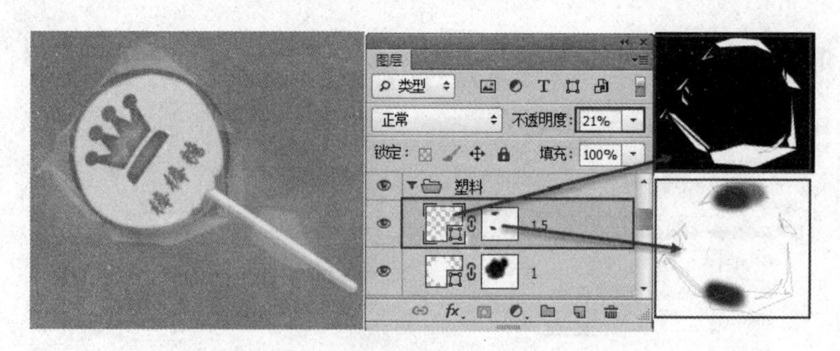

图 6.3.16　绘制塑料糖纸“1.5”图层

16 按相同的方法绘制塑料糖纸“1.8”图层，设置“滤色”模式、“不透明度”为 28%，并创建图形蒙版，如图 6.3.17 所示。

17 按相同的方法绘制塑料糖纸“2”图层，设置“不透明度”为 39%，并创建图形蒙版，如图 6.3.17 所示。

18 按相同的方法绘制塑料糖纸“3”图层，设置“不透明度”为 37%，并创建图形蒙版，如图 6.3.18 所示。

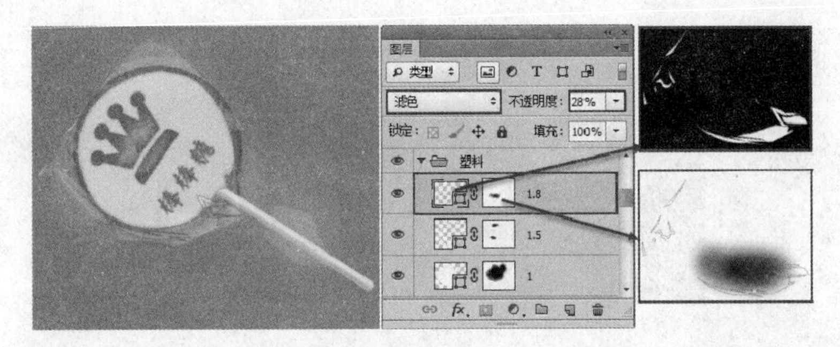

图 6.3.17　绘制塑料糖纸“1.8”图层

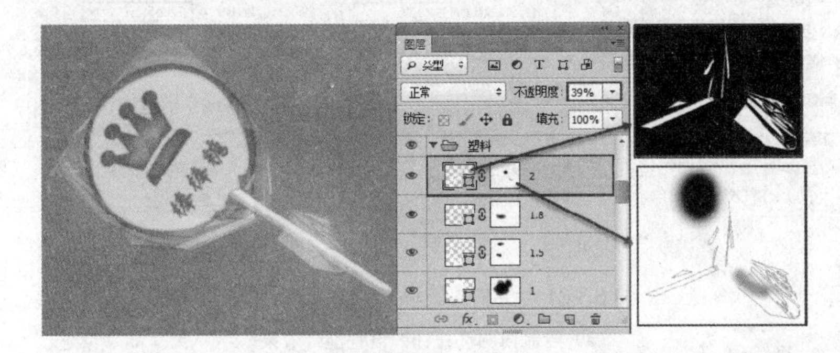

图 6.3.18　绘制塑料糖纸“2”图层

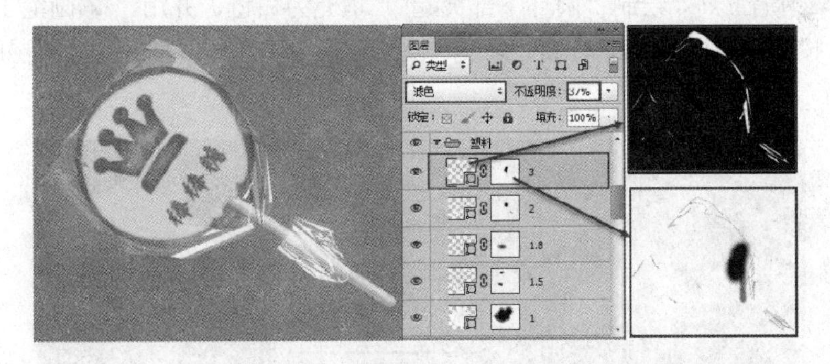

图 6.3.19　绘制塑料糖纸“3”图层

19 用“钢笔工具”绘制塑料糖纸“4”图层，设置“滤色”模式，如图 6.3.20 所示。

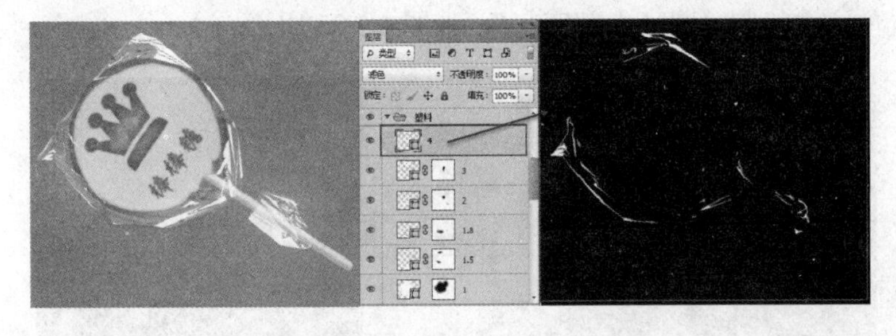

图 6.3.20　绘制塑料糖纸“4”图层

20 用“钢笔工具”绘制内圆环，并设置“内阴影”、“内发光”和“渐变叠加”效果，如图 6.3.21 所示。

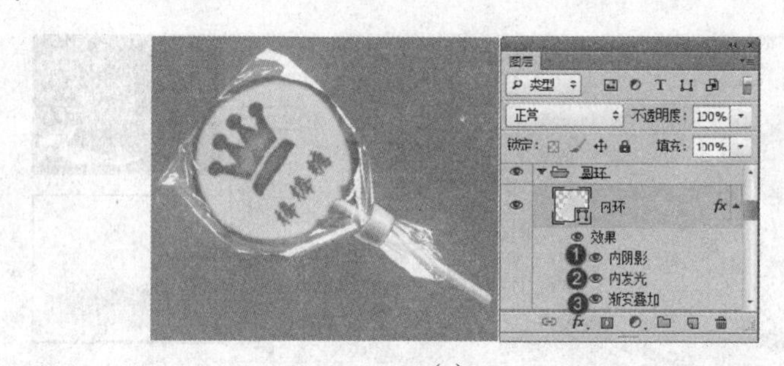

（a）

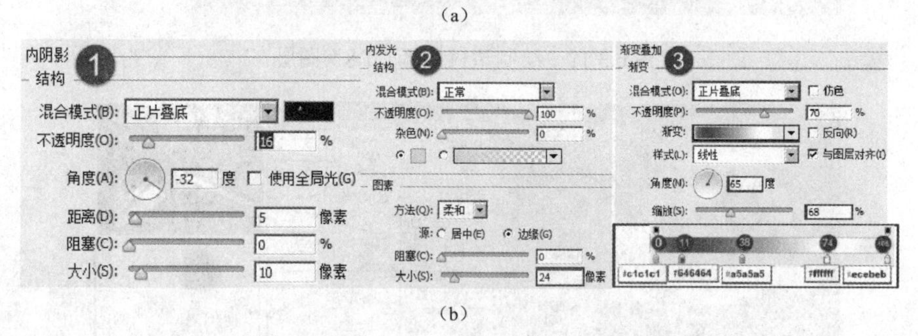

（b）

图 6.3.21 绘制内圆环并设置混合效果

（a）绘制内圆环；（b）设置混合效果

21 用“钢笔工具”绘制“圆环下部突起”，填充为白色，并用“画笔工具”绘制渐变部分，然后按组合键 Ctrl+Alt+G 将“渐变”图层转换为“圆环下部突起”图层的剪切蒙版，如图 6.3.22 所示。

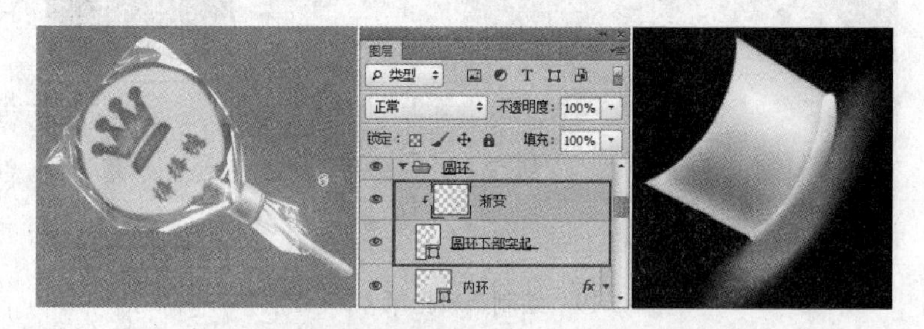

图 6.3.22 绘制“圆环下部突起”

22 用相同的方法绘制“圆环上部突起”，如图 6.3.23 所示。

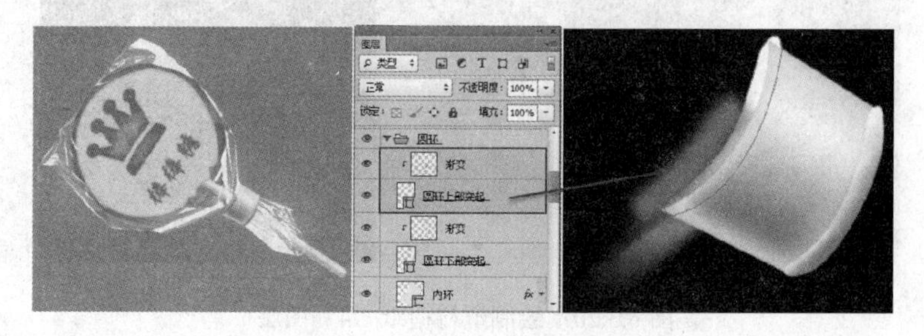

图 6.3.23 绘制“圆环上部突起”

23 设置画笔颜色为 RGB：#8d8d64，用“画笔工具”在圆环处绘制圆环扣的阴影，如图 6.3.24 所示。

24 在“圆环”组上新建一个图层，在图层面板单击“创建新的填充或调整图层”，在弹出的菜单中选择“色彩平衡”，在“色彩平衡”对话框中设置“黄色”为“-33”，如图 6.3.25 所示。

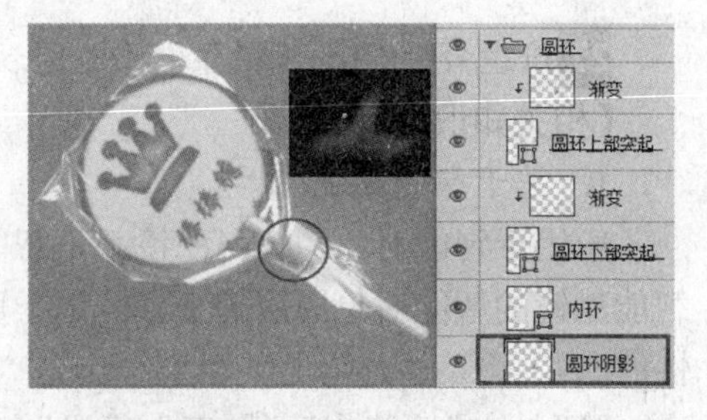

图 6.3.24　绘制圆环阴影

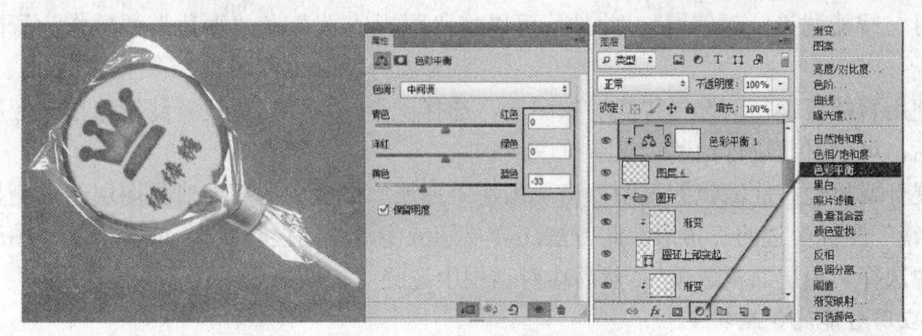

图 6.3.25　设置色彩平衡

25 按相同的方法设置“曲线”和“可选颜色”，调整图层的颜色，如图 6.3.26 所示。

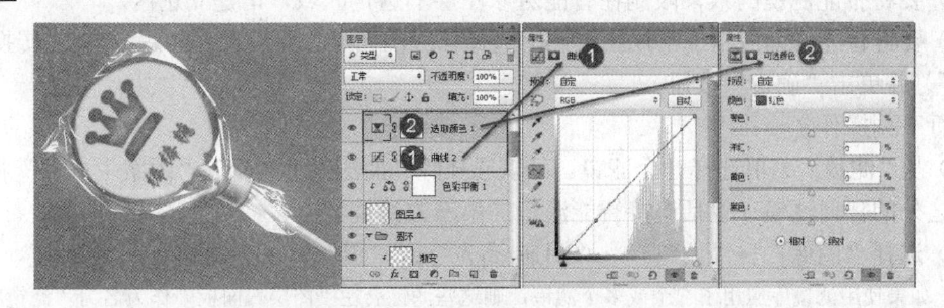

图 6.3.26　设置“曲线”和“可选颜色”

26 复制“棒棒”图层，将该副本移至左下方位置形成棒棒的阴影，单击“滤镜”→“转换为智能滤镜”，将该图层转换为智能滤镜，再单击“滤镜”→“模糊”→“高斯模糊”，设置阴影的模糊效果，执行 2 次高斯模糊，如图 6.3.27 所示。

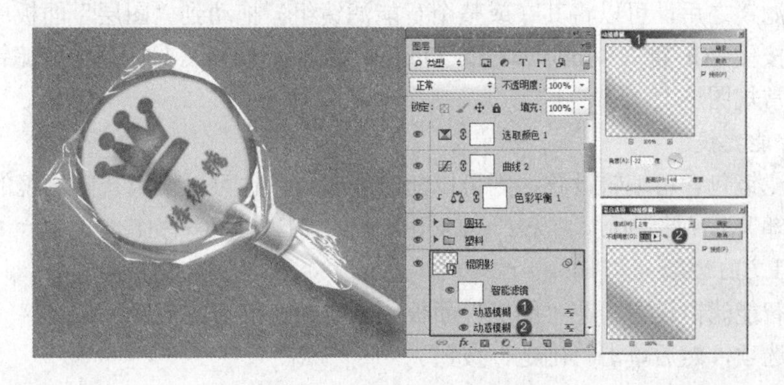

图 6.3.27　设置棒棒的阴影效果

27 按组合键 Ctrl+S 保存“棒棒糖.psd”文件。

【相关知识】

1. 关于智能滤镜编辑

应用于智能对象的任何滤镜都是智能滤镜。智能滤镜将出现在“图层”面板中应用这些智能滤镜的智能对象图层的下方。由于可以调整、移去或隐藏智能滤镜，这些滤镜是非破坏性的。

除“抽出”、“液化”、“图案生成器”和“消失点”之外，可以按智能滤镜应用任意 Photoshop 滤镜（可与智能滤镜一起使用）。此外，可以将“阴影/高光”和“变化”调整作为智能滤镜应用。

要使用智能滤镜，请选择智能对象图层，选择一个滤镜，然后设置滤镜选项。应用智能滤镜之后，可以对其进行调整、重新排序或删除。

要展开或折叠智能滤镜的视图，请单击在“图层”面板中的智能对象图层的右侧显示的“智能滤镜”图标旁边的三角形。此方法还会显示或隐藏“图层样式”。或者，从“图层”面板菜单中选择“图层面板选项”，然后在对话框中选择“扩展新效果”。

2. 应用智能滤镜编辑

执行下列操作之一：

（1）要将智能滤镜应用于整个智能对象图层，请在“图层”面板中选择相应的图层。

（2）要将智能滤镜的效果限制在智能对象图层的选定区域，请建立选区。

（3）要将智能滤镜应用于常规图层，请选择相应的图层，然后选择“滤镜”>“转换为智能滤镜”，并单击“确定”按钮。

执行下列操作之一：

（1）从“滤镜”菜单选择一个滤镜。可以选择除“抽出”、“液化”、“图案生成器”和“消失点”之外的任何滤镜（包括支持智能滤镜的第三方滤镜）。

（2）选择“图像”→“调整”→“阴影/高光”或“图像”→“调整”→“变化”。

注：如果使用滤镜库应用了一个或多个滤镜，则这些滤镜会在“图层”面板中作为名为“滤镜库”的组出现。可以通过双击滤镜库条目来编辑各个滤镜。

设置滤镜选项，然后单击“确定”按钮。智能滤镜将出现在智能对象图层下方“图层”面板中智能滤镜行的下面。如果您在“图层”面板中的某个智能滤镜旁看到一个警告图标，则表示该滤镜不支持图像的颜色模式或深度。

应用智能滤镜之后，可以将其（或整个智能滤镜组）拖动到“图层”面板中的其他智能对象图层上；按住 Alt 键（Windows）或 Option 键（Mac OS）并拖动智能滤镜。无法将智能滤镜拖动到常规图层上。

3. 编辑智能滤镜

如果智能滤镜包含可编辑设置，则可以随时编辑它，也可以编辑智能滤镜的混合选项。

注：当您编辑某个智能滤镜时，将无法预览堆叠在其上方的滤镜。编辑完智能滤镜后，Photoshop 会再次显示堆叠在其上方的滤镜。

（1）编辑智能滤镜设置。在“图层”面板中双击相应的智能滤镜。

设置滤镜选项，然后单击“确定”按钮。

（2）编辑智能滤镜混合选项。编辑智能滤镜混合选项类似于在对传统图层应用滤镜时使用“渐隐”命令。

在“图层”面板中双击该滤镜旁边的“编辑混合选项”图标 。

设置混合选项，然后单击“确定”按钮。

4. 隐藏智能滤镜编辑

执行下列操作之一：

要隐藏单个智能滤镜，请在“图层”面板中单击该智能滤镜旁边的眼睛图标。要显示智能滤镜，请在该列中再次单击。

要隐藏应用于智能对象图层的所有智能滤镜，请在“图层”面板中单击智能滤镜行旁边的眼睛图标。要显示智能滤镜，请在该列中再次单击。

5. 重新排序、复制或删除智能滤镜编辑

可以在“图层”面板中对智能滤镜重新排序，复制智能滤镜或删除智能滤镜（如果不再需要将这些滤镜应用于智能对象）。

（1）对智能滤镜重新排序。在“图层”面板中，将智能滤镜在列表中上下拖动（双击滤镜库可重新排序任何库滤镜）。Photoshop 将按照由下而上的顺序应用智能滤镜。

（2）复制智能滤镜。在“图层”面板中，按住 Alt 键（Windows）或 Option 键（Mac OS）并将智能滤镜从一个智能对象拖动到另一个智能对象，或拖动到智能滤镜列表中的新位置。

注：要复制所有智能滤镜，请按住 Alt 键（Windows）或 Option 键（Mac OS）并拖动在智能对象图层旁边出现的“智能滤镜”图标。

（3）删除智能滤镜。要删除单个智能滤镜，请将该滤镜拖动到“图层”面板底部的“删除”图标。

要删除应用于智能对象图层的所有智能滤镜，请选择该智能对象图层，然后选择“图层”→“智能滤镜”→“清除智能滤镜”。

6. 遮盖智能滤镜编辑

当将智能滤镜应用于某个智能对象时，Photoshop 会在“图层”面板中该智能对象下方的智能滤镜行上显示一个空白（白色）蒙版缩览图。默认情况下，此蒙版显示完整的滤镜效果。如果在应用智能滤镜前已建立选区，则 Photoshop 会在“图层”面板中的智能滤镜行上显示适当的蒙版而非一个空白蒙版。

使用滤镜蒙版可有选择地遮盖智能滤镜。当遮盖智能滤镜时，蒙版将应用于所有智能滤镜——无法遮盖单个智能滤镜。

滤镜蒙版的工作方式与图层蒙版非常类似，可以对它们使用许多相同的技巧。与图层蒙版一样，滤镜蒙版将作为 Alpha 通道存储在“通道”面板中，您可以将其边界作为选区载入。

与图层蒙版一样，您可以在滤镜蒙版上进行绘画。用黑色绘制的滤镜区域将隐藏，用白色绘制的区域将可见，用灰度绘制的区域将以不同级别的透明度出现。

使用“蒙版”面板中的控件以更改滤镜蒙版浓度，为蒙版边缘添加羽化效果或反相蒙版。

注：默认情况下，图层蒙版与常规图层或智能对象图层链接。当使用移动工具移动图层蒙版或图层时，它们将作为一个单元移动。

（1）遮盖智能滤镜效果。单击“图层”面板中的滤镜蒙版缩览图使之成为现用状态。蒙版缩览图的周围将出现一个边框。

选择任一编辑或绘画工具。执行下列操作之一：

1）要隐藏滤镜的某些部分，请用黑色绘制蒙版。

2）要显示滤镜的某些部分，请用白色绘制蒙版。

3）要使滤镜部分可见，请用灰色绘制蒙版。

也可以将图像调整和滤镜应用于滤镜蒙版。

（2）更改滤镜蒙版不透明度或羽化蒙版边缘。单击滤镜蒙版缩览图或选择“图层”面板中的“智能对象”图层，然后单击“蒙版”面板中的“滤镜蒙版”按钮。

在“蒙版”面板中，拖动浓度滑块以调整蒙版不透明度，并拖动羽化滑块以将羽化应用于蒙版边缘。请参阅调整蒙版不透明度或边缘。

注：蒙版边缘选项不可用于滤镜蒙版。

（3）反相滤镜蒙版。单击“图层”面板中的滤镜蒙版缩览图，然后单击“蒙版”面板中的“反相”。

（4）仅显示滤镜蒙版。按住 Alt 键（Windows）或 Option 键（Mac OS）并单击“图层”面板中的滤镜蒙版缩览图。要显示智能对象图层，请按住 Alt 键或 Option 键并再次单击滤镜蒙版缩览图。

（5）移动或复制滤镜蒙版。要将蒙版移动到另一个智能滤镜效果，请将蒙版拖动到相应的智能滤镜效果。

要复制蒙版，请按住 Alt 键（Windows）或 Option 键（Mac OS）并将蒙版拖动到另一个智能滤镜效果。

（6）停用滤镜蒙版。执行下列操作之一：

1）按住 Shift 键并单击“图层”面板中的滤镜蒙版缩览图。

2）单击“图层”面板中的滤镜蒙版缩览图，然后单击“蒙版”面板中的“停用/启用蒙版”按钮。

3）选择“图层”→“智能滤镜”→“停用滤镜蒙版”。

当停用蒙版时，滤镜蒙版缩览图上方将出现一个红色的×，并且会出现不带蒙版的智能滤镜。要重新启用蒙版，请按住 Shift 键并再次单击智能滤镜蒙版缩览图。

（7）删除智能滤镜蒙版。执行下列操作之一：

1）单击“图层”面板中的滤镜蒙版缩览图，然后单击“蒙版”面板中的“删除”图标。

2）将“图层”面板中的滤镜蒙版缩览图拖动到“删除”图标。

3）选择智能滤镜效果，并选择“图层”→“智能滤镜”→“删除滤镜蒙版”。

（8）添加滤镜蒙版。如果删除一个滤镜蒙版，则可以随后添加另一个蒙版。

要添加空蒙版，请选择“智能对象”图层，然后单击“蒙版”面板中的“滤镜蒙版”按钮。

要添加基于选区的蒙版，请建立一个选区，右键单击（Windows）或按住 Control 键并单击（Mac OS）“图层”面板中的智能滤镜行，然后选择“添加滤镜蒙版”。

6.4 百度图标

百度，全球最大的中文搜索引擎、最大的中文网站。1999 年底，身在美国硅谷的李彦宏看到了中国互联网及中文搜索引擎服务的巨大发展潜力，抱着技术改变世界的梦想，他毅然辞掉硅谷的高薪工作，携搜索引擎专利技术，于2000年1月1日在中关村创建了百度公司。从创立之初，百度便将“让人们最便捷地获取信息，找到所求”作为自己的使命，成立以来，公司秉承“以用户为导向”的理念，不断坚持技术创新，致力于为用户提供“简单，可依赖”的互联网搜索产品及服务，其中包括：以网络搜索为主的功能性搜索，以贴吧为主的社区搜索，针对各区域、行业所需的垂直搜索，MP3 搜索，以及门户频道、IM 等，全面覆盖了中文网络世界所有的搜索需求。

“百度”这一公司名称来自宋词辛弃疾《青玉案》中的一句“众里寻他千百度”。百度公司会议室名为青玉案，即是这首词的词牌，而“熊掌”图标的想法来源于“猎人巡迹熊爪”的刺激，与李博士的“分析搜索技术”非常相似，从而构成百度的搜索概念。在这之后，由于各搜索引擎，大都有动物形象，如 SOHU 的狐、GOOGLE 的狗，而百度也顺理成章称做了熊。百度熊便成了百度公司的形象动物。百度图标如图 6.4.1 所示。

图 6.4.1 百度图标

➘制作步骤

01 新建一个 300×300 像素的文档，背景内容为“透明”，命名为“百度图标”，如图 6.4.2 所示。

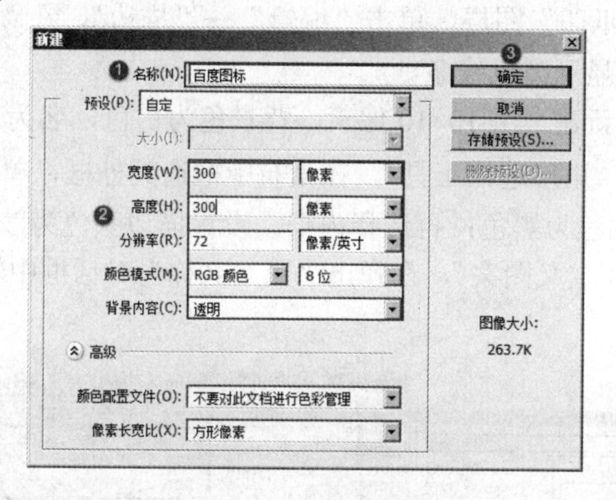

图 6.4.2 新建文档

02 在工具栏单击“自定形状工具”，单击其工具栏的“形状”下拉按钮，在展开的形状图形选项中选择“🐾爪印（猫）”，在画布中拖曳一个爪印的形状，填充为白色，在工具栏设置宽度“W：270 像素”，高度“H：270 像素”，如图 6.4.3 所示。

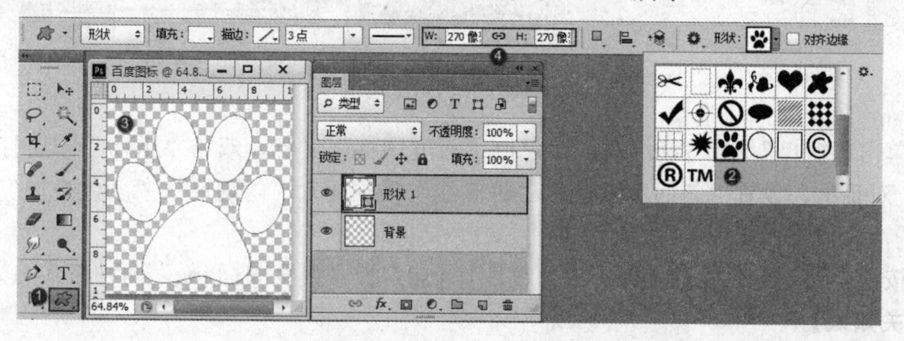

图 6.4.3 绘制爪印的形状

03 在工具栏单击“T横排文字工具”，在顶端文字工具栏中设置字体为“Bauhaus 93”，字号为“100 点”，颜色为黑色，在爪印处输入文字“du”，如图 6.4.4 所示。

04 在“图层”面板的“爪印”图层单击鼠标右键，在弹出的菜单选项中选择“栅格化图层”，将形状转化为选区，再按 Ctrl 键单击“du”文字图层，将文字显示为选区状态，然后单击“爪印”图层，按 delete 键删除“du”文字区域，隐藏“du”文字图层，使爪印中的文字显示镂空效果，如图 6.4.5 所示。

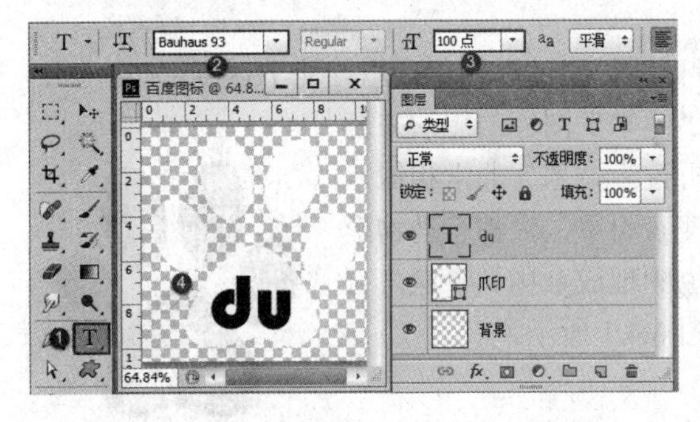

图 6.4.4　输入文字“du”

图 6.4.5　镂空“du”文字区域

05 按 ctrl 键单击“爪印”图层，单击“编辑”→“描边”，在“描边”对话框中设置描边像素为 2，使选区边缘显示黑色线条。

06 按组合键 Ctrl+N 新建一个 10×10 像素，背景色为白色，名为“饼干图案”的文档。

07 在工具栏单击“矩形选框工具”，在画布中框选其外框，单击“编辑”→“描边”，设置描边像素为“1”，颜色为黑色；再选择内框，设置描边颜色为浅灰色 RGB：# 8c8c8c。

08 单击“编辑”→“定义图案”，在弹出“图案名称”对话框中输入“饼干图案”，如图 6.4.6 所示。

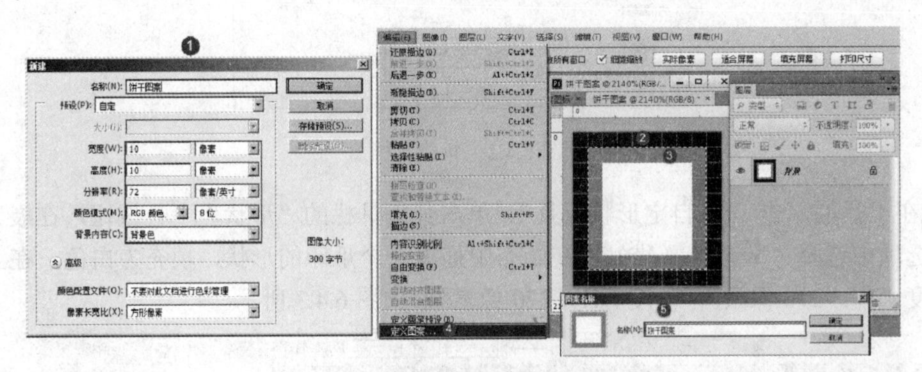

图 6.4.6　定义饼干图案

09 单击“窗口”→“百度图标”，返回“百度图标”文档，双击“爪印”图层打开“图层样式”对话框，设置“斜面和浮雕”、“等高线”、“纹理”、“内阴影”、“颜色叠加”和“投影”等的混合模式，如图 6.4.7 所示。

10 按组合键 ctrl+S 保存文件为“百度图标.psd”和“百度图标.jpg”两种格式的文件。

【相关知识】

斜面浮雕与等高线的原理

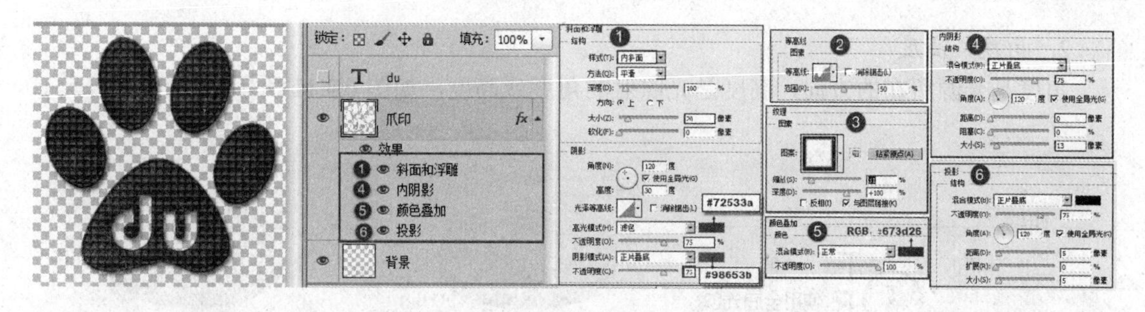

图 6.4.7　设置“爪印”图层的混合效果

1．深度、大小

以一个 200×200 像素的圆为例，设置其斜面和浮雕效果，如图 6.4.8 所示。

在“斜面和浮雕”对话框中，“深度”是控制浮雕效果的顶点，“大小”是当以外边缘为起点时，控制浮雕效果的宽度，“软化”是控制转角的转折程度。当“方向”设置为“上”，“大小”固定为 100，固定等高线为默认斜线◪时，“深度”分别设置为 1%、500%、1000%时，圆的显示效果如图 6.4.9 所示。

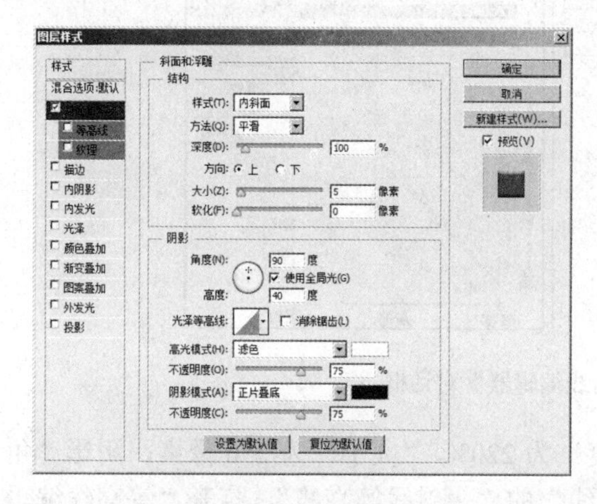

图 6.4.8　斜面和浮雕对话框

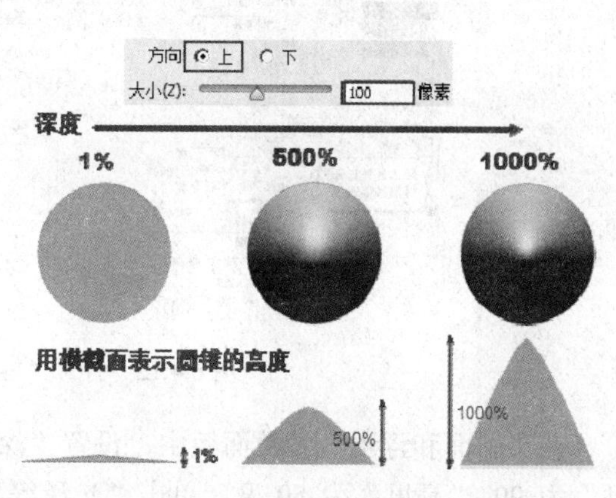

图 6.4.9　不同深度的“斜面和浮雕”效果

当“深度”固定为 500%时，“大小”设置为“1 像素”显示图形用横截面可表示为宽度窄，只有边缘；“68 像素”大小时，斜面宽度增加，上窄下宽；“125 像素”时，宽度继续增加，超过顶点，只显示下半部，此时图形又开始变平缓；“250 像素”时图形顶部平缓度加大，如图 6.4.10 所示。

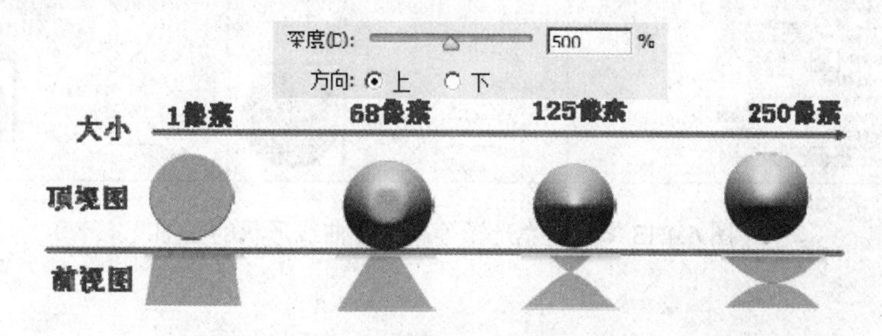

图 6.4.10　不同像素大小的“斜面和浮雕”效果

2. 角度、高度

角度是光源所在的方向，高度是光照射的角度或高度，如图 6.4.11 所示。

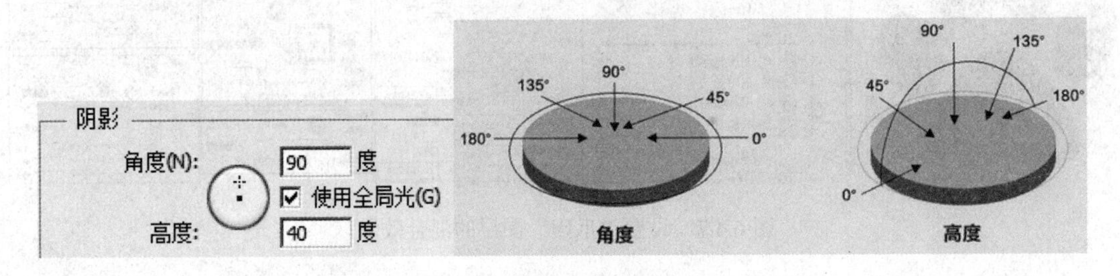

图 6.4.11 设置斜面和浮雕阴影的角度和高度

3. 光泽等高线

光泽等高线是控制图层的明暗度的，在“斜面和浮雕”参数面板中，单击“光泽等高线”的“斜线等高线”，打开“等高线编辑器”，如图 6.4.12 所示。

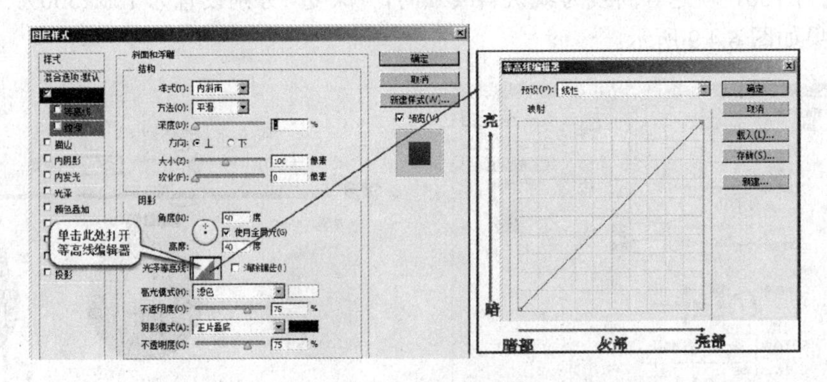

图 6.4.12 打开“等高线编辑器”对话框

在“斜面和浮雕”参数面板中，设置“深度”为 220%，“大小”为 250 像素，阴影“角度”为 90，“高度”为 50 度，单击“光泽等高线”的“斜线等高线”，打开“等高线编辑器”，通过调节曲线的形状可以得到不同效果的圆形图案，如图 6.4.13 所示。

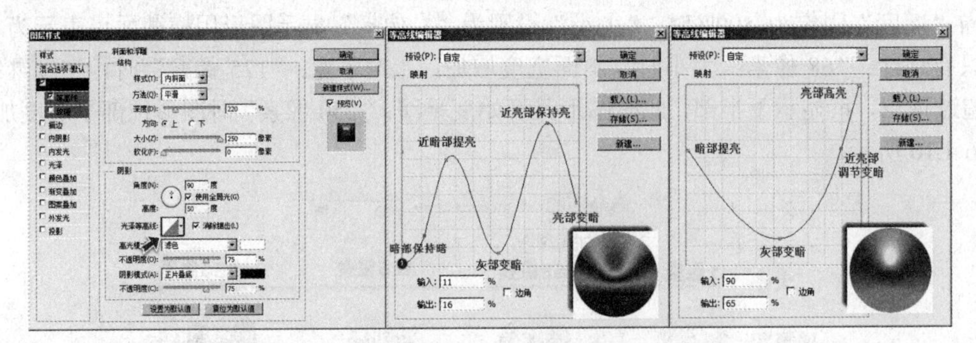

图 6.4.13 调节“光泽等高线”曲线形状的图形

4. 等高线

等高线与“光泽等高线”的区别是，等高线可以调节图形的凹凸面效果，在“图层样式”对话框中，勾选左侧“斜面和浮雕”的“等高线”复选框，并进入“等高线”参数面板，再单击“等高线”后的“◢斜线等高线”，即可打开“等高线编辑器”，如图 6.4.14 所示。

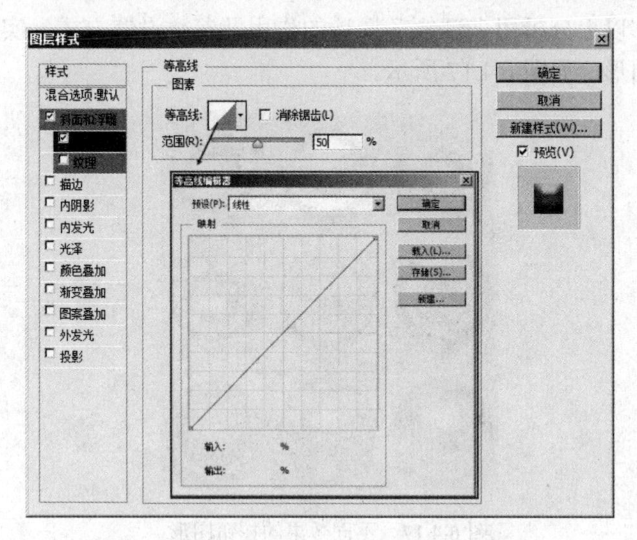

图 6.4.14　“等高线”面板及“等高线编辑器”

在“等高线编辑器”中，垂直方向代表“高度”，水平方向自左向右代表图形的“外侧”至“内侧”，在等高线的“图素”面板中，“范围”左侧代表向中心压缩，右侧代表向外扩张，图 6.4.15 中三个按钮图显示出圆形的顶部逐渐扩张的效果。

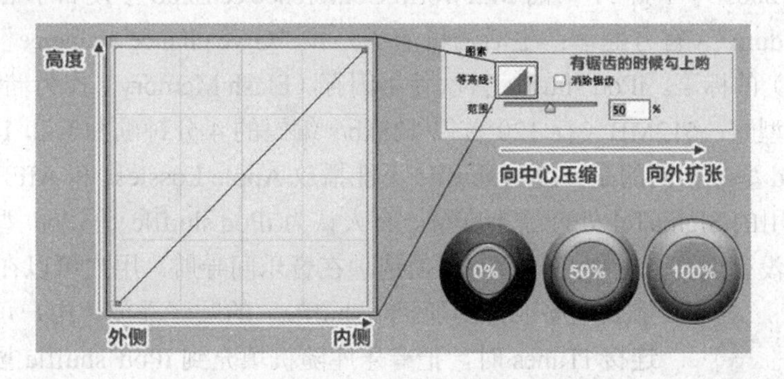

图 6.4.15　“等高线编辑器”曲线的调节含义

当“斜面和浮雕”“深度”为 100%，大小为 100 像素时，通过调节等高线的形状可以决定图形的立体结构，如图 6.4.16 所示。

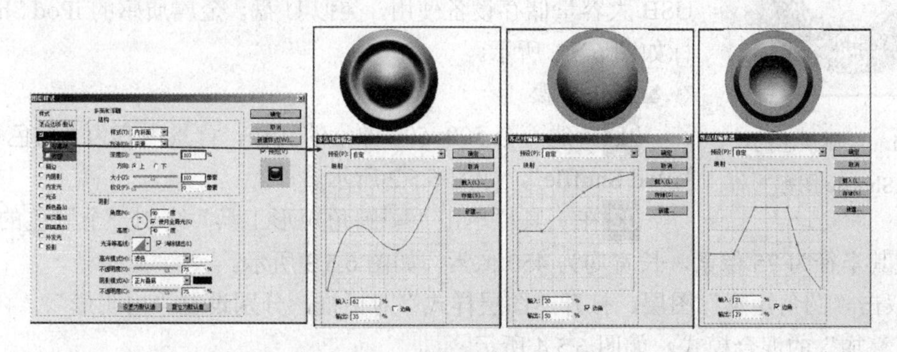

图 6.4.16　不同等高线形状显示的图形立体结构

由于等高线针对性比较强，往往直接变换图片大小后效果会产生影响，所以具体数值需要随时调整到最佳，以上分析用来理解各选项的作用及参数设置方式，实际使用时，可以通过调节得出适当的图形，如图 6.4.17 所示。

图 6.4.17　不同效果的按钮图形

6.5　iPod Shuffle　图　标

苹果电脑在 2005 年 1 月 11 日的 Macworld Conference & Expo 上发布了 iPod Shuffle，并配以“Life is random”（官方翻译：生活随机演绎）和“Give chance a chance”（非官方翻译：给偶然一个机会）的标语。iPod shuffle 首次使用闪存（Flash Memory）作为储存媒介的机种。shuffle 包括两种型号：512MB（存 120 首以 128kb/s 编码的 4 分钟歌曲）和 1GB（存 240 首歌）。与其他 iPod 型号不同的是，iPod shuffle 不能播放 Apple Lossless 和 AIFF 编码的音乐文件，因为它所使用的 SigmaTel 处理器不支持。有人认为 iPod shuffle 是 iPod 型号中音质最好的。iPod shuffle 没有屏幕，也因此只有有限的选项在音乐间导航。用户可以在 iTunes 中设定播放顺序或使用随机（shuffle）的顺序播放。用户可以设置在每次连接 iTunes 时，把音乐库随机填充到 iPod shuffle 里。iPod shuffle 重量只有 22 克，比一包口香糖大小略小。传输接口只有 USB 2.0 一种选择，没有原本标准型 iPod 使用的火线（FireWire/IEEE1394）传输接口。与 iPod 系列其他的产品类似，iPod Shuffle 也可以作为 USB 大容量储存设备使用，类似 U 盘。金属质感的 iPod Shuffle 图标如图 6.5.1 所示。

图 6.5.1　金属质感的 iPod Shuffle 图标

制作步骤

01 新建一个 500×500 像素的文档，背景内容为“白色”，名为“iPod Shuffle”，如图 6.5.2 所示。

02 在工具栏单击“圆角矩形工具”绘制一个黑色的圆角矩形，设置其半径为 75 像素，长宽均为 450 像素，如图 6.5.3 所示。

03 双击“圆角矩形”图层，打开“图层样式”对话框，分别设置“内阴影”、“内发光”和“渐变叠加”的混合模式，如图 6.5.4 所示。

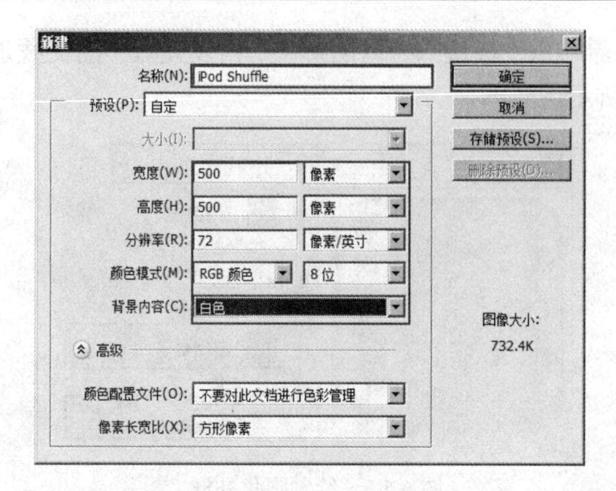

图 6.5.2　新建文档

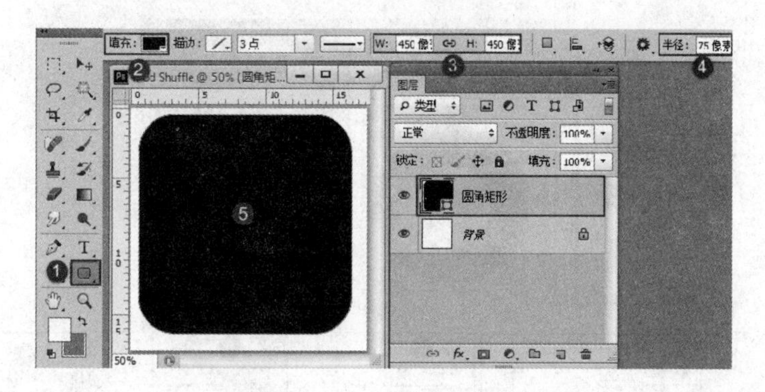

图 6.5.3　绘制一个圆角矩形

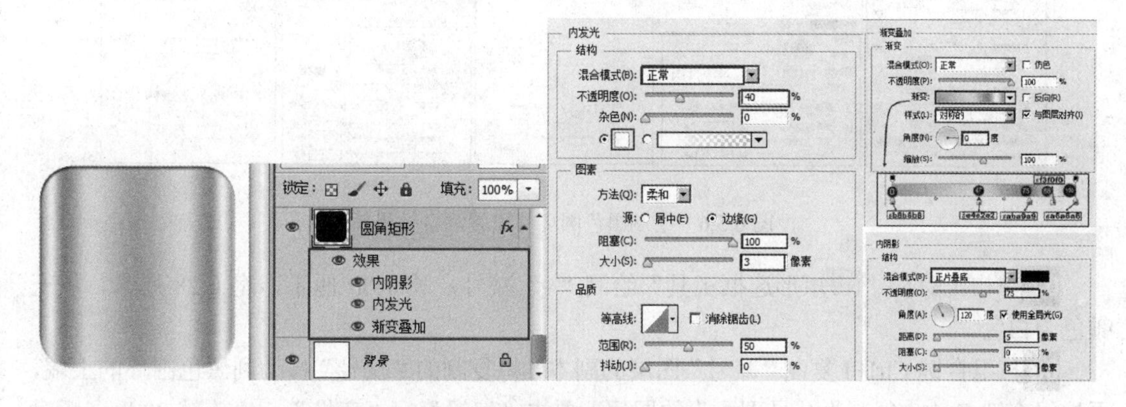

图 6.5.4　设置圆角矩形的混合效果

04 按组合键 ctrl+J 复制“圆角矩形”的副本，将其改为“圆角外框”，按组合键 Ctrl+T 调整其大小，在变换工具栏中设置宽、高均放大 102%，将复制的“内阴影”效果拖至图层面板“垃圾桶”删除，如图 6.5.5 所示。

05 按 R 键调用标尺，移出参考线，单击工具栏“椭圆选框工具”，以参考线交叉点为圆点，按组合键 Alt+Shift 绘制一个直径为 14 厘米的圆，再选区工具栏单击“从选区减去”，绘制一个直径为 6.5 厘米的圆，填充圆环颜色为黑色。

06 在“椭圆 1”图层单击鼠标右键，选择“混合选项”，在“图层样式”对话框，分别设置该图层的“斜面和浮雕”、“描边”、“内阴影”、“内发光”、“渐变叠加”、“外发光”和“投影”效果，如图 6.5.6 所示。

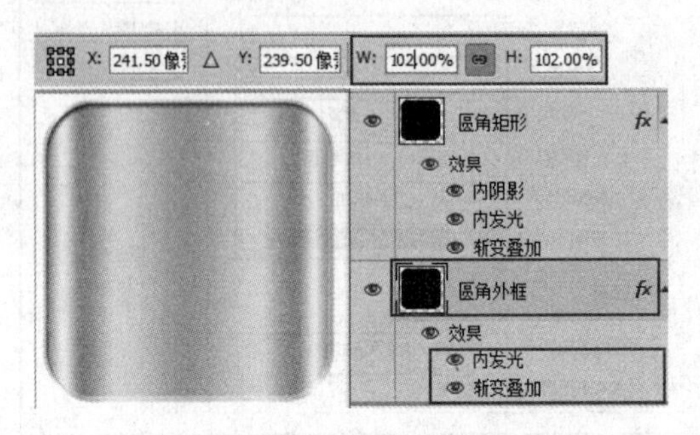

图 6.5.5　绘制圆角外框

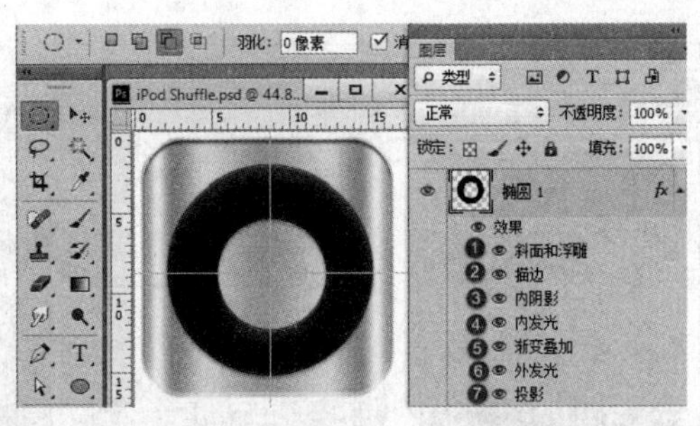

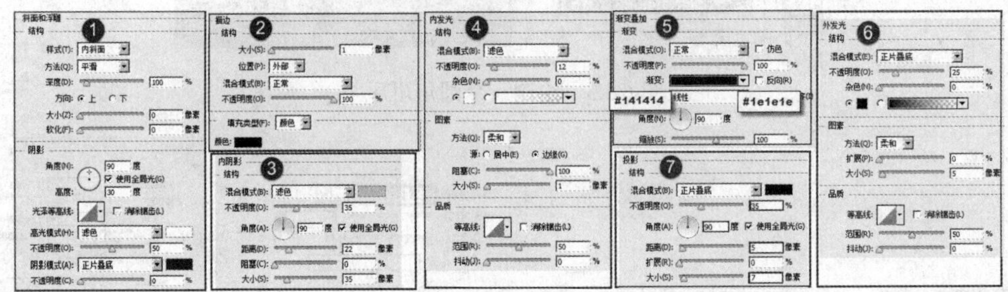

图 6.5.6　绘制黑色圆环并设置混合效果

07 单击工具栏“矩形选框工具”绘制“-”减号，长 1.06 厘米，宽 0.28 厘米，填充颜色为白色。

08 按组合键 Ctrl+J 复制“减号”图层的副本，将复制的“减号”移动到黑色圆环的上端，再按组合键 Ctrl+J 复制“减号副本”的图层，单击“编辑”→“变换”→“旋转 90 度（顺时针）”，合并这两个减号副本的图层，并命名为“加号”图层，如图 6.5.7 所示。

09 按组合键 Ctrl+J 键复制“减号”图层的副本，单击“编辑”→“变换”→“旋转 90 度（顺时针）”，将该图形移至圆环左端，再单击工具栏“多边形工具”，设置“边”为 3，填充白色，绘制一个三角形，复制“三角形”图层，移动位置，合并这三个图层绘制出“上曲键”图层，如图 6.5.8 所示。

10 按组合键 Ctrl+J 复制“上曲键”图层的副本，单击“编辑”→“变换”→“水平翻转”，命名该图层为“下曲键”，如图 6.5.9 所示。

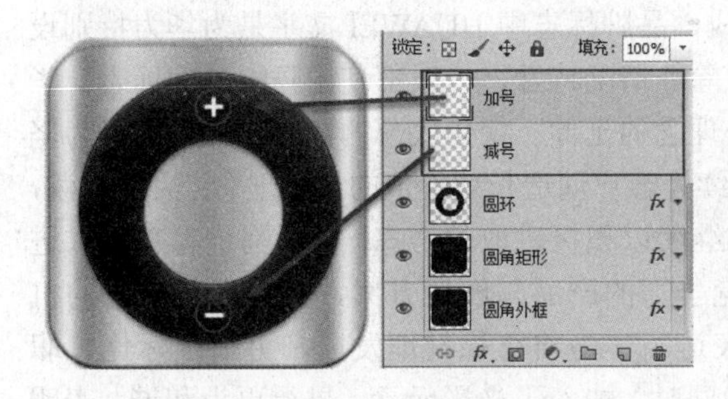

图 6.5.7　绘制“+”、“−”号　　　图 6.5.8　绘制“上曲键”

图 6.5.9　绘制“下曲键”

11 单击工具栏“多边形工具”，设置“边”为 3，填充白色，绘制一个三角形，再用“矩形选框工具”绘制一根竖线，再复制一根竖线，合并三个形状到一个图层，命名为“播放暂停键”，设置该图层的“内阴影”、“颜色叠加”和“投影”效果，如图 6.5.10 所示。

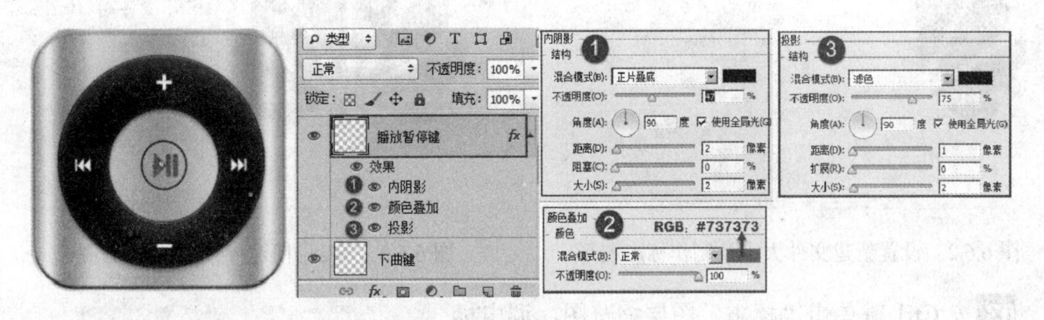

图 6.5.10　绘制“播放/暂停键”图层

6.6　华为图标

华为技术有限技术公司于 1987 年成立于中国深圳，作为全球第二大通讯设备供应商，全球第三大智能手机厂商，还是全球领先的信息与通信解决方案供应商，华为在电信网络、企业网络、消费者和云计算等领域构筑了端到端的解决方案优势，并致力于为电信运营商、企业和消费者等提供有竞争力的 ICT 解决方案和服务，持续提升客户体验，为客户创造最大价值。目前，华为的产品和解决方案已经应用于 140 多个国家，服务全球 1/3 的人口。

华为品牌标志由图标和 HUAWEI 文字构成，品牌标志中 HUAWEI 文字是为华为特别设计的。华为品牌标志有竖版和横版两种版式。除非情况特殊，一般都使用竖版品牌标志。华为的企业标识是公司核心理念的延伸：聚焦底部的核心，体现出华为坚持以客户需求为导向，持续为客户创造长期价值的核心理念；灵动活泼，具有时代感，表明华为将继续以积极进取的心态，持续围绕客户需求进行创新，为客户提供有竞争力的产品与解决方案，共同面对未来的机遇与挑战；饱满大方，表达了华为将更稳健地发展，更加国际化、职业化；在保持整体对称的同时，加入了光影元素，显得更为和谐，表明华为将坚持开放合作，构建和谐商业环境，实现自身健康成长。华为图标如图 6.6.1 所示。

图 6.6.1 华为图标

制作步骤

01 新建一个 110×110 像素，分辨率为 72 像素/英寸，背景为透明的文件，文件命名为“华为图标”。新建“底图”图层，选择“圆角矩形工具”，设置属性栏颜色为白色，工具模式为“形状”，半径为“5 像素”，制作一个圆角矩形图形，新建“标志”图层，使用工具箱中的“钢笔工具”，属性选择“路径”，制作标志图形后将路径转换成选区，填充颜色为“RGB：#1b9034”如图 6.6.2 所示。

02 使用工具箱中的“移动工具”，按 Alt 键复制标志，再按组合键 Ctrl+T 调出自由变换工具，单击鼠标右键选择“水平翻转”，用“移动工具”将复制的图形移到相应的位置上，双击自由变换工具选框，效果如图 6.6.3 所示。

图 6.6.2 设置新建文件大小及制作标志图形

图 6.6.3 复制图形得到完整的标志图形

03 按 Ctrl 键单击“标志”图层缩览图，调出标志选择区，选择“渐变工具”，设置渐变编辑器为“前景色到背景色渐变”，设置渐变的位置及颜色分别为“位置：0%，RGB：#ffb1b1”、“位置：47%，RGB：#f50101”、“位置：100%，RGB：#880201”的径向渐变，设置如图 6.6.4 所示。

图 6.6.4 制作标志的色彩渐变效果

04 选择“T 文本工具”，字体设置为“Franklin Gothic Medium”，输入字母“HUAWEI”，自动新建“HUAWEI”图层，单击鼠标右键删格化文字图层，效果如图 6.6.5 所示。

图 6.6.5 最后图标整体效果

05 新建“E”图层，使用工具箱中的“钢笔工具”，属性选择“路径”，将字母E修改后将路径转换成选区，填充黑色，选择“矩形选框工具”，在“HUAWEI”图层中的“E”字母处制作方形选区，删除“E”字母处，效果如图 6.6.6 所示。

图 6.6.6 制作“E”字母

06 最后整体效果如图 6.6.7 所示。

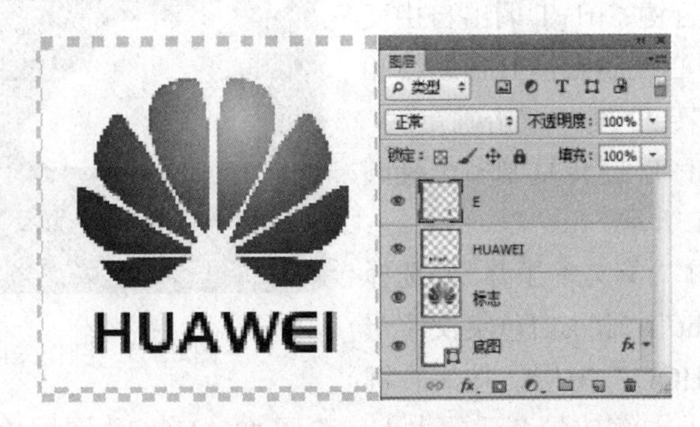

图 6.6.7 华为图标效果图及各图层

6.7 雅 虎 图 标

Yahoo!起源于一个想法，随后变成一种业余爱好，最终成了使人全身心投入的一项事业。Yahoo!的两位创始人大卫·费罗（David Filo）和杨致远（Jerry Yang），美国斯坦福大学电机工程系的博士生，于 1994 年 4 月建立了自己的网络指南信息库，将其作为记录他们个人对互联网的兴趣的一种方式。“Yahoo!”是一个可定制的数据库，旨在满足成千上万的、刚刚开始通过互联网社区使用网络服务的用户的需要。

Yahoo!的含义是“另一个层次化的、非正式的预言”。雅虎图标如图 6.7.1 所示。

图 6.7.1　雅虎图标

制作步骤

01 新建一个 110×110 像素，分辨率为 72 像素/英寸，背景为透明的文件，文件命名为“雅虎图标”。新建“底图”图层，选择“圆角矩形工具”，设置属性栏颜色为“RGB：# 6c2b8b”，工具模式为“形状”，半径为“5 像素”，制作一个圆角矩形图形，新建“云”图层，使用工具箱中的“椭圆选框工具”，属性栏设置“添加到选区”，拉出多个圆形选区，填充颜色设置为白色，如图 6.7.2 所示。

02 新建“太阳”图层，选择“移动工具”拉出两条相交的辅助线，选择“椭圆选框工具”，拉出一个正圆形选区，填充颜色设置为“RGB：#f0eb61”，如图 6.7.3 所示。

图 6.7.2　设置新建文件大小及制作底图和云的图形

03 新建“光芒”图层，选择“椭圆选框工具”，拉出一个椭圆形选区，填充颜色设置为“RGB：#f0eb61”，按组合键 Ctrl+T 调出自由变换工具，按 Alt 键将中心控制点拖到辅助线相交的重点，向右移动旋转 30 度，双击确定后，按组合键 Shift+Ctrl+Alt+T 旋转复制多个椭圆形选区，设置如图 6.7.4 所示。

图 6.7.3　制作太阳的形状和颜色

04 使用工具箱中的“T 文本工具”，选择字体“Footlight MT Light”，输入白色英文字母“YAHOO”，得到“YAHOO”图层，按组合键 Ctrl+T 调出自由变换工具，缩放到合适的大小，选择“YAHOO”图层单击鼠标右键删格化图层，用自由变换工具结合“多边形套索工具”，对文字挨个进行变形填充白色，最后效果如图 6.7.5 所示。

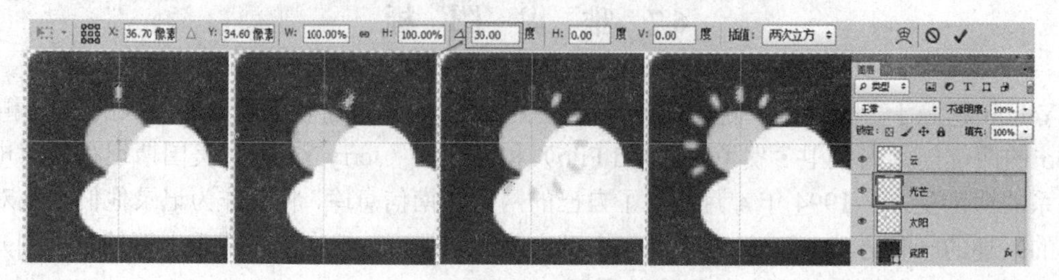

图 6.7.4　制作太阳光芒图形的过程

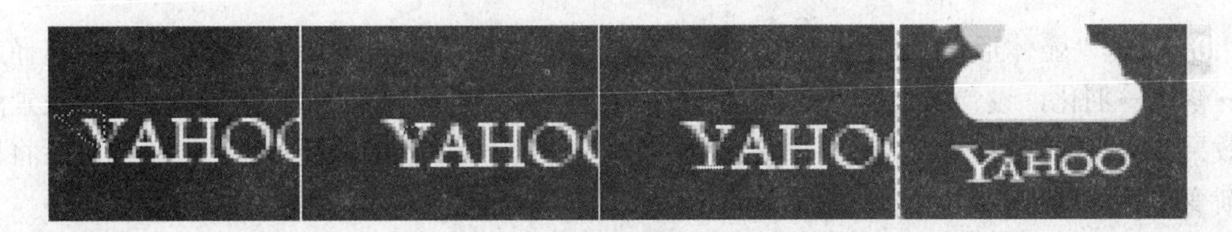

图 6.7.5 制作文字变形效果

05 使用工具箱中的“自定义形状工具”，颜色填充为白色，选择属性栏中的“感叹号”，在“YAHOO”后拉一个感叹符号，按组合键 Ctrl+T 调出自由变换工具，缩放到合适的大小，最后效果如图 6.7.6 所示

图 6.7.6 雅虎图标最后整体效果

6.8 水壶图标

制作步骤

01 新建一个 300×300 像素，分辨率为 72 像素/英寸，背景为透明的文件，文件命名为“水壶图标”。新建“壶体”图层组，在“壶体”图层组下方新建“壶体形状”图层，选择工具箱中的“钢笔工具”，属性栏工具模式设置“形状”，颜色设置为“RGB：#910151”，保持钢笔工具不变，结合 Ctrl 键和 Alt 键，Ctrl 键：显现和移动锚点；Alt 键：通过调节大锚点和小锚点改变曲线段的形状，绘制水壶身体的图形形状，如图 6.8.2 所示。

图 6.8.1 苏泊尔水壶

图 6.8.2 设置新建文件大小及制作水壶身体的图形

02 新建“壶体形状”图层，选择“椭圆选框工具”制作一个椭圆形的选区，选择菜单→修改→羽化，设置羽化值为 5 像素，选择“渐变工具”，设置前景色为黑色，设置渐变效果“从前景色到透明色渐变”，在选区中从里到外拉一个径向渐变效果，取消选区后将黑色渐变效果移动到壶体下方，如图 6.8.3 所示。

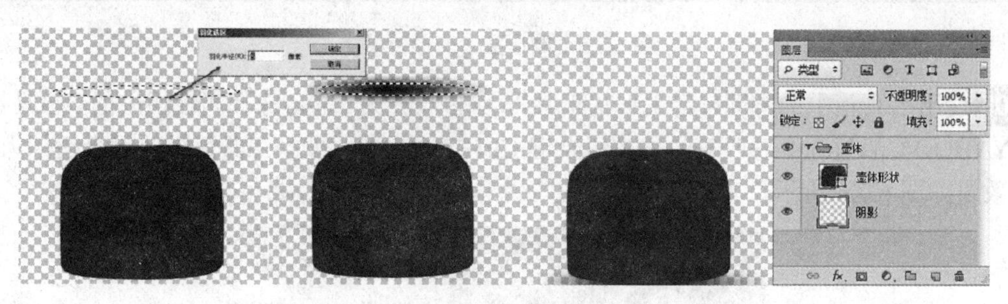

图 6.8.3　制作水壶下方的阴影效果

03 新建“中间阴影”图层组，复制“壶体形状”图层，得到“壶体阴影”图层，将“壶体阴影”图层拖到“中间阴影”图层组里面，双击“壶体阴影”图层，调出图层样式面板，勾选“渐变叠加”选项，设置渐变编辑器中“前景色到透明色渐变”，设置渐变的位置为“位置：20%”、“位置：48%”、“位置：89%”，颜色为“RGB：#730040”，选择“中间阴影”图层组，添加图层蒙版，选择“画笔工具”，设置属性为“柔边圆”，颜色设置为黑色，在壶体上方进行涂抹，将阴影上方进行遮挡，设置如图 6.8.4 所示。

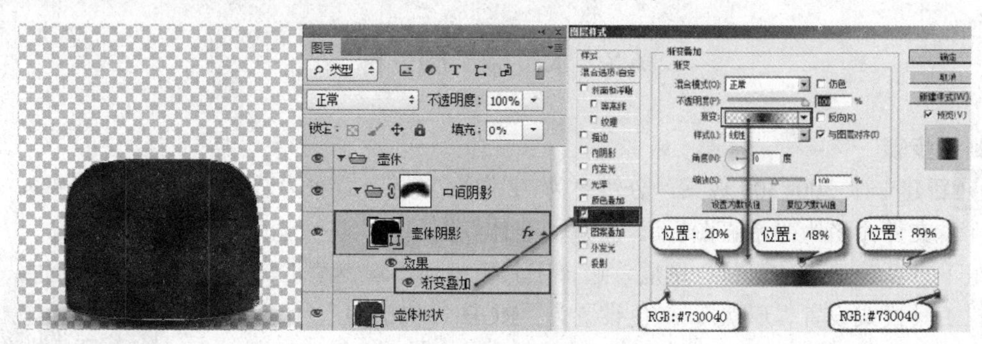

图 6.8.4　制作水壶身体中间的阴影效果

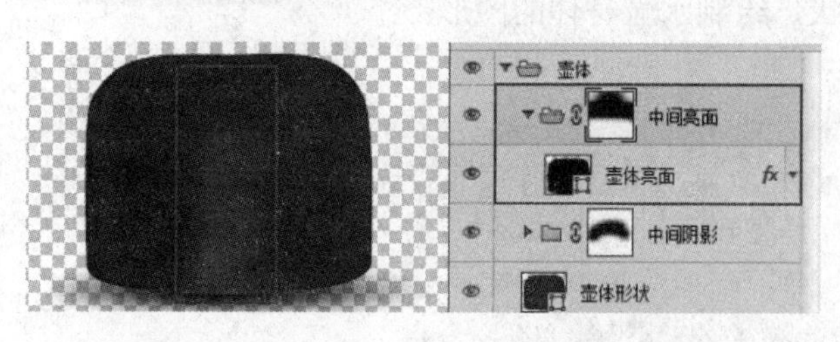

图 6.8.5　设置水壶身体中间的亮面效果

04 用同样的方法制作中间的亮面部分，效果如图 6.8.5 所示。

05 复制“壶体形状”图层，得到“上方阴影”图层，双击“上方阴影”图层缩览图，将颜色改为黑色，双击“上方阴影”图层，调出图层样式面板，勾选“内阴影”选项，设置如图 6.8.6 所示。

06 新建“顶部高光”图层，选择工具箱中的“钢笔工具”，属性栏工具模式设置“形状”，颜色设置为白色，绘制水壶身体顶部的高光图形，双击“上方阴影”图层，调出图层样式面板，勾选“渐变叠加”选项，设置颜色渐变“从透明色到白色渐变方式”的线性渐变效果，效果如图 6.8.7 所示。

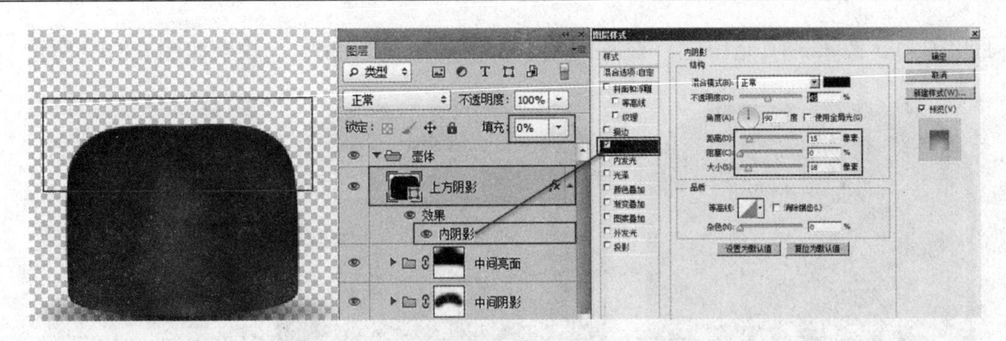

图 6.8.6　设置水壶身体上方的阴影效果

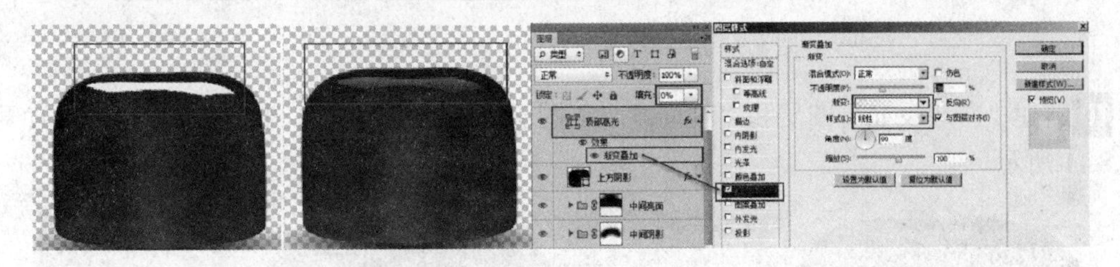

图 6.8.7　通过图层样式选项设置水壶身体上方的高光效果

07新建“左边反光”图层，选择“移动工具”，选择工具箱中的“钢笔工具”，属性栏工具模式设置“形状”，颜色设置为白色，绘制水壶身体左边的反光图形，双击“左边反光”图层，调出图层样式面板，勾选“渐变叠加”选项，设置颜色渐变“从白色到透明色渐变方式”的线性渐变效果，效果如图 6.8.8 所示。

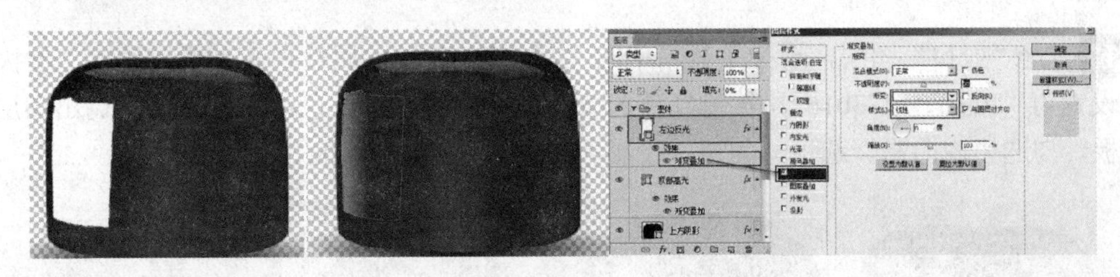

图 6.8.8　制作水壶身体左边的反光效果

08新建“左边高光”图层，用同样的方法制作左边的高光形状和颜色，效果如图 6.8.9 所示。

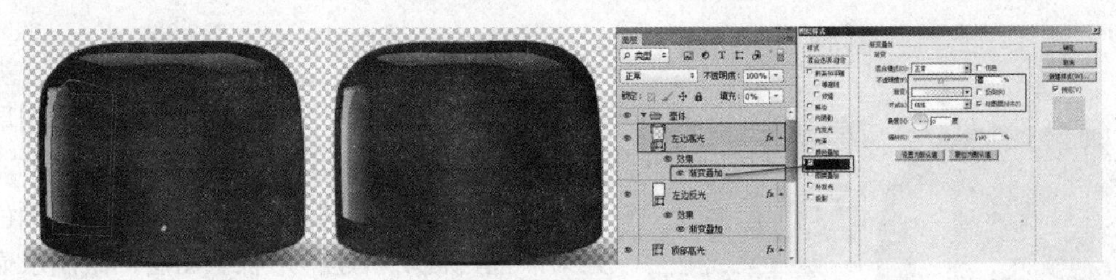

图 6.8.9　制作水壶身体左边的高光效果

09新建“中间反光”图层，选择工具箱中的“钢笔工具”，属性栏工具模式设置“路径”，绘制中间反光的路径形状，在路径面板中将路径转换成选区，选择菜单→修改→羽化，设置羽化值为 5 像素，填充白色，设置图层面板中的填充为 56%，效果如图 6.8.10 所示。

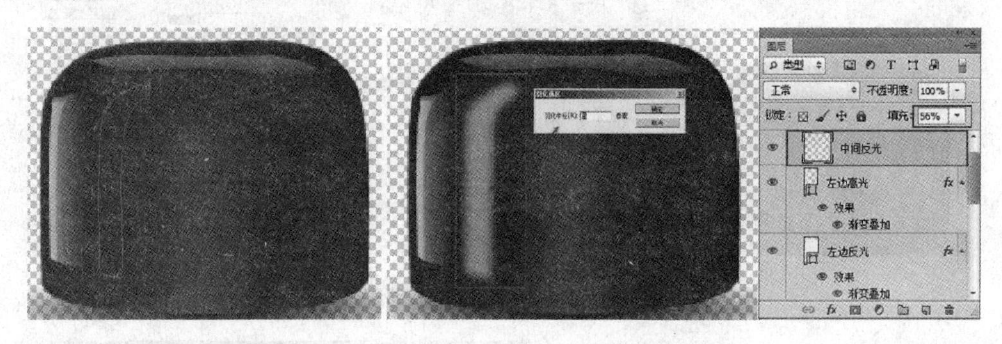

图 6.8.10　制作水壶身体中间的反光效果

10 新建“左边反光”图层和“中间高光”图层，用同样的方法制作反光和亮面，效果如图 6.8.11 所示。

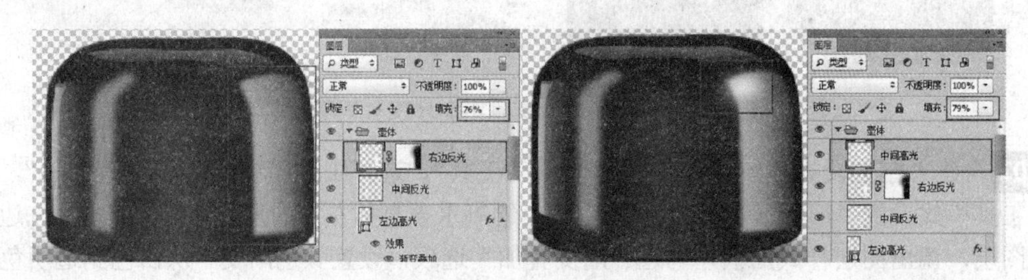

图 6.8.11　制作水壶身体右边的反光和高光效果

11 新建“壶口”图层，选择工具箱中的“钢笔工具”，属性栏工具模式设置“形状”，颜色设置为“RGB：#f73b16”，绘制红色的条装图形，双击“红色纹路”图层，调出图层样式面板，勾选“内阴影”选项，勾选“投影”选项，效果如图 6.8.12 所示。

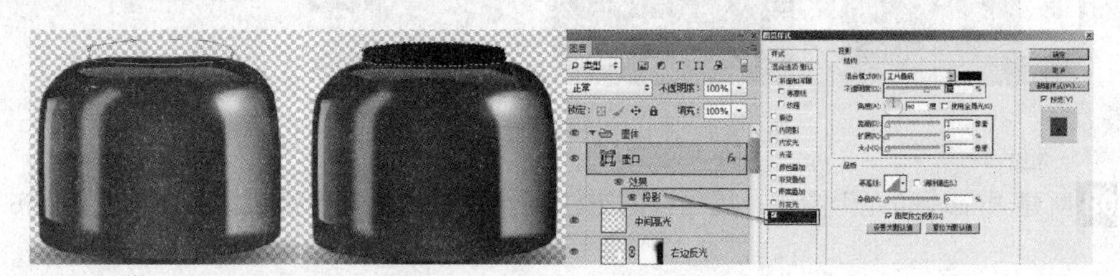

图 6.8.12　制作水壶身体上方壶口的颜色和阴影效果

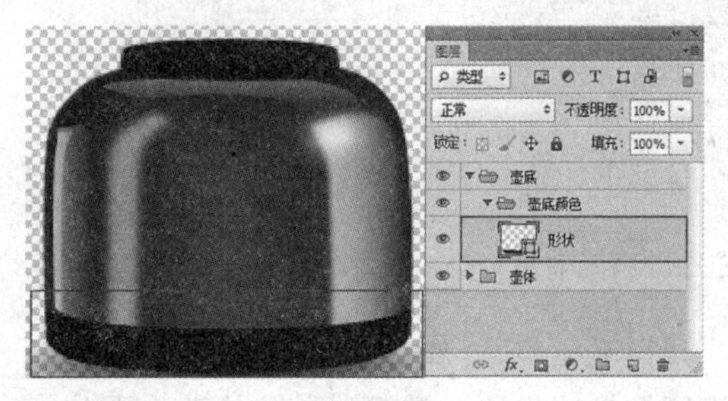

图 6.8.13　绘制水壶底部的形状和颜色

12 新建“壶底”图层组，在“壶底”图层组下方新建“颜色”图层，选择工具箱中的“钢笔工具”，属性栏工具模式设置“形状”，颜色设置为黑色，自动新建“形状”图层，绘制水壶底部的壶底形状，效果如图 6.8.13 所示。

13 新建“形状 1”图层，选择工具箱中的“钢笔工具”，绘制金属效果的图形形状，双击“形状 1”图层，调出图层样式面板，勾选“渐变叠加”选项，设置渐变编辑器中“前景色到背景色渐变”，设置渐变的位置及颜色分别为“位置：0%，RGB：#b2b9bf”、“位置：49%，RGB：#babab9”、“位置：60%，RGB：#000000”、“位置：100%，RGB：#ffffff”，设置如图 6.8.14 所示。

图 6.8.14　设置水壶身体下方的壶底金属颜色效果

14 新建“形状 2”图层，选择工具箱中的“钢笔工具”，制作不规则形状，双击“形状 2”图层，调出图层样式面板，勾选“渐变叠加”选项，设置渐变编辑器中“前景色到背景色渐变”，颜色设置为“RGB：#373737”、“RGB：#000000”，效果如图 6.8.15 所示。

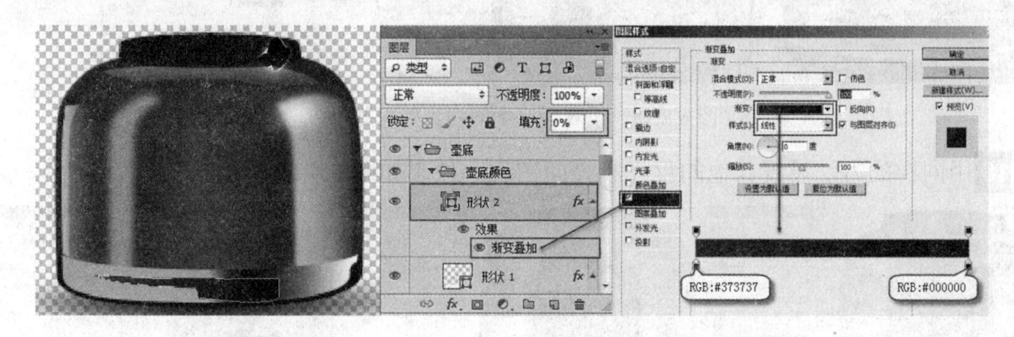

图 6.8.15　设置水壶身体下方的壶底不规则形状颜色效果

15 新建“形状 4”图层，选择“圆角矩形工具”，工具模式为“路径”，半径为“70 像素”，制作一个圆角矩形图形，将路径转换成选区后，选择菜单→修改→羽化，设置羽化值为 3 像素，填充黑色，按 Ctrl 键单击“形状”图层缩览图，调出水壶底座选择区，选择“形状 4”图层，添加图层蒙版，将选区以外的图像隐藏起来，双击“形状 4”图层，调出图层样式面板，勾选“颜色叠加”选项，颜色设置为“RGB：#435056”，设置如图 6.8.16 所示。

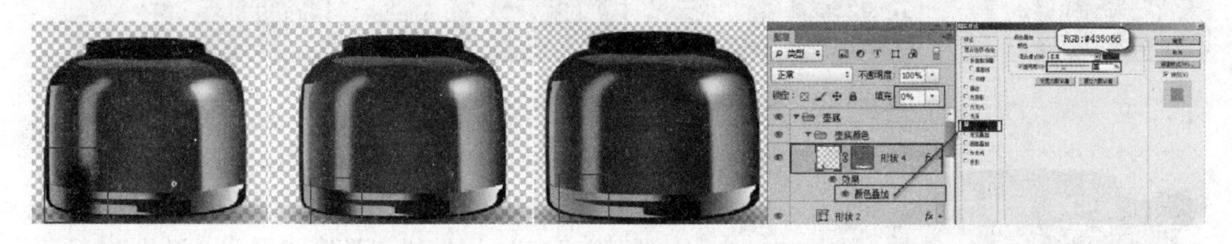

图 6.8.16　设置水壶身体下方的壶底的黑色反光效果

16 新建“形状 5”图层，选择“椭圆选框工具”制作一个椭圆形的选区，选择菜单→修改→羽化，设置羽化值为 2 像素，填充白色。复制“形状”图层得到“形状 6”图层，双击“形状 6”图层，调出图层样式面板，勾选“内阴影”选项，颜色设置为“RGB：#000000”，图层面板填充设置为 0%，设置如图 6.8.17 所示。

图 6.8.17　设置壶底最下方的黑色反光效果

17 新建“中间白光”图层，选择工具箱中的“椭圆工具”，属性栏工具模式设置“形状”，路径操作设置“减去顶层形状”，颜色设置为白色，绘制壶底中间的白色图形，双击“中间白光”图层，调出图层样式面板，勾选“投影”选项，设置如图 6.8.18 所示。

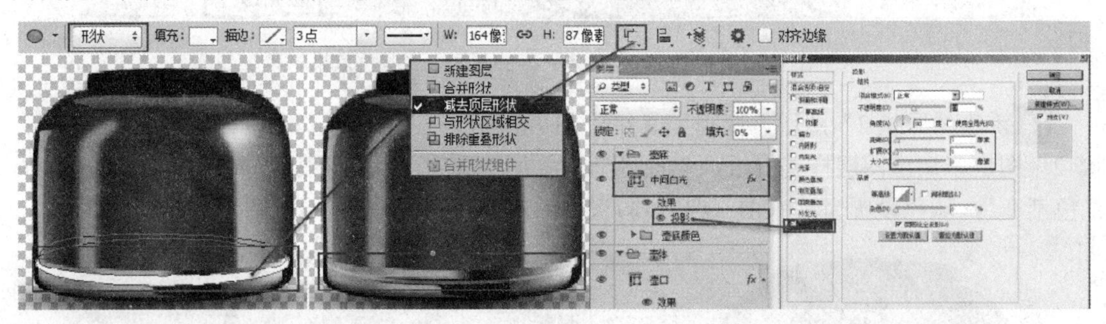

图 6.8.18　设置壶底中间白色弧形效果

18 用同样的方法设置其他的反光和亮面图形，效果如图 6.8.19 所示。

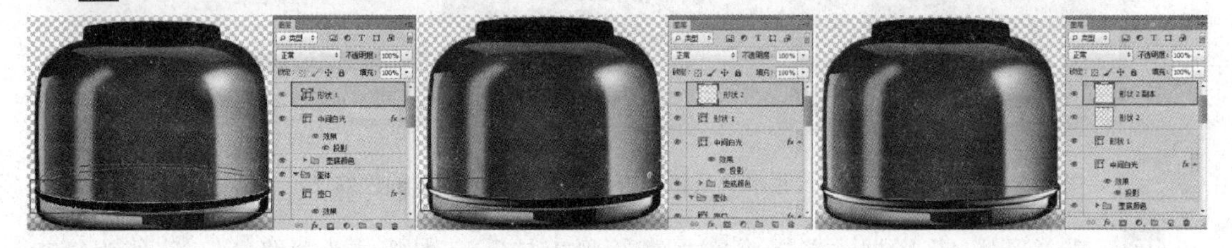

图 6.8.19　设置水壶壶底中间凸出部分的金属效果

19 使用“钢笔工具”等工具，继续增强底座的金属效果，设置如图 6.8.20 所示。

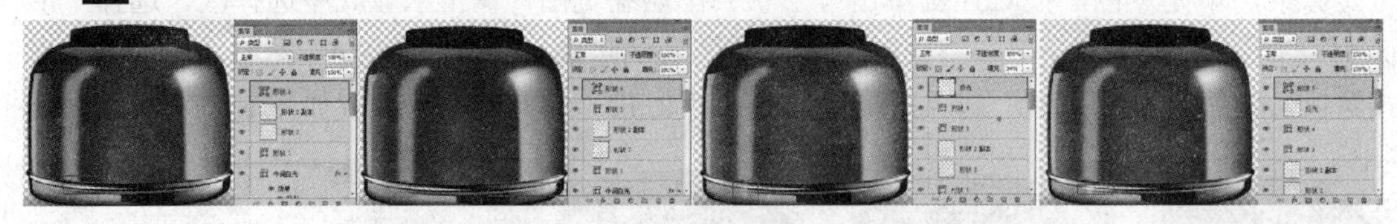

图 6.8.20　增强水壶壶底中间凸出部分的金属效果

图 6.8.21　绘制壶口的形状及颜色

20 新建“壶口”图层组，在“壶口”图层组下方新建“形状 1”图层，选择工具箱中的“钢笔工具”，属性栏工具模式设置“形状”，颜色设置为黑色，绘制水壶壶口的图形形状，设置如图 6.8.21 所示。

21 复制“形状 1”图层得到“形状 2”图层，将复制后壶口图形按组合键 Ctrl+T 缩小一点，双击“形状 2”图层，调出图层样式面板，勾选

“渐变叠加”选项，设置渐变的方式为“从透明色到白色”的线性渐变，设置如图 6.8.22 所示。

图 6.8.22 设置壶口中间金属渐变效果

22 通过复制修改图层图形等方法，增强壶口的金属效果，效果如图 6.8.23 所示。

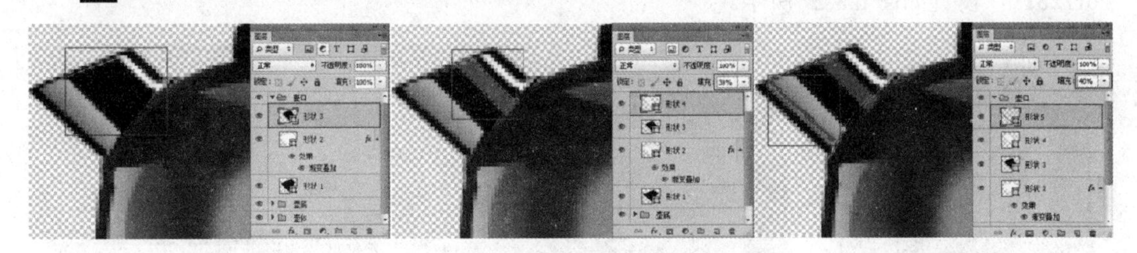

图 6.8.23 设置壶口中间高光及反光等细节

23 用同样的方法增强设置其他细节效果，效果如图 6.8.24 所示。

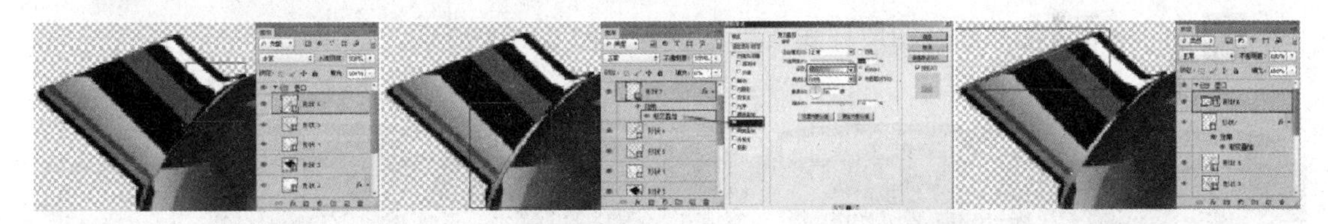

图 6.8.24 增强壶口下方和上方高光及反光等细节

24 新建“壶盖”图层组，在“壶盖”图层组下方新建“组 1”图层组，在“组 1”图层组下方新建“形状 1”图层，选择工具箱中的“钢笔工具”，属性栏工具模式设置“形状”，颜色设置为白色，绘制水壶壶盖的图形形状，双击“形状 1”图层，调出图层样式面板，勾选“内阴影”选项和“渐变叠加”选项，设置如图 6.8.25 所示。

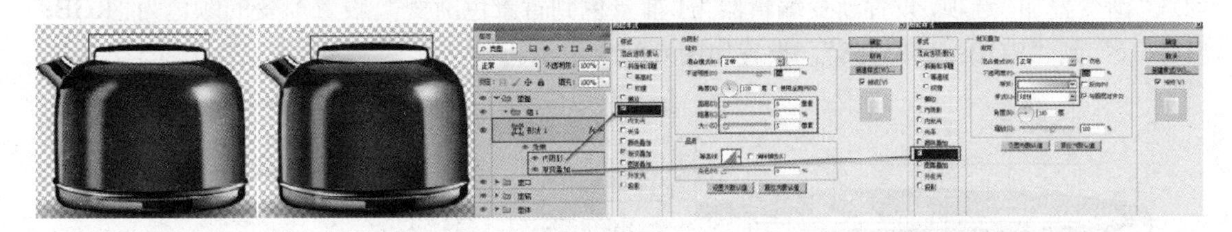

图 6.8.25 通过图层样式设置壶盖的形状和渐变效果

25 新建“形状 2”图层，选择工具箱中的“钢笔工具”，绘制壶盖中间的暗面图形，双击“形状 2”图层，调出图层样式面板，勾选“内发光”选项和“渐变叠加”选项，设置如图 6.8.26 所示。

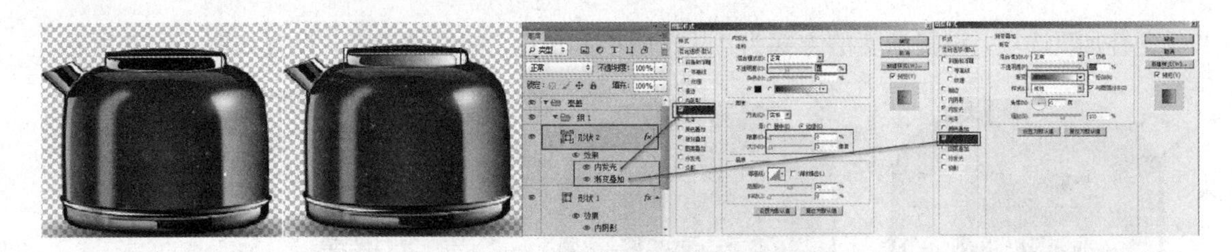

图 6.8.26 绘制壶盖中间的暗面过渡效果

26 新建“形状 3”图层，选择“圆角矩形工具”，绘制中间的暗面图形，颜色填充为黑色，双击“形状 3”图层，勾选“渐变叠加”选项，设置渐变编辑器中“前景色到透明色渐变”，设置渐变的位置为“位置：81%”、“位置：100%”，颜色为“RGB：#2e303b”到“RGB：# 6f7281”，设置如图 6.8.27 所示。

图 6.8.27 设置壶盖中间的暗面渐变效果

27 用同样的方法，结合图层样式效果，设置如图 6.8.28 所示。

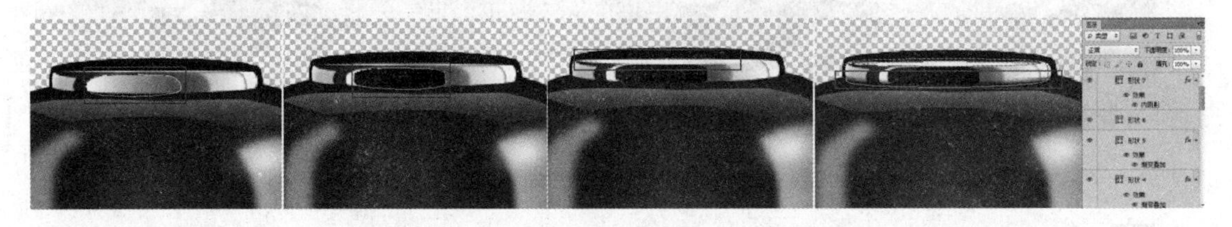

图 6.8.28 设置壶盖细节的金属亮面及暗面效果

28 新建“壶盖上方亮面”图层，选择工具箱中的“椭圆工具”，属性栏工具模式设置“形状”，在壶盖上方拉出一个椭圆形的图形，颜色填充为黑色，双击“壶盖上方亮面”图层，勾选“渐变叠加”选项，设置渐变编辑器为“前景色到背景色渐变”，设置渐变的颜色为“RGB：#1c1c1c”到“RGB：#585858”，设置如图 6.8.29 所示。

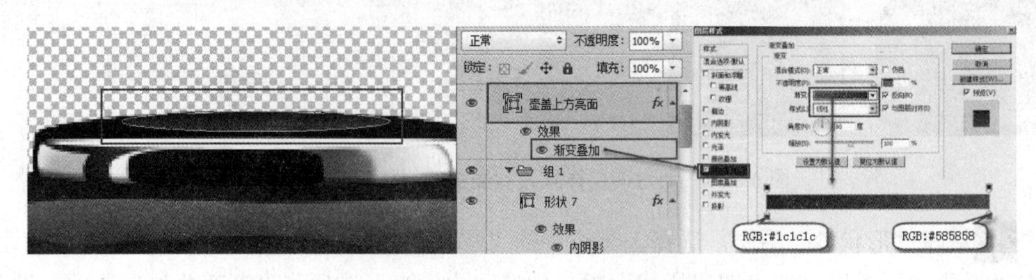

图 6.8.29 设置壶盖上方的亮面效果

29 新建“金属底座”图层，选择工具箱中的“椭圆工具”，属性栏工具模式设置“形状”，颜色设置为黑色，拉出一个矩形图形，双击“金属底座”图层，勾选“渐变叠加”选项，设置渐变编辑器为“前景色到背景色渐变”，设置渐变的位置及颜色分别为“位置：0%，RGB：#383838”、“位置：21%，RGB：#dadada”、“位置：48%，RGB：#2f2f2f”、“位置：74%，RGB：#ffffff”、“位置：100%，RGB：#414141”，设置如图 6.8.30 所示。

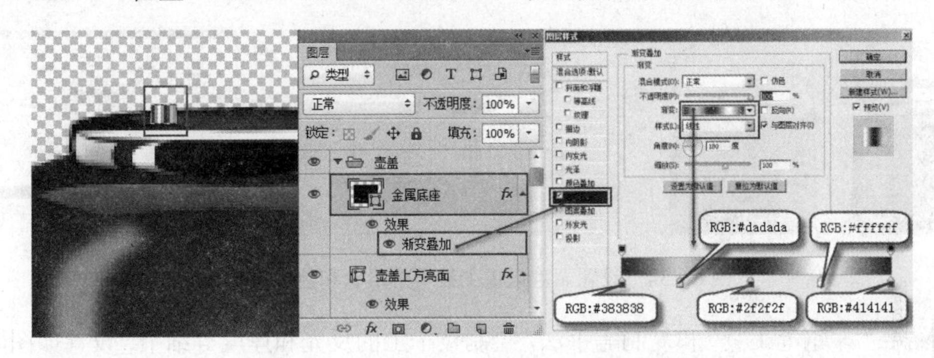

图 6.8.30 设置壶盖上金属底座的颜色渐变效果

30 复制“金属底座”图层得到一个一样的图形，移动到右边位置，新建“把手”图层，选择工具箱中的“钢笔工具”，属性栏工具模式设置“形状”，颜色设置为黑色，绘制把手的图形形状，双击“把手”图层，勾选“内阴影”选项，勾选“内发光”选项，勾选“渐变叠加”选项，设置渐变编辑器为“前景色到背景色渐变”，设置渐变的颜色为“RGB：#000000”到“RGB：#454545”，设置如图 6.8.31 所示。

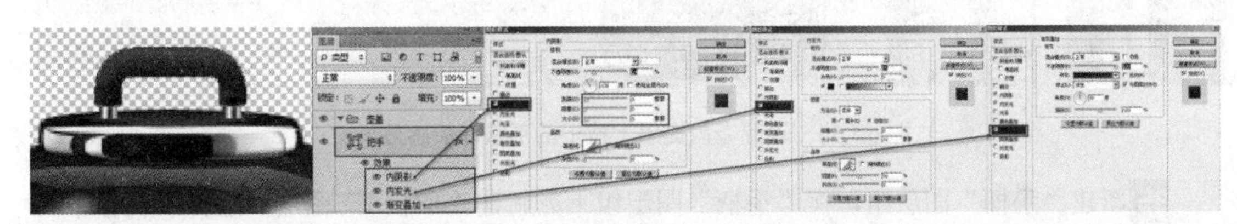

图 6.8.31 设置壶盖上把手的形状和颜色渐变效果

31 结合复制等手法设置壶盖上把手的反光等细节，设置如图 6.8.32 所示。

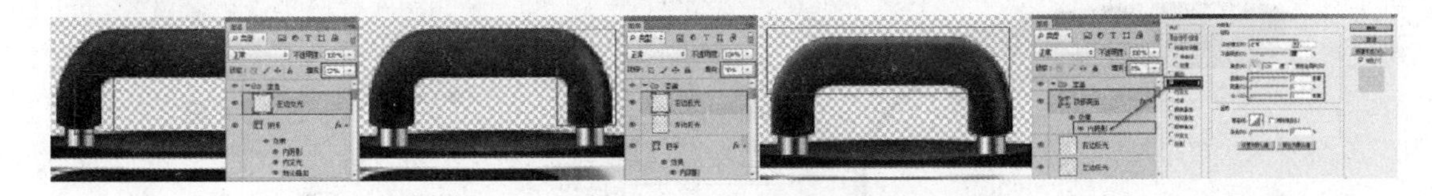

图 6.8.32 设置壶盖上把手的反光等细节效果

32 复制“金属底座”图层得到“金属投影”图层，将图层不透明度设置为 69%，复制“金属投影”图层得到“金属投影副本”图层，将复制后的图形移到合适的位置，设置如图 6.8.33 所示。

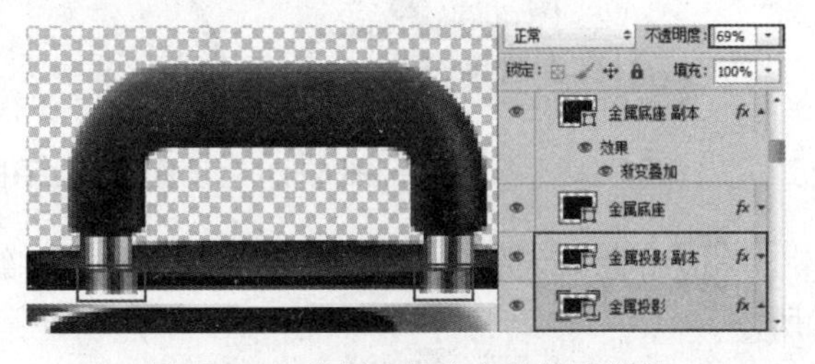

图 6.8.33 设置金属底座的投影效果

33 新建“枝干”图层组，在“枝干”图层组下方新建“形状 1”图层，选择工具箱中的“钢笔工具”，属性栏工具模式设置“形状”，颜色设置为黑色，绘制水壶提手枝干的图形形状，双击“形状 1”图层，勾选“内阴影”选项，勾选“渐变叠加”选项，设置渐变编辑器为“前景色到背景色渐变”，设置渐变的位置及颜色分别为“位置：0%，RGB：# 090909”、“位置：26%，RGB：#494949”、“位置：100%，RGB：#000000”，设置如图 6.8.34 所示。

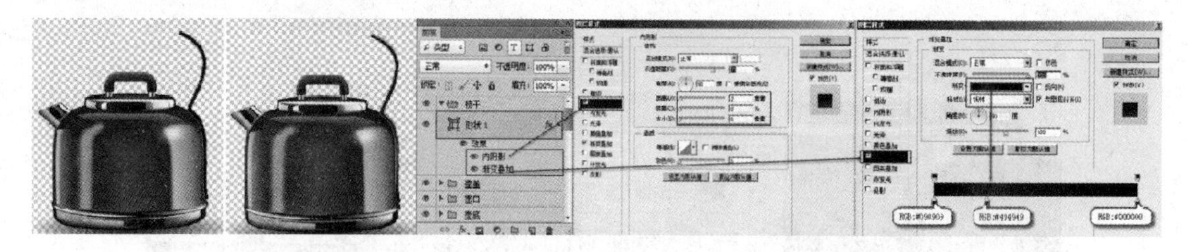

图 6.8.34 设置壶盖提手上枝干的形状和色彩效果

34 结合“钢笔工具”和复制等手法，绘制枝干上的反光和厚度等细节，设置如图 6.8.35 所示。

图 6.8.35 设置壶盖提手上枝干的形状和质感效果

35 新建“手柄”图层组，在“手柄”图层组下方新建“形状 1”图层，选择工具箱中的“钢笔工具”，属性栏工具模式设置“形状”，颜色设置为黑色，绘制水壶提手枝干的图形形状，双击“形状 1”图层，勾选“内发光”选项，设置如图 6.8.36 所示。

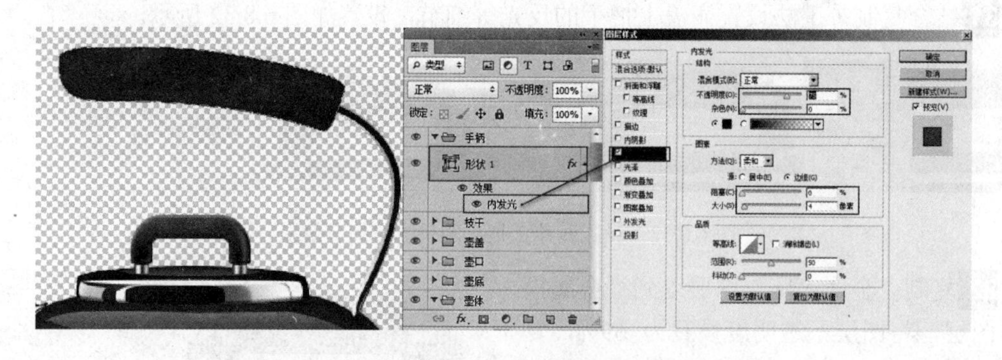

图 6.8.36 设置枝干上手柄的形状和内发光效果

36 结合“钢笔工具”和复制等手法，绘制手柄上的反光等细节，设置如图 6.8.37 所示。

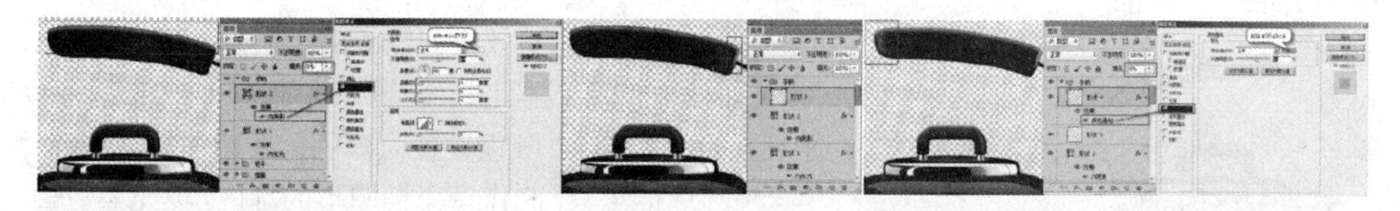

图 6.8.37 设置手柄上反光等细节效果

37 在“手柄”图层组下方新建“按钮”图层组，在“按钮”图层组下方新建“形状 1”图层，在“手柄”图层组下方新建“形状 1”图层，选择工具箱中的“钢笔工具”，属性栏工具模式设置“形状”，颜色设置为黑色，绘制按钮图形，双击“形状 1”图层，勾选“内发光”选项，勾选“渐变叠加”选项，设置渐变的颜色为“RGB：#1d1d1f”到“RGB：#464648”，设置如图 6.8.38 所示。

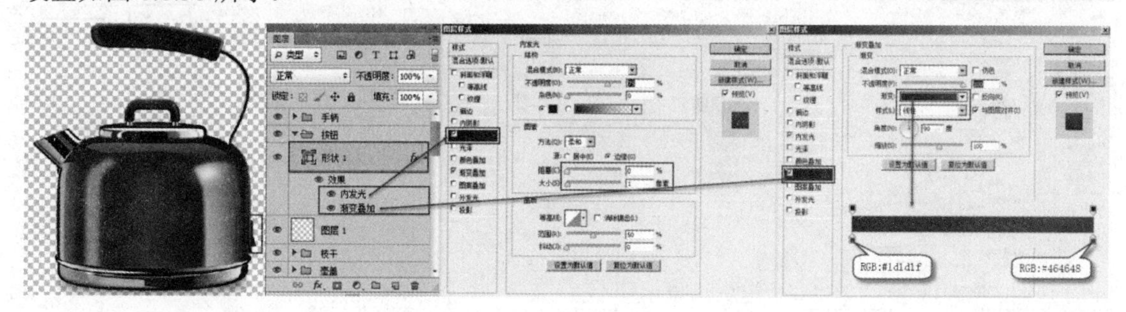

图 6.8.38 设置手柄上反光等细节效果

38 在“手柄”图层组下方新建“按钮”图层组，在“按钮”图层组下方新建“形状 1”图层，在“手柄”图层组下方新建“形状 1”图层，选择工具箱中的“钢笔工具”，属性栏工具模式设置“形状”，颜色设置为黑色，绘制按钮图形，双击“形状 1”图层，勾选“内发光”选项，勾选“渐变叠加”选项，设置渐变的颜色为“RGB：#1d1d1f”到“RGB：#464648”，设置如图 6.8.39 所示。

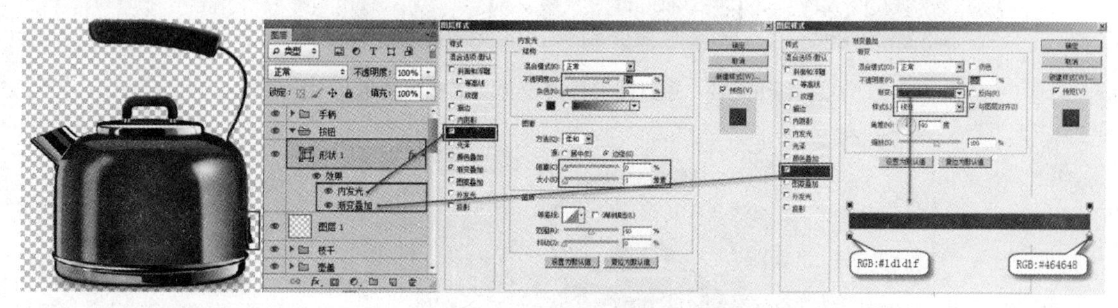

图 6.8.39 设置水壶右下方的按钮形状和颜色效果

39 结合“钢笔工具”和复制等手法，绘制壶身上的反光等细节，设置如图 6.8.40 所示。

图 6.8.40 设置水壶身体上方和右边的反光等效果

图 6.8.41　水壶整体效果

40 水壶全身完整效果如图 6.8.41 所示。

41 使用“文本工具”，输入文字“SUPOR”，字体设置为“Arial”，颜色设置为黑色，新建图层，选择“椭圆选框工具”制作一个椭圆形的选区，填充黑色，将文字图层和新建图层合并，得到“SUPOR”图层，双击“SUPOR”图层，勾选“斜面与浮雕”选项，勾选“内阴影”选项，勾选“投影”选项，将图层面板中填充设置为“0%”，设置如图 6.8.42 所示。

42 水壶最后完成效果如图 6.8.43 所示。

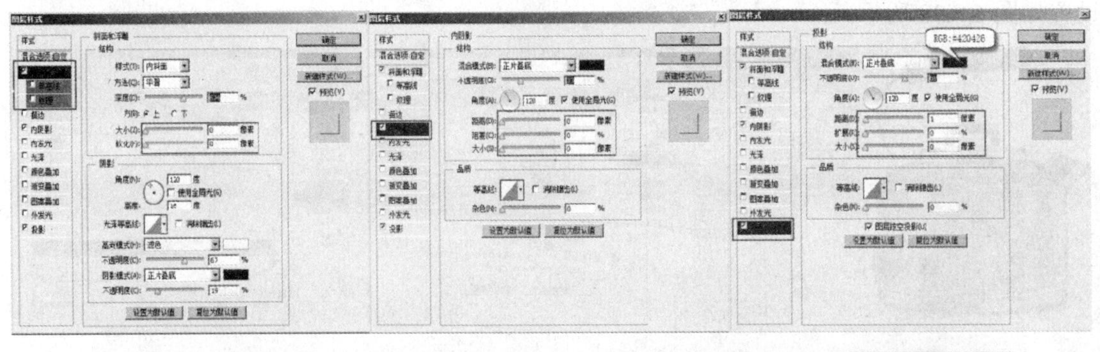

图 6.8.42　通过图层样式设置文字整体效果

图 6.8.43　水壶最后整体效果

6.9 扁平化图标

↘制作步骤

01新建一个110×110像素，分辨率为72像素/英寸，背景为透明的文件，文件命名为“扁平化图标”。新建“圆角矩形”图层，选择工具箱中的“圆角矩形工具”，属性栏工具模式设置“形状”，半径设置为“20像素”，颜色设置为“RGB：#5dbdd5”，复制“圆角矩形”图层得到“圆角矩形副本”图层，双击“圆角矩形副本”图层缩览图，修改颜色为“RGB：# f6d58d”，将复制后的图形用移动工具向左向下移动2个像素，如图6.9.2所示。

图6.9.1 扁平化图标

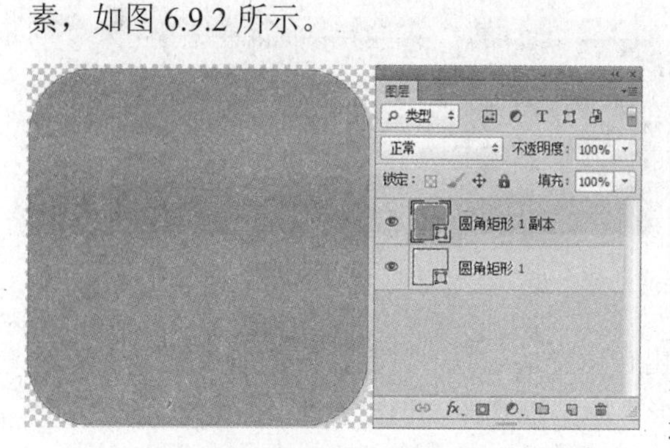
图6.9.2 设置新建文件大小及制作圆角矩形图形

02新建“矩形1”图层，选择“矩形工具”，属性栏工具模式设置“形状”，颜色设置为白色，制作一个矩形图形，复制“矩形 1”图层得到“矩形1副本”图层，将复制的矩形向下移动，并按组合键Ctrl+T调出自由变换工具，将图形拉长。选择工具箱中的“钢笔工具”，属性栏工具模式设置“形状”，路径操作选择“减去顶层形状”，颜色设置为白色，绘制弧形与矩形相减的效果，如图6.9.3所示。

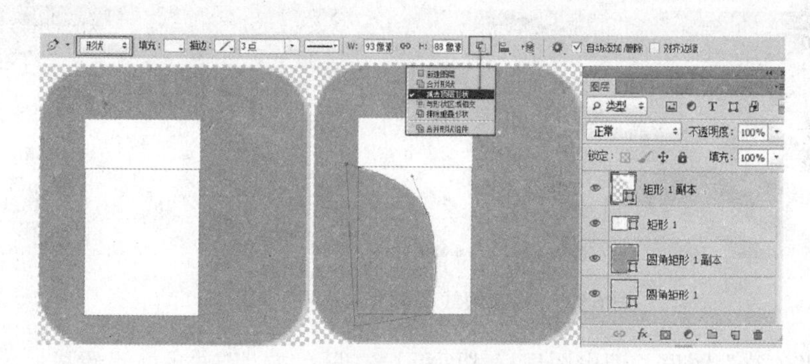
图6.9.3 制作扁平化图形的左边一半图形

03将“矩形1”图层和“矩形1”图层按Shift键全部选中，按组合键Ctrl+E合并图层，得到“扁平化图形”图层，复制“扁平化图形”图层，得到“扁平化图形副本”图层，按组合键Ctrl+T调出自由变换工具，单击右键选择水平翻转，将复制后的图形呈对称分布，合并“扁平化图形”图层和“扁平化图形副本”图层，得到“扁平化图形”图层，将合并后的图形缩放旋转到合适的大小和位置，设置如图6.9.4所示。

04新建“图层1”图层，选择“矩形选框工具”，拉出一个矩形选择区，填充黑色。选择“矩形工具”，属性栏工具模式设置“形状”，颜色设置为白色，制作一个矩形图形，使用“钢笔工具”，结合Ctrl键和Alt键对矩形形状进行图形的修改，将制作好的图形不断的复制和更改颜色，删除“图层1”图层，将所有复制出来的条纹图层按Shift键全部选中，单击鼠标右键栅格化图层，按组合键 Ctrl+E 将图层合并后得到“条纹”图层，效果如图 6.9.5 所示。

图 6.9.4　制作扁平化图形完整效果

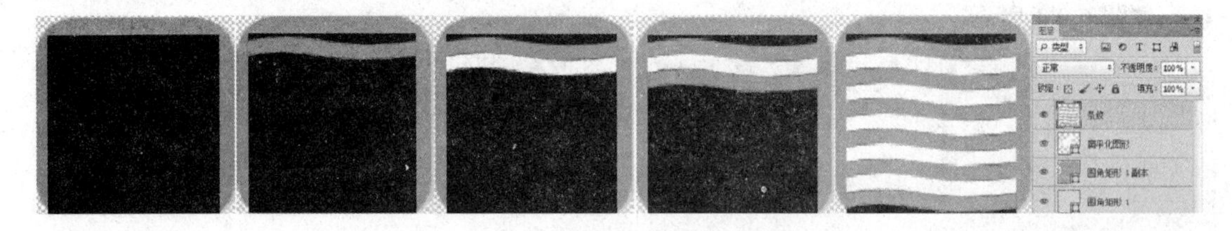

图 6.9.5　制作波浪线效果

05 选择“条纹”图层，按组合键 Ctrl+T 调出自由变换工具，将制作好的条纹图形旋转到扁平化图形的上方，按 Ctrl 键单击“扁平化图形”图层缩览图，调出扁平化图形的选择区，添加图层蒙版，将扁平化图形以外的图像隐藏起来，设置如图 6.9.6 所示。

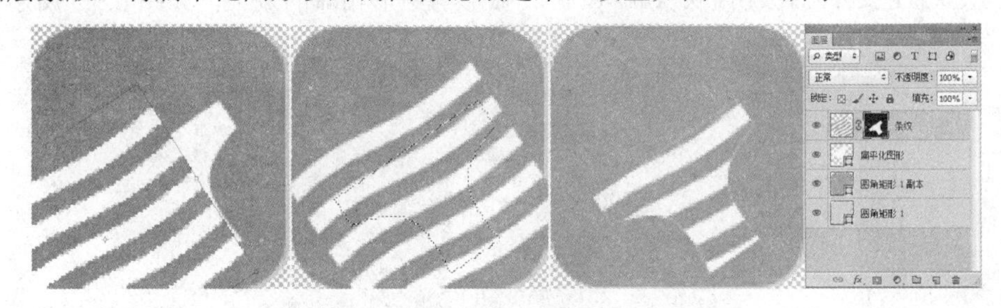

图 6.9.6　将波浪线图形嵌入扁平化图形内

06 双击“条纹”图层，调出图层样式面板，勾选“描边”选项，设置描边大小为“2 像素”，颜色设置为白色，效果如图 6.9.7 所示。

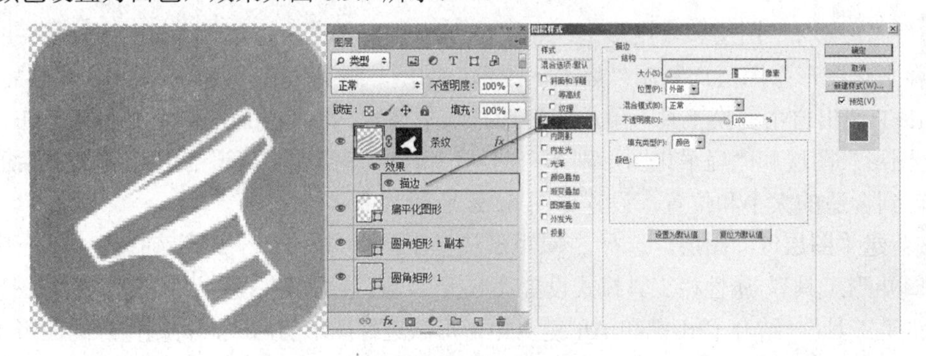

图 6.9.7　将制作后的图形进行描边效果制作

07 使用“文本工具”，输入文字“CM”和“3”，字体设置为“黑体”，新建“底色”图层，用多边形套索工具绘制投影，然后填充黑色。将图层面板中不透明度改为“30%”，效果如图 6.9.8 所示。

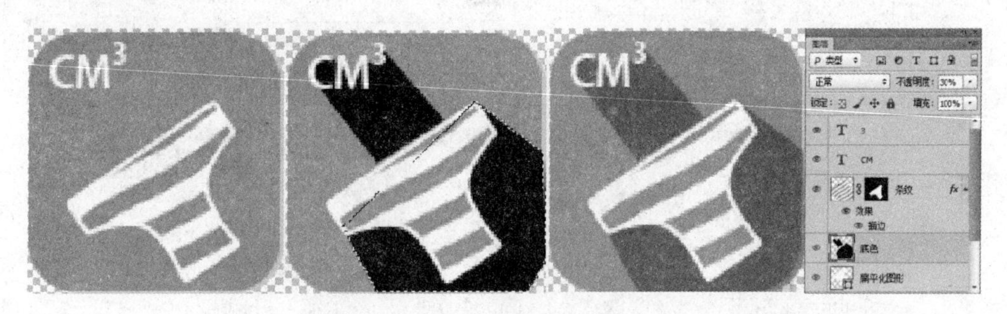

图 6.9.8　制作文字与图形的阴影效果

08 最后效果如图 6.9.9 所示。

图 6.9.9　图形最后完成效果

6.10　香　烟　图　标（见图 6.10.1）

↘制作步骤

01 新建一个 300×300 像素，分辨率为 72 像素/英寸，背景为透明的文件，文件命名为“香烟图标”。新建“圆角矩形 1”图层，选择工具箱中的“圆角矩形工具”，属性栏工具模式设置“形状”，半径设置为“60 像素”，颜色设置为“RGB：#dddddd”，双击“圆角矩形 1”图层，调出图层样式面板，勾选“内阴影”选项，勾选“内发光”选项，勾选“渐变叠加”选项，勾选“投影”选项，设置如图 6.10.2 所示。

图 6.10.1　香烟图标

02 新建“红色图形”图层，选择“钢笔工具”制作如图 6.10.3 所示红色图形，属性栏工具模式设置“形状”，颜色设置为“RGB：#b90000”，按组合键 Ctrl+Alt+G 为“红色图形”图层创建图层剪贴蒙版，如图 6.10.3 所示。

03 新建“顶端红色”图层，选择“矩形工具”，拉出一个长方形图形，属性栏工具模式设置“形状”，颜色设置为黑色，将图层面板中的不透明度设置为“40%”，按组合键 Ctrl+Alt+G 为“顶端红色”图层创建图层剪贴蒙版，设置如图 6.10.4 所示。

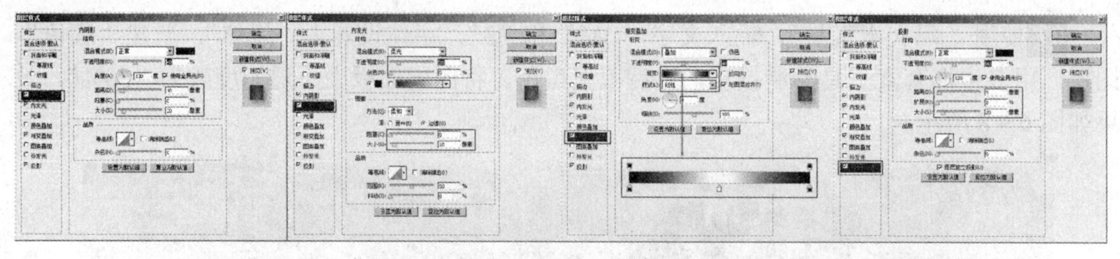

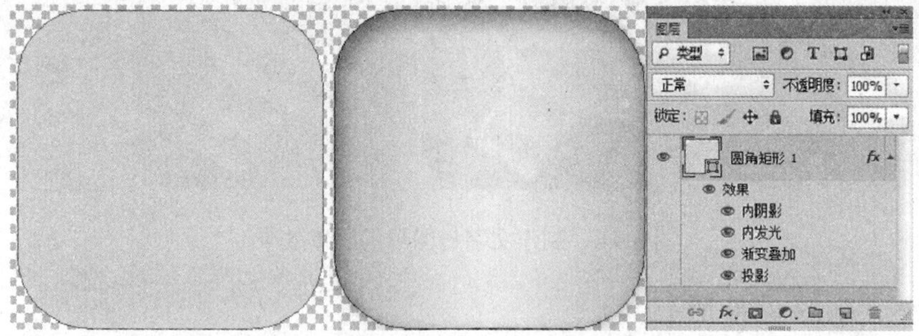

图 6.10.2 设置新建文件大小及圆角矩形图形

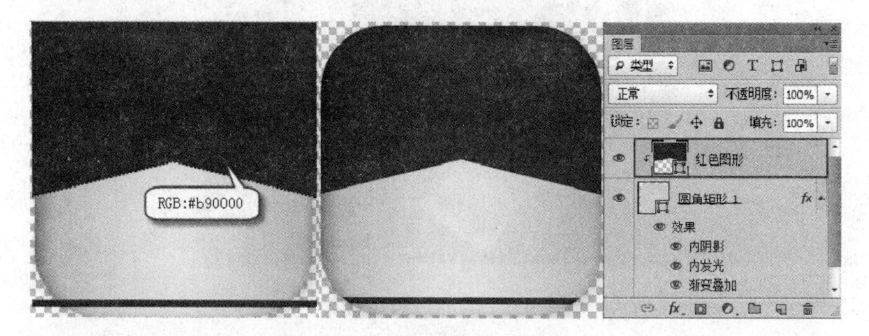

图 6.10.3 制作底图上方红色图形

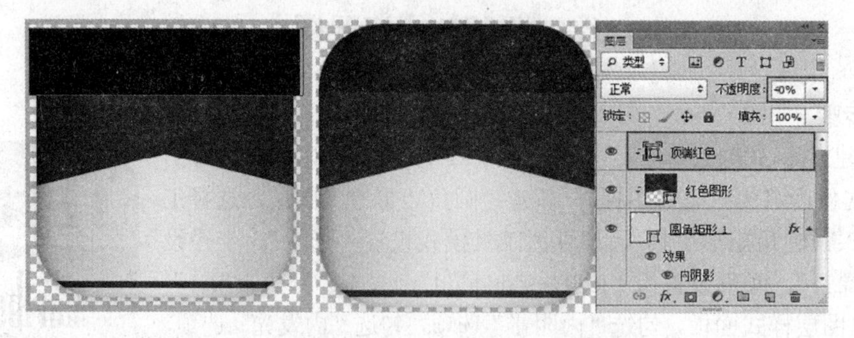

图 6.10.4 制作圆角矩形上方的深红色图形及颜色

04 使用“T文本工具”，输入文字“Marlboro”，字体设置为“Bodoni MT”，颜色设置为黑色，按组合键 Ctrl+T 调出自由变换工具，将文字拉长，结合“钢笔工具”，属性栏工具模式设置“形状”，对文字进行修改，效果如图 6.10.5 所示。

05 使用“T文本工具”，输入文字“吸烟有益健康 •促进家庭幸福 旭旭卷烟厂荣誉出品”，字体设置为“微软雅黑”，颜色设置为黑色，将图层修改为“中文”图层，按组合键 Ctrl+Alt+G 为“中文”图层创建图层剪贴蒙版，设置如图 6.10.6 所示。

图 6.10.5 设置香烟的文字字体和颜色

06 新建“左边阴影”图层，选择“矩形工具”，拉出一个长方形图形，属性栏工具模式设置“形状”，颜色设置为黑色，将图层面板中的不透明度设置为“5%”，双击“左边阴影”图层，调出图层样式面板，勾选“外发光”选项，按组合键 Ctrl+Alt+G 为“左边阴影”图层创建图层剪贴蒙版，效果如图 6.10.7 所示。

图 6.10.6 设置香烟上面的中文

07 新建“右边亮面”图层，选择“矩形工具”，拉出一个长方形图形，属性栏工具模式设置“形状”，颜色设置为白色，将图层面板中的不透明度设置为“60%”，模式为“叠加”，双击“右边亮面”图层，调出图层样式面板，勾选“内阴影”选项，按组合键 Ctrl+Alt+G 为“右边亮面”图层创建图层剪贴蒙版，效果如图 6.10.8 所示。

图 6.10.7 制作香烟左边的阴影部分

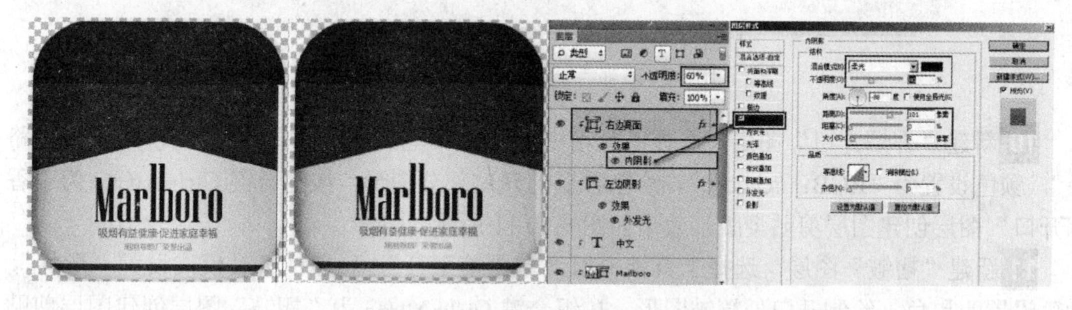

图 6.10.8 制作香烟右边的亮面部分

08 新建“顶部反光”图层，选择“矩形工具”，属性栏工具模式设置“形状”，颜色设置为“RGB：#b90000”，拉出一个长方形图形，双击“顶部反光”图层，调出图层样式面板，勾选“内阴影”选项，勾选“渐变叠加”选项，按组合键 Ctrl+Alt+G 为“顶部反光”图层创建图层剪贴蒙版，效果如图 6.10.9 所示。

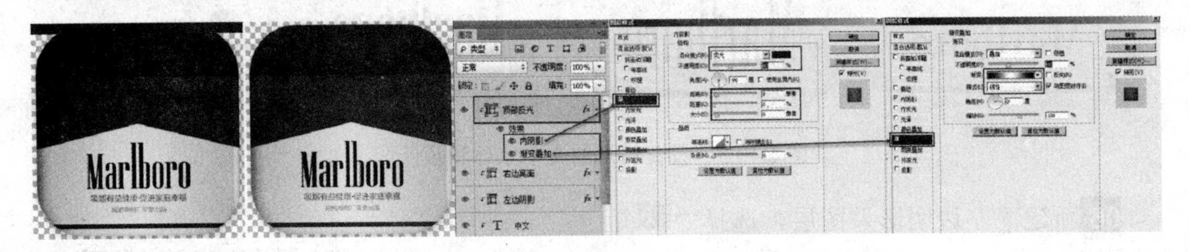

图 6.10.9 制作香烟顶部光感效果

09 新建“亮线”图层，选择“矩形工具”，属性栏工具模式设置“形状”，颜色设置为“RGB：#b93333”，拉出一个长方形图形，双击“亮线”图层，调出图层样式面板，勾选“内阴影”选项，勾选“渐变叠加”选项，勾选“投影”选项，按组合键 Ctrl+Alt+G 为“亮线”图层创建图层剪贴蒙版，效果如图 6.10.10 所示。

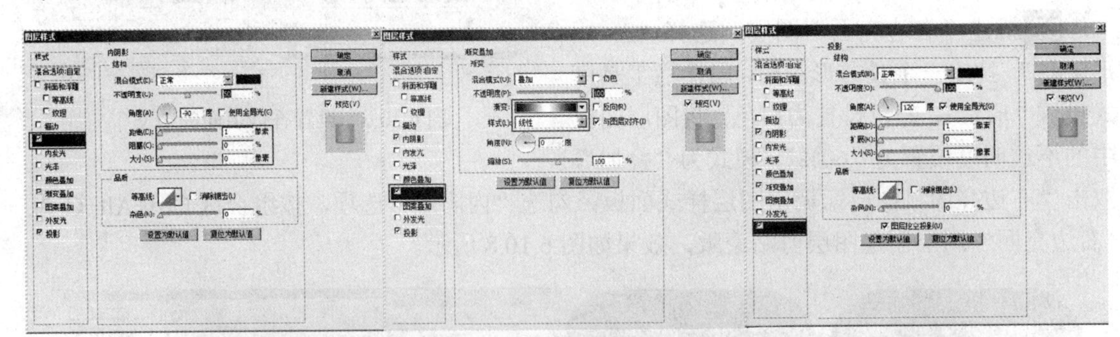

图 6.10.10 增强香烟顶部的光感线条效果

10 新建“香烟开口”图层，选择工具箱中的“钢笔工具”，属性栏工具模式设置“路径”，颜色设置为“RGB：#cccccc”，绘制香烟的开口部分图形，按组合键 Ctrl+Alt+G 为“香烟开口”图层创建图层剪贴蒙版，效果如图 6.10.11 所示。

11 新建“褶皱”图层，选择工具箱中的“钢笔工具”，属性栏工具模式设置“形状”，颜色设置为黑色，绘制开口处褶皱图形，按组合键 Ctrl+Alt+G 为“褶皱”图层创建图层剪贴蒙版，效果如图 6.10.12 所示。

图 6.10.11　制作香烟上方的开口图形

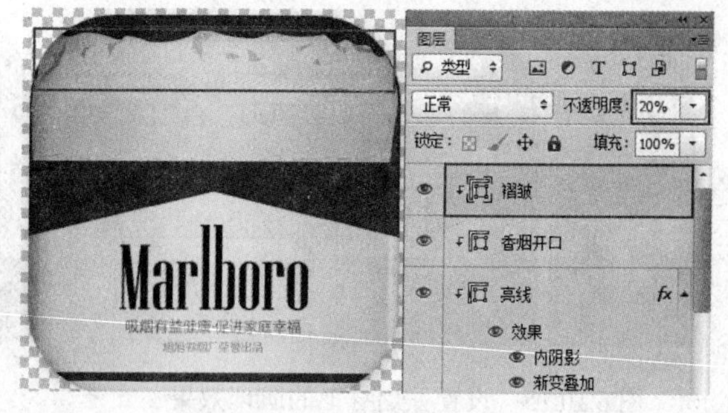

图 6.10.12　制作香烟上方的开口图形的褶皱图形效果

12 新建“香烟”图层组，在“香烟”图层组下方新建“左边 1”图层组，在“左边 1”图层组下方新建“椭圆 1”图层，选择工具箱中的“椭圆工具”，属性栏工具模式设置“形状”，路径操作设置为“合并形状”，颜色设置为“RGB：#d6861f”，选择“矩形工具”，属性栏工具模式设置“形状”，在圆形下方拉出一个长方形图形，效果如图 6.10.13 所示。

图 6.10.13　绘制香烟的形状和颜色

13 双击“椭圆 1”图层，调出图层样式面板，勾选“内阴影”选项，勾选“内发光”选项，勾选“渐变叠加”选项，，设置如图 6.10.14 所示。

14 新建“肌理”图层，选择工具箱中的“钢笔工具”，属性栏工具模式设置“形状”，制作不规则形图形，颜色设置为黑色，将图层面板中图层混合模式设置为“柔光”，不透明度设置为“30%”，按组合键 Ctrl+Alt+G 为“肌理”图层创建图层剪贴蒙版，效果如图 6.10.15 所示。

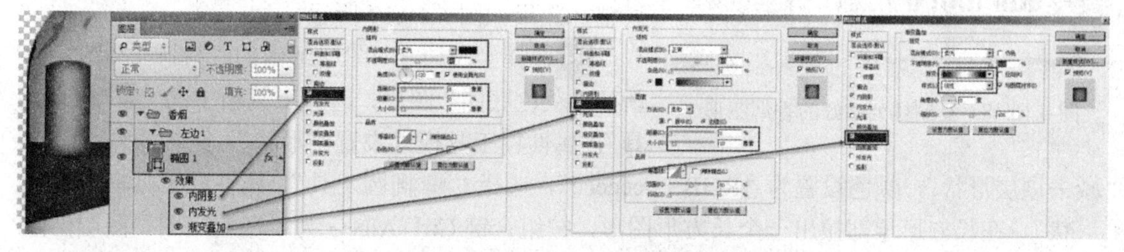

图 6.10.14　设置香烟图形的内阴影和渐变颜色等效果

15 新建“中间高光”图层，选择“矩形选框工具”，制作一个长方形选择区，选择菜单→修改→羽化，设置羽化值为 3 像素，填充白色，将图层混合模式设置为“柔光”，按组合键 Ctrl+Alt+G 为“中间高光”图层创建图层剪贴蒙版，设置如图 6.10.16 所示。

16 新建“香烟顶部图形”图层，选择“椭圆工具”，属性栏工具模式设置“形状”，设置填充颜色设置为“RGB：#dddddd”，描边颜色设置为“RGB：#c38d3c”，在香烟顶部拉出一个椭圆形图形，双击“香烟顶部图形”图层，调出图层样式面板，勾选“渐变叠加”选项，设置如图 6.10.17 所示。

17 将“左边 1”图层组拖到图层面板上新建图层按钮上，复制得到“左边 2”图层组，用“移动工具”往右边移动到合适位置，设置如图 6.10.18 所示。

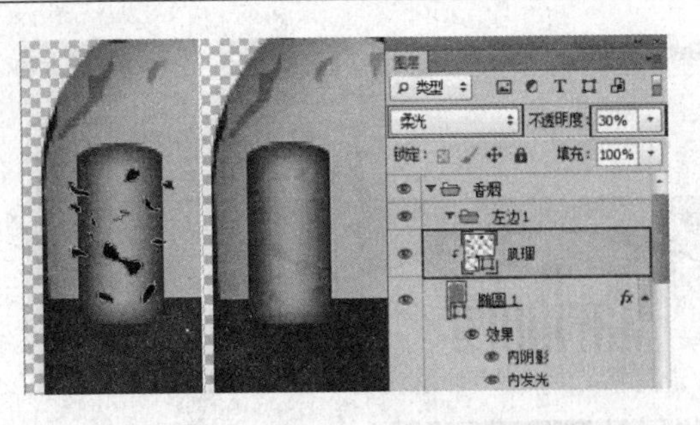

图 6.10.15　设置香烟身上的肌理效果

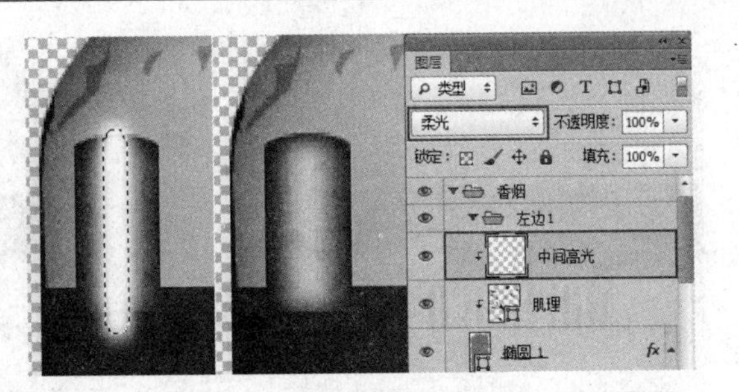

图 6.10.16　增强香烟身体中间的亮面效果

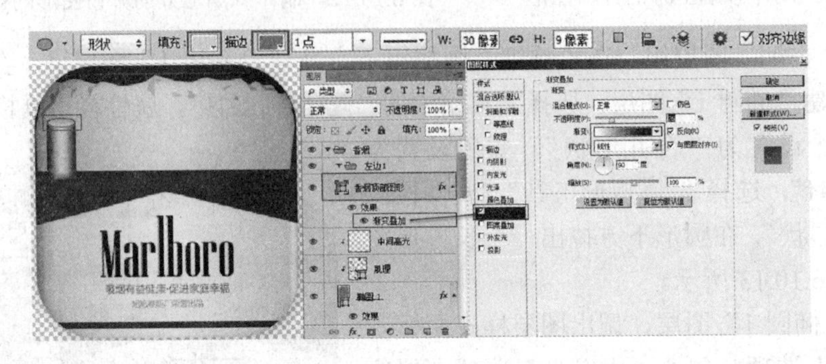

图 6.10.17　香烟顶部的椭圆形平面效果

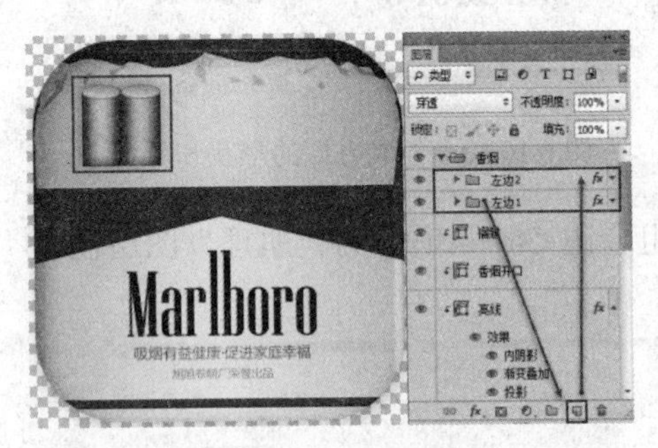

图 6.10.18　复制排列做好的香烟图形

18 用同样的方法复制“左边 3”图层组，按组合键 Ctrl+T 把复制好的香烟图形往上拉长，对图层组中“香烟顶部图形”也进行压扁处理，按 Shift 键同时选中“左边 1”、“左边 2”、“左边 3”图层组，将三支香烟的位置和长度按组合键 Ctrl+T 进行位置和长度的调整，效果如图 6.10.19 所示。

19 选择“左边 3”图层组内的“椭圆 1”图层，新建“灰色底图”图层，选择工具箱中的“矩形工具”，属性栏工具模式设置“形状”，路径操作设置为“减去顶层形状”，颜色设置为“RGB：#cecece”，选择“椭圆工具”，属性栏工具模式设置“形状”，在长方形顶部拉出一个长方形图形，按组合键 Ctrl+Alt+G 为“灰色底图”图层创建图层剪贴蒙版，设置如图 6.10.20 所示。

图 6.10.19　调整复制香烟的长度和位置

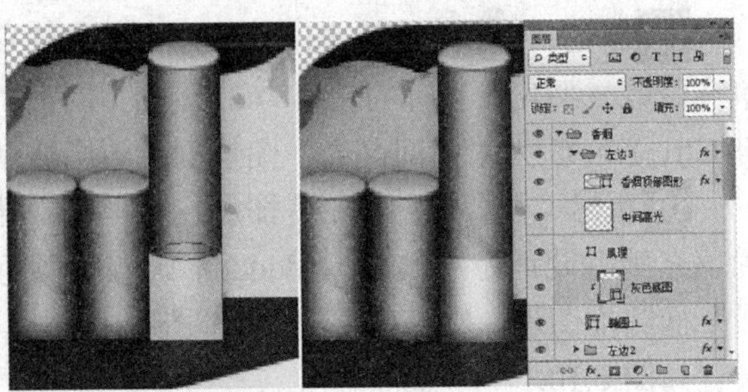

图 6.10.20　设置香烟底部的白色部分图形效果

20 新建“环线”图层，用同样的方法制作香烟身体中间褐色环状图形，设置如图 6.10.21 所示。

21 用复制图层组的方法，复制出第一排其他香烟图形，设置如图 6.10.22 所示。

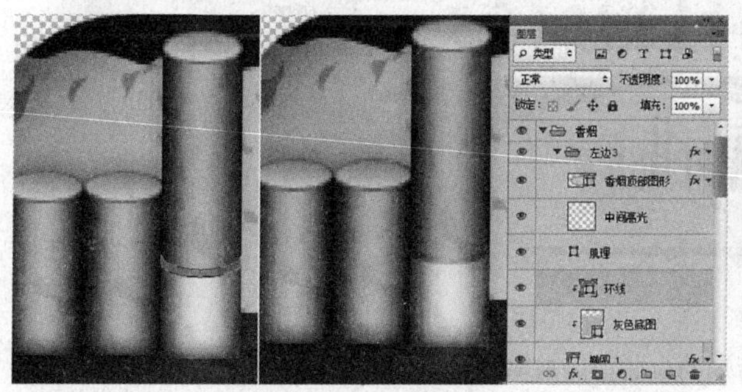

图 6.10.21　设置褐色烟嘴部分环状图形效果

图 6.10.22　复制香烟图形得到第一排香烟排列效果

22 复制“左边 1”图层组得到“后排 1”图层组，将图层组中的图层混合模式单击右键选择“清除图层混合模式”，按照同样的方法进行复制，效果如图 6.10.23 所示。

图 6.10.23　设置复制第二排香烟图形效果

23 新建“香烟口”图层，选择工具箱中的“钢笔工具”，属性栏工具模式设置“形状”，制作包装盒上方开口图形，颜色设置为白色，双击“香烟口”图层，调出图层样式面板，勾选“斜面和浮雕”选项，勾选“内发光”选项，勾选“渐变叠加”选项，勾选“投影”选项，效果如图 6.10.24 所示。

24 复制“右边亮面”图层，得到“右边亮面副本”图层，将“右边亮面副本”图层拉到图层面板最上面，按组合键 Ctrl+T 进行调整，设置如图 6.10.25 所示。

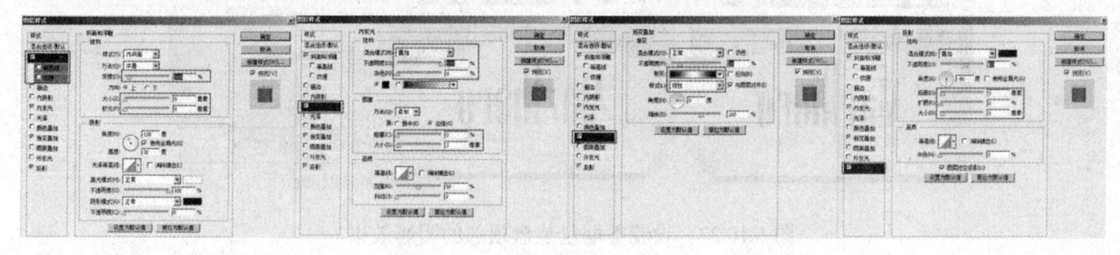

(a)

图 6.10.24　设置遮挡住香烟的包装口图形形状和颜色（一）

（a）面板

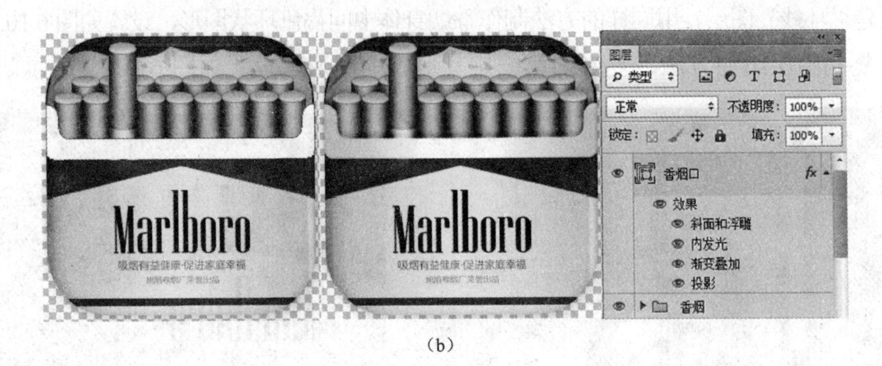

（b）

图 6.10.24　设置遮挡住香烟的包装口图形形状和颜色（二）

（b）效果图

25 用同样的方法制作“左边阴影副本”图层，设置如图 6.10.26 所示。

图 6.10.25　对包装盒右边上方进行亮面图形的复制

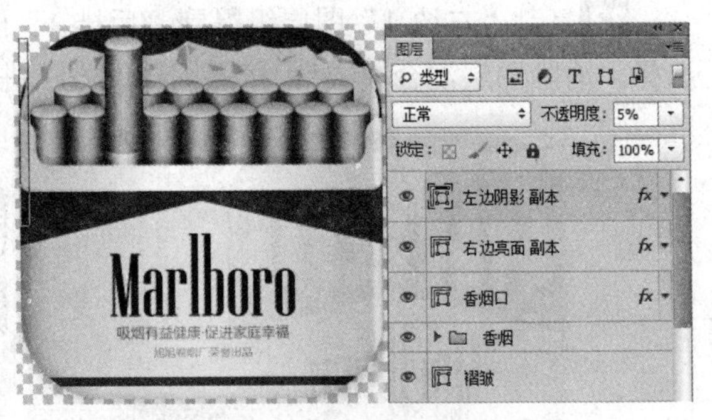

图 6.10.26　对包装盒左边上方进行暗面图形的复制

26 新建“阴影”图层，使用工具箱中的“画笔工具”，切换到画笔面板，选择画笔为“柔边圆”，颜色设置为黑色，对香烟盒顶部进行喷涂，将图层面板不透明度设置为 60%，按组合键 Ctrl+Alt+G 为“阴影”图层创建图层剪贴蒙版，设置如图 6.10.27 所示。

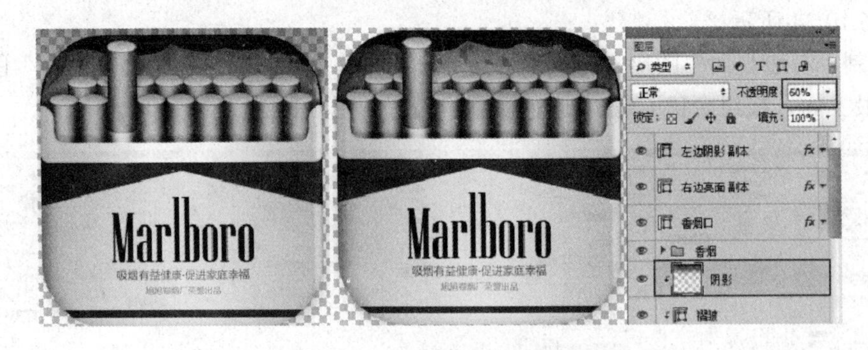

图 6.10.27　设置香烟包装盒顶部的阴影效果

27 香烟图标最后完成效果如图 6.10.28 所示。

图 6.10.28　香烟图标最后效果

附录 Photoshop CS6 快捷键大全

工具箱（多种工具共用一个快捷键的可同时按［Shift］加此快捷键选取）	
名 称	快 捷 键
矩形、椭圆选框工具	［M］
移动工具	［V］
魔棒工具	［W］
画笔工具	［B］
历史记录画笔工具	［Y］
铅笔、直线工具	［N］
减淡、加深、海绵工具	［O］
添加锚点工具	［+］
直接选取工具	［A］
度量工具	［U］
油漆桶工具	［K］
抓手工具	［H］
默认前景色和背景色	［D］
切换标准模式和快速蒙版模式	［Q］
临时使用移动工具	［Ctrl］
临时使用抓手工具	［空格］
快速输入工具选项（当前工具选项面板中至少有个可调节数字）	［0］～［9］
选择第一个画笔	［Shift］+［[］
建立新渐变（在“渐变编辑器”中）	［Ctrl］+［N］
裁剪工具	［C］
套索、多边形套索、磁性套索	［L］
喷枪工具	［J］
橡皮图章、图案图章	［S］
橡皮擦工具	［E］
模糊、锐化、涂抹工具	［R］
钢笔、自由钢笔、磁性钢笔	［P］
删除锚点工具	［-］
文字、文字蒙版、直排文字	［T］
直线渐变、径向渐变、对称渐变、角度渐变、菱形渐变	［G］

续表

工具箱（多种工具共用一个快捷键的可同时按［Shift］加此快捷键选取）	
名　称	快　捷　键
吸管、颜色取样器	［I］
缩放工具	［Z］
切换前景色和背景色	［X］
标准屏幕模式、带有菜单栏的全屏模式、全屏模式	［F］
临时使用吸色工具	［Alt］
打开工具选项面板	［Enter］
循环选择画笔	［[］或［]］
选择最后一个画笔	［Shift］+［]］
文 件 操 作	
新建图形文件	［Ctrl］+［N］
打开已有的图像	［Ctrl］+［O］
关闭当前图像	［Ctrl］+［W］
另存为……	［Ctrl］+［Shift］+［S］
页面设置	［Ctrl］+［Shift］+［P］
打开“预置”对话框	［Ctrl］+［K］
设置“常规”选项（在预置对话框中）	［Ctrl］+［1］
设置“显示和光标”（在预置对话框中）	［Ctrl］+［3］
设置“单位与标尺”（在预置对话框中）	［Ctrl］+［5］
外发光效果（在“效果”对话框中）	［Ctrl］+［3］
斜面和浮雕效果	［Ctrl］+［5］
用默认设置创建新文件	［Ctrl］+［Alt］+［N］
打开为……	［Ctrl］+［Alt］+［O］
保存当前图像	［Ctrl］+［S］
存储副本	［Ctrl］+［Alt］+［S］
打印	［Ctrl］+［P］
显示最后一次显示的“预置”对话框	［Alt］+［Ctrl］+［K］
设置“存储文件”（在预置对话框中）	［Ctrl］+［2］
设置“透明区域与色域”（在预置对话框中）	［Ctrl］+［4］
设置“参考线与网格”（在预置对话框中）	［Ctrl］+［6］
内发光效果（在“效果”对话框中）	［Ctrl］+［4］
应用当前所选效果并使参数可调（在“效果”对话框）	［A］

续表

图层混合模式	
名　称	快　捷　键
循环选择混合模式	[Alt] + [-] 或 [+]
阈值（位图模式）	[Ctrl] + [Alt] + [L]
背后	[Ctrl] + [Alt] + [Q]
正片叠底	[Ctrl] + [Alt] + [M]
叠加	[Ctrl] + [Alt] + [O]
强光	[Ctrl] + [Alt] + [H]
颜色加深	[Ctrl] + [Alt] + [B]
变亮	[Ctrl] + [Alt] + [G]
排除	[Ctrl] + [Alt] + [X]
饱和度	[Ctrl] + [Alt] + [T]
光度	[Ctrl] + [Alt] + [Y]
去色	海绵工具+ [Ctrl] + [Alt] + [J]
中间调	淡/加深工具+ [Ctrl] + [Alt] + [V]
正常	[Ctrl] + [Alt] + [N]
溶解	[Ctrl] + [Alt] + [I]
清除	[Ctrl] + [Alt] + [R]
屏幕	[Ctrl] + [Alt] + [S]
柔光	[Ctrl] + [Alt] + [F]
颜色减淡	[Ctrl] + [Alt] + [D]
变暗	[Ctrl] + [Alt] + [K]
差值	[Ctrl] + [Alt] + [E]
色相	[Ctrl] + [Alt] + [U]
颜色	[Ctrl] + [Alt] + [C]
加色	海绵工具+ [Ctrl] + [Alt] + [A]
暗调	减淡/加深工具+ [Ctrl] + [Alt] + [W]
减高光	减淡/加深工具+ [Ctrl] + [Alt] + [Z]
选择功能	
全部选取	[Ctrl] + [A]
重新选择	[Ctrl] + [Shift] + [D]
反向选择	[Ctrl] + [Shift] + [I]
载入选区	[Ctrl] +点按图层、路径、通道面板中的缩略图
取消选择	[Ctrl] + [D]
羽化选择	[Ctrl] + [Alt] + [D]
路径变选区	数字键盘的 [Enter]

续表

滤　　镜	
名称	快捷键
按上次的参数再做一次上次的滤镜	[Ctrl] + [F]
重复上次所做的滤镜（可调参数）	[Ctrl] + [Alt] + [F]
立方体工具（在“3D 变化”滤镜中）	[M]
柱体工具（在“3D 变化”滤镜中）	[C]
全景相机工具（在“3D 变化”滤镜中）	[E]
退去上次所做滤镜的效果	[Ctrl] + [Shift] + [F]
选择工具（在“3D 变化”滤镜中）	[V]
球体工具（在“3D 变化”滤镜中）	[N]
轨迹球（在“3D 变化”滤镜中）	[R]
视图操作	
显示彩色通道	[Ctrl] + [~]
显示复合通道	[~]
打开/关闭色域警告	[Ctrl] + [Shift] + [Y]
缩小视图	[Ctrl] + [－]
实际像素显示	[Ctrl] + [Alt] + [0]
向下卷动一屏	[PageDown]
向右卷动一屏	[Ctrl] + [PageDown]
向下卷动 10 个单位	[Shift] + [PageDown]
向右卷动 10 个单位	[Shift] + [Ctrl] + [PageDown]
将视图移到右下角	[End]
显示/隐藏路径	[Ctrl] + [Shift] + [H]
显示/隐藏参考线	[Ctrl] + [；]
贴紧参考线	[Ctrl] + [Shift] + [；]
贴紧网格	[Ctrl] + [Shift] + ["]
显示单色通道	[Ctrl] + [数字]
以 CMYK 方式预览（开关）	[Ctrl] + [Y]
放大视图	[Ctrl] + [+]
满画布显示	[Ctrl] + [0]
向上卷动一屏	[PageUp]
向左卷动一屏	[Ctrl] + [PageUp]
向上卷动 10 个单位	[Shift] + [PageUp]
向左卷动 10 个单位	[Shift] + [Ctrl] + [PageUp]
将视图移到左上角	[Home]
显示/隐藏选择区域	[Ctrl] + [H]
显示/隐藏标尺	[Ctrl] + [R]

续表

视图操作	
名 称	快 捷 键
显示/隐藏网格	[Ctrl] + ["]
锁定参考线	[Ctrl] + [Alt] + [;]
显示/隐藏“画笔”面板	[F5]
显示/隐藏“颜色”面板	[F6]
显示/隐藏“信息”面板	[F8]
显示/隐藏“所有命令”面板	[TAB]
显示/隐藏“图层”面板	[F7]
显示/隐藏“动作”面板	[F9]
显示或隐藏工具箱以外的所有调板	[Shift] + [TAB]
文字处理（在“文字工具”对话框中）	
左对齐或顶对齐	[Ctrl] + [Shift] + [L]
右对齐或底对齐	[Ctrl] + [Shift] + [R]
下/上选择 1 行	[Shift] + [↑] / [↓]
选择从插入点到鼠标点按点的字符	[Shift] 加点按
下/上移动 1 行	[↑] / [↓]
将所选文本的文字大小减小 2 点像素	[Ctrl] + [Shift] + [<]
将所选文本的文字大小减小 10 点像素	[Ctrl] + [Alt] + [Shift] + [<]
将行距减小 2 点像素	[Alt] + [↓]
将基线位移减小 2 点像素	[Shift] + [Alt] + [↓]
将字距微调或字距调整减小 20/1000ems	[Alt] + [←]
将字距微调或字距调整减小 100/1000ems	[Ctrl] + [Alt] + [←]
设置“增效工具与暂存盘”（在预置对话框中）	[Ctrl] + [7]
中对齐	[Ctrl] + [Shift] + [C]
左/右选择 1 个字符	[Shift] + [←] / [→]
选择所有字符	[Ctrl] + [A]
左/右移动 1 个字符	[←] / [→]
将所选文本的文字大小增大 2 点像素	[Ctrl] + [Shift] + [>]
将所选文本的文字大小增大 10 点像素	[Ctrl] + [Alt] + [Shift] + [>]
将行距增大 2 点像素	[Alt] + [↑]

续表

名　称	快　捷　键
文字处理（在“文字工具”对话框中）	
将基线位移增加 2 点像素	[Shift] + [Alt] + [↑]
将字距微调或字距调整增加 20/1000ems	[Alt] + [→]
将字距微调或字距调整增加 100/1000ems	[Ctrl] + [Alt] + [→]
设置“内存与图像高速缓存”（在预置对话框中）	[Ctrl] + [8]
编辑操作	
还原/重做前一步操作	[Ctrl] + [Z]
重做两步以上操作	[Ctrl] + [Shift] + [Z]
复制选取的图像或路径	[Ctrl] + [C]
将剪贴板的内容粘到当前图形中	[Ctrl] + [V] 或 [F4]
自由变换	[Ctrl] + [T]
从中心或对称点开始变换（在自由变换模式下）	[Alt]
扭曲（在自由变换模式下）	[Ctrl]
自由变换复制的像素数据	[Ctrl] + [Shift] + [T]
删除选框中的图案或选取的路径	[DEL]
用前景色填充所选区域	[Alt] + [Backspace]
或整个图层	或 [Alt] + [Del]
从历史记录中填充	[Alt] + [Ctrl] + [Backspace]
还原两步以上操作	[Ctrl] + [Alt] + [Z]
剪切选取的图像或路径	[Ctrl] + [X] 或 [F2]
合并复制	[Ctrl] + [Shift] + [C]
将剪贴板的内容粘到选框中	[Ctrl] + [Shift] + [V]
应用自由变换（在自由变换模式下）	[Enter]
限制（在自由变换模式下）	[Shift]
取消变形（在自由变换模式下）	[Esc]
再次变换复制的像素数据并建立一个副本	[Ctrl] + [Shift] + [Alt] + [T]
用背景色填充所选区域	[Ctrl] + [BackSpace]
或整个图层	或 [Ctrl] + [Del]
弹出“填充”对话框	[Shift] + [BackSpace]

续表

图像调整	
名　称	快　捷　键
调整色阶	[Ctrl] + [L]
打开曲线调整对话框	[Ctrl] + [M]
自动调整色阶	[Ctrl] + [Shift] + [L]
在所选通道的曲线上添加新的点（“曲线”对话框中）	在图像中 [Ctrl] 加点按
在复合曲线以外的所有曲线上添加新的点（“曲线”对话框中）	[Ctrl] + [Shift]
以 10 点为增幅移动所选点以 10 点为增幅（“曲线”对话框中）	[Shift] + [箭头]
前移控制点（“曲线”对话框中）	[Ctrl] + [Tab]
添加新的点（“曲线”对话框中）	点按网格
取消选择所选通道上的所有点（“曲线”对话框中）	[Ctrl] + [D]
选择彩色通道（“曲线”对话框中）	[Ctrl] + [~]
打开“色彩平衡”对话框	[Ctrl] + [B]
全图调整（在“色相/饱和度”对话框中）	[Ctrl] + [~]
只调整黄色（在“色相/饱和度”对话框中）	[Ctrl] + [2]
只调整青色（在“色相/饱和度”对话框中）	[Ctrl] + [4]
只调整洋红（在“色相/饱和度”对话框中）	[Ctrl] + [6]
反相	[Ctrl] + [I]
移动所选点（“曲线”对话框中）	[↑] / [↓] / [←] / [→]
选择多个控制点（“曲线”对话框中）	[Shift] 加点按
后移控制点（“曲线”对话框中）	[Ctrl] + [Shift] + [Tab]
删除点（“曲线”对话框中）	[Ctrl] 加点按点
使曲线网格更精细或更粗糙（“曲线”对话框中）	[Alt] 加点按网格
选择单色通道（“曲线”对话框中）	[Ctrl] + [数字]
打开“色相/饱和度”对话框	[Ctrl] + [U]
只调整红色（在“色相/饱和度”对话框中）	[Ctrl] + [1]
只调整绿色（在“色相/饱和度”对话框中）	[Ctrl] + [3]
只调整蓝色（在“色相/饱和度”对话框中）	[Ctrl] + [5]
去色	[Ctrl] + [Shift] + [U]

续表

图层操作	
名　称	快　捷　键
从对话框新建一个图层	[Ctrl] + [Shift] + [N]
通过复制建立一个图层	[Ctrl] + [J]
与前一图层编组	[Ctrl] + [G]
向下合并或合并连接图层	[Ctrl] + [E]
盖印或盖印连接图层	[Ctrl] + [Alt] + [E]
将当前层下移一层	[Ctrl] + [[]
将当前层移到底层	[Ctrl] + [Shift] + [[]
激活下一个图层	[Alt] + [[]
激活底部图层	[Shift] + [Alt] + [[]
调整当前图层的透明度（当前工具为无数字参数如移动工具）	[0] ～ [9]
投影效果（在“效果”对话框中）	[Ctrl] + [1]
以默认选项建立一个新的图层	[Ctrl] + [Alt] + [Shift] + [N]
通过剪切建立一个图层	[Ctrl] + [Shift] + [J]
取消编组	[Ctrl] + [Shift] + [G]
合并可见图层	[Ctrl] + [Shift] + [E]
盖印可见图层	[Ctrl] + [Alt] + [Shift] + [E]
将当前层上移一层	[Ctrl] + []]
将当前层移到顶层	[Ctrl] + [Shift] + []]
激活上一个图层	[Alt] + []]
激活顶部图层	[Shift] + [Alt] + []]
保留当前图层的透明区域（开关）	[/]
内阴影效果（在“效果”对话框中）	[Ctrl] + [2]

彩 色 插 页（一）

图标设计案例彩页

手机主题图标设计
Friday
13
足球场图标
设置图标
微信图标
杀毒图标
图库图标
购物图标
时间图标
相机图标
星期一
10
备忘录图标
日历图标
电子邮件
锁屏图标
表情动画图标设计
菠萝侠客
菜刀表情
衰表情
冰冻表情
吐表情
睡觉表情
晕倒表情
哭表情
惊讶表情
汗表情
被扁表情
难过表情
斯文表情
阴险表情
恨表情
酷表情
大笑表情
愤怒表情

彩 色 插 页（二）

图形类图标设计
新浪 LOGO
Twitter 小鸟
草莓甜甜圈
瓢虫
放大镜
小米公仔——米兔
接听电话
学院徽标
章鱼
保卫萝卜
文字类图标设计
Google™
谷歌 LOGO
IE 浏览器
字母“X”
PPTV
淘
淘宝
G
字母“G”
kik
kik
支
Skype
McDonald's
麦当劳
大众标志
图文类图标设计
Love
爱心
优果
优果
棒棒糖
du
百度
iPod Shuffle
HUAWEI
华为科技
YAHOO!
雅虎
水壶
CM³
扁平化图标
Marlboro
香烟图标